U0224832

全国高等农林院校"十三五"规划教材

经济作物栽培学

杜吉到　苗兴芬　张翼飞　主编

中国农业出版社

北　京

图书在版编目（CIP）数据

经济作物栽培学 / 杜吉到，苗兴芬，张翼飞主编
. —北京：中国农业出版社，2022.7（2024.8 重印）
全国高等农林院校"十三五"规划教材
ISBN 978-7-109-29508-7

Ⅰ.①经⋯　Ⅱ.①杜⋯　②苗⋯　③张⋯　Ⅲ.①经济作
物－栽培技术－高等学校－教材　Ⅳ.①S56

中国版本图书馆 CIP 数据核字（2022）第 094870 号

经济作物栽培学
JINGJI ZUOWU ZAIPEIXUE

中国农业出版社出版
地址：北京市朝阳区麦子店街 18 号楼
邮编：100125
策划编辑：胡聪慧
责任编辑：李国忠　宋美仙　　文字编辑：李国忠
版式设计：杨　婧　　责任校对：刘丽香
印刷：中农印务有限公司
版次：2022 年 7 月第 1 版
印次：2024 年 8 月北京第 2 次印刷
发行：新华书店北京发行所
开本：787mm×1092mm　1/16
印张：16.75
字数：429 千字
定价：45.50 元

主　编　杜吉到　苗兴芬　张翼飞

副主编　张文慧　殷丽华　杜艳丽
　　　　曹　亮　赵　强　张盼盼

编　者　(按姓氏笔画排序)

　　　　王鹤潼 (沈阳大学)

　　　　刘忠双 (大庆市农业技术推广中心)

　　　　杜吉到 (黑龙江八一农垦大学)

　　　　杜艳丽 (黑龙江八一农垦大学)

　　　　李灿东 (黑龙江省农业科学院)

　　　　李继洪 (吉林省农业科学院)

　　　　谷翠菊 (黑龙江省和平牧场)

　　　　宋柏全 (黑龙江大学)

　　　　张　林 (东北农业大学)

　　　　张文慧 (黑龙江八一农垦大学)

　　　　张盼盼 (榆林学院)

　　　　张翼飞 (黑龙江八一农垦大学)

　　　　苗兴芬 (黑龙江八一农垦大学)

　　　　赵　强 (黑龙江八一农垦大学)

　　　　姚兴东 (沈阳农业大学)

　　　　殷丽华 (黑龙江八一农垦大学)

　　　　曹　亮 (黑龙江八一农垦大学)

主　审　郭永霞 (黑龙江八一农垦大学)

　　　　陈庆山 (东北农业大学)

　　　　陈　新 (江苏省农业科学院)

前　言

经济作物在我国农业中占有十分重要的地位，具有地域性强、经济价值高、技术要求高、商品率高等特点。许多经济作物产品是人类生存的必需生活资料，同时也是国际贸易、增加国民收入的重要来源。通过农业生产结构调整，加快经济作物生产，对整个国民经济的发展和社会稳定具有十分重要的作用。随着经济发展、科技进步，尤其是我国经济作物产业的快速发展，经济作物栽培的新技术不断涌现，经济作物栽培领域对从业者的知识、能力提出了新的要求。黑龙江八一农垦大学作为黑龙江省的应用型本科示范校及"黑龙江省杂粮生产与加工优势特色学科建设项目"建设单位，针对经济作物发展的需求，结合农业人才培养的目标和重点学科建设目标，组织包括高等院校、科研单位、技术推广单位、农业生产单位在内的 10 个单位的 17 位专家编写了本教材。

《经济作物栽培学》是适用于我国当前经济作物发展需求的一门植物生产类专业的课程教材，是研究经济作物栽培的理论与技术、为经济作物产业服务的一本应用型教材。本教材亦可作为研究生学习的参考资料和农业科技人员的培训教材。

本书根据新农科认证和应用型本科示范校专业建设的要求和人才培养的特点，注重理论知识与应用技术的紧密结合，内容系统、结构合理，在介绍主要经济作物的基础知识和栽培技术的基础上，注重了应用能力和实践动手能力的培养，使之更适合应用型农业人才培养的需要。

全书包括油料作物、糖料作物、纤维作物和药用植物，共计 20 种经济作物，各成一章。各种作物分别为花生、向日葵、油菜、芝麻、蓖麻、大麻、亚麻、苘麻、棉花、甜菜、甜叶菊、烟草、南瓜、板蓝根、防风、柴胡、万寿菊、北沙参、黄芩及平贝母。为便于阅读和比较，各章节采取相对一致的编写顺序，即概述、植物学特征、生物学特性、栽培管理技术和主要病虫害及其防治。

参加本教材编写工作的人员及分工如下：张文慧负责编写第一章和第二章，殷丽华负责编写第三章、第九章和第四章第一节，张林和宋柏全负责编写第四章第五节，苗兴芬负责编写第十一章和第十七章的第四节至第六节，张翼飞负责编写第五章和第十章，杜艳丽负责编写第六章、第七章和第四章第三节，杜吉到负责编写第八章、第二十章和第四章第二节，张盼盼负责编写第十二章和第十八章，赵强负责编写第十三章、第十九章和第四章第四节，曹亮负责编写第十四章、第十五章和第十六章，刘忠双和姚兴东负责编写第十七章第一节，李继洪和李灿东负责编写第十七章第二节，谷翠菊和王鹤潼负责编写第十七章第三节。本教材的出版得到黑龙江省"杂粮生产与加工"优势特色学科建设项目资助。

本书借鉴了国内外有关经济作物种植研究方面的最新成果，并参考了近年出版和发行的国内外有关专业文献资料，在此对有关作者和出版单位致以诚挚的谢意。

随着经济作物生产技术的发展及相关学科知识的进步，时刻存在更新和勘误的必要，今后还会有新的内容充实到教材和教学过程中去。同时，由于编写人员水平有限，书中难免有一些不足和错误之处，欢迎广大读者批评指正，以便我们今后修订、补充和完善。

编 者

2022 年 4 月

目　录

第一章

花　生

第一节　概　述

花生（*Arachis hypogaea* L.）又名落花生，为双子叶植物，属蝶形花科落花生属一年生草本植物，是优质食用油来源作物之一。

一、起源与分布

落花生属有 60～70 种，迄今已收集并鉴定的有 21 种，其中大多数是二倍体种（$2n=20$）。栽培花生是 2 个二倍体自然加倍的异源四倍体种（$2n=40$）。玻利维亚南部、阿根廷西北部和安第斯山山麓的拉波拉塔河流域可能是花生的起源中心地。

世界上种植花生的国家有 100 多个，亚洲最为普遍，其次为非洲。花生于 16 世纪传入我国，最初在东南沿海一带种植，随后逐渐向长江流域及黄河流域各地推广。

我国花生栽培主要集中在 3 大产区：①北方大花生生产区，包括山东、河南、河北、辽宁、安徽及江苏北部，其花生栽培面积占全国花生栽培总面积的 60% 左右；②南方春秋两熟区，包括广东、广西、福建、海南及台湾，其花生栽培面积占全国栽培总面积的 20%～30%；③长江流域春夏花生交替栽培区，包括四川、湖北和湖南，其花生栽培面积约占全国栽培总面积的 10%。其他地区零星栽培花生。山东、广东、河北和河南是我国花生 4 大集中主产省。

二、国内外生产现状

花生是世界上广泛栽培的经济作物之一，主要分布在亚洲、非洲和美洲的约 54 个国家，欧洲和大洋洲栽培面积很小。半个世纪以来，世界花生生产规模逐步扩大。从 1972/1973 年度的 1.812×10^7 hm^2 增加至 2016/2017 年度的 2.562×10^7 hm^2。世界平均单产水平受科技水平拉动显著提高，2016/2017 年度为 1.69×10^3 kg/hm^2，比 1972/1973 年度增长了 111.3%。中国花生生产发展迅速，自 1993/1994 年度起成为世界花生第 1 生产大国。印度花生产量低于中国，一直稳居第 2 主产国的位置。中国和印度两国花生合计产量超过世界总产量的 50%。尼日利亚和美国分别居世界的第 3 位和第 4 位。

我国花生主产区山东、河南、河北等省推广的主要是"海花 1 号""白沙 1016""鲁花 9 号""鲁花 14""鲁花 16""鲁花 17""豫花 3 号""中花 2 号""中花 4 号""中花 5 号"等优良品种。高纬度地区的吉林、黑龙江、辽宁北部、内蒙古东北部推广的品种以多粒型、珍珠豆型为主，主要有"白沙1016"以及近年来选育的"扶花1号""扶花2号""扶花3号"等4粒红系列品种。随着各地花生育种业的兴起，花生新品种在产量、抗性和品质方面均有明显的突破。

三、产业发展的重要意义

花生全身都是宝，花生种子含有大量脂肪和蛋白质，粗脂肪含量一般在50%左右，蛋白质含量为23.9%～36.4%，是优质的食用油来源。花生种子榨油后饼粕仍残留约6%的脂肪，可消化的总养分为54%，是很好的食用蛋白源和优质饲料、有机肥料。花生叶片一般含蛋白质10%、糖类44%、脂肪4.0%，茎秆含蛋白质10%、脂肪1.2%、糖类44%，茎叶、果实荚壳均可作饲料。

花生油的主要成分是油酸和亚油酸，二者含量占脂肪总量的80%左右。亚油酸可调节人体生理机能，促进生长发育，降低血液中的胆固醇含量，预防高血压和动脉硬化等。同时，花生种子含糖量为20%左右，还含有维生素A、维生素B_2、维生素C、维生素D、维生素E以及硫胺素、烟酸、胡萝卜素等多种维生素；矿物质含量也很丰富，特别是含有人体必需的氨基酸，有促进脑细胞发育、增强记忆的功能。此外，花生种皮具止血和补血功能。

花生是耐旱耐涝、适应范围广、抗逆性强、稳产保收、产值高的作物。花生根系发达，吸水力强，在干旱的土壤中可保持较高的叶片含水量，其叶片在含水量较低的情况下仍能继续进行光合作用，制造养分，在干旱过后有较强的恢复能力。它还具有耐瘠的特点，根瘤可以固氮，有利于培肥地力，对提高农业生产效益、促进农业生产良性循环有重要作用。随着人民生活水平的不断提高以及副食品加工业的发展，花生及其产品的需求量不断扩大，因此花生生产有着广阔的发展前景。

第二节　植物学特征

一、根

花生根系为圆锥根系，由主根和侧根组成。根的构造由外向内分为表皮、皮层薄壁细胞、内皮层、维管束鞘、初生韧皮部和初生木质部等。主根有4列维管束，呈十字形排列；侧根有2～3列维管束，与主根维管束相连，组成输导系统。种子发芽以后，胚根迅速生长，扎入土中成为主根。出苗后，主根可达20～40 cm土层，同时有30～40条一级侧根；开花时，主根可深入土中50～60 cm，有侧根80～100条，形成强大的根系，故花生的耐旱能力较强。

二、茎

花生种子发芽出土后，胚轴上的顶芽长成主茎。主茎直立生长，幼时为圆柱状，中间有髓；生长至中后期，主茎中上部变成棱角状，下部木质化，全茎中空。茎、枝上有茸毛，茸毛多少因品种而异。花生主茎一般有15～25个节，基部茎节节间较短，中部节间较长，上部节间也较短（图1-1）。茎节节数和长度随品种、土壤肥力和气候条件的不同而变化。茎通常为绿色，有的品种部分带淡紫红色。出苗后主茎生长很慢，开花时，主茎高度一般不超过 8 cm。开花后，主茎生长速度逐渐加快，盛花期达到高峰。花生主茎高度一般由节数和节长两个因素决定，栽培条件对主茎高度也有一定影响。主茎高度可作为衡量花生生长发育状况的一项指标。

花生是多次分枝作物。主茎叶腋内长出的分枝称为一次分枝，一次分枝上长出的分枝称为二次分枝。高纬度地区早熟品种一般只有 2～3 次分枝。当花生出苗后 3～5 d，主茎第 3 片真叶展开时，从子叶叶腋间长出第 1 条和第 2 条一次分枝，这两条分枝对生，称为第 1 对侧枝。当主茎第 5～6 片真叶展开时，从第 1～2 片真叶叶腋间分别长出第 3 条和第 4 条一次分枝，这两条分枝互生，称为第 2 对侧枝。这 2 对侧枝构成花生主体，是花生荚果着生的主要部位，其上着生的荚果数占全株总结果数的 70%～90%。因此栽培上对第 1 对和第 2 对侧枝的健壮发育十分重视。

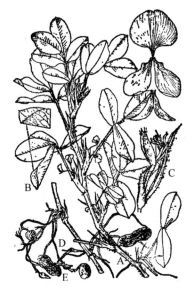

图 1-1　花生的植物学特征
A. 茎　B. 叶　C. 花　D. 果针　E. 荚果
（引自《中国植物志》，2004）

三、叶

花生的叶分为不完全叶和完全叶（真叶）两种。真叶为偶数羽状复叶，由叶片、叶柄和托叶组成。复叶的叶片互生，为 4 小叶羽状复叶。花生的叶在茎枝上均为互生，每片复叶一般由 4 片小叶组成，但也有少于 3 片和多于 5 片小叶的畸形复叶。4 片小叶两两对生在叶柄上部，小叶的形态有椭圆形、倒卵圆形、长椭圆形和宽倒卵圆形 4 种。花生的叶柄细长，一般为 2～10 cm，叶柄上生有茸毛。叶柄膨大部分有一纵沟，由先端通达基部；基部膨大部分称为叶枕或叶褥。叶柄基部有 2 片托叶，托叶的下部与叶柄基部相连，形状因品种而异，可作为品种鉴别的标志之一。

四、花

花生的花外形似蝴蝶，为蝶形花，花序为总状花序，在花序轴的每个节上有 1 片苞叶，在叶腋里着生 1 朵花。有的花序轴很短，可着生 1～3 朵花，近似簇生，称为短花序。有的花序轴伸长，着生 4～7 朵花，称为长花序。有的花序上部不着生花朵，长出羽状复叶，使花序转变为营养枝，又称为生殖营养枝或混合花序。有的品种在侧枝基部有几个短花序簇生在一起，形似丛生，称为复总状花序。

花生的 1 朵花内有雌蕊和雄蕊，属于两性完全花。花冠为黄色，子房上位、着生在叶腋间。整个花器是由苞叶、花萼、花冠、雄蕊和雌蕊组成。花生出苗 1 个月内就会现花，从花芽分化到开花需要 20～25 d。第 1 朵花开放时花生已经进入花芽分化盛期，花芽分化盛期以前的花芽多为前期有效花。花生的开花顺序，大体与花芽分化的顺序一致。一般是自下而上，由里向外，左右轮番开放或同时开放。花生的花在植株上分布很广，主要分枝上几乎都能开花，但在不同分枝上的分布比例不同。第 1 对侧枝上各枝节的开花数占全株总花数的 50%～60%，第 2 对侧枝上各枝节的开花数占全株总花数的 20%～30%。第 1 对侧枝和第 2 对侧枝上各枝节开花数之和，占全株总开花数的 90% 左右。

五、果　　针

花生开花授粉后，子房基部的细胞开始分裂、伸长，形成子房柄，子房柄连其子房合称果针。子房在子房柄的尖端，顶端针状，入土后形成荚果。花生所开的花能形成果针的占开花总数的 30%～50%，结果率为 20%～30%，饱果率为 15% 左右。

花生开花后 4～6 d 子房柄即可形成肉眼可见的果针，开始时略呈水平方向缓慢生长，每日平均伸长 2～3 mm，以后逐渐弯曲，达垂直状态时，生长速度显著加快。在正常条件下，经 4～6 d 可接地入土。珍珠豆型花生品种果针入土较浅，为 3～5 cm；普通型花生品种果针入土较深，为 5～7 cm；有些龙生型品种花生果针入土深度可达 10 cm 以上。影响果针形成及入土的因素较多，例如花器发育不良、开花时气温过高或过低、花粉粒不能发芽或花粉管伸长迟缓等均影响果针的形成和入土。果针形成的最适温度为 25～30 ℃。开花时如果空气湿度小于 50%，成针率明显下降。果针能否入土，主要取决于果针的穿透能力、土壤阻力以及果针着生位置的高低。

果针在入土前为暗绿色，尖端的表皮木质化，形成帽状物，以保护子房入土。子房柄的分生区域在尖端后 1.5～3.0 mm 处，再后为伸长区。子房柄内部构造与茎相连接。侧枝基部低节位的果针较短，一般在 3～8 cm；侧枝中上部高节位的果针较长，一般在 10 cm 以上。果针虽是入土结实的生殖器官，但具有与根相似的吸收性能和向地下生长的特点，可以弥补根系吸收水肥的不足。

六、荚　　果

花生的果实是荚果，果壳坚硬，全身有纵横网纹，呈黄褐色，成熟后不自行开裂，前端突出部分称为喙或果嘴。通常每果 2 室或 3 室，室间有果腰，无隔膜。

花生荚果的大小与品种类型有关，但同一品种的荚果，由于气候、栽培条件、着生部位、形成先后的不同，大小、质量都有很大变化。按品种固有形状和正常成熟荚果的百果重（100 个荚果的质量），可分为大果、中果和小果 3 种。百果重在 200 g 以上的为大果型，150～200 g 的为中果型，150 g 以下的为小果型。

七、种　　子

花生种子通常被称为花生仁或花生米。成熟的花生种子外观大体可以分为三角形、桃形、圆锥形、椭圆形和圆柱形 5 种。种子的大小在品种之间差异很大，通常以成熟饱满种子的百粒重将花生种子划分为大粒种、中粒种和小粒种。大粒种的百粒重（100 粒种子的质量）在 80 g 以上，中粒种的百粒重在 50～80 g，百粒重 50 g 以下为小粒种。但在同一品种、同一植株上的荚果因坐果先后不同，种子所处位置不同，其大小也有差异。双室荚果中前室种子发育晚，粒小而轻，后室种子发育早，粒大而重。4 粒果种子基本匀称。

花生种子由胚、子叶和种皮 3 部分组成。胚又分为胚根、胚轴及胚芽 3 个部分。胚根为象牙白色，突出 2 片子叶之外，呈短喙状。胚芽呈蜡黄色，由 1 个主芽和 2 个侧芽组成。胚根上端和胚芽下端为胚轴，在种子发芽后将子叶和胚芽推向地面。子叶储藏着供胚发育出苗所需的脂肪、蛋白质、糖类等养分，子叶质量占种子质量的90%以上。种皮有深红色、红色、褐色、淡褐色、紫色、紫红色、桃红色及粉红色等不同颜色，还有紫黑色、黑色和淡黄色种皮的花生。种皮包在种子最外边，主要起保护作用。

花生种子成熟后，必须经过一定时间的后熟才能正常发芽，这种特性称为休眠性。花生种子的休眠期长短因品种而异。一般早熟品种休眠期短，为9~50 d。中晚熟品种休眠期长，为100~120 d。种子休眠期的长短是由种皮障碍和胚内某些激素类物质的抑制作用所致。珍珠豆型和多粒型品种在休眠期内，只要破除种皮障碍即可发芽。而有些普通型品种在休眠期内除破除种皮障碍外，还必须再施一些促进剂才能打破休眠。育种上需要南繁，可用乙烯利等激素解除种子休眠。生产上也可以采用播种前晒种、在25~33 ℃下浸种催芽等方法打破种子休眠。

第三节　生物学特性

花生属于无限开花结实作物，生育期较长，一般早熟品种为100~125 d，中熟品种为125~140 d，晚熟品种在140 d以上。东北高纬度地区多种植早熟品种。花生的整个生长发育期可分为营养生长和生殖生长2个阶段，又可分为发芽出苗期、幼苗期、开花下针期、结荚期和饱果成熟期5个生育时期。花生各生育时期有不同的生育特点，对外界环境也有不同的要求。

一、营养生长阶段

（一）种子发芽出苗期

从播种到全田50%以上的幼苗第1片真叶出土并展开，为种子发芽出苗期。一般品种的发芽出苗期，春播早熟品种为10~15 d，中晚熟品种为12~18 d，夏播和秋播为4~10 d。花生播种后，种子吸水膨胀，内部的代谢活动增强，胚根突破种皮露出根尖，称为露白。当胚根伸长到1 cm左右时，胚轴开始迅速向上生长，将子叶和胚芽推向地面，称为顶土。随后，胚芽伸长突破种皮，两片子叶展开。当主茎伸长，2片真叶展开时，即出苗。花生幼苗为子叶半出土型幼苗。

（二）幼苗期

从出苗至全田10%的植株开花，称为幼苗期。一般品种的幼苗期，早熟品种为20~25 d，中晚熟品种为25~30 d。幼苗期为侧枝分生、花芽分化和根系伸长的主要时期。花生出苗前胚根向地下伸展长成主根，长为5~10 cm，并萌发出主要侧根。出苗后主茎有4片真叶时，主根伸长到40 cm。幼苗进入始花期时，上部的4列侧根水平展开可达30 cm，主茎伸长约80 cm，主根和侧根基部出现根瘤。主要侧根由水平伸展转为向地下垂直伸展，并大量分生根毛，形成1个强大的圆锥根系，具备了大量吸收土壤水分和养料的能力。花生顶土后主茎长到1~2 cm时，第1~3片真叶相继展现，第3片真叶展开时，第1对侧枝发生。第1对侧枝长度与主茎高度相等时，称为团棵。当第1对侧枝高于主茎时，基部节位始现花。

二、生殖生长阶段

（一）开花下针期

从10％的植株始花至10％的植株始现定型果，即为开花下针期。此期突出的特点是大量开花下针，开花数占总花数的50％～60％，果针数可达总果针数的30％～50％，大量果针入土。这时叶片迅速增加，叶片数也占总叶片数的50％～60％。一般品种的开花下针期，早熟品种为20～25 d，中晚熟品种为25～30 d。开花下针期由于植株生长快，所吸收的无机营养和水分增加，对氮、磷、钾的吸收量也增加。这时根系迅速增粗增多，大批的有效根瘤形成并发育，根瘤菌的固氮能力迅速增强，并开始对花生供应大量氮素营养，同时对外界条件的变化反应也十分敏感。第1～2对侧枝上陆续分生二次分枝，并迅速生长。主茎的真叶数增至12～14片，叶片加大，光合作用增强。第1对侧枝第8节以内的有效花芽全部开放，单株开花数达最高峰，开花量占全株总花量的50％以上，约有50％的前期花形成了果针，20％的果针入土膨大为幼果，10％植株的幼果形成定型果。

（二）结荚期

全田10％植株始现定型果到10％的植株始现饱果，主茎展现16～20片真叶，这段时期为结荚期。结荚期的长短，早熟品种为40～45 d，中晚熟品种为45～55 d。结荚期是花生的营养生长和生殖生长达到最旺盛的时期，这个阶段根系的增长量、根瘤的增生、固氮能力、主茎和侧枝的生长及叶片的增长量等均达到高峰。一般情况下，前期有效花形成的幼果大都能结为荚果，10％左右的定型果籽粒可充实为饱果。这个时期形成的荚果可达全株总果数的60％～70％，果实质量的增长量占总量的40％～50％。结荚期花生生长最旺盛，对养分的需求也达到高峰，这时可进行叶面施肥。

（三）饱果成熟期

饱果成熟期是荚果充实饱满，以生殖器官生长为主的阶段。饱果成熟期是自10％苗株始现饱满荚果至单株饱果指数达到50％（中晚熟品种）或80％（早熟品种），主茎鲜叶片保持4～6片。饱果期的长短，早熟品种为25～30 d，中晚熟品种为35～40 d。这个时期，花生植株的营养生长逐渐停止，生殖器官快速生长，株高、新叶片增长极慢或停止，叶色变黄，老叶脱落，落叶数占叶片总数的60％～70％，有30％～40％的绿叶行使光合功能。根的吸收能力降低，根瘤菌停止固氮活动，并随着根瘤的老化破裂而回到土壤中。茎叶中含的氮、磷和有机营养大量运向荚果。果针数、总果数不再增加，饱果数和果实质量迅速增加。饱果成熟期是荚果产量形成的主要时期。

三、生长发育对环境条件的要求

（一）温度

花生种子发芽最适宜的温度是25～37 ℃，低于10 ℃或高于46 ℃时，有些种子就不能发芽。春播花生要求5 cm播种层平均地温达12 ℃以上（早熟品种）或15 ℃以上（中晚熟品种）。最适宜于花生幼苗茎枝分生和叶片增长的气温为20～22 ℃。当平均气温超过25 ℃时可使苗期缩短，导致茎枝徒长、基节增长，不利于蹲苗。当平均气温低于19 ℃时，可使茎枝分生、花芽分化缓慢，导致始花期推迟，形成"小老苗"。开花下针期最适宜的日平均气温为22～28 ℃。当温度在20 ℃以下或30 ℃以上时，开花量明显下降；当温度在 18 ℃以下或 35 ℃以上时，不仅会明显降低叶片的光合效率，也会影响花粉粒的萌发和花粉管的伸长，进而导致胚珠不能受精。结荚期植株生长最适温度为 25～33 ℃，最适土壤温度为 26～34 ℃，温度过低或过高都会对荚果的形成和发育产生不利影响。当平均气温低于 20 ℃时，地上部茎枝易枯衰，叶片易脱落，光合产物向荚果转移的功能期缩短。土壤温度低于 18 ℃时，荚果停止发育。

（二）水分

花生播种时需要土壤含水量为田间持水量的 50%～60%，低于 40% 或高于 70% 都会导致花生不能发芽出苗。幼苗期是花生植株需水量最少的阶段，占全生长发育期需水量的 3%～4%，这时最适宜的土壤含水量为田间持水量的 45%～55%。开花下针期的需水较多，占全生长发育期需水量的 22% 左右，当土壤含水量为田间持水量的 60%～70% 时，对花生的开花下针最为有利。当土壤含水量低于田间持水量的 40% 时，叶片停止生长，果针伸长缓慢，土壤板结，将导致茎枝基部节位的果针不能入土，已入土的果针也停止膨大。当土壤含水量高于田间持水量的 80% 时，会导致茎枝徒长，烂针烂果，根瘤的增生和固氮活动减弱。荚果充实饱满需要良好的通气条件。结荚期一般温度高，叶面蒸腾作用强，水分消耗约占全生长发育期的 50%，需要的土壤含水量为田间持水量的 65%～75%。当结实层土壤含水量高于田间持水量的 85% 时，容易出现烂果。当土壤含水量低于田间持水量的 30% 时，荚果内皮层与籽粒相连的胎座脱落，荚果不能充实饱满。饱果成熟期根系的吸收力减退，蒸腾量和需水量明显减少，其需水量约占全生长发育期总量的 19%。

（三）光照

幼苗期每日最适日照时数为 8～10 h，如果日照时数大于 10 h，会导致茎枝徒长、花期推迟；如果日照时数少于 6 h，则茎枝生长缓慢，花期提前。开花下针期最适日照时数为 6～8 h，当日照时数少于 5 h 或多于 9 h 时，会导致开花量的下降。光照度变幅较大，最适光照度为 5.10×10^4 cd/m²，小于 1.02×10^4 cd/m² 或大于 8.20×10^4 cd/m² 都会影响叶片光合效率。

（四）空气

花生种子发芽期间，呼吸代谢旺盛，种子从发芽到出苗的进程中需氧量逐渐增加。据测定，每粒种子萌发的第 1 天需氧量为 5.2 μL，至第 8 天需氧量增至 61.5 μL。土壤水分过多、土壤板结或播种过深时都会影响苗全苗壮。因此在生产上应采取播种前浅耕保墒、大雨后及时排水、锄地松土等措施来保持良好通气条件。

第四节 栽培管理技术

花生的产量主要由单位面积株数和单株生产力 2 个方面决定，而单株生产力取决于单株的结果数及荚果质量。因此株数、单株果数、单果质量是构成花生产量的 3 个基本因素。

每公顷产量＝每公顷株数×单株果数×单果质量

这 3 个因素中每公顷株数往往起主导作用，在其他条件相同的情况下，单株果数和单果质量随种植密度的变化而变化，从而得到不同的产量。花生个体生长发育和群体发展是一对矛值，其表现的一般规律是每公顷株数少时，单株果数增多，饱果数相对减少，单位面积总果数和总果实质量减少，群体表现低产。

一、精耕细作

（一）创造良好的土壤条件

花生是地上开花地下结果的作物，生长发育最适宜的土壤条件是土层深厚、疏松，干时不散不板，湿时不黏不潮的砂质壤土。

花生高产田应选择轮作换茬的地块，轮作是花生增产的一项关键措施。一般花生与小麦、水稻、甘薯、棉花、蔬菜进行轮作。在花生栽培面积大、难以实施轮作的花生产区，应进行 30 cm 深耕，增施有机肥和磷、钾肥，并采用种子质量 0.5% 的 50% 多菌灵可湿性粉剂拌种，以降低重茬对产量的影响。土质过黏的地块，要结合早春浅耕压砂。若压砂 75 m^3/hm^2，可在起垄时施在垄中 5~10 cm；若压砂 150 m^3/hm^2，可在春季浅耕时铺施在 10 cm 土层中，压砂要均匀。

（二）起垄种植

1. 提早起垄，确保底墒 尤其是春旱地区，早起垄可提墒蓄水，提高垄心土壤含水量。起垄一般在当地花生适宜播种期的 15 d 前进行。

2. 竖整畦、横起垄 垄宽为 3~4 m，垄沟深和宽都在 30~40 cm 的范围内，每隔 50 m 开一道腰沟。腰沟、田头沟的深度和宽度为 40~50 cm，同时保证沟沟相通，使雨水尽量流入畦沟，有利于排涝降渍。

3. 因地制宜定垄形 平原土层厚、肥力高，可起单垄；山区土层浅，可起双垄。单垄垄距为 40~50 cm，垄面宽为 20~25 cm，中间种 1 行花生。双垄垄距为 80 cm，垄面宽为 55~60 cm；小行距为 30~35 cm，垄高为 8~10 cm。花生行离垄边不得小于 10 cm。

二、科学施肥

花生种子含有大量脂肪和蛋白质，所需的主要肥料是氮、磷、钾、钙，尤其是磷、钾肥的需要量比其他作物更高。花生的根瘤固氮能够满足需氮量的 40%~50%，且花生根瘤菌的固氮水平与供氮水平成显著负相关，因此施氮要适量。

（一）施足基肥

花生对肥料的吸收高峰在盛花期前后，根系的吸肥能力在开花下针期前最强。因此同样数量的肥料，往往作基肥和种肥的效果比追肥好。花生大面积生产最好一次施足基肥，既能满足花生生长发育所需营养，也有利于根瘤菌活动，是花生增产的关键。要达到产量在 4.5×10^3 kg/hm^2 以上的水平，基肥一般每公顷要施优质有机肥 20~30 t，加磷酸二铵 150~225 kg、硫酸钾 150~225 kg。最好将圈肥和化肥混合作基肥，早施和深施，在冬前铺施基肥总量的 60%~80%，早春再施剩余的 20%~40%。

（二）追肥

花生在生长阶段对氮、磷、钾、钙等肥料的需求量较大。幼苗期生长发育较慢，一般不用追肥。开花下针时，植株生长比较快，对养分需求量急剧增加，这时可追肥 1~2 次，可穴追尿素 75~150 kg/hm^2，或复合肥 300~450 kg/hm^2，也可追磷酸二铵 75~150 kg/hm^2。追肥后灌溉，再锄 1 遍杂草，促进花多、花齐。

三、合理密植

合理密植是花生增产的重要环节。花生的合理密植应根据土、肥、水、种等具体条件确定。本着"沃土多肥宜稀，薄土少肥宜密"的原则。春播偏稀，夏播偏密；小粒品种稍密，大粒品种稍稀；气温低、雨水少、生育期短的地区密度宜大些，而生育期长的地区宜适当稀些。一般北方产区普通型大粒品种的适宜密度范围为 $1.20×10^5～1.35×10^5$ 穴/hm^2，每穴2粒；普通型蔓生大粒品种为 $9.00×10^4～1.05×10^5$ 穴/hm^2，每穴2粒；珍珠豆型小花生或中早熟直立品种可为 $1.20×10^5～1.65×10^5$ 穴/hm^2，每穴2粒。南方产区密度要再加大些，夏播小粒品种可达 $1.65×10^5～1.80×10^5$ 穴/hm^2，每穴2～3粒。肥力较高的地块多用宽行窄株或宽窄行播种方式，这种方式既有利于通风透光，控制徒长，防止倒伏，也便于田间管理。合理的密度以每穴播2粒为宜，同时注意播种要均匀，深浅要一致，一般适宜深度为5 cm左右，播种后可根据墒情适当镇压。

四、加强田间管理

（一）苗期的田间管理

1. 查苗补种 花生出苗后，应全面进行查苗。一般在播种后10～15 d进行查苗，发现缺苗时要及时进行催芽补种，或在幼苗露出2片子叶时带土移栽。

2. 清棵蹲苗 清棵是在花生基本齐苗后，把幼苗周围的土扒开，使2片子叶露出地面。清棵的主要作用有5方面：①促进第1对侧枝发育，以充分发挥其结果优势。第1对侧枝的结果数占全株结果总数的50%～60%，第2对侧枝结果数仅占全株总结果数的20%～30%。因此第1对侧枝发育好坏对花生产量影响很大。②清棵后2片子叶外露，经受阳光照射，植株茎粗壮，节间短，分枝多。③清棵可使花芽分化早，促进花早、花齐、果多、果饱。④清棵可促进根系的生长，使主根深扎，植株健壮。⑤清棵可消灭护根草，有利于果针入土结实，减轻蚜虫危害。

3. 中耕除草 一般花生苗期中耕2遍。第1遍中耕锄地要浅，以免埋苗；第2遍中耕锄地要深，以疏松土壤，促进根系发育。锄地要细致，行间用大锄，穴间用小锄，确定土块细碎，除尽护根草。在清棵后20 d进行第2遍中耕。

花生顶土时，北方易遇低温，南方易遇降雨，为了加快出苗，可及时在行间浅锄1次，以提高地温，破除板结，促进苗齐、苗全。

4. 追肥灌溉 花生苗期植株矮，叶片少，蒸腾量小，是花生一生中比较耐旱的时期。一般苗期蹲苗不追肥不灌溉，以免旺长，但对基肥不足、地力瘠薄的田块，开花初期如果叶片发黄，即应追肥，可施硫酸铵105～120 kg/hm^2，或磷酸二铵75～150 kg/hm^2。如果土壤干旱影响花生生长，要及时灌水，但切忌大水漫灌。

（二）旱灌涝排

花生是需水较多的作物，需水特点是"两头少，中间多"。花生又是地下结果的作物，最怕涝渍，所以整地时要开好三沟（畦沟、垄沟和腰沟），进入雨季后要经常清沟理墒，以防淤塞，尤其是夏花生，正值雨季，要保证大雨后田间不积水，土内无暗渍。如果长期受渍会造成叶片发黄，出现芽果和烂果。

花生是较耐旱的作物，通常根据花生萎蔫的早晚及恢复的快慢来决定是否需要灌溉。花生地的灌溉一般以喷灌为好。有条件的地方还可以采用滴灌。尤其是丘陵山区花生产区，最适合采用滴灌的方式。花生大多数种于丘陵山区，有时旱情较为严重，应尽量积蓄天然雨水用于灌溉。

（三）田间杂草清除

花生田杂草种类很多，发生量大，及时除掉田间杂草，对提高产量很重要。花生根际的杂草称为护根草，应在果针下扎之前及时拔除。它不仅与花生争水争肥，还易招蚜虫、地老虎等害虫。播种后地面喷除草剂和出苗后清棵都有明显的防除效果。夏播花生封垄前是杂草发生的高峰，而此时花生正处在幼苗至开花下针期，又逢高温多雨季节，田间杂草的防除应坚持综合、协调防除的原则，及时中耕除草或人工拔草；选用化学药剂进行防除。播种前每公顷可用48%氯乐灵乳油2.25 L，兑水750 L于播种前2～3 d喷洒，边地面喷洒边耙入土中。在土壤墒情好的条件下，每公顷用33%除草通（二甲戊灵）乳油3.75 L兑水750 L，于播种后出苗前均匀喷雾。在杂草3～5叶期，每公顷可用10%喹禾灵乳油1.125 L兑水750 L，用药后2～3 h下雨不影响药效。

五、适时收获与安全储藏

由于花生具有连续开花、连续结荚的特性，荚果不能同时成熟，所以花生的成熟期很难确定。一般植株呈现出衰老现象，顶端停止生长，上部叶片变黄，中下部叶片逐步脱落，枝茎转为黄绿色，地下多数荚果饱满，荚果网纹清晰，种仁充满荚壳，果壳里面色深发亮，即表明荚果已成熟。这时种子颗粒饱满，皮薄光润，呈现品种固有的色泽。适时收获，不仅能提高花生产量，还能提高脂肪品质。

花生收获包括挖掘、抖土和集铺3道工序。花生收获主要采用人工方法，一般采用镢头刨和犁收，也可机械收获。收获后需经田间晾晒、拣拾摘果、荚果干燥、清选入库等工序。田间晾晒的方法多是抖土后将3～4行花生合并成1行，根果向阳，尽量将荚果翻铺于地面。荚果干燥可采取自然干燥法，即将荚果堆成6～10 cm厚的薄层，并勤翻动，傍晚堆积成长条状，盖上草帘或塑料布，一般经5～6个晴天晾晒即基本干燥，可堆成大堆。再经3～4 d晾晒，待含水量降到10%以下时，即可清选入库。

在通风干燥室内地面铺上防潮物品，将花生装入麻袋码放储藏。花生荚果含水量的高低是能否安全储藏的主要因素，作种用的花生荚果一定要晒干，含水量不超过10%方可储藏过冬。种子干燥度不够，不仅会影响来年的发芽率和出苗率，而且会使种子变质，甚至霉烂，造成损失。充分干燥的花生荚果，在自然储藏状态下，堆内的温度随着气温的升降而变化。储藏花生一定要放在干燥通风处，保持通风良好，以促进种子堆内气体交换，起到降温散湿作用，防止霉变。

花生的安全储藏必须注意创造适宜的储藏环境，要定期检查堆温、种子含水量及种子发芽率，并注意防止鼠害。

第五节　病虫害及其防治

一、主要病害及其防治

（一）花生叶斑病

花生叶斑病主要包括黑斑病、褐斑病和网斑病，属真菌类病害。花生叶斑病一般发生在花生生长的中后期，叶片、叶柄、托叶和茎秆均可受害。叶片发生黑斑病时，病害自下而上发生，初生褐色小点，后扩大为圆形或近圆形病斑，颜色逐渐加深而呈黑褐色或暗黑色。褐斑病一般在开花前开始发生。黑斑病发生略晚，高峰期均在收获前半个月，花生生长后期如遇多雨潮湿，发病较重。网斑病在叶脉处，发生 V 形病斑。花生受害后，造成早衰，叶片脱落，籽仁不饱满。一般减产 15%～20%，严重时减产 40% 以上。

花生叶斑病的防治方法：以预防为主，提早打药，减少损失。①要清除田间病残体，及时耕翻整地，播种前清除田间花生秸，实行与小麦、玉米、甘薯等作物间隔 2 年以上的轮作。②选用抗病品种，选择直立型较抗病的品种，减轻病害。③药剂防治，在发病初期，即田间病叶率不超过 10% 时，可使用 50% 多菌灵可湿性粉剂 0.75 kg/hm²，或 75% 百菌清可湿性粉剂 1.5 kg/hm²，每隔 10 d 叶面喷施 1 次，喷 2～3 次即可。

（二）花生茎腐病

花生茎腐病俗称"倒秧""卡脖"或"烂秧"，是一种暴发性病害。该病的病菌在病残株、秸秆、有机肥和种子上越冬，是翌年的主要初侵染源。其主要从植株根茎部的伤口侵染，从伤口侵入比从表皮侵入的潜育期短，发病率高，如果收获期遇连雨，种仁不能直接晒干，会出现荚果发霉，带菌率高，造成下一年发病早且发病率高。

花生茎腐病防治方法：①要保证种子质量，播种前晒种和选种，剔除变质、霉烂种子，减少病害的初侵染源。②合理轮作，避免重茬，因土壤带菌是病害发生的重要菌源，一般发病轻的地块要隔年轮作，发病重的要隔 3 年以上轮作才能显著减轻病害。③可用 25% 或 50% 的多菌灵可湿性粉剂拌种，用药量，前者为种子质量的 0.5%，后者为种子质量的 0.3%。先将干种子用清水湿润后再与农药混合，可使农药均匀地黏附在种子表面，拌种后置于阴凉处干燥后播种。

（三）花生根腐病

花生根腐病俗称"烂根"，是花生的主要病害。花生根腐病在各生育时期均可发生，侵染刚萌发的种子，可造成烂种。幼苗受害后，主根变褐，植株枯萎，主根茎上出现凹陷黄褐斑，边缘呈褐色，病斑扩大后表皮组织纵裂，呈干腐状，最后仅剩破碎纤维组织，维管束的髓部变为紫褐色，病部长满黑色霉状物，即病原菌分生孢子梗和分生孢子。病株地上部呈失水状，很快枯萎而死。果仁染病，腐烂且不能发芽，长出黑霉。病原菌侵染子叶与胚轴接合部，可使子叶变黑腐烂。

花生根腐病的防治方法：①由于土壤是根腐病的侵染源，一般砂土地发病轻，黄黏土发病重，因此可采用深耕、平整土地的方法，增加活土层，提高土壤排水与蓄水能力。②严格选种、晒种，并用相当于种子质量 0.5% 的多菌灵可湿性粉剂拌种；也可用 50% 多菌灵可湿性粉剂在全苗后喷雾，每公顷用药量为 0.75 kg，兑水 900 L。

（四）花生焦斑病

花生焦斑病又称为叶焦病，是高纬度花生产区常发生的病害。花生焦斑病先从植株下部叶片发生，在小叶片的尖端或一侧叶缘处开始出现病斑，病斑逐渐出现褪绿症，再由黄色变为黄褐色，病斑从叶缘顺叶脉向叶柄延伸，最后发展成 V 形枯死斑。早期病斑呈灰褐色，破裂后扩展的病斑为褐色。病原菌的子囊在枯死斑上呈现密布的小黑点，最终叶片卷曲脱落。花生焦斑病常与叶斑病混合发生，一般发病率为 10%～15%，可导致减产 10% 以上。

花生焦斑病的防治方法：①农业防治，实行花生与其他作物合理轮作，及时清除田间带病的残枝落叶，施足基肥，氮、磷、钾配合施用。②雨后及时排水，降低田间湿度；播种密度不宜过大。③药剂防治,发病初期进行叶面喷药保护,效果显著,具体用药种类及方法同花生叶斑病。

二、主要虫害及其防治

(一)花生蚜虫

花生蚜虫也称为腻虫,属半翅目蚜科,是我国花生产区的常发性害虫。大气相对湿度为 60%～70%、温度在 15～25 ℃时有利于花生蚜虫的繁殖,在东北高纬度地区多在花生苗期及开花后危害。在苗期,成虫聚集在花生顶端心叶及嫩叶背面吸取汁液,开花后在花萼管及果针上危害,使花生植株矮小,叶片卷缩,影响花芽形成,同时也影响开花下针和荚果正常发育。发生严重时,蚜虫能排出大量蜜露,从而引起霉菌寄生,使茎叶发黑,甚至整株枯死。蚜虫还能传播病毒病,使花生叶片扭曲,减产严重。

花生蚜虫的防治方法:①农业防治,地膜覆盖栽培花生,苗期具有明显的反光驱蚜作用,特别是使用银灰膜覆盖,可以有效减轻花生苗期蚜虫的发生与危害。②结合花生开沟播种施内吸性杀虫剂,在覆土前向种子上撒施 3%克百威颗粒剂,用量为 37.5～45.0 kg/hm²;或用含克百威的种衣剂拌种,不但能防治蚜虫还可兼治蛴螬、金针虫等地下害虫和苗期害虫。③喷粉防治,可以喷撒 1.5%乐果粉剂 30 kg/hm²,也可以喷撒 2.5%敌百虫粉剂或 2%杀螟松粉剂 22.5～30 kg/hm²。喷粉时,应选无风的早晨或傍晚进行。

(二)蛴螬

蛴螬又称为截虫,是金龟甲幼虫的总称。蛴螬是我国花生产区的一种暴发性害虫。在花生幼苗期,成虫咬食茎叶,造成缺苗断垄。结荚饱果期,幼虫啃食根果,造成花生大片死亡和荚果空壳,产量大幅度降低。

蛴螬的防治方法:①防治成虫,在成虫发生盛期尚未产卵前,进行药剂喷杀及人工扑杀效果显著。可用 30%甲氰菊酯·氧乐果乳油等进行防治。②防治幼虫,在播种期,主要防治春季上移危害的越冬幼虫,每公顷用 5%辛硫磷颗粒剂 37.5～45.0 kg,加细土 225～300 kg,充分拌匀后,随化肥一起施入土中。还可施含杀虫剂、杀菌剂的重茬药剂,选用一些花生种衣剂产品,也可以起到防治地下害虫的作用。

(三)金针虫

金针虫分为沟金针虫和细胸金针虫。沟金针虫多发生在旱坡地、有机质少而比较疏松的砂壤土地里,细胸金针虫多发生在沿河淤土、低洼地及有机质较多的土壤中。金针虫主要取食花生的胚根、幼果和荚果,造成缺苗、烂果而导致减产。金针虫 3 年完成 1 代,以成虫和各龄幼虫越冬。成虫寿命可达 220 d,有假死性。卵产于土壤 3 cm 深处,经 1 个月孵化为幼虫。幼虫期特别长,在 2.5 年以上。金针虫在东北 10 月初潜于土壤深处越冬,翌年 4 月中旬土壤温度回升到 6～7 ℃时开始活动,5 月下旬危害最甚,主要危害花生种子及幼苗。6 月上旬土壤温度达 19.1～23.3 ℃时,开始向 13～17 cm 土层深处栖息;6 月下旬 10 cm 土层温度稳定在 28 ℃时,迁移到深土层越夏;9 月中下旬土壤温度下降到 18 ℃时又爬到表层危害花生荚果。

金针虫的防治方法同蛴螬幼虫的防治方法。

(四)草地螟

草地螟属鳞翅目螟蛾科。成虫体长为 8～12 mm,翅展为 24～26 mm。翅呈灰褐色,近翅基部较淡，沿外缘有 2 条黑色平行波纹。卵为椭圆形，呈乳白色有光泽，分散或 2～12 粒成卵块。老熟幼虫体长为 19～20 mm，头呈黑色有白斑，胸腹部呈黄绿色或暗绿色，有明显纵行暗色条纹，周身有毛瘤。蛹体长为 14 mm，呈淡黄色，土茧长为 40 mm、宽为 3～4 mm。草地螟在吉林、黑龙江、内蒙古等高纬度地区每年发生 1～2 代，在干旱草荒地发生较重。老熟幼虫在土内吐丝做茧越冬。第 2 年春，5 月下旬至 6 月初化蛹及羽化，初孵幼虫多集中在枝梢上结网躲藏，取食叶肉，残留表皮，长大后可将叶片吃成缺刻或仅留叶脉，使叶片呈网状。大发生时，也危害花和幼荚。

草地螟的防治方法：①农业防治，清除田间杂草，可消灭部分虫源，秋翻可消灭部分在土壤中越冬的老熟幼虫。②诱捕成虫，在成虫发生期蛾量很多，有严重危害趋势时可采用灯光诱捕成虫，也可在田间拉网捕蛾。③药剂防治，在幼虫低龄期用杀虫剂防治效果好，例如 4.5% 高效氯氰菊酯 2 000 倍液，药液用量为 400 kg/hm^2。

复习思考题

1. 简述花生苗期如何进行田间管理。
2. 简述花生起垄栽培的优点及关键技术。
3. 简述花生的施肥策略。
4. 简述花生安全储藏的注意事项。
5. 花生的主要病害有哪些？

主要参考文献

刁玉先，2007. 东北高纬度地区花生高产栽培技术[M]. 长春：吉林科学技术出版社.

封海胜，万书波，2004. 花生栽培新技术[M]. 北京：中国农业出版社.

骆兵，刘风珍，万勇善，等，2013. 不同花生品种（系）荚果和子仁内源激素含量变化与干物质积累特征分析[J]. 作物学报，39（11）：2083-2093.

苏东，2020. 花生病虫害防治技术初探[J]. 农业开发与装备（12）：172-173.

孙大容，1998. 花生育种学[M]. 北京：中国农业出版社.

孙彦浩，2001. 花生高产种植新技术[M]. 北京：金盾出版社.

万书波，2003. 中国花生栽培学[M]. 上海：上海科学技术出版社.

王苏影，刘宗发，程春明，等，2021. 氮磷用量对花生产量的影响[J]. 安徽农业科学，49（2）：147-149.

詹志红，2000. 花生高产栽培技术[M]. 北京：金盾出版社.

张佳蕾，张倩，王建国，等，2021. 超高产田花生籽仁发育动态初探[J]. 花生学报，50（1）：1-5.

第二章

向　日　葵

第一节　概　述

向日葵（*Helianthus annuus* L.）别称为转日莲、瞻日葵、向阳花，为菊科向日葵属一年生草本植物，是食用植物油的主要来源之一。

一、起源与分布

向日葵起源于美国北部，首先由北美洲的印第安人将野生向日葵进行驯化，逐渐变为最早的栽培向日葵。驯化种由西班牙人于 1510 年从北美洲带到欧洲，最初为观赏用。后来人们从鸟啄食向日葵种子才发现向日葵的食用价值。17 世纪，向日葵从德国传入东欧，18 世纪进行人工选择，并开始大面积栽培。1716 年，英国人首次从向日葵籽实中榨取油脂成功，从此，欧洲开始食用向日葵油。18 世纪，向日葵从荷兰引入俄国，1779 年，俄国人开始大规模的工业化榨油。从此，向日葵被正式列为油料作物并大面积栽培。向日葵自明朝从越南传入中国。中国向日葵主产区在北纬 35°～55°，主要分布在东北、西北和华北地区，例如内蒙古、吉林、辽宁、黑龙江、山西等省份。

二、国内外生产现状

根据联合国粮食及农业组织对世界向日葵年度栽培面积的统计，世界向日葵栽培面积，2010 年为 $2.307\ 39\times10^7$ hm^2；2015—2019 年由 $2.548\ 68\times10^7$ hm^2 增长至 $2.736\ 88\times10^7$ hm^2，年平均增长 4.705×10^5 hm^2。世界向日葵年度产量，2010 年为 $3.145\ 73\times10^7$ t；2015—2019 年由 $4.432\ 97\times10^7$ t 增长至 $5.607\ 27\times10^7$ t，年平均增长 $2.935\ 8\times10^6$ t。世界向日葵年度栽培面积和年度产量整体呈现逐渐上升的趋势，而且年度产量增长速度较年度栽培面积增长速度快，这是由于世界各国对向日葵籽粒及其副产品的需求不断增加以及向日葵栽培技术和育种水平不断提高的结果。2019 年向日葵栽培面积最大的国家是俄罗斯，达到 $8.414\ 7\times10^6$ hm^2；其次是乌克兰，第三是阿根廷；我国年栽培面积居世界第六位，为 8.500×10^5 hm^2。

我国在 20 世纪 70 年代从国外引进法国质核互作型雄性不育系，20 世纪 80 年代开始大面积推广三系杂交种。从 1979 年起，向日葵栽培被正式纳入国家计划，成为我国五大油料作物（大豆、油菜、花生、芝麻和向日葵）之一。根据农业农村部（http://www.moa.gov.cn/）的统计数据，2018 年我国向日葵的栽培面积为 9.213×10^5 hm^2。内蒙古是我国最大的向日葵主产区，栽培面积为 5.644×10^5 hm^2；其次是河北和山西，栽

培面积分别为 5.18×10^4 hm^2 和 2.94×10^4 hm^2。

三、产业发展的重要意义

向日葵籽仁含有蛋白质 21%～30%。种子腌煮烘烤制成五香葵花子，嗑食香醇可口，是人们喜食的大众化零食佳品。向日葵种子脂肪含量较高，一般油用品种为 40%左右，高油品种可达 55%，食用品种为 28%～32%。向日葵脂肪中的亚油酸含量可达 65.0%～73.9%，远高于大豆油、菜籽油、花生油、玉米油和胡麻油。向日葵油还含有较丰富的维生素 E、维生素 B$_6$、胡萝卜素、葡萄糖、蔗糖等，有利于增强人体健康和延年益寿。人们将向日葵油誉为"健康营养油"，世界各国人民对向日葵油的食用需求日益增长。

油葵种子的皮壳约占种子质量的 30%，皮壳含有粗蛋白质 13%、粗脂肪 2.7%，还有淀粉、叶绿素、叶黄素等营养成分，用作饲料具有开胃、润肠等作用。工业上可以用皮壳制造活性炭和提取丙酮；还可压制纤维板，2 t 皮壳可制 1 t 纤维板。燃烧后的灰烬中含钾 24.4%，是一种钾素肥料。

榨油后的饼粕中营养物质仍很丰富，含有蛋白质 30%～36%、脂肪 8%～11%、淀粉 19%～22%，是制作酱油、醋、味精、糕点的原料，也是饲养家禽家畜的精饲料，喂奶牛甚好，喂鸡可降低蛋黄中的胆固醇。

第二节 植物学特征

一、根

向日葵的根系属于直根系，由主根、侧根和须根组成庞大的根系，能在较大范围内吸收水分和养料，并能牢固地支撑植株，防止倒伏。种子萌发后首先长出 1 条胚根，逐渐生长，形成圆锥形的主根，入土深度为 150～200 cm，最深可达 300 cm。主根在地下 20～30 cm 部分较粗，其上生有侧根，侧根向水平方向生长，分布范围可达 80～100 cm。侧根上生有须根，须根多少是根系发育好坏的标志。侧根和须根上生有稠密的根毛，根毛和土壤紧密接触，吸收土壤中的水分和养料。整个根系的 2/3 分布在 0～20 cm 土层中；1/3 分布在 20 cm 以下土层中，吸收下层土壤中的养料和支撑固定植株。向日葵开花前 10 d 左右，在茎基部子叶痕以下生出若干不定根，称为气生根或水根。一部分气生根伸入土中，可以增强对植株的支撑作用，同时也可以吸收土壤上层的水分，增加花期水分和养料的供应。

向日葵根系发达，根群庞大，吸收能力很强。这是向日葵抗旱耐瘠的形态特征之一。苗期根系生长速度比茎部快，在 3 对真叶时，苗高为 20 cm 左右，主根已长达 70～80 cm，根长为苗高的 3～4 倍，所以向日葵适应干旱地区"十年九春旱"的环境。现蕾期根系生长更快，开花前达到高峰，每天可伸长 1～3 cm，与地上部快速生长期相适应。此时需要大量的水分和养料来满足植株快速生长的需要。开花以后生长速度减慢，到成熟时才完全停止。向日葵根系发育及分布状况，与土壤水分和养分的供应有直接关系，前期雨水充沛，土壤湿度大时主根扎得较浅，干旱年份土壤干燥时主根扎得极深，以吸收深层土壤中的水分，对提高产量有重要意义。

二、茎

向日葵的茎秆直立粗壮、圆形，不分枝或有少数分枝。表皮粗糙，被有短刺毛。接近成熟时，地面上约 20 cm 形成棱形，且很坚硬，有利于支撑加重的茎秆和花盘。

向日葵幼茎颜色有紫色、绿色、红色、深紫色等，这是幼茎细胞中含有花青素所致。这个特征是苗期鉴别品种的重要标志。茎内有海绵状的髓，髓能储存水分，调节植株体内水分盈亏，有利于抗旱。老茎髓细胞间隙充满空气而呈现白色。

三、叶

向日葵的 2 片子叶储藏着大量养分，供幼芽生长需要，展开后能进行光合作用制造营养物质。待真叶长出后，子叶逐渐枯萎脱落。子叶生长的好坏直接影响苗株生育，所以要保护好子叶，防止遭受损伤和病虫害。子叶出土后新生的叶称为真叶，真叶的数目和大小随品种类型而不同。油用品种叶片少，只有 30 片左右。食用品种叶片多达 40 片以上。现蕾时叶片数目不再增多。有的植株在花盘背面长出 2～3 片无柄小叶。植株下部 3～4 对叶片对生，往上则呈单叶螺旋排列在茎秆上。向日葵的叶片多呈心脏形，不同品种略有差异。叶端尖锐，叶缘呈锯齿状，缺刻深浅不等。叶片着生在叶柄上。叶面、叶背以及叶柄上都有短毛，叶面上覆有一层蜡质，可减少水分蒸腾，防止病菌侵染。叶片、叶柄都呈绿色；有些品种的叶脉和叶柄呈紫色，这类品种的种子皮壳多呈黑紫色。不同部位的叶片大小不同，植株中部叶片较宽大，上部和下部叶片较小。

下部的 6～8 片叶在开花之前进行光合作用，发挥制造营养物质的功能，到开花时它的作用明显降低。植株中部的叶片大，光合能力强，籽实产量的 50% 靠中部叶片提供营养物质。上部叶片小，光合作用强，距离花盘近，能提供籽实产量所需营养物质的 30%。说明向日葵叶面积的大小在很大程度上决定着籽实产量的高低。而叶片数目多少、叶面积大小则主要由品种特性、种植密度和生长发育期间水肥供应状况来决定。因此要采取选育优良品种、调整群体结构、加强田间管理等措施来获得较高的产量。

向日葵的叶片有强烈的向阳习性，随阳光照射的方向而转动。叶片两面密布无数的气孔，其主要作用是进行气体交换和水分蒸腾。当土壤水分缺乏时气孔关闭，防止水分散失，增强耐旱力。当土壤水分过多时气孔开放，通过蒸腾排出大量水分，增强植株耐涝性。气孔还能接受空气中的水分和其中溶解的养分，这也为根外追肥提供了方便。

四、花

向日葵出苗后 35～40 d，长出 8～10 片真叶时，花序开始分化，花序呈头状（图 2-1）。花序长在植株顶端，以后发育成花盘。花盘基部是变态茎，称为花托。花盘外围围绕着 3～4 层绿色苞叶，是叶的变态，除保护花盘外还能进行光合作用。花盘边缘有一圈舌状花，其花瓣呈长舌形、金黄色或橙黄色，个别品种花瓣呈紫色。舌状花性器官不全，不结实，借其鲜艳色泽招引蜜蜂、蝴蝶等昆虫，传播花粉。舌状花以内的占据整个花盘的小花称为管状花或筒状花，是能够受精结实的两性花。管状花由子房、退化的萼片、花冠和 5 枚雄蕊、1 枚雌蕊组成；子房下位，1 室，结 1 粒籽。

图 2-1　向日葵的茎、叶、花序及种子
A. 茎　B. 叶片　C、D. 舌状花　E. 管状花　F. 种子　G. 管状花
（引自《中国植物志》，2004）

　　花盘上着生管状花的数目，受花盘分化形成期间环境条件的影响，环境条件良好时分化形成的小花较多。一般花盘的小花数目为 700~1 500 朵。同一朵管状花上的雌蕊和雄蕊成熟时间不一致，雄蕊先熟，雌蕊后熟。同一个花盘上的雄蕊给雌蕊授粉不亲和，可避免近亲繁殖，因而形成典型的异花授粉特性。自花授粉率极低，仅为 0.36%~1.43%，接近于自花不实。有研究表明，向日葵自花授粉结实率与开花时的温度密切相关，当气温不高于 20 ℃时，自花授粉结实率较高。此项发现对向日葵科学研究、品种纯化、防止生理混杂有现实意义。生产上可选定适当的播种期，把开花授粉时间调整到当地气温在 20 ℃以下的时节，即可有效地提高自花授粉结实率。

五、种　子

　　向日葵的种子是带有革质皮壳的瘦果，大小、形状、色泽、构造等随品种而不同。食用品种籽粒肥大，长为 1.6~2.3 cm，皮壳较厚，籽仁常不饱满。油用品种籽粒较小，长为 0.8~1.2 cm，皮壳薄，籽仁饱满。同一花盘上的种子大小和形状也有差异，外圈籽粒大而皮厚，盘心籽粒小而皮薄，中部籽粒大小均匀，具有本品种的典型特征。粒形有卵圆形、长锥形、圆柱形、瓢形、长条形等几种。外形呈一头宽一头窄，宽头有小花脱落的痕迹，窄头有唇形的果孔。果孔周边呈疏松海绵状，吸收水分后膨胀开裂，促进种子萌发。

　　皮壳颜色有白色、煤黑色、紫黑色、灰色、褐色、棕色等，或有黑色、灰色、白色、褐色相间的条纹，或有白色、灰白色、暗灰色的边缘。一般食用品种的条纹明显，油用品种无条纹或有不明显条纹。皮壳由表皮、木栓组织和厚壁组织组成，大部分油用品种的皮壳在木栓组织与厚壁组织之间有 1 层硬壳层，有阻止向日葵螟虫蛀入的作用。食用品种多不具硬壳层。皮壳有保护种子、防止籽仁水分散失过快、维护其发芽力、减少皮壳内外气体交换、防止呼吸旺盛消耗过多养分、延长种子寿命等作用。

皮壳腔内着生 1 颗白色籽仁。籽仁表面有光泽，由 2 片子叶和 1 个胚构成。籽仁外包 1 层薄而透明的内种皮，称为种膜。籽仁含有丰富的脂肪和蛋白质。

第三节 生物学特性

一、生育时期

向日葵生育期因品种、播种期、栽培地区的不同而不同，生育期在 85 d 以下者为极早熟品种，生育期在 86～100 d 者为早熟品种，生育期在 101～105 d 者为中早熟品种，生育期在 106～115 d 者为中熟品种，生育期在 116～125 d 者为中晚熟品种，生育期在 126 d 以上者为晚熟品种。

根据向日葵生育特性，将其生育时期划分为 5 个阶段：播种到出苗、出苗到现蕾、现蕾到始花、始花到终花、终花到成熟。按其生长发育生理进程，这 5 个阶段中，从发芽到现蕾是营养生长时期，从现蕾到成熟是生殖生长时期。

（一）播种到出苗

种子播入土壤后，在土壤温度、湿度、空气等环境条件适宜时，吸水萌动，发芽出苗。向日葵种子萌发后，通常是皮壳留在地面下，子叶破土而出，慢慢展开，即为出苗。从播种到出苗经历的时间长度受环境条件影响，在高纬度、高海拔地区，播种期早、覆土厚、土壤温度低、土壤水分少、土质黏重或盐分含量高等情况下出苗慢，反之出苗快。这些环境因素中以土壤温度的影响最大。一般春播出苗需 12～16 d，夏播出苗需 5～8 d。这个时期的田间管理目标主要是保证苗全、苗壮。

（二）出苗到现蕾

向日葵出苗后 2 片子叶间显露出真叶嫩尖，当苗高为 3～5 cm 时，主根伸长达 30～40 cm，主根伸长的速度比苗高增加的速度快，有利于吸收利用耕作层下部的水分，增强抗旱能力。苗高为 12～14 cm 时，第 3～4 对真叶展开。此时，对生叶不再增加，此后新生的单叶则呈现轮生排列。对生的 3～4 对叶片较小，其主要功能是提供根系及幼苗生长所需的营养物质。需及时间苗、定苗和防治虫害，培养壮苗。

整个出苗到现蕾时期，向日葵的生长以营养生长为主，随着苗龄的增加和苗株的增大，生殖器官开始分化，逐步向生殖生长过渡。14～18 叶期是花盘雏体分化期，这是生殖器官形成的开端。18～24 叶期是管状小花分化期，花盘上管状花的数目是在这个时期决定的。苗期环境条件优越时，分化管状花的功能期较长，分化的小花数目多，后期才能花多、粒多、产量高。所以花器分化期是田间管理的关键时期，需及时中耕松土除草和防治虫害。

油用品种约有 25 片叶展开时，食用品种有 30～34 片叶展开时，植株顶端出现由尖形小苞叶围绕的星状体，称为花蕾。其直径达到 1 cm 时进入现蕾期。油用品种从出苗到现蕾历时 40 d 以上，食用品种从出苗到现蕾历时 45～60 d。

（三）现蕾到始花

现蕾后植株迅速生长，茎颈部（花蕾下面一段茎秆）快速伸长，将花蕾托出，高耸于茎端。花盘逐渐长大，从盘心由内向外逐渐外露，花盘边缘的管状花含苞待放。接着舌状花冠张开，部分管状花的聚药雄蕊管高耸，雌蕊柱头从中钻出，进入初花期。

开花前植株上的叶片全部出齐，不再增多。油用品种一般有叶片 30 片左右，食用品种有 40 片以上。花盘背面无叶，个别花盘背面有时出现 1～2 片无柄叶。

从现蕾到初花期需 20 d 以上，需有效积温 340 ℃左右。这段时间株高增长极快，累计株高增长量占最终株高的 50%～60%。花盘直径扩大到 9～12 cm 时，是植株生长最旺盛的时期，称为快速生长期。这段时间生长发育迅速，需要大量的水分和养料，耗水量约占总需水量的 43%，需要的养分约占总需肥量的 50%。因此要在现蕾前及时追肥、灌水和中耕培土，提供优良环境，以促进生殖器官的发育。

（四）始花到终花

向日葵雄蕊和雌蕊先后成熟，管状小花优先接受异花花粉。通常雄蕊在 9:00 前后散播花粉，而雌蕊柱头入夜后才展开，可避免自花授粉，减少近亲繁殖可能造成的遗传退化。而且花冠的基部有蜜腺可分泌蜜汁，吸引蜜蜂采蜜，借以传播花粉。

管状小花开花，是由外圈到内圈逐次开放的。始花后 3～6 d 小花开放量最多。从舌状花瓣展开（始花）到花盘中心小花授粉结束（终花），单株历时 8～12 d，群体花期延续 15 d 左右。

（五）终花到成熟

从终花到成熟是向日葵生长发育周期中的最后一个生育阶段，此阶段是籽实灌浆鼓粒、脂肪形成、蛋白质和淀粉积累的关键时期，决定着向日葵的经济产量和品质，而此时的营养体生长则很缓慢或终止。

根系在终花后仍继续生长，直到生理成熟时才终止。花盘在终花后迅速增大，到始花后 18～23 d 基本定型。花盘直径与单株产量成极显著的正相关，即花盘大的产量高。生产上应合理调整种植密度，加强后期田间管理，争取花盘增大。

向日葵子房体形在开花授粉前瘦瘪，受精后逐渐膨大，受精 6～12 d 增长最快，脂肪、蛋白质、淀粉等干物质不断形成，逐渐积累，直到生理成熟期，籽实干物质量达到最大值，脂肪含量达到最高值，脂肪酸成分稳定。皮壳颜色由浅变深，至受精后 15 d 左右固定为该品种固有粒色。从开花到成熟经历 35～40 d，约需有效积温 760 ℃。食用品种这个时期历时较长，所需有效积温较多。如果生理成熟前出现高温天气，有催熟作用，有效积温有所减少。

二、生长发育对环境条件的要求

（一）温度

向日葵对温度变化的适应性较强，对高温和低温都有一定程度的耐受性。这也是它能跨越较大的地理纬度，广泛分布于世界各地的主要原因之一。当土壤温度在 2 ℃以上时就开始萌动，4～5 ℃时即能发芽。当土壤温度为 2～4 ℃时，14 d 内幼芽可长达 1.5～2.0 cm。此时，根系生长比较缓慢。当土壤温度达到 8～10 ℃时，就能完全满足正常出苗的需要。幼苗可以忍受几个小时－4 ℃的低温，低温过后会很快恢复生长，子叶期幼苗比真叶期幼苗耐冻。当9月下旬早霜降临时，一般作物（例如高粱、玉米、谷子等）已经严重冻害，夏播的向日葵仍能维持生长发育。这个特性使它能在高纬度、高寒山区春播，或在冬麦区夏播。

向日葵开花至成熟阶段虽然需要较高的温度，但高温不能伴随高湿。如果气温高于40 ℃，同时相对湿度达到90％时，植株生长停止，而且还会导致叶斑病和锈病的发生。

向日葵生长发育过程中适宜的温度下限为5～10 ℃，上限为37～44 ℃。向日葵由于品种类型不同，生长发育需要的积温也不同，一般在2 600～3 000 ℃。一般油用向日葵各生育阶段所需的积温，播种到出苗为110～120 ℃，出苗到现蕾为640 ℃左右，现蕾到始花为340 ℃左右，从始花到成熟为760 ℃左右，从出苗到成熟共需有效积温1 850 ℃左右。食用品种生育期长，所需积温比油用品种高。

（二）水分

向日葵一生中需水量较大，每生产1 g干物质所需水分为470～570 mL。向日葵各生育阶段的需水量有明显差异。

由于向日葵种子的皮壳较厚，发芽时吸收水分较多，必须吸收相当于种子本身质量56％的水分才能发芽。播种后土壤湿度低时将严重影响出苗率和出苗整齐度，所以播种时要浇底墒水，或雨后抢墒播种。

从出苗到现蕾之前，是向日葵耐旱能力最强的阶段。在向日葵出苗之后，根的生长很快，超过地上部，迅速形成强大的根系，从土壤中吸水的能力增强。同时这个时期需水量不多，占全生长发育期需水量的20％左右。

从现蕾到开花结束，向日葵需水量最大，占全生长发育期需水量的60％以上，要求土壤含水量为最大田间持水量的50％以上。此阶段要经历小花分化、开花授粉、花盘发育、种子形成等关键时期，如果水分不足，就会导致花盘小、结籽量少、千粒重（1 000粒种子的质量）低，因而减产。但是雨水过多、阴雨连绵，也会导致授粉不良，病害蔓延，降低产量。

从开花结束到成熟，向日葵的需水量占全生长发育期的20％左右，需要晴朗的天气，以利于灌浆鼓粒和脂肪积累。

向日葵苗期根系深，较耐旱，可不灌溉，实行蹲苗，以促进根系下扎，增强抗旱能力。在现蕾、开花和灌浆期旱情较严重时，可适当灌水。现蕾至开花期为需水高峰期（与需肥高峰期吻合），也是向日葵最旺盛生长阶段，对水分十分敏感，这时如果水分供应不足就可能影响生长而造成严重减产，因此必须灌水。

（三）光照

向日葵属短日照作物，但对日照长短反应不敏感，早熟品种更不敏感。充足的阳光可促进生长发育前期茎秆叶片生长旺盛，开花受精发育正常。生长发育后期充足的光照有利于营养物质的制造、转运和积累，保证籽实饱满。向日葵喜欢充足的阳光，幼苗、叶片、花盘都有极强的向日性，当大部分小花授粉以后向日性就会消失。因为小花受精，籽粒逐渐充实，花盘越来越重，向下的重力超过了转动力，因此花盘停止转动。同时花盘停止的方向也有一定的规律，一般90％以上的花盘是向东或东南倾斜。据此，国外栽培向日葵的垄向都是东西向，有利于机械化收获。

第四节 栽培管理技术

一、轮作倒茬

向日葵根系发达，吸肥能力很强。连作会消耗大量养分，造成土壤养分失调，也会加重病害，致使植株矮小，籽粒产量低、品质差。向日葵还伴生杂草列当，列当寄生在向日葵的根上吸收水分和养分，使向日葵生长发育不良，甚至枯死。生产上科学轮作倒茬至关重要。

（一）轮作周期

向日葵的轮作周期应依据当地病虫草害发生情况及病原菌在土壤中存活的年限确定。列当种子在干旱土壤中可存活 8～12 年；霜霉病病菌的卵孢子在土壤中可存活 9 年；菌核病病菌的菌核在土壤中可存活 2～3 年，在干燥土壤中可存活 10 年；叶斑病和锈病病菌的孢子在病株残体上可存活 2 年。因此轮作周期在列当寄生和霜霉病发生严重的地区应为 8 年以上，在菌核病严重地区应为 4～5 年，在叶斑病及锈病严重地区应为 3 年以上。

（二）前作的选择

向日葵适应性强，对前作要求不严格。但考虑到病虫草害的传播和土壤深层水分的利用，应选择不传播特定病虫害和杂草的前茬和非深根系作物作前茬，例如禾谷类作物。

二、选地与整地

向日葵对土壤要求不严格，除了低洼易涝、排水不良的渍水地块，从轻砂壤到重黏壤，从偏酸性土到盐碱土都可以栽培。一般选择地势平坦、保水保肥、排水良好、肥力中等的地块，避免重茬和迎茬的地块。肥力差的砂土地，通过合理施肥也能生长良好，获得较高产量。

由于向日葵根系发达，深翻地能满足向日葵根系深扎的要求。如果耕深浅，下层土壤坚硬，根系扎不下去，只在浅土层中生长而不牢固，支持不住高大粗壮的躯干和沉甸甸的花盘，遇风雨易倒伏。在秋收后到封冻之前深翻，有利于土壤熟化，秋翻时间宜早不宜晚。春翻地易使土壤水分散失，加重旱情，影响向日葵适时播种和出苗，半干旱和春旱地区不宜春翻。

三、施　　肥

向日葵施肥的增产效果明显，氮、磷、钾肥是影响向日葵产量的主要因素。其中，缺钾造成的产量降幅达到 22.7% 左右；缺氮次之，产量下降 19.4% 左右；缺磷造成的减产幅度最小，为 15.3% 左右。向日葵是喜钾作物，对钾素的需求量大于氮、磷。合理施肥对于提高向日葵产量以及避免肥料的浪费有重要意义。基肥应以农家肥为主，化肥为辅。结合秋翻地施基肥，比春翻春耕时施更有利于保肥，并能提高出苗率。多采用撒施，耙匀后再耕翻。种肥也称为口肥，是补充基肥不足的辅助施肥方法。在施基肥少或不施基肥的较瘠薄的土地上，一般施磷酸二铵 150 kg/hm²、氯化钾 75 kg/hm²。向日葵生长发育中后期是营养生长与生殖生长并进的时期，也是影响产量和脂肪含量的关键时期，要根据土壤肥力、水分供应、气候等情况，及时追肥。追肥以使用尿素等速效性肥料为主。春播油用品种应在现蕾前后追肥，夏播油用品种不施基肥的可在 8 叶期追肥；食用品种应在 8 叶期追肥；钾肥应在开花前追施。一般追施碳酸氢铵 $300\sim375$ kg/hm²（或尿素 $105\sim150$ kg/hm²）、氯化钾 150 kg/hm²。

四、播　种

（一）精选种子

选用适宜当地种植的高产优质向日葵新品种，通过种子遗传优势提高产量。在选种时，应将小粒、瘪粒、病粒、坏粒剔除，选用大粒而饱满的籽粒播种。

（二）种子处理

1. 播种前晒种　播种前选择晴朗天气，把种子摊开晾晒 $2\sim3$ d，以降低种子水分、增加体温，加强种子体内酶活性，促进后熟作用，增强抗性，有利于播种后发芽快，出苗齐。

2. 发芽试验　种子精选后，再进行发芽试验，测定其发芽率和发芽势，据此确定其播种量。播种的种子发芽率要达到 90% 以上。

3. 温水浸种　将向日葵种子用 18 ℃温水浸种，食用品种浸泡 $6\sim12$ h，油用品种浸泡 $6\sim8$ h，捞出后晾至七成干即可播种。

4. 药剂拌种　为了防止向日葵病害、促进幼苗生长，最好用向日葵种衣剂进行种子包衣。向日葵霜霉病、菌核病发生严重地区，可用 50%腐霉利可湿性粉剂，或 40%菌核净可湿性粉剂，用种子质量的 0.3%～0.5%拌种。

（三）播种方法

向日葵是一种生育期比较短的作物，播种期的选择余地比较大。根据各地的气候特点和栽培制度，通过调整播种期，使开花期至籽实灌浆期尽量避或减轻高温多湿的不利影响，在生产上一般采用穴播、耧播、犁播或垄播方法。播种深度要按底墒和土壤性质等情况确定。底墒不足、干土层厚、土壤松绵时应播得深些，播后要及时镇压以防跑墒，以利于出苗；底墒充足、土质黏重的盐碱地应播得浅些，易出苗。潮湿土壤、盐碱地、黏土地播种深度一般在 $2\sim3$ cm，旱地、砂质土壤播种深度可达 $4\sim5$ cm。

五、合理密植

合理密植是提高向日葵产量的有效措施。确定合理的密度，要与品种类型、土壤性质、气候条件、施肥、灌水等措施相适应。

食用品种的植株高大、根深叶茂、覆盖面大，单株占有较大的营养面积，栽培密度不宜过大。例如株高在 $250\sim300$ cm，其叶片为 40 片时，密度不宜超过 3.0×10^4 株/hm²。油用向日葵品种植株比较矮小，株高在 200 cm 以下，叶片 30 片左右，适宜密植，密度可超过 4.5×10^4 株/hm²。

同时，如果土壤水肥条件好，向日葵的个体生长发育良好，植株茎秆粗壮而繁茂，栽培密度应稀些；肥水条件差，个体生长受到影响，植株繁茂度小，应相应密些。

近年来，许多高产田块采用宽行（$50\sim60$ cm）小株距栽培向日葵，使植株在田间的分布更为合理，改善群体的光照状况，进而增加了向日葵的栽培密度。该模式便于实行机械化作业，方便人工辅助授粉，能很好发挥向日葵的边际效应，从而提高产量。

六、田间管理

（一）查田补苗

向日葵子叶肥厚，出土比禾本科作物困难，播种后低温、整地不良、干旱少雨、鸟害、虫害等易造成缺苗断垄，进而造成向日葵产量不高，应及时查田补苗。成行成片缺苗的田块要补种，缺苗少的可移栽补苗。补种前应将种子浸泡催芽，待种子露白时立即播种，以加快出苗。由于向日葵根系发达，苗期根系生长发育快，抗旱能力强，所以向日葵移栽的成活率一般在90％以上。

（二）间苗定苗

向日葵大多数采用穴播或开沟点播，每穴播种3～5粒。向日葵苗期生长快，发育早，当有5～7片真叶时，小花开始分化，此时是决定小花数目的关键时期，必须给予良好的环境条件。如果间苗不及时，幼苗互相拥挤，容易造成幼苗徒长，影响小花分化，导致减产。应在1对真叶期间苗，每穴留2株；2～3对真叶期定苗，每穴留1株。但对于虫害严重、盐碱地较重的地块，为防止死苗缺苗，定苗时间可适当晚些。

（三）中耕除草

向日葵对杂草具有强大的抑制作用，当株高达33 cm以后，茎叶生长迅速，宽大的叶片形成严密的郁蔽状态，可抑制杂草生长。但在幼苗期生长缓慢，地面裸露时间长，杂草容易滋生，而且土壤水分蒸发快，容易干旱。因此要尽早中耕除草和松土保墒。向日葵生长发育期间一般要中耕2～3次，第1次在1～2对真叶期，结合间苗或定苗进行，此次中耕要浅、细致，把幼苗周围的小草除尽，铲后3～5 d耥地，作业深度为8～10 cm，不培土。第2次中耕在定苗7～8 d后进行，对保墒、防旱、促苗壮有良好作用。第3次中耕要在封垄之前进行，太迟易损伤茎叶或折断植株。此次中耕，把土培到茎基部，增强抗倒伏能力。

（四）化学除草

适于向日葵的除草剂有氟乐灵、扑草净等。防治单子叶杂草，每公顷用48％氟乐灵乳油4.5 kg加水300 L，播种前10 d均匀地喷洒在地面上，混入土中。如果在播种后施用，要减少用量，并在播种后3 d以内喷洒，以免出苗时发生药害。每公顷施用50％扑草净可湿性粉剂3 kg加水300 L，播种后3 d内喷洒，耙入土壤中，可有效杀死萌发的阔叶杂草幼苗。

（五）打杈和打底叶

随着植株生长和花盘形成，有些向日葵品种（食用品种为多）常从茎秆的中上部叶腋里生出许多分枝来。这些小分枝虽然也能形成花盘，但由于营养不足，花盘长不大，籽粒过小，空壳也较多，主茎花盘也因分枝多而不能很好发育。所以在向日葵生长发育过程中发现分枝时应立即除去，即打杈，打杈至少要进行2次。打杈要打早、打小，这样省工省力又不伤茎叶，可以避免养分消耗，保证主茎花盘籽粒饱满。如果枝杈太大时打杈，此时表皮已纤维化，枝茎已木质化，打杈就比较费工，而且伤茎叶。

向日葵叶片是合成有机物质的工厂，是形成产量的物质源泉，要尽量保护，不使其遭受病虫危害和机械损伤，才能争取高产。研究发现，向日葵花期除去上半部叶片时单株籽实产量下降55％，除去下部叶片时单株籽实产量下降23.7％。但是在生长发育后期下部叶片衰老，功能衰退或丧失，还易携带病菌成为病源，打掉这些老叶后，行间通风透光条件得到改善，病害减轻，因而还可起增产的作用。打底叶时间不可过早，打掉叶片数不可过多，中部和上部叶片不可打掉。

（六）人工辅助授粉

向日葵空壳现象比较普遍，一般为 30％ 左右，高的可达 50％ 以上，甚至整个花盘都是瘪粒。解决的办法主要有 2 种：蜜蜂传粉和人工辅助授粉。1 只蜜蜂每天能完成 1.2×10^4 朵花的传粉任务，一般可使产量提高 34％～46％。向日葵在开花期间如果蜜蜂及其他昆虫稀少，可采用人工授粉。先准备直径为 10 cm 左右的硬纸板，于其上铺 1 层棉花，再蒙上 1 层纱布，做成用于授粉的粉扑。授粉时，将粉扑正面轻按第 1 个花盘上的开花部分，连续轻按几次，粉扑沾上大量花粉，在第 2 个花盘上轻按几下，这样可以使第 2 个花盘接受第 1 个花盘的花粉，并且粉扑上也会沾上第 2 个花盘的花粉，依次连续操作下去，授粉的株数越多，粉扑沾的混合花粉粒越丰富，授粉选择的机会越多，授粉效果越好。研究发现，在蜜蜂不足的情况下，自然授粉的空壳率为 41.9％，产量为 895.5 kg/hm²；人工辅助授粉后空壳率下降为 20.4％，产量提高到 1 327.5 kg/hm²，增产 48.2％。

七、及时收获

及时收获是向日葵丰产丰收的最后一环。若向日葵植株中上部叶片呈淡黄色，花盘背面发黄，花盘边缘呈微绿色，舌状花瓣凋萎或干枯，苞叶呈黄褐色，茎秆变黄色，种皮形成固有的色泽，种仁水分适宜，即可收获。收获过早时，种子成熟度差，籽粒不饱满，千粒重低，皮壳率高，含水量高，脂肪含量降低，对产量和品质均有影响。收获过晚时，花盘上的籽粒失水过多，使籽粒之间排列疏松，容易落粒；后期的鸟、鼠害及雨、雹等不利自然条件也会影响向日葵产量。据报道，适时收获的落粒损失量约为 1％，迟收 5 d 损失增至 4％。

目前向日葵多半是手工收获，用镰刀割下花盘后立即摊开晾晒，定时翻动。晾晒 2～3 d 后种子含水量降低，体积缩小，在花盘上松动，即可用木棒敲打或石碌辊压脱粒；也可使用脱粒机机械脱粒。脱下的种子湿度很大，不可堆积，应摊开晾晒，防止发热变质。种子晒干（达到安全含水量）扬净，才可装袋入库。

八、安全储藏

向日葵种子储藏时，对水分和温度要严加控制。我国向日葵种子的安全含水量一般为 12％，即晒到用手一按能裂开的程度。同时要清除杂质，例如打碎了的茎秆、花盘等有机残体，其含水量往往比种子高 2～4 倍，必须清除干净，清洁度要达到 98％ 以上方可储藏。油用品种的储藏比食用品种困难，因为油用品种脂肪含量高，且皮壳薄，收获时易破碎、脱壳，易受霉菌侵染，引起发热变质，因此脂肪含量高的品种安全储藏的含水量要求低于 7％，一般要经过人工干燥处理，才能大量安全储藏。

向日葵种子在储存期间要保持干燥低温，以延长种子寿命。高温、高湿易使种子衰老、变质而丧失发芽能力。在建设库房时既要考虑密闭问题，防止空气湿度对干燥后种子的影响，也要考虑避免阳光直射，保持库房温度适当。在普通库房存放向日葵，冬季要求袋子堆放不超过 6 层，其他季节堆放不超过 4 层；散堆堆放的高度，冬季不超过 2.5 m，其他季节不超过 1.5 m。

第五节 病虫害及其防治

一、主要病害及其防治

(一) 向日葵菌核病

向日葵菌核病是我国向日葵生产上发生极为严重的病害，发生范围广，损失大。向日葵在整个生长发育期间都能被病菌侵染，根据侵染部位可分为根腐型（主要侵染茎基部）、茎腐型（主要侵染茎秆）和烂盘型（主要侵染花盘）。

向日葵菌核病的防治方法：①秋耕深翻，可把菌核埋压到土壤深处，使它萌发出的子囊盘长不出地面，更深处的菌核吸水膨胀后自行腐烂。②合理轮作，避免重茬，与禾本科作物进行 3 年以上的轮作，能有效地抑制菌核繁衍更新，减少病源，减轻病害。③选用抗病品种。④种子处理，播种前用 50%腐霉利可湿性粉剂，或 50%菌核净可湿性粉剂，按种子质量的 0.3%～0.5%拌种。⑤土壤处理，用 50%腐霉利可湿性粉剂 5.25 kg/hm²，或 40%五氯硝基苯粉剂 37.50 kg/hm²，拌土 750 kg/hm²，与种子同时施入穴内。⑥药剂防治，开花期发病可用 50%多菌灵可湿性粉剂 500 倍液，或 40%菌核净可湿性粉剂 500 倍液，在开花初期喷洒在花盘上，每隔 7 d 喷 1 次，喷药 2～3 次。

(二) 向日葵霜霉病

向日葵霜霉病是具有极大危险性的病害，分布在东北、西北、华北和西南局部地区，是重要的检疫性病害。向日葵霜霉病从幼株到成株都可发生，危害叶片、花盘和籽粒，可分为全株发病和局部发病 2 种类型。全株发病时，感病的幼苗子叶、真叶出现淡黄色病斑，病斑扩大，幼苗生长受阻、矮小瘦弱，不久便干枯死亡。局部发病时，部分或大部分叶片上产生褪绿病斑，病斑受叶脉限制而呈不规则状，病斑背面长满白霉；病株高度、花盘大小与健株无明显区别，但结实率低，产量锐减。

向日葵霜霉病的防治方法：①建立无病留种田，严禁从病区引种，保护好无病区。②与禾本科作物实行 3～5 年轮作。③选用抗病品种。④拔除病株并及时销毁。⑤种子处理，播种前用种子质量 0.5%的 25%甲霜灵可湿性粉剂拌种。⑥幼株至成株期喷施 64%噁霜·锰锌可湿性粉剂（含噁霜灵 8%、代森锰锌 56%）2.5～3.0 kg/hm²，或 50%甲霜灵可湿性粉剂 0.75 kg/hm²，或 58%甲霜·锰锌可湿性粉剂（含甲霜灵 10%、代森锰锌 48%）1.8～2.5 kg/hm²。

(三) 向日葵褐斑病

向日葵褐斑病是重要的流行性叶斑病害之一，在东北、内蒙古、华北各产区都有发生，危害相当严重。向日葵褐斑病只危害叶片，先在子叶上发生，然后自下而上发展到上部叶片。正反面都出现病斑，病斑正面呈褐色、背面呈灰白色，叶尖上病斑尤其多。生长发育前期发病能使幼苗死亡，后期发病的叶片自下而上相继枯死，一般减产 10%～20%，严重的减产 40%以上。

向日葵褐斑病的防治方法：①选用抗病品种。②清除田间病害残叶并集中烧毁。③秋耕深翻地，埋压残碎病叶以减少病源。④实行轮作，避免重茬，要实行 3 年以上的轮作。⑤增施磷、钾肥，加强田间管理，增强植株抗病力。⑥药剂防治，发病初期用 50%多菌灵可湿性粉剂 500 倍液喷雾，用量为 500 L/hm²。

二、主要虫害及其防治

（一）向日葵螟

向日葵螟在我国北方向日葵产区均有发生，是最严重的害虫之一。危害向日葵的主要是其幼虫，一年发生 1～2 代，第 1 代危害最重，蛀食向日葵种子，也咬食花盘和萼片，常把花盘蛀食成许多隧道，使其中充满咬食的碎屑和排出的粪便，遇雨易污染腐烂，严重影响产量和品质。向日葵螟以老熟幼虫做茧在土中越冬，发生危害期与向日葵的开花结实期相吻合。产卵高峰期恰是向日葵盛花期，为成虫产卵提供了良好的场所，第 1 代幼虫孵出时，籽粒皮壳未硬，幼虫容易咬破皮壳钻入壳腔取食籽仁。

向日葵螟的防治方法：①选育具有硬壳层的抗螟品种，幼虫对这类品种只能刮食表皮和木栓组织，不能咬穿硬壳层。②药剂防治，在向日葵开花盛期，幼虫尚未蛀入籽粒中时喷药，用 90％晶体敌百虫 500～1 000 倍液 750 L/hm²，喷施 2 次，剂量要准确，喷药时间要掌握好，喷洒要细致周到，防治效果可达 90％以上。喷药时对传粉的蜜蜂会产生不利影响，致使授粉不良，空壳增加，有时得不偿失，故喷药治向日葵螟时需慎重。

（二）蒙古灰象甲

蒙古灰象甲又名象鼻虫，是一种土色的甲虫，分布于东北、华北、内蒙古等地，是杂食性害虫，除危害向日葵外，还危害大豆、甜菜、玉米、高粱、谷子、花生等作物。向日葵幼苗的子叶和真叶被蒙古灰象甲食掉或被咬成半圆形的缺口，尚未出土的幼苗常被咬断幼茎，造成缺穴或成片的缺苗。蒙古灰象甲的危害盛期一般在 5 月上旬至 6 月初。高温、干旱、无风的天气下活动最频繁，低温、阴天、大风天气下活动减少。每天 10:00 前后大批出现取食，中午炎热时潜伏在土表中躲避阳光，15:00—16:00 再大批出来取食。

蒙古灰象甲的防治方法：①与禾本科作物实行 3 年以上轮作。②采取秋深耕、冬灌水、精耕细作等措施，能显著降低虫口密度，减轻危害。③药剂防治，苗期成虫大发生时，可用 40％辛硫磷乳油 0.4～0.6 kg/hm²，或 90％晶体敌百虫 0.6～0.9 kg/hm² 喷雾防治。④人工捕捉，也是一种行之有效的办法。

（三）黑绒金龟子

黑绒金龟子又名东方金龟子、黑盖虫，分布于东北、内蒙古、华北、西北各地，以东北、华北地区发生较多，是杂食性害虫。黑绒金龟子以成虫取食向日葵幼苗叶片，导致叶片残破缺裂，危害严重时，将小苗叶片吃光，甚至咬坏生长点、咬断幼茎，一株苗上最多可有几十头，常造成缺苗断垄，以致毁种。向日葵出苗后，黑绒金龟子即可迁移到向日葵幼苗上危害。成虫夜间和上午多潜藏在杂草多的地方栖息，午后出土危害，17:00—20:00 活动最盛。危害盛期一般在 5 月上中旬。温暖无风天气下活动量大，危害时间长，并喜欢集群危害。6 月中旬以后危害减少。

黑绒金龟子的防治方法：①消灭虫源，在向日葵田块周围的荒地、边堰、渠道旁及果树下撒毒土（50％辛硫磷乳油和细土按 1∶200 混匀）毒杀越冬及潜伏的金龟子。②喷药防治，在成虫危害初期进行，可用 2.5％溴氰菊酯乳油 225～300 mL/hm² 加水稀释成 2 000 倍液，或 40％甲基辛硫磷乳油 225～300 mL/hm² 加水稀释成 2 000 倍液喷雾。③人工捕杀成虫，金龟子成虫具有假死性，可在傍晚活动盛期进行人工捕捉。

复习思考题

1. 简述向日葵花盘的构造及各部分的特点。
2. 向日葵为什么要打杈和打底叶？操作时有哪些注意事项？
3. 为什么说向日葵适应干旱地区"十年九春旱"的环境？
4. 向日葵播种前如何进行种子处理？
5. 为什么向日葵需要人工辅助授粉？如何操作？
6. 简述收获后向日葵种子安全储藏的注意事项。

主要参考文献

白苇，尹海峰，王宽，等，2017. 氮磷钾肥对食葵产量及养分吸收利用的影响[J].河北农业科学，21（3）：54-58.

代东明，2014. 向日葵高产种植与施肥[J].内蒙古农业科技，（5）：40-42.

段玉，张君，范霞，等，2020. 栽培方式与钾互作对食用向日葵产量、品质和钾素利用率的影响[J].植物营养与肥料学报，26（12）：2264-2275.

郭凤萍，刘维，李茂廷，2014. 食用向日葵高产栽培技术[J].宁夏农林科技，55（7）：5-6.

康捷，2009. 向日葵新品种及高产栽培技术[M].沈阳：辽宁科学技术出版社.

李素萍，郭树春，聂惠，等，2020. 旱地食用向日葵保苗与增产技术研究[J].宁夏农林科技，61（10）：1-23.

李晓慧，何文涛，白海波，等，2009. 宁夏向日葵不同生育时期吸收氮、磷、钾养分的特点[J].西北农业学报，18（5）：167-175.

梁一刚，1992. 向日葵优质高产栽培法[M].北京：金盾出版社.

第三章

油　菜

第一节　概　述

　　油菜属于十字花科（Cruciferae）芸薹属（*Brassica*）植物，是一种适应性强、用途广、经济价值高的油料作物。我国栽培的油菜分为甘蓝型油菜（*Brassica napus* L.）、芥菜型油菜（*Brassica juncea* L.）和白菜型油菜（*Brassica campestris* L.）3 大类型。

一、起源与分布

　　一般认为油菜有两大起源中心，一是亚洲，以中国和印度为主，是白菜型油菜、芥菜型油菜和黑芥（*Brassica nigra* L.）的起源中心；二是欧洲，是甘蓝（*Brassica oleracea* L.）、白菜型油菜、黑芥和甘蓝型油菜的起源中心。我国是白菜型油菜和芥菜型油菜的起源中心之一。我国古代称油菜为芸薹，东汉服虔所著《通俗文》有"芸薹谓之胡菜"，宋代苏颂等编著的《图经本草》开始采用"油菜"的名称。我国栽培油菜历史悠久，在距今约 8 200 年的秦安大地湾遗址的灰坑中，发现的已炭化的油菜籽残骸，是迄今发现最早的油菜籽，属于芥菜籽或白菜籽。从西安半坡文化遗址发掘出的陶罐中，也发现了大量炭化的油菜籽，距今约 7 000 年。在距今约 2 000 年的长沙马王堆汉墓中，发现了保存完好的芥菜籽，外形与现今栽培的油菜籽相同。

　　上文已述，油菜主要有 3 种类型：甘蓝型油菜、芥菜型油菜和白菜型油菜。

　　甘蓝型油菜又称为洋油菜，是由白菜（AA，$n=10$）与甘蓝（CC，$n=9$）通过自然种间杂交后，经二倍化（AACC，$n=19$）进化而来的复合种，因其叶形和株型与甘蓝酷似而得名。甘蓝型油菜株型中等，薹茎叶半抱茎，叶片呈蓝绿色、大小中等，花大、花瓣重叠，种子无辣味、呈黑褐色，籽粒产量高。目前我国推广的优良品种大部分属于这个类型。

　　芥菜型油菜又称为高油菜、苦油菜、辣油菜、大油菜，是由白菜（AA，$n=10$）和黑芥（BB，$n=8$）通过自然种间杂交后，经二倍化（AABB，$n=18$）进化而来的复合种。芥菜型油菜株型较高大，叶片小而狭窄，有明显的叶柄，叶面粗糙、皱缩；株型松散，分枝性强，茎组织坚韧，木质化程度高，不易倒伏；花较小，开花时花瓣分离；种皮呈暗褐色或黄色，表面有明显网纹，有强烈辛辣味。芥菜型油菜主要包括细叶芥油菜和大叶芥油菜 2 种类型。

　　白菜型油菜又称为小白菜、矮油菜、甜油菜等，为白菜的变种。植株较矮，叶片薄，绝大多数没有蜡粉，叶抱茎，花较大、开花时花瓣两侧互相重叠，角果较大、细长，种子无辣味。该类型还可分为北方小油菜和南方油白菜 2 种。

世界油菜主要分布在亚洲、欧洲和北美洲。我国油菜分布很广,根据我国南北气候的差异可以分为春油菜和冬油菜两大地区,以东起山海关,西经黑龙江上游至雅鲁藏布江下游一带为界,以北及以西为春油菜区,以南及以东为冬油菜区。春油菜区包括内蒙古、河北省北部、宁夏、新疆、青海、甘肃、西藏、辽宁和黑龙江。冬油菜区包括云南、贵州、四川、湖北、湖南、江西、安徽、江苏、浙江、上海、广东、广西、福建及陕西汉中地区。冬油菜区栽培面积占全国油菜栽培总面积的 90% 左右。

二、国内外生产现状

油菜是世界主要油料作物。2018 年,世界油菜收获面积约为 3.8×10^7 hm²,总产量约为 7.5×10^7 t。世界栽培油菜的国家主要有加拿大、中国、印度、法国、澳大利亚、德国、俄罗斯等。油菜年产量 1.0×10^7 t 以上的国家只有加拿大和中国,两国的总产量约为 3.4×10^7 t,占世界油菜总年产量的 45%。其中,加拿大的油菜产量最大,占世界油菜总产量的 27.12%。2018 年,我国油菜收获面积约为 6.6×10^6 hm²,产量为 1.3×10^7 t,收获面积占世界总收获面积的 17.43%,产量占世界总产量的 17.71%。我国油菜产业规模不断扩大,在世界的影响力得到明显提升。

三、产业发展的重要意义

油菜既是重要的食用油和蛋白饲料来源,也是重要的工业原料。油菜籽一般含脂肪 40%～50%,出油率在 35% 以上。菜籽油中的脂肪酸有棕榈酸、油酸、亚油酸、亚麻酸、芥酸等。油酸和亚油酸是人体必需脂肪酸,尤其是亚油酸易被人体吸收,并具有降低体内胆固醇和甘油三酯的作用,可软化血管预防血栓形成。芥酸为长链高碳脂肪酸,不易吸收消化,但在油漆、塑料、橡胶等工业有特殊用途。此外,菜籽油可作为汽车燃料(混合)油,例如欧洲联盟国家已开始将菜籽油作为生物燃料的重要来源。

油菜籽榨油后出饼率为 60%～65%,饼粕蛋白质含量为 40%。此外,油菜饼粕还含有粗脂肪、纤维素、矿物质和多种维生素,其营养价值与豆粕接近。优质菜籽饼粕中硫苷含量降到 30 μmol/g 以下时,饲用对畜禽无害,可作为畜、禽、鱼类的高蛋白饲料,开发利用潜力大。

第二节　植物学特征

一、根

油菜的根系为直根系,具有主根和侧根。主根由种子的胚根发育而来,垂直向下生长。侧根包括支根和大量细根。一般油菜主根纵向伸展可达 30～50 cm,最深可达 1 m 以上,上部粗壮膨大,下部细长,呈长圆锥形。支根和细根多密集在耕作层 30 cm 土层以内,水平扩展范围在 45 cm 左右。

不同类型油菜在根的形态上有一定差异。白菜型油菜和甘蓝型油菜为密生根系,根略有膨大,为肉质根,木质化程度低,根系发达,分布密集,主根入土浅,抗旱、抗倒力弱。芥菜型油菜为疏生根系，主根不膨大，木质化程度高，侧根稀，支根少，入土深，抗旱、抗倒力强。

二、茎

油菜的茎在外部形态上分为主茎和分枝。主茎的高度依品种而异，低矮品种可在70 cm以下，高大品种可达200 cm以上，一般品种在150 cm左右。

主茎表面较光滑或着生稀疏刺毛，呈绿色、灰蓝色或紫色。主茎由下往上依次分为缩茎段、伸长茎段和薹茎段（图3-1）。缩茎段位于主茎基部，节短而密集，圆滑无棱，着生长柄叶。伸长茎段位于主茎中部，节间由下而上逐渐增长，棱起渐趋明显，着生短柄叶。薹茎段位于主茎上部，节间由下而上逐渐缩短，棱起更为显著，着生无柄叶。

分枝由茎秆叶腋间的腋芽发育形成。分枝上可再生分枝，即二次分枝、三次分枝等。根据一次分枝在主茎上的着生分布位置，分为3种分枝类型：①下生分枝型，其缩茎段腋芽发达，分枝出现早，且伸长速度较主茎快或接近，形成分枝较多，株形呈筒形或丛生状。白菜型品种多属此类。②中生分枝型，分枝比较均匀地分布在主茎各茎段上，下部分枝长，上部分枝较短。甘蓝型品种多属此类。③上生分枝型，其缩茎段及伸长茎段腋芽不能正常发育，下部分枝极少，分枝多集中于上部，株形呈扫帚形。芥菜型品种多属此类。

图3-1 油菜的主茎
1. 茎基部 2. 缩茎段 3. 伸长茎段 4. 薹茎段
（引自于立河等，2010）

三、叶

油菜的叶分为子叶和真叶2部分。子叶形状可分为心形、肾形和叉形。

真叶为不完全叶，只具叶片和叶柄（或无柄），叶形复杂，不同类型品种和不同着生部位的叶片形状各异。一般植株下部叶片较大，主茎上部和分枝上的叶片较小。叶缘有全缘、波状、锯齿、缺刻等类型。叶片的色泽有绿色、灰蓝色、紫色等。叶片表面有的光滑，有的具茸毛，蜡粉有多有少。

油菜叶片从形态上分3种：长柄叶、短柄叶和无柄叶（图3-2）。长柄叶也称为缩茎叶（着生于缩茎段），具有明显的叶柄，叶柄基部两边无叶翅，有短圆形、椭圆形、长椭圆形、卵圆形和匙形等。短柄叶（着生于伸长茎段）的叶柄不明显，叶柄基部两侧有叶翅，有全缘、齿形带状、羽裂状和缺裂状等类型。无柄叶的叶片无叶柄，呈鞋形、披针形和剑形，叶身两侧向下方延伸呈耳状，全抱茎或半抱茎，着生在薹茎段上。

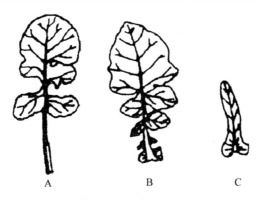

图 3-2 甘蓝型油菜 3 种叶片的形态特征
A. 长柄叶 B. 短柄叶 C. 无柄叶
（引自于立河等，2010）

四、花

油菜的花序为总状无限花序，由主茎或分枝顶端生长点分生细胞分化而成。着生于主茎的花序称为主花序，着生于分枝的花序称为分枝花序。花序也可按分枝次序称为一次花序、二次花序等。花序上着生花朵的中央茎秆称为花序轴。在花序轴上着生大量单花，花序轴长的花朵数也多。油菜花为两性完全花，由花萼、花冠、雄蕊、雌蕊、蜜腺等组成。花萼 4 枚，蕾期呈绿色，开花后呈淡黄色，狭长形。花冠由 4 枚花瓣组成，盛开时平展而呈十字状，有黄色、浅黄色、乳白色等颜色。花瓣下窄上宽，互相重叠或分离。雄蕊 6 枚，4 长 2 短，4 枚长雄蕊着生于雌蕊子房基部两侧，位置高；2 枚短雄蕊着生于另两侧，位置稍低。雄蕊由花丝和花药 2 部分组成，花丝细长、无色，花药成熟时开裂，释放黄色花粉。雌蕊 1 枚，位于花朵中央，由子房、花柱和柱头组成。柱头呈半球形，上有许多小突起，分泌黏液、生长素等生理活性物质；花柱为圆柱形，呈淡黄色。花凋谢后花柱和柱头不脱落，膨大形成果喙。子房上位，由 2 心皮组成，被假隔膜隔为 2 室。在雄蕊与子房之间有绿色球形蜜腺 4 个，分泌蜜汁（图 3-3）。

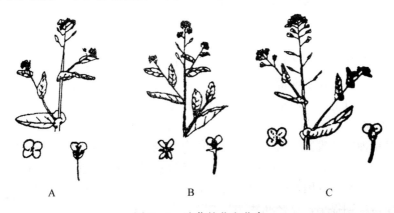

图 3-3 油菜的花和花序
A. 白菜型 B. 芥菜型 C. 甘蓝型
（引自于立河等，2010）

五、果　　实

油菜的果实为角果，由受精的雌蕊发育而来。花柄形成果柄，子房形成果身，花柱和柱头形成角喙。果身包括两片壳状果瓣和假隔膜，种子着生于假隔膜两侧的胎座上。角果形态有细长角果、粗短角果、粗长角果、细短角果等。角果着生状态分为直生型（果柄与果轴的夹角度近 90°）、斜生型（果柄与果轴的夹角为 40°～60°）和垂直型（果柄与果轴的夹角大于 90°）。角果内有种子 10～30 粒，着生于隔膜边缘两侧，成熟时沿果实两侧自下而上开裂。

六、种　　子

种子由受精的胚珠发育而成。油菜种子呈球形，无胚乳，胚弯曲，有 2 片子叶。种子色泽有黄色、褐色和黑色。色泽深浅与成熟度有关。种子大小与品种类型有关，一般芥菜型油菜种子较小，千粒重在 1.0～2.0 g，有的甚至在 1.0 g 以下。甘蓝型油菜种子较大，千粒重在 2.5～3.5 g，有的甚至在 4.0 g 以上。白菜型油菜种子大小变幅较大，千粒重一般为 3.0～5.0 g。

油菜种子脂肪含量一般为 30%～50%。不同品种类型差异较大，一般甘蓝型油菜脂肪含量为 40%左右，白菜型油菜脂肪含量为 38%左右，芥菜型油菜脂肪含量为 36%左右。种子大小和色泽与脂肪含量的关系为黄色＞褐色＞黑色。

第三节　生物学特性

一、生育时期

油菜的生长过程从播种开始，到种子成熟和收获基本要经历 5 个生长发育阶段：发芽出苗期、苗期、蕾薹期、开花期和角果发育成熟期。

（一）发芽出苗期

发芽出苗期是指从种子吸水膨大到子叶平展的阶段。由于油菜种子没有明显的休眠期，只要是成熟的种子，播种后遇到适宜条件即可发芽。油菜种子的发芽出苗，分为吸水膨大、种子萌动、种子发芽和子叶平展 4 个阶段。

（二）苗期

苗期是指油菜从子叶展开到现蕾这段时间。苗期又分为苗前期和苗后期，出苗至花芽分化为苗前期，花芽分化至现蕾为苗后期。一般来说，中熟品种的苗期较长，一般占全生育期的一半或一半以上；普通早熟品种的苗期较短。

（三）蕾薹期

蕾薹期是指油菜从现蕾到初花的阶段。这个时期是营养生长和生殖生长旺盛时期，当主茎高度达到 10 cm 时，进入抽薹期，一般是先现蕾后抽薹。油菜现蕾抽薹时间，受品种、气候、肥料、水分等因素的影响，较高的温度、充足的肥料和水分可以促进油菜的生长和发育，使蕾薹期提早，反之亦然。

（四）开花期

开花期是指从初花至开花结束的阶段。这个时期是营养生长达到最大值，并进入生殖生长旺盛的时期。油菜开花期为 30～40 d，开花期迟早和长短，因品种和各地气候条件而异。白菜型油菜开花早，开花期较长。甘蓝型油菜和芥菜型油菜开花迟，开花期较短。早熟品种开花早，开花期长。温度可影响花期，气温低时开花期长。

（五）角果发育成熟期

角果发育成熟期是指从终花到角果籽粒成熟的阶段，一般为 30 d 左右。根据角果成熟的程度分为绿熟期、黄熟期和完熟期。

二、生长发育对环境条件的要求

（一）温度

油菜需要通过一个较低的温度条件才能通过春化阶段，进行花芽分化。不同品种通过春化阶段所需的温度和时间不同，春性品种在 5～15℃ 下经过 15～20 d 就可通过春化阶段，冬性品种要求在 0～10 ℃ 下经过 15～30 d 才能通过春化阶段。油菜种子能否出苗及出苗快慢，主要受温度影响。日平均温度在 5 ℃ 以下时，种子发芽很慢，由播种到出苗需 20 d 以上；一般日平均温度以 16～25 ℃ 最为适宜，3～5 d 即可出苗。苗期的适合温度为 10～20 ℃，温度偏高可促进分化，但容易导致徒长。短期遭遇 0 ℃ 以下低温时，一般不发生冻害，但若低温持续时间较长，则容易发生冻害。油菜开花期需要温度为 12～20 ℃，最适宜温度为 14～18 ℃。角果和种子形成适宜温度为 20 ℃，低于这个温度时，成熟缓慢；如果温度过高，则容易造成早熟现象，导致种子品质下降，脂肪含量降低。

（二）光照

油菜是长日照作物，只有满足其对长日照的要求才能进入现蕾和开花结实阶段。不同类型品种感光性有较大差异，强感光性品种开花前需满足平均每天光照长度 14～16 h，弱感光性品种开花前需平均日照长度 11 h 左右。

（三）水分

油菜种子萌发吸水量达到本身干物质量的 50％ 以上才能发芽。播种时土壤含水量以达到田间持水量的 60％ 左右为宜。叶片生长与花芽分化要求土壤含水量保持在田间持水量的 60％～70％。开花期适宜的土壤含水量应为田间持水量的 85％ 左右。

（四）养分

1. 氮素 油菜需氮较多，植株含氮量为 1.2％～4.2％（以干物质量计），前期含量高，后期含量低。提高氮素营养水平，可提高种子的蛋白质含量。

2. 磷素 油菜对磷素敏感，缺磷时根系发育不良，叶变小，叶肉变厚，叶色深绿而灰暗，缺乏光泽。严重缺磷时叶片呈暗紫色，逐渐枯黄，导致不能抽薹开花。中轻度缺磷，则表现分枝少，角果数少，籽粒不饱满，秕粒多。初期被油菜所吸收的磷，在各生长阶段中可以反复参与新组织的形成和代谢作用，吸收愈早，效率愈高。科学增施磷肥，有利于脂肪的积累和千粒重的提高。

3. 钾素 油菜对钾的需要量很大。油菜缺钾的症状首先出现在下部叶片上，叶片和叶柄呈紫色，随后在叶缘可见焦边和淡褐色枯斑，叶肉组织呈明显"烫伤状"。叶片上的症状可发展到茎秆表面，出现褐色条斑，条斑连成片时，茎枯萎折断，或现蕾开花异常。

三、油菜产量构成与形成过程

(一)产量构成因素

油菜产量是由单位面积角果总数、每角粒数和千粒重 3 个因素构成的。在这 3 因素中每角粒数和千粒重变化较少,而单位面积角果总数的变异很大,与产量的关系最为密切。因此提高油菜单产的主要途径是争取单位面积田块有较多的角果数,并且使每角粒数、千粒重下降不多。单位面积总角果数是由单位面积株数和每株角果数构成的。通过合理密植、科学施肥等措施,可使全田既有适当的株数,每株又有较多的角果数,才能有较高的总角果数。

(二)产量形成过程

1. 单位面积的角果数的形成 单位面积的角果数是株数和单株角果数的乘积。增加单位面积的角果总数可从提高密度和增加单株角果数两个方面来考虑。提高密度,适当增加单位面积株数在肥力较低的地方更有效,因为个体生长发育得不到充分发展,单株角果较少,增加株数可以弥补单株角数的不足,获得最高的总角果数。但在肥力高的地方,个体生长茂盛,密度过大时,容易造成无效分枝、落蕾、阴角等,有效角果率降低,反使总角果数不足。因此只有合理密植,才能达到最高有效角果数。在增加单株角果数方面,由于单株角果数由各花序的角果数组成,增加单株角果数主要是增加一次分枝角果数。在栽培上要适时播种,加强苗期管理以增加主茎叶片数,并采取合理密植与科学施肥来提高成枝率和促进花蕾的分化,以增加单株角果数。

2. 每角粒数的形成 每角粒数的构成公式为:每角粒数=角果胚珠数×胚珠受精率×合子发育率。每角果胚珠数除与品种有关外,受胚珠分化期间的长势和栽培条件的影响很大。胚珠是在主花序花芽开始分化后的 45~50 d 之后陆续分化的。整株花的胚珠数的决定期在现蕾期至盛花期。胚珠受精率与授粉受精条件有关,天气晴朗、温度适宜时,蜜蜂等昆虫活动频繁,可增加授粉机会,有利于提高胚珠受精率。而长期阴雨或寒潮则会影响授粉和受精。合子发育率与油菜后期长势和栽培条件有关。

3. 千粒重的形成 千粒重从胚珠受精后逐渐增加,至成熟时停止,这是决定千粒重的时期,油菜种子的营养物质主要是靠开花后光合作用积累起来的,一部分供给种子发育充实,一部分暂时储存在茎枝器官里,以后再转运到种子中。所以必须保持开花后叶片、茎枝和角果皮有较旺盛的光合能力和根系的活力,才能使种子获得充足的养分。

第四节　栽培管理技术

一、选地与整地

油菜适应性强,对土壤条件要求不严格,以土层深厚、肥沃疏松、杂草少的土壤最为适宜。北部地区油菜的轮作方式有小麦—油菜、小麦→小麦—油菜、大豆→小麦—油菜。油菜幼苗出土能力弱,要求整地后耕层平整、细碎、紧实、湿润,每平方米内直径大于 5 cm 的土块不超过 3 个。

二、施　肥

（一）需肥特点

油菜是需肥多、耐肥强的作物。在油菜生长发育过程中，各时期对氮素的需要比例，苗期为20%～50%，现蕾抽薹期为50%～70%，盛花期后至成熟期为10%～20%。磷素以成熟期吸收最多，但初期被油菜吸收的磷在各生育阶段中可以反复参与新组织的形成和代谢作用，吸收越早效率越高。充足的钾素对促进油菜的生长发育，增强茎秆坚韧度，以及加强对钙、镁元素的吸收利用，增强抗病、抗寒、抗倒伏力都有积极作用。各种微量元素中，油菜对硼更为敏感，油菜缺硼会发生"花而不实"，导致严重的产量损失。

（二）施肥方法

按甘蓝型油菜的氮、磷、钾比例为1∶0.4～0.5∶0.9～1.0，每公顷生产1 500～2 250 kg菜籽时，需施用氮素150～225 kg、磷素60～75 kg、钾素150～225 kg。具体施肥量还需根据土壤肥力、产量水平而增减。油菜基肥应以有机肥为主，配施磷、钾肥和适量速效氮肥。一般高产田，施肥量高、有机肥料多，基肥比重宜大些，氮肥可占施肥总量的50%～60%。磷、钾肥均以作基肥为好。根据油菜生长发育的需要，适时、适量追肥。

我国北部高寒地区，早春气温低，土壤微生物活动能力弱，有效养分分解慢，春季施用有机肥不易发挥肥效，满足不了油菜生长发育需要，作为基肥的有机肥应在秋季施用，基肥用量应占总施肥量的2/3。种肥以氮、磷配合施用效果好，一般氮磷比例以1∶1.5～2.0为宜。苗肥旨在促使幼苗先旺后壮，可分3次施用：定苗后轻施提苗肥，5叶后酌情重施"发根肥"，两次追肥均以速效氮肥为主，用肥量为总肥量的20%左右；当日平均气温升至5 ℃时，幼苗生长已明显减缓，每公顷施1.5×10^4 kg农家肥，结合中耕，将肥施于根部。另外，5叶期用1%硼砂和3%磷酸二氢钾进行根外施肥，对油菜健壮生长也有较好作用。开花后酌情施保花肥，可减少落花、落蕾和防止早衰，每公顷施硫酸铵45～75 kg、磷肥75～105 kg。盛花期根外喷施1～2次保果肥，以达增果、增粒、增加千粒重和防止"花而不实"的目的，每公顷用50 kg水加过磷酸钙500 g、硫酸铵500 g和硼酸23 g，充分溶解后喷洒。

三、播　种

（一）适宜播种期的确定

油菜适时播种是夺取高产的关键措施。适宜的播期是根据气候条件、耕作制度和品种特性而确定的。春油菜以5 d内平均气温稳定达到4.6 ℃的日期为安全播种期，5 d内的平均气温稳定在6～8 ℃的日期均为高产播种期。例如黑龙江省南部地区春油菜的适宜播种期为4月25日至5月25日，北部地区春油菜的适宜播种期为5月初至5月末。瘠薄干旱地宜早播，土壤湿润地块宜晚播。冬油菜每年9—10月播种。

（二）种子处理

播种前，可晒种2～3 d，每天晒3～4 h，以提高发芽势和发芽率。以浓度为8%～10%（相对密度为1.05～1.08）的盐水选种，筛选除去部分夹杂物和秕粒，减少菌核和提高种子质量。盐水选种捞起后，立即用清水冲洗数次，然后将种子摊开晾干，以备播种。

（三）播种方式

机械播种时多采用条播。播种时开沟深度为3～5 cm。条播要求落种稀而匀，最好用干细土拌种，顺沟播下，播种量为3 000～3 750 g/hm²。为保证播种均匀，可加等量炒熟的种子，以调节播种量，对培育壮苗也有很好的作用。播种要均匀，深浅一致，无漏播和重播。

四、田间管理

（一）间苗

在油菜幼苗长出2～3片真叶时进行间苗，并拔除杂草；在长出4～5片真叶时进行定苗。间苗、定苗要求做到"五去五留"，即去密留匀、去弱留壮、去小留大、去病留健、去杂留纯。如有缺苗，要随拔随补，保证苗全苗壮。

（二）灌水与排水

合理灌排是保证油菜高产稳产的重要措施。油菜蕾薹期需水较多，结合施肥灌水，水肥齐攻，才能夺取高产。蕾薹期若遇干旱，适时灌水，使土壤含水量保持田间持水量的70%左右。在多雨易涝地区，应开沟排水，降低田间湿度，增强根系活力，以利正常生长。

（三）中耕除草

油菜4～5片真叶时及时中耕除草，以疏松土壤、增强土壤通气排水性能，改善土壤的水、肥、气、热状况，同时消灭杂草，利于油菜生长。

五、收获与安全储藏

油菜角果全株成熟不一致。一般当植株大部分叶片开始干枯脱落，全田70%～80%角果呈淡黄色时，即进入黄熟期。此时是油菜的最佳收割时期。

机械收获可分为分段收获和联合收获。分段收获是先用割晒机将油菜割成铺，晾晒1～2 d再进行拾禾脱粒。这种收获方法适合种植面积较大，成熟不一致的地块。适时割晒、拾禾、脱粒，是夺取油菜高产的保证，拾禾时最好选用封闭性能好的收割机进行收获。

联合收割是收割、脱粒、清选一次完成。可选用小麦联合收割机进行收获。

脱粒后的油菜籽，含水量一般为15%～30%，不宜装袋堆积。晴天时置于室外翻晒。阴雨天放置室内风干，并勤加翻动，防止菜籽发热。当菜籽的水分含量≤10%时入库储藏。

第五节　病虫害及其防治

一、主要病害及其防治

（一）油菜菌核病

油菜菌核病是一种世界性病害，从苗期到成熟期均可发病，以开花期后发病最为严重。油菜苗期发病时，在接近地面的茎与叶柄上形成红褐色斑点，后转为白色，病组织变软腐烂，病部长出大量白絮状菌丝，后期长出黑色菌核。油菜成株期发病，在茎和分枝上首先出现淡褐色长椭圆形、棱形、长条形绕茎大斑，稍凹陷，有同心轮纹，水渍状；后期病斑变为灰白色，边缘呈深褐色，组织腐烂，髓部消解，皮层碎裂，维管束外露而呈纤维状，病部长有白色菌丝，产生黑色菌核。病原为核盘菌。

油菜菌核病的防治方法：①农业防治，宜选用抗病品种，例如"中油 821""中成 4 号"等；与禾本科植物进行轮作 2 年以上，减少初侵染源；使用无病种子，或通过种子处理除去种子中的菌核，例如用盐水或硫酸铵水选种，并用清水洗种。②生物防治，一般将生物制剂施入土壤中，以盾壳霉和木霉菌效果较好。③药剂防治，常用药剂有 70％甲基硫菌灵可湿性粉剂或 40％菌核净可湿性粉剂等。

（二）油菜病毒病

油菜病毒病又名花叶病，全国各产区均有发生。不同类型油菜上的症状差异很大。甘蓝型油菜叶片上的症状以枯斑型为主，最初在新叶的叶脉间产生油渍状的小斑点，后逐渐发展成黄色斑块、枯斑，叶片变黄脱落。白菜型油菜和芥菜型油菜的主要症状为花叶和皱缩，后期植株矮化，茎和果轴短缩。

油菜病毒病的防治方法：①选用抗病品种。②调整播种期，雨少天旱时可适当迟播，多雨时可适当早播。③治蚜防病，因为蚜虫是传播油菜病毒病的介体，可采用黄板诱蚜或药剂治蚜，切断病源、预防病害。

二、主要虫害及其防治

（一）油菜黄条跳甲

油菜黄条跳甲属鞘翅目叶甲科，在我国分布范围很广，危害油菜及多种其他十字花科植物。幼虫危害根部，剥食根表皮，造成许多黑色蛀斑，使幼苗生长不良或萎蔫枯死。成虫喜食作物幼嫩部分，使油菜苗期受害严重，尤其是刚出土的幼苗。油菜黄条跳甲可将子叶和生长点吃掉，造成缺苗毁种。

油菜黄条跳甲的防治方法：①清除田间残株、枯叶和杂草，消灭越冬成虫。②与非十字花科作物轮作。③合理灌水，播种前浇水，消灭田间成虫，同时促进幼苗生长。④药剂防治，应用 40％噻虫嗪悬浮种衣剂进行拌种包衣能够有效控制油菜苗期黄条跳甲的发生与危害。

（二）蚜虫

油菜整个生长期都会受蚜虫的危害。蚜虫常以成蚜和若蚜群集于油菜叶背、心叶、茎枝和花轴危害，刺吸汁液。叶片受害时，初期形成褐色斑点，后期卷缩变形、生长缓慢，严重的枯死。油菜茎枝和花轴受害时，生长缓慢或停止生长，开花结荚明显减少。

油菜蚜虫的防治方法：①农业防治，在油菜栽培地的周边地块，少种或不种蚜虫喜食的寄主作物；选抗虫性好的品种，合理安排栽种时间；清除田间及周边杂草，结合间苗、定苗除去蚜株。②保护利用蚜虫天敌，早期释放、保护和引入七星瓢虫、食蚜蝇等，发挥自然控害作用。③利用趋黄诱杀。④药剂防治，苗期和蕾薹期百株蚜虫量分别达到 1 000～3 000 头时，可用 10％吡虫啉可湿性粉剂 0.15～0.30 kg/hm^2 进行喷雾防治。

复习思考题

1. 油菜有哪些主要类型？如何通过形态特征进行区分？

2. 油菜一生分哪几个生育时期？

3. 简述油菜种子萌发所需的条件。

4. 简述油菜种子选择及种子处理技术。

5. 简述油菜栽培技术。

6. 简述油菜主要病虫害及其防治技术。

主要参考文献

安贤惠，1999. 芥菜型油菜种质资源遗传多样性及其起源进化的初步研究[D]. 武汉：华中农业大学．

李利霞，陈碧云，伍晓明，等，2020. 中国油菜种质资源研究利用策略与进展[J]. 植物遗传资源学报，
    21（1）：1-19.

李丽丽，1994. 世界油菜病害研究概述[J]. 中国油料作物学报，16（1）：79.

刘后利，1984. 几种芸薹属油菜的起源和进化[J]. 作物学报，10（1）：9-18.

刘后利，1988. 实用油菜栽培学[M]. 上海：上海科学技术出版社．

任春玲，2000. 油料作物高效栽培新技术[M]. 北京：中国农业出版社．

四川省农业科学院，1964. 中国油菜栽培[M]. 北京：农业出版社．

王寅，鲁剑巍，李小坤，等，2010. 越冬期干旱胁迫对油菜施肥效果的影响[J]. 植物营养与肥料学报
    （5）：1203-1208.

王建林，栾运芳，何燕，等，2006. 中国栽培油菜的起源和进化[J]. 作物研究（3）：199-205.

王龙俊，张洁夫，陈震，等，2020. 图说油菜[M]. 南京：江苏凤凰科学技术出版社．

谢春晖，程晶，秦建芳，2020. 油菜田虫害绿色防控提质增效技术试验效果初探[J]. 中国农技推广，36
    （8）：77-79.

徐华丽，鲁剑巍，李小坤，等，2010. 湖北省油菜施肥现状调查[J]. 中国油料作物学报，32（3）：
    418-423.

杨淑媛，2020. 油菜种植技术及病虫害防治策略[J]. 种子科技，38（20）：96-97.

于立河，李佐同，郑桂萍，2010. 作物栽培学[M]. 北京：中国农业出版社．

张毅，伍向苹，张芳，等，2020. 基于基因组数据解析中国油菜品种演化历程及方向[J]. 中国油料作物
    学报，42（3）：5-13.

张强，赵艳艳，谭亚飞，等，2019. 白菜型油菜黄籽沙逊和芥蓝种间杂交合成甘蓝型油菜研究[J]. 分子
    植物育种，17（1）：220-226.

张管世，高玉芳，孙富珍，2020. 朔州市春油菜高产栽培技术及主要病虫害绿色防控[J]. 农业开发与装
    备（9）：181-182.

赵艳茹，李晓丽，余克强，等，2017. 基于共聚焦拉曼光谱技术的油菜菌核病早期判别分析[J]. 光谱学
    与光谱分析，37（2）：467.

邹娟，鲁剑巍，李银水，等，2008. 直播油菜施肥效应及适宜肥料用量研究[J]. 中国油料作物学报，30
    （1）：90-94.

朱克保，吴传洲，奚波，等，2010. 应用"3414"试验建立芜湖县油菜施肥指标体系[J]. 中国农学通报，
    26（19）：155-160.

第四章

芝　麻

第一节　概　述

芝麻（*Sesamum indicum* L.）也称为胡麻，是双子叶植物，为胡麻科胡麻属一年生草本植物。芝麻是我国主要油料作物之一，国内芝麻消费主要以食用油为主，也广泛地用于食品业、医药业和工业，具有较高的应用价值。

一、起源与分布

人类栽培芝麻的历史较为悠久，距今约 4 300 年就有芝麻栽培的记录或考古发现，一般认为芝麻起源于非洲。我国芝麻的栽培历史可追溯到公元前 2 世纪，据史料记载，西汉张骞出使西域从大宛国（今乌兹别克斯坦）带回胡麻种，命名胡麻。先在黄河流域栽培，后遍及全国，并由我国传入朝鲜、日本、东南亚等亚洲邻国。"芝麻"这一称谓直到宋代才有，在此之前芝麻的称谓颇多，例如方茎、脂麻、油麻、狗虱、鸿藏、乌林、乌林子、交麻、巨胜子、小胡麻等。

芝麻分布很广，在亚洲、非洲、美洲、欧洲均有栽培。我国芝麻栽培分布区域极广，南到海南岛，北至黑龙江，东临沿海，西到青藏高原均有栽培。但栽培区域最集中的是江淮芝麻产区，占全国芝麻栽培面积的 70% 以上；其次为华北平原产区，占 15% 左右。

二、国内外生产现状

芝麻原产于亚热带，在世界范围内广泛栽培，全世界芝麻年栽培面积约为 $6.65×10^6$ hm^2，主要分布在亚洲和非洲，其中亚洲的芝麻栽培面积约占全世界的 67%。印度、中国、苏丹和缅甸是世界 4 大芝麻主产国，总产量约占全球的 2/3。其中，栽培面积最大的是印度，年均为 $2.7×10^6$ hm^2 左右，占世界芝麻栽培总面积的 30% 以上；其次是苏丹、缅甸和中国，年均栽培面积在 $1.0×10^6$ hm^2 左右。我国芝麻单产居世界最高水平，平均产量约为 483 kg/hm^2，总产量位居世界第 2。在芝麻的国际贸易中，我国出口量最大，占世界芝麻出口总量的 1/5 左右。我国芝麻主要出口日本、韩国、欧美、中东等国家和地区。

我国芝麻主要栽培在长江、黄河和淮河 3 大流域，主产省份是河南、安徽、湖北、江西、河北等。目前我国芝麻单产水平在省份与省份之间、地区与地区之间还很不平衡，芝麻增产潜力很大。

三、产业发展的重要意义

芝麻含脂肪丰富，籽粒脂肪含量在 54％左右，加工出油率为 45％～50％，在几种主要油料作物中脂肪含量最高。芝麻提取的脂肪，即芝麻油，亦称为香油。芝麻油味道温和纯正，营养丰富，品质优良。芝麻油亚油酸含量高，可软化血管。同时，芝麻油还含有芝麻酚、芝麻林素等抗氧化物质，使得芝麻油耐储存，不易变质。因此芝麻油素有"油中之王"的美称。芝麻具有较高的食用价值和药用价值。现代中医学认为，芝麻有活血、补肾、乌发、润肠之功效，可强身健体，延年益寿，润脾肺益耳目，润肌肤防衰老。

芝麻在工业上也有广泛用途，是制造肥皂、药膏、油漆、香精、润滑油、人造橡胶的化工原料。芝麻榨油后的饼粕含蛋白质 38％、糖类 20％、粗脂肪 10％，富含磷、钾及其他矿质元素，是畜禽精饲料和上等的有机肥料。用芝麻饼粕作肥料，不仅可提高作物产量，而且可显著改进作物品质；用作瓜、果肥料，可提高瓜果糖分；用作烟叶肥料，可使烟叶色泽、香味更佳。

第二节　植物学特征

一、根

芝麻根系属直根系，由主根、侧根和细根组成。主根由胚根直接发育而来。侧根由主根上部粗壮处长出。细根很多，主要着生于侧根的基部。整个根系按其形态可分为细密状类型和粗散状类型。根系形态因品种而异，一般品种属于细密状根系。细密状根系主根和侧根较细，入土较浅，主根可入土 1 m 左右，侧根发生在距离地表 3～10 cm 的主根上，向四周伸展，水平分布多数距离主根 14 cm 以内。根的垂直分布多集中在 17 cm 深的耕层中，该范围内根干物质量占总根干物质量的 90％以上，这种根系类型的品种适合密植栽培。粗散状根系类型的主根和侧根较粗，入土也较深，侧根横向分布范围较广，细根少而小，整个根群分布较疏散。

二、茎

芝麻茎秆直立，基部和顶端略呈圆形，主茎中上部和分枝则呈方形。茎秆一般为绿色，少数品种茎秆基部呈紫色或茎枝上有紫斑，成熟时通常转变为黄色或黄绿色，少数品种仍保持绿色或基部转变为紫色，以及茎枝出现紫斑等。茎秆上常着生有茸毛。一般茸毛极短而少，成熟时茎秆呈绿色或基部呈紫色、茎枝有紫斑的品种，抗逆性较强。

芝麻茎粗一般在 1.0～2.5 cm，茎高一般为 100～200 cm。茎高和茎粗因品种和栽培条件不同有很大差别。主茎一般有 20～60 个节，节间长为 2～7 cm，节间长短与品种和栽培条件关系密切。芝麻根据分枝习性分为 3 种类型：单秆型、分枝型和多枝型。

三、叶

芝麻子叶很小，呈扁卵圆形，出土后变绿。在幼苗出现 3～4 对真叶时，子叶枯黄脱落。随着植株的生长，在生长点上，真叶成对地持续发生，直到停止生长。每隔 2～5 d

增加1对真叶。前期叶的生长慢，中期生长快，封顶后生长停止。

芝麻真叶由叶柄和叶片组成，叶柄较长，叶片有单叶和复叶。单叶不开裂，全缘或有缺刻，呈绿色。同一株上不同部位叶形差异很大，有披针形（多在上部）、卵圆形（多在中部）、长卵圆形或心形（多在下部）。复叶为掌状叶，有3裂、5裂和7裂。多数品种具单叶，有些品种在同一植株上既有单叶又有复叶，主茎基部为单叶，第6～7节着生复叶，中上部又为单叶，越靠茎顶部叶片越小。芝麻叶序一般为对生或互生，个别植株在后期生长不正常，会出现叶序混生现象。

四、花

芝麻花是两性花，由花柄、苞叶、花萼、花冠、雄蕊和雌蕊6部分组成。花柄较短，基部是绿色苞叶。花萼一般为5裂，基部联合。花冠为筒状，有明显的唇部。花冠颜色因品种而异，有粉白色、淡紫色，也有紫色或白色。一般种子为白色或黄色的品种，花冠唇部多呈白色；种子为黑色或褐色的品种，花冠唇部多呈紫色。唇部只有1个突起的为单唇，例如2心皮亚种的花冠；唇部有2个突起的为双唇，例如4心皮和3心皮亚种的花冠。雄蕊由花药和花丝组成，着生在花冠内侧的基部，雄蕊的数目随子房的心皮数不同而异。雌蕊着生在花的正中间，由柱头、花柱和子房组成。柱头分裂数因亚种或品种而不同，是心皮在形成雌蕊的发育过程中，顶端不愈合而呈羽状分裂。花柱有直立和弯曲2种形式，一般多为直立形。子房为上位倒生，中轴胎座，基部有蜜腺。

芝麻的花着生在叶腋间。芝麻的花序为复二歧聚伞花序，叶腋间有花1～8朵。1个叶腋着生1朵花的称为单花型（或单蒴型），1个叶腋着生3朵花的称为3花型（或3蒴型）。

芝麻属自花授粉作物（但天然异交率在5％左右），闭花受精，授粉后24～30 h开始形成胚，进一步发育为种子，同时子房壁也开始发育形成蒴果壳。在子房壁膨大过程中，每个心皮边缘可向中间延伸而形成假隔膜，使1室心皮分成2个假室，每个假室有1排种子。

五、果　实

芝麻的果实为蒴果。蒴果一般为绿色或紫色，成熟后呈灰绿色或淡黄色，呈短棒状，有棱，基部圆钝，上端扁而尖，棱数有4、6、8个不等，棱数多的种子也多。蒴果长度因品种而不同，一般在2.5～4.5 cm，每蒴种子数多的可达130粒，少的40粒左右。

六、种　子

芝麻种子一般呈扁椭圆形，也有长圆形和卵圆形的。种子的一端为圆形，另一端稍尖，有种脐。种子的背面有一条浅纵线条，称为种脊。芝麻种子的大小通常用千粒重表示。常见的种子千粒重为2.5～3.0 g。一般小粒型种子饱满、呈卵圆形，大粒型种子较扁平、呈扁椭圆形。芝麻的种子有胚乳、2枚子叶。种皮有白色、黄色、褐色和黑色4种颜色。种皮的颜色与脂肪含量有关，一般色浅的脂肪含量高于色深的。

第三节　生物学特性

一、生育时期

（一）出苗期

从播种到 2 片子叶张开的时期为出苗。一般春播的出苗期为 5～8 d，夏播和秋播的出苗期为 3～5 d。

（二）幼苗生长期

从出苗到植株叶腋中第 1 个绿色花蕾出现的时期为幼苗生长期。幼苗生长期长短与品种、气温、光照等有关，同一品种夏播时为 25～35 d，春播要比夏播长 5～15 d，秋播比夏播短 5～10 d。

（三）蕾期

植株从第 1 个花蕾出现到花冠张开的这段时期称为蕾期，又称为初花期。蕾期一般为 7～15 d。

（四）花期

自植株开花至终花的这段时期为花期。花期长短与品种、播种期、田间管理和气温有关。夏播的花期一般为 24～38 d。同一品种春播花期比夏播长 7～10 d，秋播花期比夏播短 10～15 d。

（五）成熟期

终花至主茎中下部叶片脱落，茎、果、种子已呈原品种固有色泽的这段时期，称为成熟期。成熟期一般为 10～20 d。

二、生长发育对环境条件的要求

（一）温度

芝麻全生长发育期需要积温 2 500～3 000 ℃。种子发芽出苗最适宜温度为 25～32 ℃，低于 18 ℃ 或高于 40 ℃ 抑制种子萌发。苗期生长发育温度以 25～30 ℃ 最为适宜。生殖生长期对温度的反应较敏感。在开花结蒴期，月平均气温在 28～30 ℃ 有利于蒴果和籽粒发育。芝麻的适宜播种期应在 6 月初以前，如果播种过晚，苗期处在高温期将导致植株结实部位增高、节间加长，开花结蒴期气温下降，生长速度减缓，迫使提前封顶，结蒴少，产量低。

（二）水分

芝麻全生长发育期耗水 3 000 m³/hm² 左右，但各生育阶段需水量不同。苗期需水量约占全生长发育期的 4%，苗期土壤水分偏少时，根扎得深而广；水分偏多时，苗弱、根浅，抗逆性差。芝麻开花结蒴时是生长最旺盛的阶段，需水量最多，约占整个生长发育期的 53%。此期芝麻对水分十分敏感，既怕旱又怕涝。因此开花结蒴期要及时做好防旱排涝。封顶后根系吸收力减弱，叶片蒸腾作用降低，需水量约占全生长发育期的 20%，此期一般不需要灌水。

（三）日照

芝麻原属短日照作物，但由于栽培历史悠久，在不同纬度的日照条件影响下，形成了适应长日照和短日照的品种，北方品种适应于长日照，南方品种适应于短日照。北种南移会使生育期缩短，植株矮小，产量低；相反，南种北移会使生育时期延迟，植株高大旺盛，结蒴部位高、蒴果数量少。芝麻引种范围一般不宜超过纬度4°。

（四）土壤和养分

芝麻怕渍，地势低洼、排水不良或地下水位过高的土壤栽培芝麻易造成减产，应选择地势较高、排水良好的地块栽培芝麻。芝麻对土壤质地和酸碱度较敏感，适宜的土壤pH为5.5～7.5。南方新开垦的红壤（pH一般在5.5以下），应先栽培几年甘薯、花生等作物，使土壤得到改良后再开始栽培芝麻。土壤表层（0～10 cm）含盐量超过0.3％时，芝麻苗就易受害死亡。

芝麻对土壤氮和钾的需要量较大，应根据土壤氮、磷、钾含量进行配方施肥，平衡土壤营养供应。同时，芝麻对硼、锌、锰、钼等微量元素反应敏感，可根据土壤微量元素含量酌情补施微量元素肥料，特别是硼肥应用效果最为明显。

三、生态类型

（一）小叶全缘型

小叶全缘型芝麻主要分布在气温低、干旱少雨、地理纬度较高的东北、西北、华北等春芝麻区，具有叶片狭小、叶全缘、叶色深绿、节间密、植株矮小、籽粒大、千粒重高、耐旱等特性，属典型长日照类型。

（二）大叶全裂型

大叶全裂型芝麻主要分布在高温多雨、纬度较低的西南、华南等低洼河谷地区，具有植株高大、枝多叶茂、叶片大、叶缘全裂而呈掌状、叶色葱绿、节间长、蒴果瘦小、籽粒小、千粒重低、耐渍等特性，属典型短日照类型。

（三）普通裂叶型

普通裂叶型芝麻主要分布在江淮流域一带夏芝麻区。该类型叶缘多呈波状或深浅不同的缺刻，其气候特点、性状表现和对日照的反应均介于上述两种生态类型之间。

第四节　栽培管理技术

一、轮　作

我国芝麻产区分布较广，由于不同的土壤条件、地理气候和栽培制度，形成了不同的栽培方式。按播种时间可分为春芝麻、夏芝麻和秋芝麻，按播种方式可分为直播、套种和间作。

（一）轮作倒茬

芝麻落花、落叶、茎秆、蒴壳和饼粕中可还田的氮素约占植株吸收量的78％，磷素占92％，还含有很多钾素和微量元素。芝麻对氮、钾元素需求较多，豆科作物需磷、钙肥较多，甘薯需钾肥较多，谷子和棉花需氮、磷肥较多，且各种作物根系分布的深度和广度不同，因此芝麻和这些作物轮作，各种作物就可全面、合理地利用土壤上、中、下层的养分，实现土地用养结合，平衡土壤养分。

芝麻茬口安排不当是限制芝麻产量和品质提高的重要因素，一是重茬导致病害加重和土壤养分失衡，二是茬口偏晚造成芝麻适宜的生长期较短，三是茬口肥力低不能充分发挥芝麻增产潜力。

（二）间作套种

芝麻株型紧凑，生育期短，可与夏收作物套种，与矮秆作物间作。间作套种是增产增效的一项措施，但必须根据各地生产条件和自然条件，灵活运用。芝麻主要间套种方式有以下几种。

1. 小麦套种芝麻　在麦收前 15～20 d，结合浇麦黄水，将芝麻点种在麦行间。如果在小麦播种时留出套种备垄，更有利于套种和芝麻幼苗生长。小麦收获后立即灭茬，对芝麻进行定苗追肥。

2. 芝麻间作甘薯　甘薯采用宽窄行垄作，甘薯移栽后，每隔 1～2 垄甘薯间作 1 行芝麻。在易受涝渍地区，可在垄顶 2 行甘薯之间间作 1 行芝麻。

3. 芝麻间作花生　每隔 2 垄花生间作 1 行芝麻。花生的根瘤固氮对芝麻生长更为有利。

二、耕 整 地

芝麻种子小，自身储藏养分少，幼芽细嫩，顶土力弱，种子带种皮出土困难。因此芝麻发芽出苗对整地的质量要求较高。农谚有"小籽庄稼靠精耕，粗糙悬虚无收成"。栽培芝麻的地块必须精耕细耙，耕层深厚，土壤细碎，上虚下实，地面平整，墒情良好。

（一）夏秋芝麻整地

夏秋芝麻抢墒整地，趁墒早播。整地方法有犁垡和铁茬两种，两种整地方法主要由土壤性质决定，各有优缺点。

犁垡是指芝麻播种前整地不需深耕，通常以 15～30 cm 为宜。如果过深，不但会翻上生土，且土垡不能耙碎、耙实，易跑底墒，对出苗不利。当前茬作物收获后，必须趁墒犁地，随犁随耙，切勿晾垡，以免跑墒。耙地的遍数要根据土壤质地和墒情确定，黏重土壤或墒情差、坷垃多的地块，要重耙、多耙，以将土块耙碎、耙实、耙平为标准。墒情好或砂壤土、轻壤土地块，一般用钉齿耙或圆盘耙，直耙（通耙）和斜耙（对角耙）各 1 遍即可。

铁茬是指在前茬作物收获后，用钉齿耙或圆盘耙进行碎土灭茬，深耙 7～10 cm，耙碎、耙平后进行条播。

也有前茬收获后，不灭茬而直接条播在茬行间的。一般来讲，灭茬比不灭茬的保墒、保苗效果好，杂草也较少。如果土壤疏松、墒足、无杂草，也可不灭茬，于前茬作物收割后，立即条播，可使种子很快发芽出苗。

在土壤墒情降为黄墒，即土壤含水量下降到 12% 左右时，已接近芝麻种子发芽出苗所需土壤水分的最低限度。为抢墒播种，不误农时，可采取铁茬整地，不灭茬，直接条播下种。

（二）春芝麻整地

春芝麻是在冬闲地上播种，其整地经历秋、冬、春 3 个季节，分秋耕、冬耕、春耙和播种前整地 4 道程序。要求深耕改土，蓄积水分，清除杂草，提高整地质量。

农谚有"秋天划破一层皮，强过春天翻十犁"，说明秋耕十分重要。前茬作物收获后，气温仍然较高，地面直接暴晒，蒸发量较大，应立即秋耕。秋耕目的是既让土地早日休闲，又能蓄积水分，为冬耕打好基础。冬耕需在结冻前抢时深耕，旨在适当加深耕作层，以改良土壤，有利于芝麻的生长发育，对提高产量有显著效果。冬耕一般不耙，以便蓄纳雨雪。春季风多，土壤蒸发量大，必须认真进行早春耙耱。一般从解冻开始耙 2～4 次，防止地面板结，以利保墒。播种时，为了提高播种质量和翻埋基肥，应进行最后 1 次整地。土壤墒情好时浅犁细耙，土壤墒情差时不犁而多耙。

三、播　　种

（一）种子处理

在芝麻播种前除了选择适宜当地栽培、商品性好的优良品种外，还应做好种子处理工作。

1. 晒种　晒种的目的是打破种子休眠，提高发芽势。应在播种前选择晴天，将种子在阳光下摊晒 1～2 d。

2. 选种　选种可采用风选或水选的方式，选择粒大饱满、无病虫杂质的种子。

3. 发芽试验　经发芽试验，发芽率在 90% 以上的，可作为种用。

4. 药剂处理　药剂处理的目的是杀死种子所带病菌，预防土壤中病原侵染。具体方法见病虫害及其防治部分。

（二）播种期

芝麻是喜温作物，生产中应将芝麻生长时期安排在高温季节里。我国芝麻产区年内以 5—8 月的温度最高。春芝麻适当晚播，避免苗期受寒缺苗；夏芝麻早播，避免后期秋季阴雨、低温的影响。

芝麻发芽的最低温度为 15 ℃，适宜温度为 25～32 ℃。春芝麻在地表 3～4 cm 土壤温度稳定在 18～20 ℃时即可播种。东北地区和华北地区在 5 月中旬播种；山东和河南及以南，春芝麻在 5 月上旬或 4 月下旬播种。我国夏芝麻产区主要是河南、湖北和安徽 3 省，栽培制度多是小麦—芝麻一年二熟或大麦（或油菜）—芝麻一年二熟。所以夏芝麻应抢时早播，越早越好。油菜、大麦、蚕豆茬芝麻一般在 5 月 20—25 日播种，小麦茬芝麻应在 5 月底或 6 月初播种，也可采用麦垄套种和育苗移栽提早播种。长江中下游的秋芝麻播种期在 7 月上旬至 7 月中旬，一般不晚于 7 月下旬。

（三）播种方法

芝麻的播种方法有条播、点播和撒播 3 种。条播是比较好的播种方法，有下种均匀、群体结构合理、便于机械化操作和田间管理等很多优点。点播的优点是株行距较一致，节省种子，干旱时可点水播种，但缺点是费工量大，一般在零星产区应用。撒播方法比较粗放，不便于机械化操作和田间管理，一般集中产区已用条播取代撒播，有时为抢墒抢时，也可应用撒播。

（四）适宜密度

芝麻栽培密度主要依品种株型而定。株型紧凑，占空间小的品种应密植；株型松散，占空间大的品种应稀植。山岗薄地、干旱地块应比土壤肥沃、水肥条件好的地块密度大。每公顷苗数，中上等肥力分枝型品种为 $9.0 \times 10^4 \sim 1.05 \times 10^5$ 株，少分枝型品种为 1.2×10^5 株左右；单秆型品种应为 $1.5 \times 10^5 \sim 2.1 \times 10^5$ 株，以 1.8×10^5 株为佳。在播种期较晚、土壤瘠薄的地块上，应加大密度，有的可每公顷留苗 2.25×10^5 株。夏播芝麻生育期短，应比春播芝麻密度大。北部地区的夏芝麻有效生育期较短，应比南部地区夏播芝麻的密度大。

四、施　肥

（一）需肥特点

芝麻需要从土壤中吸收以氮、磷、钾为主的多种营养元素，才能完成生长发育的全过程。从植株吸收氮、磷、钾的总量来看，初花至盛花阶段最多，盛花至成熟阶段次之，开花以前较少。从植株分别吸收氮、磷、钾 3 要素的数量看，吸收氮素和钾素的数量都是前期少，以后逐渐增多，初花至盛花阶段吸收最多，盛花至成熟次之；植株吸收磷的数量，从出苗至成熟逐渐增加，以盛花至成熟阶段最多。

（二）施肥技术

根据芝麻需肥规律，基肥以有机肥为主，配施氮、磷、钾肥。由于芝麻根系分布浅，基肥宜浅施，集中施。重视初花期追肥，追肥以氮肥为主，在基肥磷、钾肥不足或套种芝麻未施基肥时，追肥中还要配施磷、钾肥，盛花后叶面喷肥。

1. 施足基肥　芝麻的生育期短，需肥较多而集中。施足基肥是提高土壤肥力，促进壮苗早发，为芝麻高产稳产奠定营养基础的关键，农谚中"有钱难买根下肥"的说法。基肥的施用量应占总施肥量的 $60\% \sim 70\%$，不得少于 50%。基肥最好以优质农家肥料为主，配合一定量的氮、磷、钾化肥，结合整地翻埋入土中。

2. 适时追肥　芝麻一生中不同时期的养分需求量不同，如不及时追肥会出现脱肥现象，尤其是不施或少施基肥的地块或瘠薄地，追肥更为重要。土壤肥沃、基肥充足、幼苗健壮的地块可不追苗肥。土壤瘠薄、基肥不足或播种过晚的地块应尽早追苗肥。分枝型品种在分枝前进行追肥，单秆型品种在现蕾前进行追肥。芝麻蕾期后植株生长速度加快，养分消耗增多，这个阶段追肥能够促进植株茎秆健壮生长，增加植株有效节位和蒴果数。磷、钾不足的地块，还要追施磷、钾肥。基肥和前期追肥较足的，盛花后至结蒴前可不追肥或少追肥。芝麻追肥应与中耕、培土、灌溉等措施密切结合，采取开沟条施和穴施为好。追肥不宜过浅、过远，以"近根不伤根"为原则，特别是速效氮肥应施在离根基 $3 \sim 4$ cm、深度 $4 \sim 6$ cm 的土中为宜。也可在现蕾期及结蒴期喷施叶面肥 $2 \sim 3$ 次，可以较好地满足中后期植株对营养的需求，对增蒴、攻粒、保叶具有较大的作用。

五、田间管理

（一）破除板结及间苗定苗

芝麻播种后若表土板结，不利于出苗，甚至导致幼芽窒息而死。有效的解决办法是在天晴适墒时，用钉齿耙横耙 $1 \sim 2$ 遍，破除板结层，疏松土壤，使种子能正常顶土出苗。芝麻出苗后 $3 \sim 5$ d，长出第 1 对真叶时进行间苗，长出 $3 \sim 4$ 对真叶时进行定苗。如不及早间苗定苗，不仅过多地消耗土壤水分和养分，还会致使幼苗细弱，影响产量。

（二）中耕除草

芝麻要早中耕、勤中耕。一般芝麻出齐苗需 $3 \sim 5$ d，出现第 1 对真叶时，立即进行第

1 次中耕。在出现 2～3 对真叶和出现分枝时,各中耕 1 次。同时,为防止遇雨板结,做到雨后必锄,有草就锄,直到盛花期为止。中耕的深度应根据芝麻的生长阶段、土壤墒情和杂草情况确定。一般第 1 次中耕,根小苗嫩,宜浅不宜深,穿破地皮即可。第 2 次中耕深度在 7 cm 以上,以扩大根系生长和吸收范围。第 3 次中耕深度为 5 cm 左右,促根生长。以后的中耕宜浅不宜深。芝麻根系分布浅,易受旱涝威胁。最后 1 次中耕时进行培土封根和清沟,以利根系发育和排灌。

（三）排水与灌溉

芝麻虽然怕渍,但长期的干旱胁迫时会生长发育不良,产量降低。因此芝麻产区农谚有"天旱收一半,雨涝不见面"的说法,说明只有适宜的水分,芝麻才能很好地生长发育。

1. 排水防渍 芝麻的耐渍性随植株的生长逐渐减弱,尤其是初花以后很不耐渍。在受渍害状态下,不仅根系的呼吸和吸收功能受阻,而且更易受到病菌侵染,应采取措施及时排水防涝。

2. 灌水防旱 芝麻苗期需水量少,播种时土壤底墒足的,一般苗期不需灌水。在中后期,搞好灌水防旱是夺取丰收的关键。在芝麻现蕾以后,土壤水分降到田间持水量的 60% 以下时,为促进花序生长发育,促进花芽分化,应及时灌水。在封顶以后,在雨水充足或开花结蒴期已灌水的情况下,一般不需灌溉。

（四）适时打顶

芝麻适时打顶,可减少养分无效消耗,促进植株健壮生长,延长根、茎、叶、蒴的功能期,使植株体内有机养分集中向蕾、花、蒴中转运,提高产量和品质。过早打顶会减少上部结蒴成籽,过晚打顶则起不到调节养分的作用。一般打顶宜在盛花后 7～10 d 或成熟前 25～30 d 进行。打顶时用手掐去主茎顶端和分枝茎顶端 1～2 cm 即可。

（五）化学调控

芝麻生产上应用的化学调控技术主要是利用人工合成的植物生长调节剂,在播种早、水肥充足、密度偏大、有旺长趋势的情况下,在 2～3 对真叶时喷洒 100 mg/kg 多效唑或助壮素溶液,能有效缩短基部节间长度,增加根茎粗。在花期喷洒促进型激素 802,可促进果轴伸长,延长叶片寿命。但要注意严格按照产品使用说明操作,避免使用不当对植株造成药害。

六、收 获

芝麻茎基部和上部蒴果成熟不一致,收获过早时,植株上部籽粒不饱满,影响产量和品质;收获过晚时,下部蒴果易炸裂落籽,造成损失。一般应在植株变成黄色或黄绿色,叶片基本完全脱落,下部蒴果籽粒充分成熟,中部蒴果籽粒十分饱满,种皮呈固有色泽,上部蒴果籽粒进入乳熟后期时收获。一般春芝麻在 8 月中下旬收获,夏芝麻在 8 月底至 9 月初收获,秋芝麻在 9 月下旬收获。

收割后的芝麻采用小捆架晒,即将 10～15 棵芝麻捆成直径 15～20 cm 的小捆,3～5 捆搭在一起晾晒,3～4 d 后逐捆倒过来敲打脱粒;然后重新架起晾晒数天,再敲打脱粒,一般 2 次即可脱完。芝麻籽粒入库储藏时含水量应在 7% 以下,杂质率应低于 2%。

第五节　病虫害及其防治

一、主要病害及其防治

（一）芝麻茎点枯病

芝麻茎点枯病又称为茎腐病，是芝麻生产的最主要病害，一般发病率为 10％～15％，重者可达 60％～80％。芝麻茎点枯病分布于全国多数地区，尤以河南、湖北芝麻主产区发生重。芝麻各生育时期均可受芝麻茎点枯病危害，主要发生在终花期后。病害从根部或茎基部开始发生，向上部茎秆蔓延。受害主根和侧根变褐枯萎，皮层内布满黑色小菌核。茎部受害时，初呈黄褐色水渍状，继而发展成绕茎大斑，病斑呈黑褐色，其中部呈银灰色，且密生针尖大小的小黑点。发病植株叶片自下而上呈卷缩萎蔫状，呈黑褐色。病株顶端弯曲下垂。重病株干枯死亡，髓部中空。病原菌是菜豆壳球孢，其以菌核在种子、土壤和病残体中越冬，成为来年初侵染源。病菌从伤口、茎基、根部或叶痕处侵入。田间再侵染主要是分生孢子借风雨传播引起的。温度 25 ℃以上、降雨多则有利于大发生。

芝麻茎点枯病的防治方法：①与禾谷类、棉花、甘薯等作物轮作 3 年以上。②实行沟畦栽培，保证灌排通畅。③因地制宜推行抗病品种。④种子处理，可用 55～60 ℃温水浸种 10 min，或用咯菌腈种衣剂处理。

（二）芝麻枯萎病

芝麻枯萎病在全球芝麻产地均有发生，是影响芝麻生产的重要病害，俗称半边黄。芝麻枯萎病在我国大部分芝麻栽培区均有发生，常年发生率在 15％左右，严重时达 50％以上，可使芝麻减产 30％以上。苗期病害症状似猝倒病，引起幼苗枯死。成株期发病先引起根部变褐腐烂，茎呈赤褐色，叶片自下而上变黄萎蔫，叶缘内卷，受害一侧的叶片呈半边黄现象，逐渐变褐干枯。病部潮湿时常见粉红色黏质粉状物。病株维管束呈红色至褐色。病原菌是尖镰孢。

芝麻枯萎病的防治方法：①选用抗病品种。②合理轮作，芝麻可以与棉花、甘薯及禾本科作物实行 3～5 年轮作。③种子处理，可用 55～60 ℃温水浸种 10 min，或用咯菌腈种衣剂处理。

二、主要虫害及其防治

（一）地老虎

地老虎在全国芝麻产区都有发生，引起芝麻苗期缺苗断垄。

地老虎的防治方法：①除草灭虫，早春及时清除蓖麻田块和周围杂草，防止其成虫产卵，清除的杂草要带出田块。②诱杀成虫，可利用其趋光、喜食蜜源植物习性，设置黑光灯诱杀成虫或采用糖醋液诱杀成虫。③药剂防治，可以用 50％辛硫磷乳油喷杀 3 龄前幼虫。

（二）芝麻天蛾

芝麻天蛾又称为芝麻鬼脸天蛾，分布于各芝麻产区，危害芝麻叶、嫩茎和蒴果，严重时叶子被吃光，芝麻籽粒瘦秕。

芝麻天蛾的防治方法主要是药剂防治，可在卵孵化至 3 龄期以 5％甲萘威颗粒剂42～

45 kg/hm² 撒施，或 2.5% 敌百虫粉剂 22.5～37.5 kg/hm² 撒施。有条件时，可以采用灯光诱杀成虫。

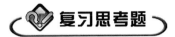
复习思考题

1. 简述芝麻生育时期的划分。
2. 芝麻对环境条件有何要求？
3. 简述芝麻的需肥规律和施肥技术。
4. 简述芝麻种子处理技术。
5. 简述芝麻关键生产技术。
6. 简述芝麻主要病虫害的防治技术。

主要参考文献

刁操铨，1999. 作物栽培学各论：南方本[M].北京：中国农业出版社.

高桐梅，吴寅，李春明，等，2016. 芝麻连作对农艺性状及土壤生化特性的影响[J].土壤通报，47（4）：897-902.

李伟峰，杨光宇，宋玉峰，等，2011. 几种杀虫剂对芝麻虫害的防控效果[J].河南农业科学，40（7）：98-101.

刘刚，靳春香，宗雷，等，2020. 我国芝麻用农药登记现状、研究进展及建议[J].植物医生（4）：1-8.

柳家荣，郑永战，徐如强，1992. 芝麻种质营养品质分析及优质资源筛选[J].中国油料（1）：24-26.

吕伟，韩俊梅，文飞，等，2020. 不同来源芝麻种质资源的表型多样性分析[J].植物遗传资源学报，21（1）：234-242.

任春玲，2000. 油料作物高效栽培新技术[M].北京：中国农业出版社.

汪强，2005. 芝麻增效栽培[M].合肥：安徽科学技术出版社.

汪强，管叔琪，徐桂珍，等，2010. 芝麻科学栽培[M].合肥：安徽科学技术出版社.

王林海，张艳欣，危文亮，等，2011. 中国芝麻湿害和旱害发生调查与分析[J].中国农学通报，27（28）：301-306.

王秀丛，王翠，许柏林，等，2010. 芝麻病虫害综合防治技术[J].农业装备技术，36（5）：49-50.

杨航，于二汝，魏忠芬，等，2020. 贵州地方芝麻种质资源品质性状的分析与评价[J].植物遗传资源学报，21（2）：100-107.

杨泥，黄凤洪，2009. 中国芝麻产业现状与存在问题、发展趋势与对策建议[J].中国油脂，34（1）：7-12.

张定选，1997. 芝麻高产优质生理基础与规范化栽培技术[J].中国油料（4）：42-45.

张仙美，吴鹤敏，李玉莲，等，2005. 芝麻病虫害综合防治技术[J].中国种业（7）：52-53.

张秀荣，郭庆元，赵应忠，等，1998. 中国芝麻资源核心收集品研究[J].中国农业科学，31（3）：49-55.

张艳丽，张海芝，2020. 芝麻高产优质栽培技术措施[J].经济作物（6）：295-297.

张玉娟，宫慧慧，游均，等，2020. 黄河三角洲盐碱地芝麻丰产栽培技术[J].中国农技推广，36（2）：46-47.

第五章

蓖　麻

第一节　概　述

蓖麻（*Ricinus communis* L.）俗称大麻子、老麻子、草麻等，为大戟科蓖麻属一年生或多年生双子叶植物。蓖麻在我国北方地区作一年生栽培，而在南方地区作多年生栽培。蓖麻具有适应性广、抗逆性强的特点，可在盐碱及贫瘠的土地上生长。蓖麻栽培历史悠久，为世界十大油料作物之一。

一、起源与分布

蓖麻原产于非洲东部，栽培蓖麻由非洲向外推广，先传入亚洲，不久又经亚洲传到北美洲，而后又传到欧洲，再传到墨西哥、危地马拉及其他热带地区。目前，蓖麻主要分布在非洲、南美洲、亚洲和欧洲，主要栽培国家有印度、中国、巴西、俄罗斯、泰国、安哥拉、坦桑尼亚和罗马尼亚等。20 世纪初，由于航空工业的发展，需要不冻结的润滑油，于是在一定时期内，蓖麻生产得到较快发展，成为大田广为栽培的作物。

我国栽培蓖麻是从印度传入的，据史料记载，蓖麻作为一种农作物栽培，已有 1 500多年的历史。蓖麻在我国分布较广，南起海南岛、北至黑龙江（北纬 49°）几乎都适宜蓖麻生长。我国蓖麻栽培区主要集中在华北、东北等地区，占全国蓖麻栽培面积的 80%，其他地区零星栽培。

二、国内外生产现状

联合国粮食及农业组织（FAO）统计数据（表 5-1）显示，2018 年全球有 30 多个国家栽培蓖麻，栽培面积达 1.31×10^6 hm²，其中印度栽培面积最大（9.00×10^5 hm²），其次为莫桑比克（2.25×10^5 hm²）、巴西（4.61×10^4 hm²）、安哥拉（1.62×10^4 hm²）、中国（1.60×10^4 hm²）、缅甸（1.45×10^4 hm²）和肯尼亚（1.41×10^4 hm²）；蓖麻籽总产量为 1.42×10^6 t，其中，印度为 1.20×10^5 t，莫桑比克为 8.54×10^4 t，中国为 2.70×10^4 t，巴西为 1.42×10^4 t，缅甸为 1.21×10^4 t，埃塞俄比亚为 1.10×10^4 t；单位面积产量以墨西哥和叙利亚最高，分别为 2 774.8 kg/hm² 和 2 486.1 kg/hm²，伊朗、中国、埃塞俄比亚、厄瓜多尔紧随其后。

随着我国对蓖麻产业重视程度逐步提高，2010 年农业部将"蓖麻产业技术研究与试验示范"列入国家公益性行业（农业）专项，2013 年 3 月 7 日国家发展和改革委员会将蓖麻列入《战略性新兴产业重点产品和服务指导目录》。尽管 2010 年我国已成为世界第一大蓖麻油进口国，蓖麻的栽培面积、总产一直位居世界前列，但近年来受国际蓖麻油市场冲击和国内劳动力成本增加影响，蓖麻栽培经济效益降低，农民栽培蓖麻积极性降低，栽培面积萎缩，严重影响了我国蓖麻加工企业的原料供应。实行规模化、机械化、轻简化和集约化栽培是当前和未来蓖麻产业的发展趋势。

表5-1　2018年全球蓖麻生产现状
（引自联合国粮食及农业组织，2020）

国家 （地区）	栽培面积 （hm²）	单位面积产量 （kg/hm²）	总产量 （t）	国家 （地区）	栽培面积 （hm²）	单位面积产量 （kg/hm²）	总产量 （t）
安哥拉	16 162	254.5	4 113	摩洛哥	260	603.3	157
孟加拉国	380	704.5	268	莫桑比克	225 332	379.2	85 436
贝宁	904	709.5	641	缅甸	14 498	832.4	12 068
巴西	46 075	308.7	14 224	巴基斯坦	984	1 125.0	1 107
佛得角	88	814.8	71	巴拉圭	6 000	1 166.7	7 000
柬埔寨	1 472	868.7	1 278	菲律宾	61	657.9	40
中国	16 000	1 687.5	27 000	俄罗斯	60	1 350.0	81
厄瓜多尔	2 000	1 544.6	3 089	南非	8 943	748.7	6 695
埃塞俄比亚	6 627	1 649.4	10 930	苏丹	1 985	503.9	1 000
海地	2 687	583.1	1 567	叙利亚	641	2 486.1	1 594
印度	900 000	1 331.1	1 198 000	泰国	924	977.0	903
印度尼西亚	4 522	378.4	1 711	多哥	1 057	80.4	85
伊朗	25	1 691.5	43	乌干达	3 000	333.3	1 000
肯尼亚	14 095	210.6	2 968	坦桑尼亚	6 000	500.0	3 000
马达加斯加	7 684	355.2	2 730	越南	8 289	847.3	7 023
墨西哥	102	2 774.8	283				

三、产业发展的重要意义

蓖麻是一种具有特殊工业用途的油料作物。由于蓖麻油具有低温下不容易凝固、高温下不容易挥发等特点，目前发达国家利用蓖麻油生产的化学衍生物已达300种之多，被广泛用于合成纤维、橡胶、涂料、农药、医药、润滑剂、刹车油和各种化学品等。蓖麻油经过深加工，可生产甘油、庚醛、癸二酸、12-羟基硬脂酸等高附加值产品。这些产品是航天、航空、军事、通信、机械制造、精细化工等行业的重要原料。国内外对蓖麻开发利用日益重视，许多国家已将蓖麻当作重要的新能源战略物资。

利用荒山、荒坡地、盐渍化土壤等边缘性土地，积极发展蓖麻产业，既可促进农村劳动力合理调剂，又可科学利用土地资源、优化农业产业结构，对缓解化石能源供应紧张局面，优化能源结构，保障国家能源安全，建立稳定的能源供应体系具有重大意义。此外，栽培蓖麻可绿化环境、净化空气，是保护生态环境的重要途径，有利于建立资源节约型和环境友好型社会，也可以促进人与自然的和谐发展和经济社会的可持续发展。随着蓖麻在全球范围内的需求量逐渐上升，蓖麻产业作为一个阳光产业，其经济地位、市场价值和生态效益不可估量。

第二节 植物学特征

一、根

蓖麻根系为直根系，主根粗而长，其上可生长出3～7条较长的侧根，侧根上又可生长出很多条支根，并产生若干带有根毛的小根，形成网状根系。蓖麻的主根深入土层2～4 m，侧根向周围延伸1～2 m。晚熟和多年生蓖麻的根系更为发达，更加强大。一般在土壤湿润的情况下，根系发育较弱，入土较浅；而在土壤疏松、深厚而干燥的条件下，直根入土较深，根系也较发达。

二、茎

蓖麻茎秆粗壮，中空有节，基部和顶端部分有髓。茎和分枝的节上，会发芽生枝。分枝的多少与品种、水、肥、温度、光照密切相关。主茎上腋芽形成的分枝称为1级分枝，1级分枝上长出的分枝称为2级分枝，2级分枝上长出的分枝为3级分枝，以此类推。在气候适宜、养分充足的条件下，可形成3级分枝；宿根蓖麻在南亚热带可形成4级或更多级的分枝（图5-1）。一般根据茎的颜色将蓖麻分为红茎型与青茎型，但茎的色泽有青色、红色、紫色、灰色、玫瑰色等。茎上颜色也有一色或者多色相间的条纹，有具红色条纹或玫瑰色条纹的植株，也有具绿色条纹或灰色条纹的植株。茎通常有14～20个或以上的节，一般越早熟的品种节越少，上部的节长，下部的节短。多年生蓖麻下部的节发育缓慢，茎节间光滑无毛，节上的腋芽发育形成分枝。

三、叶

蓖麻的叶有两种，一种是种子发芽带壳出土的子叶，它是幼苗生长发育时营养的储藏供应器官；另一种是由腋芽发育的叶，称为真叶。子叶生长的好坏，直接影响植株特别是幼苗的生长发育，对收获时的产量有着一定的影响。当根入土后，幼苗长出2～3片真叶时，子叶的营养耗尽，才逐渐枯萎、脱落，失去它的作用。

四、花

蓖麻的花为雌雄同穗异花。小花聚集而成总状花序，总状花序着生在主茎或侧枝的顶端。在主茎上的花序称为主花序，在1级分枝上的花序称为1级分枝花序，以此类推。无论雄花还是雌花，均聚集于总状花序上，沿轴着生，组成螺旋状排列的聚伞形花序。1级分枝花序上的小花数为20～500个。花序轴的长短因品种和外部环境条件而不同，依着生植株部位的不同而有很大的差异。一般主穗上的花轴较长，花轴的上部着生雌花，下部着生雄花。雌花具有长的花柄。花序顶端的小花为单生，其他部位的小花为簇生。雌花具裂片5枚，3个深裂2个浅裂；柱头呈缨子状，颜色为红色、淡红色、淡黄色等；子房2～7室，通常为3室，每室有胚珠1个。花序轴下部着生的是雄花，雄花形状如桃，每朵雄花具有短花柄和5枚萼片；雄蕊数量多，每根花丝上都有许多分枝，其顶端着生淡黄色球形花粉囊，花粉囊数目在 500～1 500 个（图 5-1）。

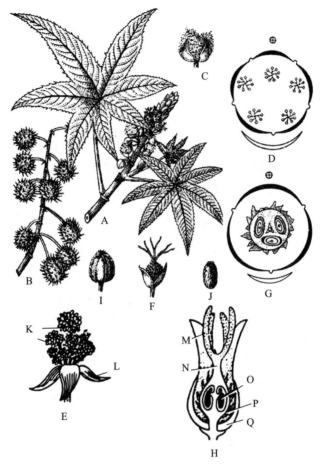

图 5-1 蓖麻的花果

A. 开花分枝 B. 结果分枝 C、D、E. 雄花 F、G、H. 雌花 I. 蒴果 J. 种子

K. 分枝的雄蕊 L. 萼片 M. 柱头 N. 花柱 O. 胚珠 P. 子房 Q. 花被片

（引自《中国植物志》，2004）

蓖麻虽属雌雄同株（同穗）异花，但在总状花序的雄花层和雌花层交界处，常发现有两性花，有时也会发现雌雄异株或雌性单穗的花序。蓖麻进入生殖生长阶段，先形成主花序，然后形成 1 级分枝、2 级分枝、3 级分枝的花序。各花序的开放顺序是，主花序先开，而后依分枝的先后开放；就主花序与分枝花序而言，花朵由里向外、由下而上地形成和开放。同一花序中，一般雌花先于雄花开放，而凋谢顺序是雌花先于雄花。在花序伸出苞叶后，着生于顶端的雌花先开放，然后往下，其余雌花和雄花逐渐开放。

蓖麻植株花的开放，就主花序而言，一般中国东北亚种在出苗后 60～80 d 开始开花，而其他亚种在出苗后 50～60 d 开始开花。同一总状花序，雌花的开放时间一般持续 17～24 d；而雄花的开放过程持续时间较长，可达 26～35 d。蓖麻的开花不分昼夜，但雌花大多数集中在 6:00—12:00 开放，此时温度低，湿度大；而雄花的开花高峰期则在 14:00 以后，此时环境高温，干燥。

五、果　实

蓖麻的果实为蒴果，蒴果具 3 室，每室有 1 颗种子，每室开裂为 2 瓣。蒴果呈圆球形、卵形或橄榄球形，大小各不相同，蒴果的大小由蓖麻的品种和蒴果着生在花序上的位置决定，一般总状花序上部和 2 级分枝上的蒴果较小。

以主花序下部 1/3 的蒴果来确定其大小，可分为极小（直径在 1.0 cm 以下）、小（直径在 1.0～1.5 cm）、中等（直径在 1.5～2.5 cm）、中偏大（直径在 2.5～3.0 cm）、大（直径在 3.0～3.5 cm）。未成熟的蒴果外壳有光滑与皱缩、有刺与无刺、多刺与少刺、长刺与短刺等类型，颜色有绿色、暗绿色、黄色、红色、玫瑰色和紫色等。未成熟的蒴果外壳有的披蜡层，也有不披蜡层的。一般来说，有刺蒴果成熟后较无刺蒴果易炸裂。按照果穗的形状，可将蓖麻分为柱形、纺锤形、椭圆形和塔形等。

六、种　子

蓖麻种子的种皮坚硬，表面光滑，颜色、斑纹、形状较复杂，也是重要的种质资源鉴定特征依据。成熟后种皮颜色有灰色、白色、浅栗色、暗栗色、浅红色、深红色、咖啡色等，花纹有稀有密。胚乳为白色，约占种子的 98%；含脂肪丰富，可达 58%～80%。胚在胚乳的中央，具 2 片子叶，子叶有明显叶脉，靠近种阜的一端有胚根、胚轴和胚芽。

蓖麻种子形状多样，一般分为卵圆形、长卵圆形、椭圆形和近似矩形。种子呈凸形的一面为背，而较平滑或稍有凹形的一面为腹。全株主茎果穗上的种子成熟最早，其品质较好。一年生蓖麻，主茎穗的种子产量占 20%～30%，1 级分枝果穗的产量占 50%～60%，其余产量仅占 10%～15%。在中亚、南亚热带地区采取摘顶技术措施，可提高 1 级分枝和 2 级分枝的种子产量。蓖麻种子大小因品种不同差异很大，大粒种长度为 15.0～22.0 mm，中粒种长度为 9.0～14.0 mm，小粒种长仅为 4.2 mm 左右。蓖麻种子千粒重变化范围较大，为 52～1 000 g。

第三节　生物学特性

一、生育时期

蓖麻从播种出苗到成熟可分为以下 5 个时期。

（一）萌芽期

从播种至种子破土为萌芽期。萌芽期一般为 15 d 左右。

（二）生长初期

从种子破土至现蕾前的营养生长阶段为生长初期。生长初期一般为 75～90 d。

（三）现蕾期

蓖麻植株形成主花序时，即进入现蕾期。现蕾期标志着蓖麻进入生殖生长阶段。

（四）开花期

蓖麻现蕾后一般需要 8～38 d 才能开花，进入开花期。

（五）结果期

蓖麻谢花后至果实膨大到成熟开裂这个时期为结果期。结果期一般为 47～131 d。

（六）成熟期

蓖麻开花后 50 d 左右，中下部叶片陆续老化脱落，果穗上的蒴果有 50%～80% 由绿色转黄褐色，外壳硬化、毛刺变干，手摸有扎手感，且室间凹陷处呈黄色，穗上 4～5 个蒴果晒干裂开，其他蒴果用手可以捏开，是蓖麻成熟的标志。此时种子含油率亦达到最高，可整穗采收。

二、生长发育对环境条件的要求

（一）温度

蓖麻是喜温作物，生长期长，整个生长期需 150～240 d 的无霜期。蓖麻种子在温度低于 10 ℃时，不能发芽；温度在 10～30 ℃范围内，发芽速度随温度的升高而加快，最适宜发芽温度为 25～30 ℃；高于 35 ℃时种子发芽受到抑制。蓖麻苗期遇到 2～3 ℃低温时，很快会遭受冻害，凋萎枯死。

蓖麻从出苗到开花成熟需 10 ℃以上有效积温 2 000～3 500 ℃。雌花开放要求日平均气温在 18 ℃以上，而雄花开放需要 20 ℃以上的日平均气温。蒴果成熟，要求 10 ℃以上有效积温在 400 ℃以上。整个果穗上的蒴果成熟，要求 10 ℃以上有效积温在 550 ℃以上。6—8 月是蓖麻生长发育的旺盛季节，是开花、结果、灌浆和成熟的重要时期，这段时间温度的高低，对蓖麻生长发育有着重要意义。蓖麻整个生长期最理想的温度为 20～28 ℃。

（二）水分

蓖麻怕涝、耐旱，在整个生长发育期间，需要 450～1 000 mm 的降水量，且各生育时期需水量有所不同。蓖麻种子发芽时需水量不大，当吸收水分到种子本身质量的 50% 时，就能发芽。在砂质土中，土壤含水量达 14% 时即可发芽，但发芽较为迟缓；最适宜发芽的土壤含水量为 16%～18%，此时发芽迅速而整齐。在黑黏土与轻壤土中，最适宜发芽的土壤含水量分别为 22%～24% 和 18%～22%。

蓖麻生长初期，幼苗期地上部生长缓慢，地下部根系下扎，但分布较浅，此时需水量少。进入开花至结果期，蒴果开始灌浆，同时又不断抽生花序、开花，需水量较大，如遇月平均降水量少于 40 mm 的天气，要进行灌水。蓖麻主穗果实成熟后，即进入收获阶段，也是蓖麻一生中抽生花序、开花、结果、灌浆的最盛时期，此时，如果水分不足易发生早衰，因此要浇好灌浆水，力争多抽生花序、多结果，使籽粒饱满，提高千粒重。

成株蓖麻在田间积水 15～20 cm，积水 8～10 h 时叶片开始萎蔫，积水超过 12 h 即可死亡。为防止蓖麻积水成灾，可结合最后一次中耕，进行高培土作业，既可防止蓖麻后期倒伏，又有利于排水防涝。灌溉时切忌大水漫灌，以防灌溉后遇雨，造成涝灾。

（三）光照

蓖麻是喜光作物，对光照反应敏感。栽培过密或有其他障碍物遮光，将使叶片光合作用受阻，植株生长不良，株高秆细，果穗小而少。当光照充足时，茎秆粗壮，分枝多且果穗大而多，产量高。蓖麻是无限花序作物，在栽培上要建立合理的群体结构，使植株上下各部分的每个叶片都能得到充足光照，制造充足光合有机物，保证蓖麻生长发育所需的营养物质。

蓖麻具有光周期效应，可分为短日照型和长日照型两种类型。短日照型品种在总状花序出现前，植株增长最大。长日照型品种和中间型品种，在总状花序出现后，植株增长最大。

(四) 土壤

蓖麻耐旱、耐瘠、耐盐碱，适应性强，对土壤条件要求不严格。无论是松散的砂土，还是结构紧实的黏土，蓖麻都能生长。但在土层深厚、质地疏松、盐碱适度和有机质丰富的优质土壤条件下，蓖麻生长最好，增产潜力将得以充分发挥。蓖麻栽培最适宜的土壤类型是砂壤土、黑钙土，而在轻质砂土、重黏土或泥泞地、沼泽地、重碱地上栽培蓖麻，生长不良且产量不高。

(五) 营养

1. 氮　氮素能够促进蓖麻根、茎、叶的生长，促进花序的形成和开放，增加蒴果数和种子粒数，提高产量和种子脂肪含量。氮在蓖麻植株体内的平均含量为 2.5％。蓖麻对氮素的吸收有其独特的特点，主要表现在：①从蓖麻真叶形成开始，每天吸收强度呈直线上升。②越临近主茎果穗成熟，其对氮的吸收量越多，主茎果穗成熟时也是吸氮量最多的时期。③由主茎的花序开花到主茎果穗完全成熟，只有 18 d 左右，但植株体内干物质积累量却占整个生长期植株干物质积累量的 50％，而其余的 50％ 则是在开花前的 2 个多月积累的。因此在蓖麻生长后期追施氮肥，对提高产量有重要作用。此外，在氮肥不足的情况下，施用磷肥、钾肥对增加蓖麻产量和脂肪含量作用相对减弱。而氮肥过量供应，不仅可导致植株营养物质增长受限，种子脂肪含量明显下降，而且引起植株徒长，甚至贪青晚熟，给收获带来困难。

2. 磷　磷素主要存在于蓖麻植株的优势部位，其中，开花前存在于叶部，开花期存在于果轴，生理成熟期存在于蒴果。在蓖麻生长发育的早期，充足的磷素供给，不仅能促进根系发育，提高植株对营养物质的吸收能力，而且还能增强氮、钾的吸收，使植株生长苗壮、叶片宽大、花果多、籽粒饱满。若磷素供应不足，将会延缓蓖麻生长发育。因此磷肥的施用，一定要在生殖器官开始分化之前进行。在遇干旱时，增施磷肥，可提高蓖麻的耐旱能力，磷、钾肥配合施用效果更好，可提高产量。

3. 钾　钾素有加速蓖麻营养生长的作用。钾在蓖麻成株的干物质中，平均含量为 2.1％；而在果皮中，钾含量可达 6.6％。因此在蓖麻生长盛期，钾与磷肥配合施用可加速物质转化，强化植株组织结构，且开花后钾肥供应的数量，对籽实形成也有重要影响。当土壤中钾含量不足时，必须在生殖器官开始分化前施钾。此外，钾肥作基肥比追肥好，若要作追肥则应早施。

4. 微量元素　蓖麻对微量元素的需求量虽然不大，但却是必不可少的。例如缺锌时蓖麻幼苗生长缓慢，分枝不旺，花序形成晚；缺锌严重的地块，蓖麻中下层叶面呈灰绿色或浅灰色，导致产量下降、脂肪含量降低。铜可改善蓖麻植株体内蛋白质和糖类的代谢过程，进而提高产量和种子脂肪含量。合理施用微量元素肥料，可以加快蓖麻生长，促进早熟，提高产量。

第四节　栽培管理技术

一、栽培制度

(一) 茬口选择与轮作

蓖麻对于前茬作物的要求并不十分严格，但前茬作物以大豆或豆科绿肥作物和小麦、玉米等禾本科作物为好。在黏土地、砂土地和重碱地上栽培，蓖麻不易高产。蓖麻不宜连作。根据山东、吉林、内蒙古和辽宁等盛产蓖麻的省、自治区的试验结果，蓖麻长期连作，因土壤中营养物质片面消耗且有适宜病虫害发生的条件，导致土壤养分比例失调、病虫害大量发生，致使蓖麻植株生长迟缓、矮小，叶色失绿变黄，易感染病虫害，果穗少，籽粒小，产量显著降低。蓖麻3年以上连作，一般情况下可减产10%～15%；干旱低肥地区减产更为严重，减产幅度可达20%以上。因此在蓖麻生产上要避免重茬，倡导轮作，可每2～3年与禾本科作物轮作1次。

（二）间作套种

由于蓖麻留苗株数较少，株行距较大（70～100 cm），可与其他作物间作套种。例如可在蓖麻行间栽培早熟大豆（青食）、早熟花生、马铃薯、豌豆、冬小麦、大麦等一些早熟作物，还可以套种胡萝卜等耐阴作物，以提高土地利用率，增加单位面积经济效益。对山东、湖北、内蒙古等省、自治区的调查发现，蓖麻与大豆间作，蓖麻产量可达 $3\,000\sim3\,750\ kg/hm^2$，大豆产量达 $1\,500\sim2\,250\ kg/hm^2$。小麦套种蓖麻，通过构建生育期一长一短、地下一深一浅、地上一高一矮的复合群体结构，可提高单位面积经济效益。

二、整地施肥

（一）整地

高产蓖麻的生长需要深厚、平整、肥沃、疏松和水分适宜的土壤环境。大面积栽培蓖麻时，一年一熟地区可在前茬作物收获后，耕翻土地。秋季宜耕时间短，应在结冻前结束，黑土耕翻深度为25～35 cm；黄土、白浆土、轻盐碱土等土层较薄、肥力较差田块，耕翻深度可适当浅些。由于春季气温回升快，空气干燥，土壤蒸发量大，因此春耕地块宜早，以利于保墒。春耕应于土壤化冻返浆时进行，春耕深度一般以15 cm左右为宜，如耕得过深，土壤过分松散，空隙大，跑墒快，不利于保墒保苗。秋季深耕是一项较好的增产措施，有利于蓄纳雨雪，杀灭病菌，改良土壤物理结构，但有试验表明，深耕的增产作用可保持2～3年，故不可连年深耕；可实行深耕与浅耕隔年轮换或行间深松相结合的耕作制度，逐步加深耕层。

土壤耕翻后，要抓紧耙细耙平。春耕地应耕、耙、耢连续作业，如果土壤墒情不足，可浅耕或不耕。如果耕后土壤水分过多，可先行晒垡，待垡块表面刚有一层干土，而里面尚未干透时进行耙、耢。在播种前，为了防止土松透气、跑墒，耙、耢后应及时实行镇压保墒。整地质量要达到耕层表面细碎平整，无坷垃、无根茬，上松下实，松紧适宜，以利于保水保肥，提高蓖麻播种质量。

（二）施足基肥

遵循重施基肥、因土施肥、因产施肥、全程施肥的原则。用作基肥的肥料品种，应以有机肥料（农家肥料）和缓效化肥为主，速效氮肥不宜过多施用，以免造成养分流失，同时也会使蓖麻苗期生长过旺，容易造成病虫害多发；磷、钾肥一般作基肥，并与有机肥料混合施用。

1. 基肥的施用量 在总施肥量中基肥应占60%～70%，一般每公顷施有机肥料15～20 t、氮（N）40～60 kg、磷（P_2O_5）50～70 kg、钾（K_2O）30～50 kg，在缺锌土壤上可增施锌（$ZnSO_4$）1.5 kg。有机肥料在堆积发酵前，可每吨加入40～50 kg磷矿粉，发酵分解过程中产生二氧化碳和有机酸，有助于磷肥溶解，使之易于被蓖麻吸收利用；同时，磷肥被有机质包裹着，减少了被土壤固定的机会。酸性土壤中可增施石灰 $750\sim1\ 875\ \mathrm{kg/hm^2}$。地膜覆盖栽培蓖麻时，由于地膜内土壤湿度稳定、温度提高，植株长势强，生长后期易缺肥、早衰，因此基肥用量可适当增加。

2. 基肥的施用方法

（1）撒施　即在土壤耕翻前，将肥料均匀撒施于地表，通过耕翻将肥料翻入耕层。此法施肥量大，对全面改善土壤地力非常有益。

（2）条施和穴施　即在播种前结合整地，开沟或开穴将肥料施入其中，然后覆土播种。此法属集中施肥，肥效高，但应注意肥料的浓度不宜过高，所用的有机肥料要充分腐熟。基肥深施，也将对保证蓖麻生长后期的养分供应起很大作用。

（3）分层施　即根据所用肥料的性质，结合深耕，把缓效性肥料施在下层，速效性肥料施在上层，各层肥料应均匀分布。

三、起垄与覆膜

（一）起垄栽培

在多雨地区，为避免蓖麻受到涝害，可采用起垄栽培的方式，有利于排水防涝。于耕翻整地后，用起垄机进行起垄作业，并根据需要调整垄距、垄高、角度等参数。通过增大行距以促进通风透光，从而降低因高湿环境所造成灰霉病等病害的发生率。同时，由于蓖麻根系对土壤免受冲刷的保护能力较差，在坡地栽培时要采取等高垄做法，可使土壤表层免受雨水直接冲刷，起到蓄水保墒、减少养分流失的作用。

（二）地膜覆盖

无霜期短及干旱地区适合采用地膜覆盖栽培。蓖麻属于无限生长作物，生长发育及产量受后期温度制约，因此早发早熟是蓖麻高产的关键。地膜覆盖栽培蓖麻可增温提墒，保持和调节土壤水分，实现抗旱保全苗、培育壮苗。地膜覆盖栽培的蓖麻可提前出苗 $10\sim15\ \mathrm{d}$，提早成熟 $5\sim20\ \mathrm{d}$。此外，通过增大光合面积，提高光能利用率，使百粒重（100颗籽粒的质量）明显增加，比露地栽培增产 $30\%\sim60\%$。

四、品种选择与种子处理

（一）品种选择

优良的蓖麻品种是丰产的基础，应根据栽培区域的生态条件和生产水平，科学选用品种，实现品种特性和栽培区生态条件相匹配，以充分利用栽培区内的光、热资源。

大部分蓖麻品种属于短日照型。短日照型的蓖麻如果从低纬度地区引种到高纬度地区，往往会延长生育期，延迟成熟，甚至不能正常开会结果。印度、非洲、南美洲、东南亚的大部分品种，英国、法国、以色列和我国的部分品种为此类型。

有些品种长期在长日照条件下栽培驯化，对日照长度的敏感性逐渐钝化。这些品种如果引种到低纬度地区，虽然能够正常开花结实，但往往表现为生育期缩短，成熟提早，植株、果穗、果粒变小，产量降低，表现早衰现象。苏联及我国各单位选育的大部分品种为此类型。

目前我国推广的品种主要有以下系列。

1. 淄蓖麻系列 淄蓖麻系列是淄博市农业科学研究院选育成功的系列杂交种，以日照非温敏型雌性系为母本，优良自交系为父本，杂交育成。目前已选育推广的"淄蓖麻5号""淄蓖麻6号""淄蓖麻7号""淄蓖麻8号""淄蓖麻9号"等品种受到广泛欢迎，适宜于我国无霜期110 d以上的地区栽培。

2. 晋（汾）蓖麻系列 晋（汾）蓖麻系列由山西省农业科学院经济作物研究所选育，主推品种有"晋蓖麻2号""晋蓖麻4号""汾蓖7号""汾蓖10号"，适宜于我国华北及西北无霜期120 d以上的地区栽培。

3. 通蓖系列 通蓖系列由内蒙古通辽市农业科学研究院育成，主推品种有"通蓖6号""通蓖7号""通蓖9号"，适宜于我国华北及西北无霜期120 d左右的地区栽培。

4. 滇（云）蓖系列 滇（云）蓖系列由云南省农业科学院经济作物研究所选育，主推品种有"滇蓖麻1号""云蓖2号""云蓖3号""云蓖4号""云蓖5号"，适宜于我国云南栽培，其他地方栽培较晚熟。

5. 中（油）蓖系列 中（油）蓖系列由中国农业科学院油料作物研究所育成，主要品种有"中蓖1号""中蓖2号""油蓖5号"，适宜于我国无霜期120 d以上的地区栽培。

6. 中北系列 中北系列由山西经作蓖麻科技有限公司和中北大学高分子与生物工程研究所育成，主推品种有"经作蓖麻1号""经作蓖麻4号""中北3号"，适宜于我国无霜期120 d以上的地区栽培。全部为紧凑型品种，但目前产量潜力较低。

7. 秀蓖系列 秀蓖系列由北京秀禾国际农业发展有限公司育成，主要品种有"秀蓖1号""秀蓖2号""秀蓖3号""秀蓖4号""秀蓖5号"，适宜于我国无霜期140 d以上的地区栽培。

8. 白蓖系列 白蓖系列由吉林省白城市农业科学院选成，主要品种有"白蓖20""白蓖21""白蓖22"，适宜在吉林省的蓖麻主产区栽培。

9. 法国181系列 法国181系列是法国福斯特·戴·劳森公司选育的系列品种，主要品种有"CSR6.181""CSR24.181""早熟181"等。

10. 以色列品种 我国推广的以色列品种是由以色列凯伊玛公司选育的品种。

（二）种子处理

1. 选种 常用的选种方法有风选、粒选、筛选、水选等。有条件的地方可采用种子清选机进行精选，剔除秕籽以及不饱满、小粒种子和杂质等。

2. 晒种 蓖麻播种前，适当晒种能促使种子后熟，增强种子内相关酶的活性，提高种子生活力、发芽势和发芽率。可选择晴好天气晒种2~3 d，气温比较低时可多晒1~2 d，气温比较高时可缩短晒种时间。晒种时，可将种子摊晒在铺有草席等物的晒场上，要注意勤翻动，使种子各部受热均匀。

3. 浸种催芽 蓖麻的外果皮（种壳）硬而脆，种子吸水缓慢，延缓种子出苗。浸种催芽可使蓖麻种子提早出苗，出苗均匀，特别是在缺水和有盐碱的地区，实行浸种催芽尤显必要。可用25~35 ℃的温水浸种10~12 h（或用45 ℃温水浸种3~4 h），浸泡时注意换水透气。浸种结束后捞出，摊开并盖一层草苫，在20~25 ℃下堆放1~2个昼夜，待有部分种皮破口露芽，大部分种子吸水萌动时，即可播种。此外，播种前用90 ℃的水浸烫1 min，对蓖麻枯萎病的预防效果可达69%。也可用50%多菌灵可湿性粉剂500倍液浸种12 h，捞出后用清水冲净，晾干后播种，对蓖麻枯萎病的预防效果可达71%。

4. 药剂拌种 通过药剂拌种，可防治地下害虫，减轻因土壤和种子带菌引起的苗期病害。可用 40%甲醛（福尔马林）300 倍液拌种（药剂用量以能使种子表面均匀湿润为标准），然后密封闷种 3 h。或使用 50%多菌灵可湿性粉剂，按种子质量的 0.5%的比例拌种。也可以使用蓖麻专用种衣剂或经过丸化的包衣种子，不仅能抗旱，而且能防治病虫。

五、播　　种

（一）适时播种

适时播种的蓖麻株型紧凑，现蕾早，可充分延长生长期，有效增加分枝数和果穗数，特别是针对晚熟品种，有利于提高籽粒成熟度与产量，避免遭受霜冻。适时早播还可充分利用土壤解冻期的返浆水，有利于种子吸水出苗，适度低温可促进幼根向纵深伸长，增强抗旱能力。露地直播或地膜覆盖田块，一般当耕层 5～10 cm 地温稳定在 8～10 ℃时即可播种。同时，播种位置的土壤水分含量要达到田间持水量的 60%～70%，才能满足蓖麻种子发芽出苗的需要。对于北方旱区，一定要在断霜后雨水充足时播种，墒情不足时要造墒播种。与小麦、大蒜、洋葱等作物套种时，可在上述作物收获前 10～25 d 播种。

（二）播种质量

针对蓖麻出苗顶土力弱、春播出苗较慢的特点，在播种技术上要保证播种质量，确保快速出苗且整齐一致，这是生产上的关键环节。

1. 合理密植 合理的密度是实现蓖麻高产的中心环节，肥地宜稀，旱薄地宜密。一般情况下，高秆、分枝性强、宿根型的品种，在气温高、土壤肥力好的地块要稀植；反之，矮秆、分枝性弱、一年生的品种，在气温稍低、土壤肥力中等的地块，密度可加大一些。地块肥水条件较好时，栽培密度以 9.00×10^3～1.05×10^4 株/hm^2 为宜；肥水条件中等时，栽培密度以 1.20×10^4～1.35×10^4 株/hm^2 为宜；对土壤肥力差、施肥水平较低的瘠薄地，栽培密度以 1.50×10^4～1.80×10^4 株/hm^2 为宜。山旱地栽培的密度可适当加大。蓖麻合理密植还应包括行株距的合理搭配，以发挥合理密植的增产效果。

为确保一次播种苗全，应足墒播种，墒情不足时挖穴浇水播种，每穴播 2～3 粒种子。另外，在宿根蓖麻的栽培中，第 1 年的栽培密度大一些，翌年再间去一部分植株，以适应多年生蓖麻营养体的发育，提高产量。在栽培稍稀的地块，也可利用摘顶的办法，促进腋芽的萌动，增加分枝和花蕾，既能合理利用光热资源，增加籽粒产量，又能促进脂肪合成，从而提高籽粒脂肪含量。

2. 播种深度的选择 一般播种深度为 4～6 cm。土质黏重、湿度大时，宜浅播，播种深度以 3～4 cm 为宜。如遇土质黏重干燥、近期又无雨的环境条件，可采用深挖坑、浅覆土、坐水点播的方式，覆土厚度为 5～6 cm。如果土质既疏松又欠墒无雨，也可采用挖坑坐水点播的方式，只是覆土可稍厚一些。在干旱、底墒不足时，覆土 5～6 cm 能提高出苗率。针对土壤质地疏松，易干燥的砂质土壤，播种深度以 6～7 cm 为宜，最深不宜超过 8 cm。盐碱条件下一般耕层下部土壤温度低，而表层土壤温度相对高些，浅播的种子出苗快、出苗多，受碱害较轻的盐碱地播种深度以 5 cm 左右为宜。若种子质量较差、顶土力弱，播种深度宜浅些。

(三) 播种方式

1. 人工播种 人工播种时,可采用开沟条播和穴播的方式。条播一般用耧或犁先开沟后播种。该方法有利于保墒且用工少,但播种深度和播种量不易保证。穴播可将开穴、施肥、播种、覆土工序一次性完成,能保证播种质量,节省种子,但用工多,土壤水分损失大。

2. 机械播种 可利用气吸式精量播种机(用种量少、分布均匀,但价格昂贵),也可选用普通的斜面或平面播种机(成本虽适宜,但蓖麻种子易破碎,致使种子发芽率降低)进行播种,播种时运行速度应低于 5 km/h。应用地膜覆盖技术的地区,可实施机械化覆膜、打孔播种连续作业。机械播种可在适期适墒下完成播种任务,作业效率高,播种深度适宜,出苗整齐,行向笔直,行距一致,节约用种。

(四) 科学施用种肥

种肥应以可被幼苗高效吸收利用的速效性肥料为主,用量不宜过多。可每公顷施用磷酸二铵 225 kg、尿素 37.5 kg。种肥条(穴)施时,种子和肥料要间隔 10～15 cm,以免发生烧种现象。

六、田间管理

(一) 前期管理

1. 查苗、补种和移栽 蓖麻播种后,温度、湿度等条件适宜时,10～15 d 即可出苗。在出苗后 7～10 d 进行查苗补种。采用浸种催芽或移苗补栽的方法浇水抢种,避免催芽补种后造成大苗欺小苗、生长不整齐现象。补栽的苗要注意浇水,施少量化肥,促其速长。地膜覆盖田块,在播种后要经常检查出苗情况,及时放苗,并注意防风固膜。

2. 适时间苗、定苗和放苗 蓖麻间苗要早,当幼苗长出 2 片叶时,对过密的幼苗进行疏苗;待长出 3～4 片叶时,进行间苗,穴播的每穴留 2 株壮苗(以防地下害虫危害造成缺苗)。间苗时应去小苗、留大苗,去弱苗、留壮苗,去病苗、留健苗。

定苗时间亦要早。当苗龄达到 4～5 片叶、植株高度达到 15～20 cm 时,应进行定苗。在虫害发生较严重的地块,可适当延迟定苗时间,但最迟不宜超过 6 片叶,以利于培育壮苗。间苗定苗最好在晴天进行,因为受病虫危害或生长不良的幼苗,在阳光照射下,常发生萎蔫,易于识别,有利于去弱留壮。

地膜覆盖播种后的 10～15 d,在小苗顶膜前,需立即开口放苗,以防烧苗。可通过 3 个手指(拇指、食指和中指)或使用铁钩在苗穴上方,将薄膜撕开一个圆孔,孔直径为 3～5 cm。放苗后,在膜孔周围盖 3～5 cm 厚的湿土,轻轻按压,起到封膜孔、增温保湿和自然清棵的作用。

3. 中耕和培土 苗期时间较长,且株行距大,地表裸露面积大,土壤水分蒸发快,容易发生旱灾,同时导致土壤板结,杂草大量发生。杂草不仅与蓖麻争水争肥争光,还会传播病虫害,所以要及时进行中耕除草,否则就会影响蓖麻的生长发育。

蓖麻中耕要掌握"苗期勤锄,土湿深锄,土干浅锄,有草就锄,雨后必锄"的原则。一般要中耕 2～3 次。在春寒较长的情况下,蓖麻出苗期会延长,有时达 1 个月左右。此期,对种苗附近的杂草,可以用手小心拔除。第 1 次中耕在 3～4 片真叶时,结合间苗、定苗进行。此次中耕要浅,不培土,松土深度宜在 5～7 cm。第 2 次中耕在定苗后 10 d 左右进行，中耕深度在 10 cm 左右，不培土。第 2 次中耕对保墒防旱、促进幼苗健壮生长有很好的作用。第 3 次中耕在蓖麻主茎抽穗后封行前进行。此次中耕不仅行间要深，株间也要中耕除草。在雨季，大雨过后要及时中耕松土除草，破除土壤板结，减轻盐碱危害。此次中耕要提高培土标准与质量，使根群着生牢固，以增强抗倒伏能力，防止后期倒伏与涝害。

4. 追肥、灌溉和蹲苗 蓖麻苗期植株小，生长缓慢，对肥、水需求量不大，但必须满足其需要，才能促苗早发，健壮生长。在土壤肥力较低、基肥施用不足、幼苗弱小的地块，可以补施提苗肥，促使小苗赶上大苗，达到幼苗生长整齐的效果。苗肥应以速效氮肥为主，施肥数量不宜过多，一般每公顷施用磷酸二铵 150 kg 左右（或尿素 45～75 kg）、硫酸钾 75～150 kg。如果将化肥与饼肥、粪干等有机肥混合，并开沟条施或在株间穴施，效果更好。施肥一般在定苗后抽生花序前进行，即在 5～6 片真叶时施用。

蓖麻苗期需水量少，土壤含水量保持在田间持水量的 60% 为好，这样可促根壮苗，培育壮株。土壤肥力高、墒情好，幼苗生长旺盛的地块，可以进行蹲苗。蓖麻蹲苗时期一般从出苗后开始，到主茎花序抽出前结束。蹲苗时间一般为 20～30 d，蹲苗时间过短时，起不到蹲苗作用；蹲苗时间过长时，会妨碍蓖麻幼穗分化的顺利进行，影响蓖麻的生长发育，形成"小老苗"。蹲苗结束后，应立即进行追肥灌溉。如遇干旱，蓖麻幼苗表现明显缺水，可结合追肥进行灌溉，灌溉后要及时中耕保墒。蓖麻幼苗耐渍性差，如雨水过多，造成田间渍水时，要及时疏导，排除渍水。

（二）开花结果期管理

1. 适度中耕 在开花结果期，当土壤板结、水分过多、通透性不良，以及蓖麻植株有徒长趋势时，要进行深中耕，中耕深度以行间深 10 cm、株间深 5～6 cm 为宜，不可过多、过深中耕，以免伤根影响生长。

2. 稳施肥水 蓖麻进入花果期，其营养生长最快，需肥量和需水量也增多。如果此期应用肥水过多，茎、枝、叶容易徒长，导致营养生长和生殖生长失调，将造成花果大量脱落，植株形成"高、大、空"。因此花果期要适当控制用水量，注意合理排水及灌溉，及时中耕松土，以调节土壤水、气状况，保持蓖麻植株稳健生长。

一般在盛花期每公顷追施尿素 150～225 kg。长势弱、缺肥的蓖麻田追肥时间应早一些，施肥量可稍多一些。追肥位置应距植株根部 10 cm 左右，切忌离根部太近。追肥可结合中耕进行。山旱田土壤保肥能力一般较差，追肥最好分 2 次进行，第 1 次在主茎花序现蕾期，第 2 次在主茎花序成熟时，每次可施氮磷钾复合肥 150～225 kg/hm^2。

3. 科学整枝 整枝能改善通风透光条件并抑制无效生长，减少养分消耗，促进光合产物向籽粒转移，促进果穗成熟，是提高产量的重要措施。整枝主要是适时打顶、打群尖和去掉次生枝，并在当地早霜期前 40 d 左右时把新生花蕾打掉。

可于第 1 个花序现蕾前摘心，花下保留 2～3 个 1 级分枝，其余分枝全部去除。此后，视植株生长情况，确定 2 级分枝、3 级分枝、4 级分枝、5 级分枝的留枝量。播种过晚时，可通过采用大穗型品种、加大密度和整枝等途径来大幅度提高产量。密度增加到 1.00×10^4～1.50×10^4 株/hm^2 时，每株仅保留 4～5 个分枝，其余分枝全部去掉。

（三）成熟期管理

蓖麻具有多次成熟多次收获的特点。应采取措施，改善田间小气候，为蒴果发育创造良好的条件，促早熟防早衰，以达到高产优质的目的。

1. 后期灌溉 蓖麻成熟收获期时间长，要求土壤含水量保持在田间持水量的55%～60%。如果降雨过多，应及时排水，防止落粒。如遇秋旱，为避免蒴果发育迟缓、成熟滞后、缺墒缺肥，需适时灌溉，一般灌溉1～2次；如干旱持续时间长，可坚持灌溉到9月中下旬，以防止早衰，增加蒴果和籽粒质量，对提高种子成熟度和品质有明显作用。

2. 后期追肥 蓖麻后期追肥，可防止植株早衰，延长叶片功能期，增强光合作用，促进后期蒴果灌浆成熟，增加籽粒质量，提高产量和品质。后期追肥在8月上旬进行，每公顷追施尿素75～105 kg，可撒施于行间，也可在行间挖穴施肥；也可用施肥机具每公顷施碳酸氢铵225 kg，深施于5～10 cm土层下。施肥后立即灌溉。此外，于晴天下午，喷施1%～2%尿素溶液（或磷酸二氢钾300～500倍液或磷酸二铵300～500倍液），每隔10～20 d喷施1次，共喷施2～3次，每公顷喷液量为225～450 L，可显著提高产量和品质。

（四）化学除草

蓖麻属双子叶作物，对多种除草剂较敏感，除草剂的选择和使用技术要求较为严格。

1. 土壤封闭处理 适用于苗前土壤封闭处理的除草剂有乙草胺、甲草胺、丁草胺、异丙甲草胺、异丙草胺、扑草净、二甲戊乐灵等。例如用50%扑草净可湿性粉剂1 500～2 250 g/hm²，或33%二甲戊乐灵乳油3.0～4.5 L/hm²。

2. 苗后茎叶处理 适用于苗后茎叶处理的除草剂有高效吡氟氯禾灵、氟乐灵等。依据杂草叶龄，可使用10.8%高效吡氟氯禾灵乳油375～900 mL/hm²或42%甲·乙·莠悬浮剂（含甲草胺2%、乙草胺25%、莠去津15%）2 250～3 000 L/hm²，人工背负式喷雾器喷液量为300～450 L/hm²，拖拉机牵引或悬挂式喷雾机喷液量为150～225 L/hm²，均匀喷施。

七、适时采收

由于蓖麻具分批成熟特点，成熟的顺序为先主茎果穗，然后1级分枝果穗，接着是2级分枝果穗。

（一）分批次收获

无霜期长及多雨地区，一般收获2～4次。采收宜在晴天上午进行，此时田间湿度大，果穗潮湿，成熟蒴果不易炸裂，可避免种子脱落损失。采收时，一手扶着蓖麻茎，另一手将果穗整体剪下或将果实直接撸下。撸时要轻，不要把蓖麻茎的皮层一起撕下，这样会损害蓖麻茎秆，影响上部果穗蒴果的成长。

（二）一次性收获

北方无霜期较短的区域，霜后一次性收获。大面积集中栽培的地区可使用自走式蓖麻联合收获机进行机械化采收。

（三）采收后处理

采收后需及时进行分批摊开晾晒，不宜放大堆，宜摊得薄些且勤翻动。遇雨要及时堆成堆，用苫布盖好，但要避免长期堆沤及捂放导致"伤热"，失去商用价值。果实干燥后，可人工脱粒或用蓖麻专用脱粒机脱粒。电动蓖麻籽脱粒机（自带风送）能一次出粒，每小时脱粒500 kg以上，破碎率低，可使工作效率大大提高。

去壳后的种子要及时晒干，待含水量降至9%以下时即可装袋入库或出售。储藏时应保持库房通风、干燥、低温，严防种子霉变损耗。

为了保护环境，防止污染，地膜覆盖栽培的蓖麻田块收获后，要仔细揭膜，拣净碎膜，彻底清除残膜。将地膜一头提起卷成卷，边卷边向前滚动，揭下的膜要回收再利用。

（四）蓖麻种子的品质鉴定

蓖麻种子的种皮有光泽，种仁呈白色的品质好。种皮发暗，无光泽，种仁发黄或带斑点，甚至可闻到油酸败味的品质差。此外，用手抓一把种子，用力握紧，如果没有种皮破裂的声响，则表示颗粒整齐，饱满无瘪粒；瘪粒多的有声响。

第五节 病虫害及其防治

一、主要病害及其防治

（一）蓖麻枯萎病

蓖麻枯萎病在苗期到现蕾、开花期均能发生。幼苗受害后，常于子叶未展开前即枯萎死亡。2～3 片真叶期受害时，常有水渍状病斑围绕茎部，幼茎基部呈黑褐色或红褐色，发病部腐烂，叶色暗绿，但不脱落。茎秆受害后，形成条状病斑，病斑着生有粉红色霉状物、凹陷，维管束变褐色，导致水分供应失调，造成萎蔫干枯。

1. 农业防治 一是拔除病株烧毁；二是选择优良抗病品种；三是实行 4 年以上轮作；四是选用无病种子，制种田必须拔除病株，同时无病区要严禁从病区引种和调种；五是秋耕深翻，深埋残叶碎屑，破坏病原菌的生活环境。

2. 化学防治 用 50％多菌灵可湿性粉剂 250 倍液浸种，或用种子质量 0.5％的 50％多菌灵可湿性粉剂拌种，或用 50％多菌灵可湿性粉剂按 1∶250 的比例混入细干土，均匀施于穴内。在发病前或发病初期，可用 50％多菌灵可湿性粉剂 500 倍液，或 50％苯菌灵可湿性粉剂 500 倍液，或 50％甲基托布津可湿性粉剂 500 倍液，每株灌施药液 0.3～0.5 kg，每隔 7 d 灌 1 次，连续防治 3 次。

（二）蓖麻疫病

蓖麻的叶片及茎部容易受疫病危害。苗期受害后，子叶上出现圆形暗绿色病斑，后逐渐扩展至叶柄、茎部乃至整株，病斑有淡褐色同心轮纹，病健交界处呈灰绿色。成株期受害时，初在叶片边缘出现灰绿色圆形或不规则形水渍状病斑，随着病情扩展，病斑逐渐扩大，当田间湿度较大时，病斑上着生白色霜状霉层；当田间湿度较小时，病部呈黄褐色轮纹状或青白色。茎、叶柄、果柄、幼果受害后，初为水渍状、暗绿色，渐渐呈褐色，后变黑褐色水渍状，潮湿时病健交界处亦生白色霉状物，最后叶柄、果柄软化，渐明显缢缩，病部以上萎蔫下垂，蒴果不能成熟，幼果腐烂脱落。

1. 农业防治 一是选用抗病品种；二是结合整枝打杈及时摘除病部，集中烧毁或深埋；三是与玉米、小麦等禾本科作物合理轮作，以减少初侵染源；四是适当稀植，降低田间空气湿度，创造不利于病菌生长的条件；五是进行深耕，将带菌的表土层深翻到 15 cm 以下。

2. 化学防治 发病初期可用 70％代森锰锌可湿性粉剂 500 倍液，或 64％杀毒矾可湿性粉剂 400 倍液，或 40％乙膦铝可湿性粉剂 200 倍液，或 72.2％霜霉威盐酸盐水剂 800～

1 000 倍液，每隔 10 d 喷施 1 次，共喷 3 次。

（三）蓖麻灰霉病

蓖麻灰霉病主要危害幼花、幼果、嫩茎、叶、果柄等。叶片发病时，从叶尖开始出现病斑，病斑沿叶脉间呈 V 形向内扩展，引起早期落叶。茎秆感病时，叶痕处初现病斑，病斑逐渐扩大，病部光泽消失、干枯并出现黑色菌核，常引起上部组织枯萎。花果感病时，致使花、蕾、蒴果变褐脱落，种子不成熟甚至霉烂。遇雨水多、湿度大时，各部位病斑均易长出一层灰色霉状物及黑色菌核。

1. 农业防治 一是实行合理轮作，以减少初侵染源；二是深耕，将带菌表土深翻到 15 cm 以下，促使其死亡；三是适当稀植，降低田间湿度，创造不利于病菌生长的环境；四是结合整枝打杈及时摘除病部，集中烧毁；五是排涝降湿。

2. 化学防治 在病害始发期，使用 50％腐霉利可湿性粉剂 1 000 倍液，或 50％异菌脲可湿性粉剂 800 倍液，或 50％乙烯菌核利可湿性粉剂 800 倍液，或 60％多菌灵盐酸盐超微粉 600 倍液，或 45％克灰霉灵可湿性粉剂 500 倍液，进行叶面喷雾。

（四）蓖麻黑斑病

蓖麻黑斑病又名为叶枯病，主要危害叶片和果穗。发病的子叶和真叶最初产生不规则的小型灰绿色病斑，病斑逐渐失去水分而呈苍白色。以后病斑逐渐扩大形成不规则形大斑，病斑周围呈褐色，外围有苍白色晕圈，中央为褐色，其上有暗黑色轮纹。病斑上有黑色霉层，为病原菌的分生孢子梗和分生孢子。严重时病斑占据叶片的大部分，叶片最后枯死。果穗受害后变黑腐烂。

1. 农业防治 一是选育抗病品种；二是采用无病种子；三是实行 3 年以上合理轮作；四是收获后及时清除病残叶，烧掉或深埋，并深翻深耕；五是适期播种，避开发病高峰期，同时加强田间管理，增施有机肥料，提高抗病力。

2. 化学防治 用种子质量 0.4％的 50％多菌灵可湿性粉剂拌种；也可用 75％百菌清可湿性粉剂 600 倍液，或 70％代森锰锌可湿性粉剂 500 倍液，或 64％杀毒矾可湿性粉剂 500 倍液，或 50％异菌脲可湿性粉剂 1 500 倍液，或 50％多菌灵可湿性粉剂 800 倍液，或 50％甲基托布津可湿性粉剂 1 000 倍液，进行叶面喷施。

（五）蓖麻锈病

蓖麻叶片感染锈病后，叶背产生橘黄色圆形小点，严重时叶上产生大量病斑并连成片，甚至萎黄枯死，提前落叶。

1. 农业防治 一是选用抗、耐病品种；二是加强田间管理，增强植株抗病性；三是及时摘除病叶并烧毁。

2. 化学防治 可用 25％三唑酮可湿性粉剂 600～1 000 倍液喷雾，每隔 15 d 喷 1 次，共喷 3 次。

二、主要虫害及其防治

（一）地老虎

地老虎是春播蓖麻幼苗期常见的重要害虫，发生量大时可造成缺苗断垄甚至毁种。防治方法请参考第四章的主要虫害及其防治。

（二）棉铃虫

棉铃虫主要危害植物幼蕾、幼果，造成严重减产。

1. 诱杀防治　可布置黑光灯或高压汞灯，架设距离为 $160\sim300$ m，或每公顷每代设性激素诱芯 $15\sim30$ 个。

2. 化学防治　产卵盛期或达到防治指标时，可用 40% 甲基辛硫磷乳油 $1\,000$ 倍液，或 5.7% 氟氯氰菊酯乳油 $1\,000$ 倍液，每 $3\sim5$ d 喷施 1 次，连喷 $2\sim3$ 次。

3. 生物防治　在产卵盛期，每公顷释放赤眼蜂 $2.25\times10^5\sim3.30\times10^5$ 头，每隔 $3\sim5$ d 释放 1 次。

（三）四星尺蛾和蓖麻夜蛾

四星尺蛾和蓖麻夜蛾的危害特点是幼虫食叶成缺刻或孔洞，啃食嫩芽、幼果和嫩茎表皮，严重时吃光。

1. 化学防治　在产卵高峰 $2\sim3$ d 后至幼虫 3 龄前，喷洒 80% 敌敌畏乳油 $1\,000\sim1\,200$ 倍液，或 90% 晶体敌百虫 $800\sim900$ 倍液，叶用蓖麻可在喷药 7 d 后采叶喂蚕；籽用蓖麻还可喷洒 30% 乙酰甲胺磷乳油 $1\,000$ 倍液。

2. 生物防治　在卵孵化盛期释放赤眼蜂，每公顷释放 1.50×10^4 头，每隔 $7\sim10$ d 释放 1 次，连续释放 $2\sim3$ 次。

复习思考题

1. 发展蓖麻生产有何重要意义？
2. 试述蓖麻生长发育对温度条件的要求。
3. 试结合蓖麻不同栽培生态区域的生态条件与品种特点，进行品种科学选择和布局。
4. 简述主要的蓖麻种子处理方法。
5. 简述蓖麻适时早播的优势。
6. 试述蓖麻果实成熟的标志及收获方法。
7. 简述蓖麻采后处理的注意事项及品质鉴定的一般方法。

主要参考文献

曹越，郭志强，王宏伟，等，2015. 蓖麻适用除草剂筛选及防效研究[J]. 安徽农学通报，21（Z1）：71-72.

迟玉成，许曼琳，谢宏峰，等，2012. 蓖麻主要病害及其防治技术[J]. 现代农业科技（22）：123-124.

黄家祥，2005. 蓖麻生产及综合开发利用技术[M]. 北京：中国农业出版社.

李敬忠，张宝贤，王伟男，等，2018. 我国蓖麻育种与栽培技术研究进展[J]. 农业科技通讯（10）：198-200.

李清泉，2003. 北方高寒区蓖麻覆膜优质高产栽培技术[J]. 黑龙江农业科学（5）：43-44.

孙振钧，吕丽媛，伍玉鹏，2012. 蓖麻产业发展：从种植到利用[J]. 中国农业大学学报，17（6）：204-214.

吴国林，朱国立，2006. 蓖麻高产栽培技术[J]. 农业科技通讯（6）：29-30.

许正红，魏连香，刘新华，等，2018. 蓖麻高产栽培技术[J]. 现代园艺（9）：75.

严兴初，等，2007. 蓖麻种质资源描述规范和数据标准[M].北京：中国农业出版社．

杨云峰，王光明，刘红光，等，2015. 杂交蓖麻轻简化高产栽培技术[J].农业科技通讯（8）：208-210.

杨云峰，张宝贤，谭德云，等，2014. 我国蓖麻田间杂草发生规律和防除技术探讨[J].农业科技通讯（8）：231-234.

张宝贤，谭德云，刘红光，等，2010. 我国蓖麻产业发展及其能源化利用的探讨[J].农业科技通讯（1）：22-23.

张翼飞，于崧，张鹏飞，等，2016. 大庆地区蓖麻新品种引进与适应性差异比较研究[J].黑龙江八一农垦大学学报，28（2）：22-27.

FAO，2020. Crops [DB/OL]. http://www.fao.org/faostat/en/#data，2020-09-14.

第六章

大　麻

第一节　概　述

大麻（*Cannabis sativa* L.）又名线麻、白麻、火麻，是桑科大麻属一年生草本韧皮纤维植物。大麻自古以来就是一种重要的经济作物，素有"国纺源头，万年衣祖"之称。

一、起源与分布

大麻起源于中亚地区，国内外多数学者认为中国是大麻的起源中心。在有文字记载前，人们就开始栽培和使用大麻，成为我国五谷（麻、黍、稷、麦、菽）之一。考古发现，我国在公元前3500—公元前4000年就已经利用大麻纤维结绳织布。我国先人就知道大麻是雌雄异株植物，在《仪礼》（公元前7—公元前6世纪）中将雌麻称为苴，将雄麻称为枲。在西周时代，统治者把大麻列为征收赋税的重要项目之一，设立典枲官来管理大麻栽培和麻布、麻线赋税的征收，并对"不树桑麻之宅者，罚以二十五家之税"。到秦汉时期，大麻传播到黄河下游的齐鲁地区，同时向南发展。盛唐时期，渤海国归附于唐王朝以后，大麻传到东北。新中国成立后至20世纪80年代初，黑龙江省大麻栽培面积约为$5.4 \times 10^4 \ hm^2$，最高时达$2.0 \times 10^6 \ hm^2$。

大麻于公元前1500年传入欧洲，到公元1500年，大麻才得到广泛栽培，除收获纤维外，还作为食物利用。19世纪后，大麻因其纤维独有的防腐、抑菌、强度高等特点被广泛应用于航海、工业等，其栽培范围遍布世界各地。到20世纪中叶，由于石化工业快速发展，化学纤维大量替代大麻纤维，加之大麻的致幻成瘾毒性成分，在欧美一些国家被作为毒品源植物利用，联合国禁毒公约组织为控制毒品泛滥，明令严禁栽培大麻，致使大麻栽培面积锐减。

目前世界工业大麻生产主要分布在欧洲、北美洲、中国和智利。我国是世界上最早栽培和使用大麻的国家之一，大麻的利用距今已有10 000～12 000年的历史。我国古代大麻主要分布在黄河流域一带，以黄河中下游地区较多，南方也有栽培；自唐代以后，向长江流域及黄河流域以北地区传播。我国大麻分布区域十分广，南起云南、北达黑龙江，各地都有栽培，呈现大分散、小集中的特点。按地域分为东北、西北、华东、华北、中南和西南6个麻区。由于大麻地理分布广、形态变异幅度大，各地栽培利用方式各异，其中黑龙江、安徽、山西、云南等地栽培较集中，以生产纤维为主；华北、西北地区气候冷凉，以籽用、油纤兼用为主。

1. 东北麻区　该区主要分布在松嫩平原、小兴安岭北麓，是我国大麻面积最大、原茎产量和纤维产量最高的栽培区。

2. 华东麻区　该区主要分布在泰山南麓和皖西大别山区,是我国传统大麻栽培区。

3. 华北麻区　该区主要分布在河北桑干河流域、山西雁北和晋东南地区。

4. 西南麻区　该区主要分布在成都平原、云南高寒地带。

5. 中南麻区　该区主要分布在河南的汝河与史河沿岸地区,是我国传统大麻栽培区之一。

6. 西北麻区　该区主要分布在河西走廊的渭水流域,大麻栽培比较分散。

二、国内外生产现状

世界大麻栽培面积最大的时期是第一次世界大战至第二次世界大战期间,苏联大麻栽培面积曾经高达 1.00×10^6 hm^2,美国在 1943 年的大麻栽培面积高达 1.78×10^5 hm^2。1961 年联合国条约禁止栽培大麻,工业大麻的栽培在北美洲、欧洲等地区被全面禁止。尽管如此,工业大麻仍被世界一些国家和地区栽培,1979—1981 年全球大麻的栽培面积为 4.80×10^5 hm^2,干茎产量为 2.6×10^5 t;1984—1986 年全球大麻栽培面积仍然基本稳定在 3.8×10^5 hm^2,干茎产量约为 2.4×10^5 t,且其单产显著提高。

我国自古就有大麻栽培,历史悠久,栽培范围广,在 20 多个省份都有种植。20 世纪 70 年代末期,黑龙江、吉林、山东、内蒙古、河北和山西 6 个省份大麻栽培面积达 7.0×10^3 hm^2 以上。2008 年全国大麻栽培面积约为 3.3×10^4 hm^2,纤维单产为 1.7×10^3 kg/hm^2,平均农业产值约为 1.8×10^4 元/hm^2。2017 年,黑龙江省工业大麻栽培面积高达 1.76×10^4 hm^2,纤维产量为 3.13×10^4 t。

三、产业发展的重要意义

大麻全身是宝,具重要的工业及药用价值。其茎皮可以用来沤制纤维;果实富含脂肪可用作食用油;大麻仁是上等的中药材,具有润滑、通便、活血等功效,用来治疗肠燥便秘、消渴、热淋、风痹、痢疾、月经不调、疥疮等疾病。尽管大麻是重要的油脂、纺织原料,但因其印度亚种是与罂粟、古柯齐名的 3 大毒源植物,其栽培利用也备受争议。在我国,大麻主要是作为纤维作物而加以开发和利用的。

大麻中含有两种最为活跃的酚类物质:四氢大麻酚(THC)和大麻二酚(CBD)。四氢大麻酚是具有精神活性成分的致幻物质,也是界定大麻毒性的标准。按照国际通用标准,四氢大麻酚含量低于 0.3% 的为工业大麻,不具备毒品利用价值。人吸食大麻后,会对人体精神层面和身体健康产生严重影响,包括不良生理反应和主观反应。而大麻二酚是大麻中主要的无精神活性成分,在医学上具有明显的减轻惊厥、炎症、焦虑和呕吐的作用。

第二节　植物学特征

一、根

大麻根系为直根系,根系较为发达,主根能深入土壤 2 m 以上。侧根较多,细根上布满根毛,大部分分布在 20～40 cm 土层,侧根横向伸长可达 80 cm。一般高茎晚熟的大麻品种，根系较发达；雌株根系比雄株发达。

二、茎

大麻茎直立，株高为 2～5 m，茎粗为 0.5～2.0 cm，部分品种（系）的茎粗可达 8 cm 以上，纤维用大麻的理想茎粗为 0.8～1.5 cm。茎秆表面具茸毛，呈绿色、淡紫色、紫色等，成熟时木栓化。大麻茎的最外层为表皮，由外向内依次为韧皮部、形成层、木质部、髓和髓腔。茎基部第 1 节和梢部数节的横断面为圆形，其余各节一般为四棱形，具纵凹沟纹，也有六棱的。茎在生长前期髓部充实，至开花以后髓部逐渐呈现中空。大麻分枝性强，在密植条件下分枝减少。一般雌株比雄株茎稍粗，木质部更发达，分枝更多，出麻率低。株高与熟期有关，中熟品种株高为 2.5～4.0 m，晚熟品种株高为 2.5～5.0 m。茎的节间数为 30～45 个，节间长度从根到梢呈抛物线分布。下部对生叶的茎段，各节间长度由下向上逐渐增加；上部互生叶茎段，各节间长度由下向上逐渐变短；分枝以下茎段的节间较长，分枝以下节数占总节数的 40%；分枝以上茎段的节间较短，节数多，占总节数的 60%。大麻植株的分枝数为 10～15 个，株高和茎粗至开花始期已定型。

三、叶

大麻的叶有子叶、单叶和复叶 3 种类型，其中单叶和复叶为真叶。成株期多数为掌状复叶，掌状复叶的小叶聚生于总叶柄顶端，由 3～13 片小叶组成。大麻叶由叶片、叶柄和小托叶组成。叶柄较长，基部有 2 片小托叶。叶片呈绿色或淡绿色，叶面有短茸毛，叶缘具粗锯齿。茎下部第 1～10 节或到第 14 节的叶片对生，以上各节的叶片互生。大麻第 1 对真叶为椭圆形单叶；第 2 对叶为复叶，由 3 片小叶组成；以后出现的复叶，其小叶数逐渐增加，小叶片数均为奇数，第 8～15 节复叶的小叶数达 9～13 片，第 16 节以后的小叶数又逐渐减少；梢部 1～3 片叶为披针形单叶。成熟大麻茎一般有 30～40 片叶，到后期下部叶片依次凋落，仅存上部叶片。大麻的子叶生长 30～40 d 后就枯黄脱落，对生叶一般生长 40～60 d，其中第 3～7 对对生叶寿命为 50～60 d；互生叶寿命由下往上逐节缩短。雄株第 18 节以上的叶，均生长到开花末期枯死，由 40 d 逐渐缩短到 18 d。雌株互生叶比雄株互生叶的寿命更长，第 17 节以上的叶均生长到种子成熟期仍为绿色，各节叶片的生长时间由 60 d 逐渐缩短到 40 d。

四、花

大麻为雌雄异株植物（图 6-1）。雄株花序疏松，为复总状花序，有花柄，每朵花由 5 枚花萼和 5 枚雄蕊构成，花药附垂于细长的花丝上，花药 2 室；花粉呈黄白色、圆形、有刺，花粉量较大，为风媒传粉，开阔地传播距离达 12 km。雌株花序紧密，为穗状花序。雌花很小，无花柄、花瓣；每朵花只有 1 个雌蕊，由 1 片绿色苞叶包着，内仅有 1 个由薄而完整的萼片包围的柱头，柱头 2 裂，开花时伸出萼片之外。

大麻的雄花花序上的小花由中部向两端开放，分枝上的小花是上部先开放，花粉活力能保持 15 d 左右。雌花在雄花现蕾后 10 d 左右开花，花期为 15～25 d。大麻一般在 9：00—12：00 开花。

图 6-1 大麻形态

A. 根 B. 雄花枝 C. 雄花 D. 雌花（示苞片、小苞片及雌蕊） E. 外被苞片的果实 F. 果实

（引自吴国芳等，1992）

五、果 实

大麻果实为卵形小坚果，果皮坚脆，微扁，表面光滑，顶端尖，呈灰白色、灰褐色或褐色，有网状花纹。未成熟瘦果被宿存的黄褐色苞片所包，正常成熟的果实经脱粒后苞片被脱除。果实平均长为 3～6 mm，直径为 2～5 mm，千粒重一般为 9～32 g，也有个别达40 g 以上。发育中的果实外观呈绿色，随发育进程逐渐变为褐色。种子（果实）内有 2 片子叶和胚根、胚芽，由 1 层深绿色的薄膜即种皮所包被，新鲜种子略有甜味。种子富含脂肪，特别是含有不饱和脂肪酸，因此在常温条件下种子易氧化，不易保存。大麻种子在常规条件下寿命不超过 3 年，利用年限为 1～2 年，生产上一般不用陈种子作种。种子成熟度、发芽率与种子色泽、千粒重有关；千粒重与品种熟性有关，一般早熟品种轻于中熟品种，中熟品种又轻于晚熟品种。

第三节 生物学特性

一、生育时期

大麻因种植的地区和品种不同，从出苗到纤维成熟收割的生育期长短不同。大麻生育期一般为 80～140 d。依据大麻生育特点把它的一生划分为出苗期、幼苗生长期、快速生长期及成熟期。

（一）出苗期

从播种至出苗为出苗期。在适宜的田间条件下，出苗期一般为 10 d 左右。

（二）幼苗生长期

从出苗到第 7～9 对真叶展开为幼苗生长期。幼苗生长期一般为 30～40 d。

（三）快速生长期

从幼苗生长期结束至开花始期为快速生长期。快速生长期一般为 55 d 左右。在这个时期，麻茎快速伸长，是纤维产量形成的主要阶段。

（四）成熟期

雄株从开花始期至终花期为成熟期，成熟期一般为 15～25 d，是雄株的工艺成熟期，也称为纤维积累成熟期。雌株从开花始期至种子成熟为成熟期，成熟期一般为 30～40 d，是雌株籽粒产量形成的关键时期；若作为纤维利用，以下部果实开始成熟时为工艺成熟期。

二、生长发育对环境条件的要求

（一）温度

大麻种子在 1～3 ℃就能发芽，适宜发芽温度为 25～30 ℃。幼苗能忍耐 −5～−3 ℃ 的低温，幼苗生长期适宜生长温度为 10～15 ℃。快速生长期的适宜生长温度为 19～23 ℃。成熟期的适宜生长温度为 18～20 ℃。开花期如遇 −2～−1 ℃低温，则花器官死亡，不能形成种子。

（二）光照

大麻为喜光、短日照作物，晚熟品种对光照反应更为敏感。缩短日照可促进大麻开花，生育期缩短；延长日照，则开花延迟。光周期会影响大麻的纤维产量，若缩短日照时间，植株矮小，纤维产量降低。在生产上，南种北栽有利于增加纤维产量。光周期对大麻性别分化也有一定影响，长日照会促进大麻向雄性分化。

（三）水分

大麻种子萌发至出苗的快慢与土壤水分密切相关。大麻种子吸收水分相当于本身干物质量的 50%左右时，就可以萌发。种子萌发适宜的土壤含水量为田间持水量的 70%左右；当土壤含量水高于田间持水量的 90%时，会由于通气不良而造成种子腐烂。大麻全生长发育时期需要 500～700 mm 的降水量。在大麻快速生长期，一般土壤含水量以保持田间持水量的 70%～80%最为适宜。

（四）养分

大麻属于土壤营养结构敏感型作物，营养不足或过量都会影响其产量和品质。大麻对钾需求最多，氮次之，磷较少。大麻氮、磷吸收高峰期在出苗后 20～40 d，钾吸收高峰在出苗后 40 d。因此为保证大麻的产量和品质，在大麻生长后期要注意钾的补充。

第四节　栽培管理技术

一、栽培制度

不同的地区应根据其自然条件选择适宜的栽培制度，充分利用气候和土地资源，发挥农田生产力。

（一）轮作

大麻可以与多种作物轮作，例如与小麦、玉米、大豆、烟草、蔬菜等轮作。大麻也是很多作物的良好前作。大麻与两种以上作物轮作，能够更有效地减轻病虫害和调节地力。

（二）单作

在生长季节较短的地区及所栽培的大麻品种生育期较长时，应选用单作方式栽培大麻。例如在我国东北松嫩平原，由于冬季酷寒，春季干旱，宜实施单作。单作方式管理方便、土壤肥力较好、大麻生育期长、产量较高。但1年收获1次，导致农田产出量低，在作物生长季节较长的地区，不能充分利用气候和土地资源。

（三）间作套种

大麻与小麦、玉米、甜瓜等作物进行间作套种，能够有效减轻病虫害，同时充分利用环境和土地资源，增加农田单位面积产量。在间作套种时，要注意两种作物在时间、空间、水肥利用上的互补，减少两种作物间的竞争，发挥间作套种的优势。

二、选地与整地

（一）选地

大麻栽培地应优选不易渍水的地块，在我国南方以山坡地、台地或排水条件好的土地为宜；北方降水量一般较少，也应注意避免排水不良的地块。土壤以土层深厚、保水保肥力强、土质疏松肥沃的砂质壤土为宜。纤维用大麻可选择阴坡地或多云雾的地区栽培；籽用大麻则宜选择阳坡地等日照充足的地块栽培。土壤以微酸性（pH 为 6.0～6.8）最适宜。此外，大麻单纤维强力与土壤孔隙度和土壤有机质、速效钾和水溶性硼含量等土壤理化性质显著相关，选地时应综合考虑。

（二）整地

栽培大麻的土壤需深耕，耕深以 25 cm 左右为宜。在干旱、半干旱地区应适当浅耕，以利于蓄水保墒。大麻耐旱不耐涝，在雨水较多的地区和易发生涝害地区，应设置排水沟，以便排水防涝，增加土壤透气性。

（三）一年一熟连作麻地

我国北方地区多为一年一熟连作。上季麻收获后，可实行浅耕灭茬。灭茬后 10～15 d，进行早秋耕，耕深为 20～25 cm，达到耕幅窄，以及翻土深、匀、细的要求。耕后晒土，遇雨耙地蓄墒，保墒越冬。次年再浅耕细耙，准备播种。

（四）一年多熟春播麻地

黄淮平原和南方麻区实行一年多熟制。前作收获后，即实施浅耕灭茬；接着秋季（或冬季）深耕，耕后耙地保墒越冬，也有地区秋耕后晒土不耙越冬。次年春播前 20 d 左右施基肥、浅耕、耙平、耙细，等待播种。在秋季或冬季未深耕的地块，春耕时要深耕一次。

（五）一年多熟夏播麻地

我国中部和南部麻区采用夏播栽培大麻，夏播的前作多为小麦、大麦、油菜、豌豆、蚕豆等越冬作物。前作收获后，一般来不及深耕，在清除前作残茬后，即可进行耙地开沟播种。但栽培大麻的田块每年均需进行 1 次深耕。南方地区雨水多，适宜采用做畦栽培，并注意开通厢（畦）沟和围沟，以利于排水。

三、品种选择

不同大麻品种在同一地区栽培，其生育期、农艺性状、经济性状、产量和品质会存在较大差异。大麻品种的选择需要与当地自然条件相适应，才能获得较高的产量。例如在生长季短的地区，应首选耐寒性强、生育期短的品种；在土壤肥沃、水肥条件好的地区，应选择耐水肥、抗倒伏的品种；在盐碱地区，应选择耐盐能力强的品种；在干旱多发地区，应选择抗旱性强的品种；在病虫害较严重的地区，应选择抗虫性和抗病性强的品种。

根据不同栽培目的选择优势品种。例如在以收获纤维为目的时，应选择韧皮厚、植株较高、分枝少而短的品种；在以收获麻籽为目的时，应选择雌株比例较高、雌株能开花结实且分枝多、麻籽产量高的品种；在以收获枝叶为目的时，应选择叶片肥大、分枝能力强和生物产量高的品种。

四、播 种

（一）纤维用大麻

1. 适宜播种期 由于气候、土壤、品种、轮作制度的不同，各地大麻的播种期差异很大，黑龙江和吉林在4月中下旬至5月上旬；辽宁在4月上旬；河北在4月下旬至5月初；山东于3月下旬至4月上旬播种春麻，6月上旬播种夏麻。南方冬春干旱，大麻播种期主要由土壤墒情和降雨决定，适时早播，可以提高纤维产量，1—6月均可播种，4月中旬到5月下旬最好，6月以后，由于营养生长期变短，产量明显下降。

2. 播种方法 采用人工条播，纤维工业大麻平播密植，行距为10～15 cm，株距为3 cm，每平方米播种450～500粒。播种深度为3～5 cm。播种沟方向应与风向相同，以利于通风透光。播种深度要一致，播种、盖土要均匀，以利于出苗整齐。

3. 栽培密度 高密度栽培是实现大麻纤维高产的主要手段。高密度条件下，单位面积有效株数增多，植株高而整齐，分枝少，麻茎上下粗细均匀，出麻率高，纤维产量高。黑龙江、山东等省份以及云南部分地区的纤维用大麻生产均采用高密度栽培模式。东北地区依据收获期大麻株高的不同，适量密植，一般每公顷播种量为100～150 kg，可获得较高的纤维产量。南方的纤维用大麻枝繁叶茂、植株高大，因此栽培密度比北方要小很多，一般每公顷播种量为30～45 kg，保苗3.75×10^6～5.25×10^6株，可使纤维产量最高，品质最好。

（二）籽用大麻

1. 适宜播种期 籽用大麻在大多数地区于4月中旬到5月下旬播种。延迟播种的大麻单株个体较小，应适当加大密度，以保证产量。

2. 播种方法 籽用大麻采用条播方式，行距为50～100 cm。也可采用点播方式，播种深度为3～5 cm。播种后盖土要均匀，以利于出苗整齐。

3. 栽培密度 原则上早播宜稀，晚播宜密。为了获得多分枝、多结籽，可适当稀植。一般每公顷播种量为3～6 kg，保苗9.0×10^4～1.2×10^5株，可使麻籽产量最高。

五、营养与施肥

大麻施肥应以"施足基肥，合理追肥"为原则。大麻前期需肥量较大，基肥应占总施肥量的 70% 以上。基肥一般是有机肥，也可以是化肥，或者有机肥、化肥、微量元素肥料配合施用。追肥多以速效化肥为主，尿素的增产效果最好。

（一）纤维用大麻

1. 基肥　用有机肥作基肥，每公顷不少于 15 t，或每公顷施用复合肥 375～450 kg，于深耕时翻入土壤中。

2. 追肥　间苗后，视苗情每公顷追施 120 kg 尿素，再略微培土。在快速生长期（苗高为 80～100 cm）追施尿素和钾肥各 60 kg/hm²。

（二）籽用大麻

1. 基肥　基肥以速效化肥为主。相对于纤维用大麻，籽用大麻应增施磷肥。此外，多施含钙、镁的肥料，并配合施用含铁、硼、铜、锌、碘的微量元素肥料，一般每公顷施微量元素肥料 7.5～30.0 kg。基肥作为种肥直接施于播种沟内。

2. 追肥　苗高 20 cm 左右时，追施提苗肥（施尿素 75 kg/hm²）。株高 130～150 cm 时（现蕾前），追施促花肥（施复合肥 150 kg/hm²、硫酸钾 150 kg/hm² 和硼砂 45 kg/hm²，混施）。施肥后适当培土，保证肥料充分利用和防止倒伏。

六、田间管理

（一）间苗与定苗

出苗后 7～10 d 疏苗，2 对真叶时间苗，3～4 对真叶时定苗。株高 1 m 左右时，拔去小麻株、病株。纤维用大麻田多采用密植措施，以控制分枝发生，提高纤维产量和品质。籽用大麻田多用稀植方法，以充分利用其分枝习性，提高种子产量。大麻幼苗雄株叶色浅绿，茎顶端略尖，生长较快，茎较细，幼苗高于雌株。雌株叶片短而宽，色深绿，幼苗生长较慢，茎较粗，幼苗顶端较平。基于幼苗雌、雄株的差异，定苗时纤维用大麻田可多留雄株，籽用大麻田多留雌株。

（二）中耕除草

结合间苗、定苗，中耕除草 2～3 次。籽用大麻田在开花结束时，拔除雄株，以利于雌株种子发育成熟。

（三）灌溉

大麻较耐旱，但不耐渍涝。通常情况下，大麻不需要特意灌溉，也能获得较高的产量；相反，雨水较多的地区应注意排水。

大麻幼苗生长期不需要太多的水分。为了使大麻幼苗根部发育健壮，并使根部伸向下层土壤，土壤湿度不宜过大，幼苗生长期可不用灌溉。当幼苗生长期遇雨水多时，应注意排水，必要时进行中耕，使表层土疏松通气，有利于水分散发，降低土壤湿度。

大麻在快速生长期，生长量大，干物质积累多，水分消耗多，土壤含水量宜高，以田间持水量的 70%～80% 为最佳。

大麻雄株从现蕾至工艺成熟期，植株高大，皮层增厚，需水量较大，但也要适当控制水分，以利于纤维成熟。籽用大麻的雌株种子成熟比纤维用大麻成熟晚 30～40 d，在此期间根据田间水分状况，适当控水，保证种子灌浆成熟，提高种子产量。大麻生长后期，植株高大，应注意气候环境变化，防止灌水过多而出现倒伏，造成产量降低。

七、收获与加工

（一）收获

一般雄株在开花末期，雌株在主茎花序下部种子开始成熟时，达到工艺成熟期。雄株比雌株工艺成熟期提早 10～30 d，应分期收获。收获过早时纤维成熟不够，产量和强力降低；收获过晚时纤维粗硬，品质变劣。种子采收应在雌株果实 60% 成熟时开始进行。

（二）沤麻

沤麻是获得麻纤维的初加工技术，主要包括以下步骤。

1. 捆麻 收割前，削去枝叶，去掉矮小麻株，并按麻株粗细，分别捆成直径 20 cm 左右的麻捆，麻捆要上下捆扎 2 道，不紧不松。

2. 沤麻 为避免麻捆在阳光下暴晒变褐而品质降低，收获后最好当天沤麻，并以清水沤麻。装麻筏时应将绿而细嫩的麻捆放在筏的下层，老黄秆粗的麻捆装在上层。装好麻筏，通过加压石块等措施使麻筏平稳下沉，浸泡均匀，应使筏顶没入水下 10～15 cm，筏底距离坑底 1 m 左右为宜。保证沤麻纤维洁白柔软，品质最佳。

3. 出麻晾晒 沤麻时间的长短，因水温高低而异。在 20～25 ℃ 水温中，沤 6～7 d。当沤麻水面出现大量气泡，麻秆有黏液出现时，脱胶完毕，可取出麻秆，冲洗并控去水分，打捆晒麻。麻秆晒 3～5 d 变白时，即可剥麻。

4. 剥麻 剥麻分为干剥和湿剥 2 种。干剥是将晒干的麻秆，先从茎基部破开麻皮，粗秆破成 5～6 瓣，细秆破成 3～4 瓣，然后从基部向顶部慢慢剥去。湿剥即在剥麻前浸水 1 h，然后再剥。干剥的麻柔软，胶质少，拉力强，但剥麻效率低。湿剥操作容易，出麻率高，但纤维较硬，品质较差。剥下的麻皮，按纤维品质、色泽、长度等分级扎把、打捆。

第五节　病虫害及其防治

一、主要病害及其防治

（一）大麻霉斑病

大麻霉斑病病原菌以菌丝块或分生孢子在病残体上越冬，成为翌年初侵染源。植株发病后，病部可不断产生分生孢子借气流传播，进行多次再侵染。该病原菌为弱寄生菌，在低洼地块或密度过大的情况下发病严重。该病害在大麻栽培区均有发生，主要危害大麻叶片，初生暗褐色小点，后扩展成近圆形至不规则形病斑，大小为 2～10 mm，病斑中央呈浅褐色、周边呈淡黄色，发病重时叶片上布满大小病斑，直至叶片干枯脱落。

大麻霉斑病的防治方法：发病初期可喷施 50% 琥胶肥酸铜可湿性粉剂 500 倍液，或 60% 多·福可湿性粉剂（含多菌灵 30%、福美双 30%）600～800 倍液，或 36% 甲基硫菌灵悬浮剂 500 倍液，或 50% 苯菌灵可湿性粉剂 1 500 倍液，或 65% 甲霉灵可湿性粉剂 1 000 倍液。

（二）大麻白星病

大麻白星病病原菌以分生孢子或菌丝体在遗留地面的病残体上越冬，翌年春天遇水湿后，大量分生孢子从成熟的分生孢子器孔口逸出，借风雨进行初侵染，以后病部不断产生孢子进行再侵染。排水不良的阴湿地块或过量施氮肥及密植的麻田发病重。大麻白星病为大麻栽培区常发病害，主要危害叶片，初发病时沿叶脉产生多角形或不规则形至椭圆形病斑，病斑呈黄白色、淡褐色至灰褐色，大小为 2～5 mm，有时病斑四周具褐色晕圈，后期病部生出黑色小粒点。发病严重时病斑融合造成叶片脱落。

大麻白星病的防治方法：①选择岗地种麻，或及时彻底排涝。②施用充分腐熟的有机肥料，增施磷、钾肥，不过多施用氮肥，合理密植，保持田间通风透光。③采用 12％甲基硫菌灵悬浮剂拌种，药种比为 1∶50。④在发病初期用波尔多液喷雾，或用 14％络氨铜水剂 300 倍液、60％琥胶肥酸铜可湿性粉剂 500 倍液、50％甲霜·福美双（含甲霜灵 20％、福美双 30％）可湿性粉剂 600～800 倍液、50％苯菌灵可湿性粉剂 1 500 倍液制成的混合液进行喷雾。

（三）大麻秆腐病

大麻秆腐病病原菌菌丝体在病残组织内越冬，或菌核在土壤中越冬。高温、多雨、高湿条件易诱发此病。幼苗染病时引起猝倒。染病后叶片产生黄色不规则形病斑，叶柄上产生长圆形褐色溃疡斑，茎部产生梭形至长条形病斑，后扩展到全茎，引起茎枯。

大麻秆腐病的防治方法：①实行 3 年以上轮作。②收获后及时清除病残体，集中深埋或烧毁。③发病初期喷施 75％百菌清可湿性粉剂 600 倍液，或 80％代森锰锌可湿性粉剂 600 倍液。

（四）大麻霜霉病

大麻霜霉病病原菌以菌丝体及孢子囊在病残体上越冬，翌年春季孢子囊萌发产生游动孢子，借风雨传播。适温、高湿、日照不足、阴雨天多、通风不良、栽培过密等易诱发大麻霜霉病。大麻霜霉病主要危害大麻叶、茎，叶片上的病斑呈褐色，沿叶脉延展，不会横穿叶脉；茎部产生不明显的病斑。发病后叶片萎缩，严重时脱落，植株生长受阻或枯死。

大麻霜霉病的防治方法：①选择无病地区或田块栽培大麻，增施有机肥，做到合理密植。②采用杀菌剂拌种、浸种、土壤消毒。③在发病初期及时用药，可选用 80％碱式硫酸铜悬浮剂 200～250 倍液或 50％福美双可湿性粉剂 500 倍液或 50％退菌特可湿性粉剂 500 倍液喷雾。

二、主要虫害及其防治

（一）玉米螟

玉米螟以老熟幼虫寄生在大麻、玉米、高粱等农作物或田间杂草里越冬，翌年化蛹、羽化成成虫，成虫于嫩叶、嫩茎中产卵开始下个世代。玉米螟幼虫多从幼嫩的主茎或分枝处蛀入，藏于茎秆中阻碍养分运输，严重的造成茎秆遇风折断、籽粒落地或者植株早衰，减产明显。玉米螟每年发生世代数随纬度变化而变化，在北纬 45°以北的黑龙江和吉林的长白山地区每年发生 1 代，而在云南中部地区每年发生 3～4 代。

玉米螟的防治方法：①收获后及时处理大麻及周边作物田块的茎秆，以减少越冬幼虫。②在玉米螟产卵始期至盛期，释放赤眼蜂 2～3 次，每公顷释放 1.5×10^5～3.0×10^5 头。③尽量避免与玉米轮作或靠近玉米栽培大麻。④第 1 次成虫发生期至产卵前，全株喷施敌杀死、辛硫磷等杀虫剂。⑤在玉米螟孵化盛期，每公顷用 5％氟虫腈悬浮剂 450～500 mL，兑水 750 L 喷雾。⑥在田间放置诱杀毒饵（红糖∶醋∶杀虫剂＝2∶1∶1）诱杀或黑光灯诱杀。

（二）大麻跳甲

大麻跳甲幼虫取食嫩根，影响根系生长及其对养分的吸收。成虫喜欢聚集在幼嫩的心叶上危害，把麻叶啃食成很多小孔，严重时造成麻叶枯萎，影响大麻生长发育。此外，籽用大麻栽培中成虫还能危害花序及未成熟的种子，造成麻籽减产。

大麻跳甲的防治方法：①收获后及时清除田间残株落叶，并集中烧毁。②大麻苗期、开花结实期喷洒90％晶体敌百虫800倍液，或50％辛硫磷乳油1 000倍液。

（三）小象鼻虫

小象鼻虫成虫取食叶肉或茎尖，或以口器插入嫩茎内部，吸食汁液。大麻茎尖受害后，会从叶腋产生大量分枝。幼虫孵化后，便钻入茎内生活，蛀食茎髓，麻茎被蛀后，呈肿瘤现象，受风害易折断，造成麻皮产量和品质降低。

小象鼻虫的防治方法：①大麻田收获后及时秋耕，清除田边杂草，消灭越冬成虫。②在越冬成虫活跃期，每公顷撒2.5％敌百虫粉剂20～23 kg，隔1周后在成虫盛发期再撒药1次。③实行大麻与其他作物轮作。

（四）天牛

天牛成虫取食麻叶和嫩茎表皮，受害叶破裂下垂而枯萎。成虫产卵于嫩茎伤口的表皮下，产卵伤痕逐渐长大成瘤，麻皮纤维也遭破坏。幼虫蛀食麻茎，危害更烈，被蛀麻茎生长不良，当麻茎输导组织被破坏时，麻株枯死，遇风折断。大麻生长后期，幼虫蛀至根部附近，常咬断木质部使麻株倒伏。

天牛的防治方法：①收获后及时进行秋耕，挖出麻根烧毁。②利用成虫假死性，在成虫盛发期，于清晨组织人力捕杀成虫。③在成虫盛发期，喷洒90％晶体敌百虫900倍液，或50％马拉硫磷乳油1 500倍液。

复习思考题

1. 大麻的根系是什么类型？
2. 简述大麻对环境条件的要求。
3. 简述大麻的施肥策略。
4. 大麻品种选择需要注意哪些事项？
5. 大麻的主要病害有哪些？各如何防治？

主要参考文献

陈其本，1993. 大麻栽培利用及发展对策[M]. 成都：电子科技大学出版社.

郭鸿彦，胡学礼，陈裕，等，2009. 早熟籽用型工业大麻新品种云麻2号的选育[J]. 中国麻业科学，31（5）：285-287.

郭鸿彦，许艳萍，郭孟璧，等，2014. 早熟工业大麻杂交新品种云麻3号选育[J]. 中国麻业科学，36（6）：270-274.

刘飞虎，杨明，2015. 工业大麻的基础与应用[M]. 北京：科学出版社.

刘克礼，2008.作物栽培学[M].北京：中国农业出版社.

粟建光，戴志刚，2016.中国麻类作物种质资源及其主要性状[M].北京：中国农业出版社.

孙安国，1983.中国是大麻的起源地[J].中国麻业科学（3）：46-48.

谭冠宁，李丽淑，唐荣华，等，2009.广西油用火麻资源利用和高产栽培技术[J].作物杂志（3）：87-90.

吴国芳，冯志坚，马炜梁，等，1992.植物学：下册[M].北京：高等教育出版社.

熊和平，2008.麻类作物育种学[M].北京：中国农业科学技术出版社.

赵铭森，高金虎，冯旭平，等，2019.籽用工业大麻"汾麻3号"旱作高产栽培技术的研究[J].中国麻业科学，41（5）：217-222.

第七章

亚　麻

第一节　概　述

亚麻（*Linum usitatissimum* L.）是亚麻科亚麻属一年生草本植物，分为纤维用、油用（俗称胡麻或油麻）及油纤兼用 3 种类型，是重要的纤维、油料及药用作物。纤维用亚麻主要收获纤维，一般植株较高、分枝较少，种子千粒重较小，其种子多用作工业用油的原料。油用亚麻主要收获种子，植株较矮，分枝较多，千粒重较大。油纤兼用亚麻介于二者之间。

一、起源与分布

亚麻是人类最早使用的天然植物纤维之一。考古发现，人类利用亚麻始于 4 000～5 000 年前，也有学者认为早在 8 000 年前人们就已经开始利用亚麻。关于亚麻的起源目前尚无定论，一般认为亚麻有 4 个起源中心：地中海、外高加索、波斯湾和中国。我国作为亚麻的起源地之一，最早将亚麻用作中药栽培，随后将亚麻作为油料作物栽培，部分地区也利用其纤维。油用亚麻最初在青海、陕西一带栽培，例如青海的土族人民就有用亚麻制作盘绣的传统，后来逐渐发展到宁夏、甘肃、云南及华北等地。

我国的亚麻分布区域十分广，主要在黑龙江、吉林、新疆、甘肃、青海、宁夏、山西、陕西、河北、湖南、湖北、内蒙古、云南等地，西藏、贵州、广西等地也有少量栽培。按照地域分为东北、西北、华北、华中和西南 5 个栽培区域。按照生态区域分为以下 9 个栽培区。

1. 黄土高原区　该地区是我国最主要的油用亚麻及油纤兼用亚麻产区，包括山西北部、内蒙古西南部、宁夏南部、陕西北部和甘肃中东部，其海拔为 1 000～2 000 m，土壤瘠薄。

2. 阴山北部高原区　该区主要栽培油用亚麻，主要包括河北坝上和内蒙古阴山以北。该地区气温较低、干旱，但土壤比较肥沃，海拔为 1 500 m 左右。

3. 黄河中游及河西走廊灌区　该区主要栽培油用亚麻，少量栽培纤维用亚麻，主要包括内蒙古河套、土默川平原、宁夏引黄灌区、甘肃河西走廊，其海拔为 1 000～1 700 m，热量比较充足，雨水较少，需要灌溉，土壤盐渍化较重。

4. 北疆内陆灌区　该区主要栽培油用亚麻及纤维亚麻，包括准噶尔盆地和伊犁河上游地区，主要分布在绿洲边缘地带，日照充足，温度较高，依靠雪水灌溉，气候比较干燥。

5. 南疆内陆灌区　该区主要栽培油用亚麻，少量栽培纤维用亚麻，主要包括塔里木盆地。该区冬季较温暖，春季升温快，土壤水分主要依靠灌溉，气候特别干燥。

6. 甘青高原区　该区以栽培油用亚麻为主，包括青海东部及甘肃西部高寒地区，属于青藏高原的一部分，其海拔为 2 000 m 左右，土壤肥力较高，气温较低，无霜期较短。

7. 东北平原区　该区是我国纤维用亚麻主产区，主要包括黑龙江、吉林和内蒙古东部。该区土壤肥沃，春季常干旱，后期雨水较多，气温适中，纤维发育好、品质佳。

8. 云贵高原区　该区是我国纤维亚麻新栽培区，主要在云南。该区冬季气温较高，雨水较少，可秋季栽培越冬亚麻品种，主要与水稻轮作，灌溉较好，既能保障水分供应，又不会因雨水过多而倒伏，产量高。

9. 长江中游平原区　该区是我国 20 世纪末至 21 世纪新发展的纤维用亚麻栽培区，包括湖南和湖北的环洞庭湖地区，主要利用冬闲田秋冬栽培亚麻，雨水较多，易倒伏。

二、国内外生产现状

历史上我国栽培纤维亚麻的地区主要是黑龙江、吉林等地。据统计，1957 年全国亚麻栽培面积为 3.48×10^4 hm²，单产为 1.66×10^3 kg/hm²；黑龙江栽培面积为 2.70×10^4 hm²，占全国栽培总面积的 77.59%，单产为 1.75×10^3 kg/hm²，比全国平均单产高 90 kg/hm²；吉林、内蒙古和河北三地的亚麻栽培面积为 7.67×10^3 hm²，单产低于 1.50×10^3 kg/hm²。随着国内外亚麻市场好转，纤维亚麻已经由黑龙江省发展到全国十几个省份。2003 年全国亚麻栽培面积为 1.55×10^5 hm²；黑龙江省栽培面积为 1.11×10^5 hm²，占全国栽培总面积的 71.61%。2020 年我国亚麻栽培面积约为 4.43×10^3 hm²，亚麻纤维和丝束总产量为 1.67×10^4 t。2020 年全球亚麻栽培总面积约为 2.72×10^5 hm²，亚麻纤维和丝束总产量约为 1.17×10^6 t。其中，2020 年全球亚麻纤维及丝束总产量最高的国家为法国，产量约为 8.50×10^5 t；其次是比利时，产量为 9.40×10^4 t；再次是俄罗斯，产量约为 4.62×10^4 t。

三、产业发展的重要意义

亚麻具有重要的经济价值，在我国作为食用和药用作物已有 5 000 多年的栽培历史。亚麻籽中的主要营养成分有亚麻酸、亚麻籽胶、木酚素等。亚麻油中不饱和脂肪酸亚麻酸的含量为 52%，高于其他植物油。亚麻酸具有降血脂、抗血小板聚集、扩张心动脉和延缓血栓形成的作用，因而是一种优质的天然保健油。亚麻籽胶是一种纯天然、多功能、营养型植物胶，可作为增稠剂、乳化剂、保湿剂、发泡稳定剂、悬浮稳定剂，被广泛应用于各类食品加工行业；它在降低糖尿病和冠状动脉心脏病的发病率，防止结肠癌和直肠癌，减少肥胖病的发生率等方面起到一定作用，可以制作成营养保健食品。

亚麻布有抑菌、透气、吸湿、防辐射、不易燃、无静电、不贴身、不易沾染灰尘和微生物及体感舒服等特性。亚麻纤维的吸湿度为 7%～8%，高于原棉、桑蚕丝、涤纶、腈纶等纤维，亚麻纺织品的吸水速度比绸缎、人造丝织品、棉布快几倍，夏季亚麻布衣服的表面温度比其他服装低，能更好地减少人体出汗。亚麻纤维除了可以做成高档精致的时装外，还可以制作成室内墙贴、窗帘、桌布、床单、枕巾、凉席等生活物品，舒适性好、能洗涤、易保存，不利于细菌及寄生虫的繁殖，有利于人体健康，发展前景广阔。

第二节　植物学特征

一、根

亚麻的根系属于直根系，由主根和侧根组成。主根细长、略呈波纹状，侧根短小细弱、形成稠密的网状分支。主根入土深度可达 100～150 cm，侧根绝大部分分布在 5～10 cm耕层内。全部根系的总质量占植株总质量的 9%～15%。

二、茎

亚麻的茎呈圆柱形，生长发育期间呈绿色或深绿色，表面光滑并覆有蜡质，成熟后变成黄色，成熟时中心因薄壁细胞破裂而中空。茎通常为单茎，亦称原茎。茎细而均匀，基部不分枝，仅上部有少数分枝。茎长一般在 30～150 cm，最高可到 160 cm。茎粗为 1～5 cm，较为理想的茎粗为 1.0～1.5 cm，过粗的茎，出麻率低、纤维品质差。

亚麻的长度分为株高和工艺长度。株高是指由子叶痕至植株最上部蒴果顶端之间的长度。工艺长度是指由子叶痕到第 1 个分枝着生处之间的长度，这部分能得到品质最佳的长纤维，是最有工艺价值的部分。

亚麻茎各部分的纤维含量不同。纤维质量占所在茎段质量的比例，茎基部为 12%，中部为 35%，上部为 28%～30%。麻茎越高，茎中部占的比例越大，出麻率越高，纤维品质越好。

三、叶

亚麻的叶片为绿色、全缘，无叶柄和托叶。叶较小，一般长为 1.5～3.1 cm，宽为 0.2～0.8 cm。全株叶片数一般为 70～120 片。由于叶片在茎上着生部位不同，其形状、大小以及在茎上的排列方式和着生的密度均有不同。种子萌发后首先出土的为 1 对子叶，呈椭圆形。植株下部叶片较少，呈匙形，一般为互生，多而密。中部叶片较大，呈纺锤形，稀而少。上部叶片呈披针形或线形，呈螺旋状排列于茎上。

四、花

亚麻的花序为总状复伞形花序，着生在茎上部的分枝顶端。花色有蓝色、浅蓝色、蓝紫色和白色，少数是红色。花呈漏斗状或圆盘状。每朵花有花萼、花瓣、雄蕊各 5 枚，雌蕊 1 枚，柱头 5 裂，呈浅蓝色，子房为球形，具 5 室，每室有 2 粒胚珠，受精后发育成种子。亚麻是自花授粉作物，天然杂交率仅为 1%～3%。

五、果　实

亚麻的果实为桃状蒴果，成熟时为黄褐色，俗称麻桃，其直径为 5.8～6.5 mm。蒴果内被完整的隔膜分为 5 室，每室由不完整的半膜分为 2 个半室。在正常发育情况下，每个蒴果可结 8～10 粒种子。一般每株亚麻结蒴果 3～7 个。

六、种　子

亚麻种子呈扁卵形，前端稍尖且弯曲，表面平滑且有光泽；颜色有褐色、棕褐色、深褐色、淡黄色等。种子的大小及质量，因品种及栽培条件不同而异，一般长为 3.2～4.8 mm，宽为 1.5～2.8 mm，厚度为 0.5～1.2 mm，千粒重在 3.5～5.5 g。由于种子表皮含有果胶质，吸水性强，遇上阴雨天易引起种皮发黏成团，失去光泽，甚至变黑发霉，影响发芽率。亚麻种子主要由种皮、胚乳和胚构成。种子含脂肪 35%～39%、蛋白质 24%～26%、无氮浸出物 22% 左右，其他为灰分和水。

第三节　生物学特性

一、生育时期

亚麻生长发育期内需要经过春化和光照 2 个阶段才能正常开花结实。亚麻的生育时期分为出苗期、枞形期、快速生长期、开花期和成熟期（图 7-1）。纤维用亚麻生育期为 70～80 d，油用亚麻及油纤兼用亚麻生育期为 90～100 d。

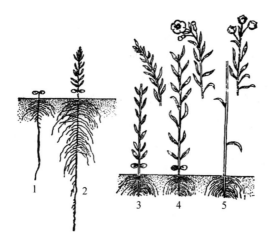

图 7-1　亚麻的生育时期

1. 苗期　2. 枞形期　3. 快速生长期　4. 开花期　5. 成熟期

（引自熊和平，2008）

（一）营养生长时期

1. 种子春化　在种子萌动前，需要经历低温春化作用。亚麻春化阶段持续时间因品种类型不同而异。纤维用亚麻在 3～10 ℃ 条件下春化，需要 3～10 d；在 5～8 ℃ 条件下春化，兼用类型亚麻需要 6～8 d，油用亚麻需 8～11 d。

2. 出苗期　亚麻播种后，在水分、温度条件适宜的情况下，种子开始萌发，首先子叶和胚根开始膨大，然后胚根突破种皮而伸入土中，胚芽也迅速向上伸长，子叶顶出地面。有 2/3 以上的幼苗出土时为出苗期。子叶出土后变为绿色，开始进行光合作用，这时幼根也开始从土壤吸收营养物质。出苗快慢与土壤温度、含水量密切相关。正常条件下，一般播种到出苗需 7～9 d，整个出苗期为 15 d 左右。亚麻种子发芽最低温度为 1～3 ℃，最适宜发芽温度为 20~25 ℃。亚麻播种以土壤温度达 7~8 ℃、平均气温达 4.5~5.0 ℃ 为宜。

3. 枞形期 幼苗出土后 25 d 左右，植株高度在 5~10 cm，出现 3 对以上真叶，这些真叶紧密积聚在植株顶部，呈小丛树苗状，所以称为枞形期。此期地上部生长缓慢，每昼夜地上部伸长 0.3~0.6 cm；而地下部生长迅速，在株高 5 cm 左右时，根系长度可达 25~30 cm。枞形期一般为 20~30 d。

亚麻进入枞形期，植株花序的花芽分化基本结束。全株花序完成分化的时间为 5~7 d。此时纤维细胞早已形成，但数量很少，细胞腔大而细胞壁薄，呈椭圆形以链状疏松排列于韧皮层。

4. 快速生长期 枞形期过后，即进入快速生长期，植株的旺盛生长靠节间伸长进行。此期的特点是植株顶端弯曲下垂，麻茎生长迅速，每昼夜伸长可达 3~5 cm，其中以现蕾前后到开花的 2 周左右生长最快。在整个生长发育期中，麻茎的生长速率随着亚麻品种类型不同而有差别。生长发育初期以油用亚麻类型生长较快，在出苗后 30 d 内株高为收获时的 39%~53%，而纤维用亚麻类型仅为 22%~31%，生长发育后期则以纤维用类型的生长较快，收获时株高也以纤维用亚麻类型为最高。

（二）生殖生长时期

亚麻快速生长期约为 20 d，有 50% 的植株孕蕾，茎中大量形成纤维，生长锥分化成结实器官，决定纤维的产量和品质，也关系到种子产量，因此需供给充分的水分和营养，才能获得优质高产的原茎、纤维和种子。

1. 开花期 当亚麻田有 10% 植株开花时为始花期，50% 植株开花或麻田有 2/3 植株第 1 朵花开放时为开花期。亚麻从现蕾到开花需 5~7 d。纤维用亚麻自出苗到开花需 50~60 d，开花期为 10 d 左右；油用亚麻花期较长，从始花到终花需 10~27 d。亚麻开花历时 3~5 h。当亚麻植株开始开花时，亚麻茎仍继续伸长，到开花末期则完全停止伸长生长。亚麻停止生长以后，虽然外界环境（例如温度、水分、湿度）适宜，对麻茎继续伸长没有多大影响，但雨水过多会使亚麻茎秆继续保持绿色，易出现贪青晚熟。

2. 成熟期 纤维用亚麻开花结束后 15~20 d 达到成熟期，油用亚麻开花结束后 30~40 d 达成熟期。按发育过程，成熟期可分为 3 个阶段：绿熟期、黄熟期和完熟期。

（1）绿熟期 此期麻茎和蒴果尚呈绿色，下部叶片开始枯萎脱落，种子还没有充分成熟，不能作种子用。

（2）黄熟期 此期为工艺成熟期，是纤维品质最好的时期。黄熟时麻茎迅速木质化，表皮变黄绿色，麻田中麻茎有 1/3 变为黄色，茎下部 1/3 叶片脱落，蒴果 1/3 变黄褐色，即纤维成熟期，种子呈棕黄色。

（3）完熟期 此期为种子成熟期，此时麻茎变褐色，叶片脱落，蒴果呈暗褐色，且有裂缝出现，摇动植株时种子在蒴果中沙沙作响，种子坚硬饱满，但纤维已变粗硬，品质较差。

田间 50% 以上植株具有工艺成熟期的特征时，即为纤维用亚麻的工艺成熟期。50% 以上植株具有黄熟期和完熟期的特征时，即分别为油纤兼用亚麻和油用亚麻的适宜成熟期。

二、生长发育对环境条件的要求

（一）温度

亚麻种子充分吸水后，发芽与出苗的快慢与温度有关。亚麻种子能在 1~3 ℃ 的低温条件下发芽，但低温下发芽出苗慢，易得立枯病。当温度低于 1 ℃ 时就不能发芽。亚麻发芽出苗的速度随温度的升高而加快，最适宜的发芽出苗温度为 20~25 ℃。亚麻幼苗子叶出土即将展开时，抗寒力较弱，遇低温易遭冻害，造成缺苗，影响产量和品质。2 对真叶时，植株对低温的忍耐能力较强，短暂的 -3~-1 ℃ 微冻对幼苗影响不大。更低或较长时间的霜冻仍可使幼苗受到损伤，甚至死亡。亚麻幼苗的主根在温度 25 ℃ 条件下，第 1 天伸长 1.0~1.5 cm，以后每天伸长 2.0~2.5 cm，5 d 后根长可达 10~12 cm，6 d 后主根生长速度骤减，侧根开始生长。在 7 ℃ 条件下，10 d 内根部每天生长 3~4 mm，22 d 后仅 5.5 cm。亚麻现蕾期的临界温度随品种类型而异，变化幅度在 0~4.5 ℃。亚麻花粉在 23~26 ℃ 条件下可保持萌发力 3 d，18~20 ℃ 时花粉可保持萌发力 6 d。在开花期，32 ℃ 以上高温会造成种子大小、产量、脂肪含量乃至脂肪品质降低。亚麻生长发育期间要求冷凉湿润以及昼夜温差小的气候条件，从出苗到成熟需积温 1 500~1 800 ℃；从出苗到开花日平均温度为 15~18 ℃ 时有利于亚麻生长，麻茎细长而均匀，产量高，品质好。若在快速生长前期，日平均温度超过 22 ℃，则加快麻茎发育，提前现蕾开花；由于麻茎长得快，纤维组织疏松，导致纤维产量、品质降低。但开花期以后温度稍高，对纤维产量、品质影响不大，且有利于种子成熟。

（二）光照

亚麻是长日照作物，从出苗到成熟，日照时数以 600~700 h 为宜。亚麻在每天 13 h 以上光照条件下生长会很快开花结果，但麻茎长得矮小，原茎和纤维产量均低。若亚麻在每天少于 8 h 光照条件下生长，则会延长营养生长期。在密植和云雾较多的条件下，由于光照不足，营养生长期延长，麻茎长得高，分枝少，原茎产量高，纤维品质亦好。从开花到成熟阶段，亚麻需要充足的光照，以促进纤维细胞发育成熟。反之，就会影响纤维细胞壁增厚和成熟，麻茎易倒伏，导致产量、品质下降。当光照降低至正常光照的 1/3 时，亚麻不能开花结果。

（三）水分

亚麻是需水较多的作物。种子发芽时需吸收种子自身质量 110%~160% 的水分。出苗到快速生长前期的需水量，占全生长发育期总需水量的 9%~13%。快速生长期到开花末期为亚麻需水临界期，需水量占全生长发育期总需水量的 75%~80%。开花后到工艺成熟期需水量占全生长发育期总需水量的 11%~14%。当土壤含水量达田间持水量的 70%~80% 时，亚麻产量高。特别在亚麻快速生长期至开花期，水分增加能提高纤维产量和品质，缺水则严重影响原茎和种子的产量与品质。全年降水量在 450 mm 以上，亚麻生长发育期总降水量在 100 mm 以上的地区，适宜栽培亚麻。

（四）土壤

由于亚麻是一种需水多、生长期短、根系发育弱、吸肥能力差的作物，因此对土壤要求比较严格。地势平坦、土质肥沃而疏松、保水保肥能力强且排水良好的土壤，特别是黑土层深厚的黑土、黑钙土和淋溶黑钙土较为适宜栽培亚麻。土壤黏重，春季地温上升慢，通透气性差，表土又易板结的土壤，不利于亚麻出苗和根系发育。砂土虽然通透气性好，但由于保肥保水能力差，肥力低，不抗旱，也不适宜栽培亚麻。亚麻栽培一般适宜的土壤 pH 为 6.5～7.0，但品种不同，适宜的 pH 范围亦不同，有的品种在 pH 为 8 的土壤上仍能正常生长，获得较高产量。

（五）养分

亚麻氮素吸收量在枞形期最多，以后逐渐减少，到工艺成熟期有所增加。开花期吸收磷肥最多，工艺成熟期次之。对钾肥需要较多的时期，则为开花期和快速生长期。亚麻不但需要氮、磷、钾肥，而且也需要锌、钼、铁、锰、硼、铜等微量元素，缺少某种元素都会影响亚麻正常生长发育。

1. 氮素 氮是影响亚麻产量和品质的主要营养元素。氮可以促进茎叶旺盛生长，增加叶绿素含量，增强光合作用。氮素过多会使亚麻徒长，延长生育期，组织柔弱，贪青且易倒伏，易感染病虫害，降低纤维产量和品质。氮素过少，则植株矮小、瘦弱，产量和品质下降。

2. 磷素 亚麻虽然是需磷较少的作物，但充足的磷肥不仅对根系发育有良好作用，而且对促进纤维发育，提高纤维产量、长麻率和强度以及种子产量有重要的作用。磷素过多，使亚麻茎叶生长受到抑制，植株矮小，营养生长期缩短，植株早衰。缺磷不但影响纤维产量，而且影响种子成熟。

3. 钾素 亚麻是需钾较多的作物。充足的钾肥，能使叶绿素含量增加，促进光合作用，茎秆粗壮，提高抗旱、抗倒伏和抗病能力，增加纤维产量，改善品质，促进种子形成，提高种子产量和纤维品质。现蕾及开花期缺钾，将明显降低种子产量。

4. 微量元素 微量元素锌、硼、铜、钼等对亚麻生长起着良好的作用。

（1）锌 锌可提高亚麻种子发芽力和地上部叶片质量及叶绿素含量，促进光合作用、细胞分裂和伸长，提高原茎和种子的产量与品质，并且提高脂肪含量。缺锌将引起叶片生长不正常，抑制纤维细胞的伸长，使叶绿素含量下降。

（2）硼 硼能增强亚麻的抗寒、抗旱能力，增加纤维和种子产量，还可提高纤维品质。缺硼可使亚麻器官中脂肪和磷脂含量减少，抑制柱头细胞伸长，后期叶绿素含量下降，造成减产。

（3）铜 铜有利于光合作用，能提高纤维和种子产量，增加纤维强度，提升对萎蔫病的抗性。

（4）钼 钼可促进亚麻对氮、磷、钾、钙、镁、钠等元素的有效利用。

第四节　栽培管理技术

一、栽培制度

（一）选茬

不同的前茬对亚麻生长和产量、品质有很大影响。玉米茬土壤残肥多，玉米又是中耕作物，铲耥管理精细，下茬栽培亚麻时田间杂草少，收获的麻茎品质好，呈杏黄色。大豆也是中耕作物，其根瘤菌能固氮，增加土壤肥力，下茬栽培亚麻产量高。小麦茬收获后，如能及时翻耙整地，消灭杂草，恢复地力，也是栽培亚麻的好前茬。高粱、谷子、糜子茬施有机肥少，地板较硬，农民称之为"硬茬"，土壤肥力低。特别是谷子、糜子茬，杂草较多，栽培亚麻产量较低。各地栽培亚麻时应因地制宜选择前茬。

（二）轮作

亚麻采取合理轮作可获得稳产高产，而且由于亚麻生育期短，主根浅，只能吸收土壤中上层养分，其他残肥有利于后茬作物利用。亚麻忌重茬和迎茬，重茬、迎茬栽培易发生苗期病害死苗，造成减产。

二、选地与整地

（一）选地

由于亚麻根系发育弱，是需肥水较多的作物，因此栽培亚麻应选择土层深厚、土质疏松肥沃、保水保肥能力强、地势平坦的黑土地，或排水良好的二洼地及黑油砂土地。黄土岗地、山坡地土壤含水量低，干旱、瘠薄，不利于亚麻全苗和生长发育，影响产量和品质。跑风地栽培亚麻易遭风害，造成缺苗断垄，甚至毁种。黏重和排水不良的涝洼地土壤含水量多，通透性差，春季土壤温度回升慢，土壤温度低，冷浆条件下土壤微生物活动弱、养分释放慢，栽培亚麻出苗缓慢，易发生苗期病害；遇伏雨又徒长，贪青倒伏，造成减产，影响品质。砂土地肥力低，不抗旱，保水保肥能力差，不宜栽培亚麻。平坦黑土地栽培亚麻比黄土地栽培亚麻增产30%左右，二洼地比平岗地增产20%～50%。

（二）整地

亚麻是平播密植作物，种粒小，覆土浅，种子发芽需水多，所以提高整地质量，保住土壤墒情，是亚麻一次播种保全苗的关键措施。一般以把茬整地为主，不宜深翻。整地机具要根据整地要求选用，可选择具旋耕、灭茬、深松、圆盘重耙等多种功能的联合整地机，一次完成整地作业，减少机具进地次数，降低土壤板结程度。

三、品种选择

优良品种对亚麻高产优质至关重要。选择品种首先要以抗倒伏性强为前提，这是实现机械化收获的最基本条件，其次是品种特性与当地土壤、气候条件相适应，不可盲目引种。我国先后推广应用的亚麻品种主要有"双亚5号""黑亚7号""黑亚11"和"黑亚13"，虽然丰产性好，但普遍存在出麻率略低、抗逆性较差等缺点。近年来新选育的纤维用亚麻品种"黑亚23""华亚8号""吉亚7号""云亚3号""云亚4号""同升福1号"等具有优质、高纤、抗病、抗倒伏等优良品质。国外品种以其高产、出麻率高、品质好、抗倒伏能力强、早熟、整齐度好、适于机械化生产而备受青睐，但抗旱能力较差。已推广的国外品种有"依丽莎""依罗娜""阿里亚娜""范妮""汉姆斯""黛安娜"等。

四、播 种

亚麻各级种子田的适宜播种量和播种方法不同。原种采用高倍繁殖，播种量为30～40 kg/hm²，采用行距为45 cm的双行条播。原种1代采取加速繁殖，播种量为40～50 kg/hm²，采用行距为30～45 cm的双行条播。原种2代为扩大繁殖，播种量为60～70 kg/hm²，采用15 cm加宽播幅条播。

生产田纤维用亚麻栽培采用平播密植，行距为15 cm，株距为0.2～0.3 cm，每平方米有效播种粒数为 2 000 粒；油用亚麻栽培采用平播密植，行距为 15 cm，株距为 0.3～0.5 cm，每平方米播种 600～800 粒。

播种时，若土壤墒情良好，适宜浅播，一般播种深度为 2～3 cm，可以在播种前和播种后各镇压 1 次，可实现出苗快、整齐、苗壮，病害轻。亚麻播种前，种子必须用选种机精选加工，除尽菟丝子、公亚麻、亚麻毒麦等杂草种子。种子除使用锌肥拌种外，还需用药剂拌种或包衣处理，以防治病虫害。

五、营养与施肥

（一）肥料需求

亚麻是需肥较多的作物，一生中要从土壤内吸收氮、磷、钾等多种营养元素。其中对氮的需要量最大，特别是快速生长期的需氮量，占整个生长发育期需氮量的 50%。因此适时满足亚麻生长对氮肥的需要，是增产的重要措施。磷肥对亚麻的生长发育也有良好作用，特别是对花蕾的形成和种子脂肪含量的高低影响较大。亚麻吸收磷有 2 个高峰，一个是出苗至枞形期，另一个是现蕾至开花期。钾肥可促进根系发育，使茎秆生长良好，提高抗倒伏能力。所以要实现亚麻增产，必须增施肥料，以补充土壤养分的不足。

（二）施肥技术

1. 基肥　基肥宜选用腐熟的有机肥。旱地亚麻一般每公顷应施农家肥 22.5 t 左右，最好在秋季结合翻地施入，使其充分分解为有效成分，供亚麻吸收利用。水浇地施肥数量要比旱地多，一般每公顷施有机肥 37.5 t 以上。

2. 种肥　亚麻种肥可选用磷酸二铵（0.47～0.67 kg/hm²）与亚麻种子混合播种。

3. 追肥　水浇地栽培亚麻，一般现蕾前进行追肥，每公顷追施尿素 75～95 kg。旱地栽培亚麻，特别是瘦地、薄地、茬口不好和基肥施用不足的地块，更应适时追肥。无论水浇地还是旱地，切忌追肥过晚，以免造成返青晚熟，甚至严重减产。旱薄地要以重施基肥、适当施用种肥为主，追肥为辅。

六、田间管理

（一）灌溉

在亚麻快速生长前期和现蕾至开花前土壤干旱时要进 1～2 次灌溉。灌溉时，如遇大风应停止浇灌，以免倒伏。

（二）除草

亚麻是平播密植作物，应采取人工除草和化学除草相结合的方法。

1. 人工除草　在杂草发生较少的麻田，人工除草是一种常用的方法，即在亚麻生长到 6～10 cm 时人工拔草 1～2 次。

2. 化学除草　根据田间杂草发生特征，科学实施化学除草。针对灰菜、苋菜等阔叶类杂草，可使用 20% 二甲四氯钠可湿性粉剂，每公顷 3.0～4.5 kg。对于禾本科杂草，可使用 12.5% 烯禾啶乳油，每公顷 2.25～3.00 kg。禾本科杂草和阔叶类杂草混生时，可 2 种药剂混用，每公顷用 12.5% 烯禾啶乳油 1.50 kg、20% 二甲四氯钠可湿性粉剂 0.75 kg 喷雾。

七、收获与加工

(一) 收获时期

1. 东北地区纤维用亚麻收获时期 根据亚麻的用途，要在其工艺成熟期适时收获。纤维用亚麻工艺成熟的主要特征：①麻田有 1/3 蒴果变为黄褐色；②麻茎有 1/3 变为淡黄色；③麻茎下部叶片有 1/3 脱落。凡是具备上述特征的麻田即可收获，收获要集中，采用机械或人力，在 2～3 d 内收获完。

2. 油用亚麻收获时期 油用亚麻要在有 2/3 蒴果成熟呈黄褐色时进行收获，过早或过晚收获都影响种子的产量和品质。

(二) 收获方法

1. 人工收获 亚麻收获宜于晴天集中人力在短期内尽快完成。收获时要做到"三净一齐"：拔净麻、挑净草、摔净土、蹲齐根，用短麻或毛麻捆扎，在茎基 1/3 处捆成拳头粗的小把，然后在梢部打开成扇面状平铺于地上晾晒。一般晾晒 1～2 d 翻晒 1 次，达六成干时堆小圆垛继续晾晒。田间晾好的麻，应及时拉回晒场堆成南北朝向大垛，垛底用木头垫底，根向里、梢向外垛，上边用塑料布盖上防雨。

2. 机械收获 在我国亚麻大面积栽培区，主要采用牵引式拔麻机收获亚麻。机械收获，籽用亚麻在亚麻植株 2/3 蒴果变黄褐色时进行，纤维用亚麻在植株 1/3 蒴果变黄褐色时进行。脱下的蒴果要及时晾晒，防止霉烂。机械收获的特点是速度快、成本低，避免了传统收获方式经常受多雨影响，造成麻茎霉烂现象的发生。

(三) 种子保存

亚麻晾干后应在晴天集中脱粒。原茎分级打捆出售，每捆 30～40 kg。种子应及时清选，除去果皮、泥土，晒至安全含水量（含水量 9% 以下）装袋入库保存。每个品种不同级别的种子应分别保存，注明品种名称、种子级别，严防混杂。

(四) 沤麻加工

沤麻是指利用细菌和水分对亚麻植株的作用，溶解或腐蚀包围在韧皮纤维束外面的大部分蜂窝状结缔组织和胶质，从而促使纤维与麻茎分离的加工过程。基本的沤麻方法有露水沤和水沤 2 种。露水沤麻通常用在水源有限的地区，适用于夜间有重露、白天气温较高的气候。露水沤麻时，将收获的麻茎平摊在草地上，在细菌、阳光、空气和露水的作用下发酵，经过 2～3 周时间，纤维被分离出来。露水沤与水沤制的纤维相比，一般颜色较暗，品质较差。

水沤法沤麻时，通常用石块或木头把成捆的麻茎压入水中，浸泡 8～14 d。在人工水池中沤麻能生产出品质均匀的纤维，并可在任何季节进行，沤浸时间为 4～6 d。开始的 6～8 h，称为沥滤时期，大部分污垢和有色物质被水洗净。为了获得清洁的纤维，要经常换水。在天然水源中沤制亚麻已不多见，普遍采用的是温水沤麻法。温水沤麻法在亚麻加工厂的特制沤麻池中进行，水温可人工调节，并能通气和调整 pH，使脱胶时间短，纤维品质好。沤麻废液经处理后可用作肥料。沤过的麻茎，露天晒干或烘干，短暂储存一段时间，促使纤维与麻茎分离，最后用手或滚筒把麻茎中的脆木质压碎，去掉木质碎片。从加工过程中得到的下脚麻和短纤维，一般需经第 2 次处理，短纤维常用于造纸，下脚麻可用作燃料或用于制造纤维板。

第五节 病虫害及其防治

一、主要病害及其防治

（一）亚麻炭疽病

亚麻炭疽病病原菌以菌丝、分生孢子在病株残体上、土壤中和种子内外越冬，作为初侵染源。该病原菌在种子内可存活26～29个月，在病株残体上可存活8年之久。种子上的菌丝可以直接危害幼苗，引起子叶和幼茎发病。生长发育后期发病，茎和叶片出现褐色长椭圆形病斑，病斑中央有红褐色黏状孢子堆，病害严重的叶片枯死，茎秆变褐色，纤维易断，蒴果上也生褐色病斑，种子瘦小，暗淡无光泽，发芽力低，种皮呈黑褐色。

亚麻炭疽病的防治方法：①合理轮作，与禾本科或豆科等作物实行5年以上的轮作。②药剂拌种，可用种子质量0.3%的80%福·福锌可湿性粉剂（含福美双30%、福美锌50%）或50%多菌灵可湿性粉剂拌种。

（二）亚麻立枯病

亚麻立枯病一般使幼苗受害较重。幼苗出土不久受害，植株幼茎基部出现黄褐色条状斑痕，病痕上下蔓延，形成明显的纹缢。受害轻者可以恢复，重者顶梢萎垂，逐渐全株枯死。在阴湿低温、土质黏重条件下发病较重，重茬、迎茬地发病也较重。

亚麻立枯病的防治方法：①实行合理轮作，避免重茬迎茬，不在栽培亚麻的前茬地上采用露水沤麻。②田间发现病株时彻底清除销毁。③对酸性土壤地块适量施用石灰，降低土壤酸性。④培育、选用抗病品种。⑤播种前对种子进行药剂消毒处理。立枯病感染率大于2%的种子，不能作种用。

（三）亚麻枯萎病

亚麻幼苗感染枯萎病后叶片枯黄，茎呈灰褐色或棕褐色，细缩如缢，萎凋倒伏而死。成株发病时，顶梢萎垂，先呈黄绿色，后变褐色，茎秆枯干而死，但茎仍直立不倒伏。在天气潮湿时，茎基部生白色或粉红色包状物（为分生孢子梗及分生孢子）。病株茎基部的根系腐烂，易从土中拔出，解剖病茎可见维管束变成褐色。

亚麻枯萎病的防治方法，可参照亚麻炭疽病、亚麻立枯病的防治方法。

二、主要虫害及其防治

（一）草地螟

草地螟在各地区的发生均以第1代幼虫危害严重，故应注意其防治工作。

草地螟的农业防治：①秋季进行耕耙，破坏草地螟的越冬环境，增加越冬期的死亡率。②在越冬代成虫产卵盛期后至未孵化前，铲除田间杂草，集中处理，可起灭卵作用。③草地螟常在草滩发生，食料缺乏时，可成群迁移危害。有条件的地方，可挖一条宽为33 cm、深为50 cm的防虫沟，沟中施药使其越沟时中毒死亡。

草地螟的化学防治：使用1.5%甲基一六○五粉剂或2.5%敌百虫粉剂喷粉，每公顷用药量为30.0～37.5 kg。防治适宜时期为2～3龄幼虫占60%～70%时。

（二）黏虫

黏虫是一种杂食性害虫，能够危害亚麻。应根据防治指标，确定防治地块，在 2～3 龄幼虫高峰期用药效果最佳。

黏虫的防治方法：①使用 2.5% 敌百虫粉剂或 2% 杀螟松粉剂喷粉，每公顷用药量为 22.5～37.5 kg。②使用 90% 晶体敌百虫稀释液喷雾。③每公顷用 2.5% 敌百虫粉剂 22.5～30.0 kg，拌入筛过的细土 300～375 kg，撒毒土于田间。④使用 20%～30% 的敌百虫油剂或 20% 辛硫磷微乳剂，每公顷用药量为 1.5～2.3 L，进行超低容量喷雾。

（三）甘蓝夜蛾

甘蓝夜蛾在我国北方各地 1 年发生 2 代，是亚麻生长发育中后期危害较严重的食叶性虫害。

甘蓝夜蛾的农业防治：①利用甘蓝夜蛾在土里化蛹的习性，秋末耕翻当年受害田块，可增加蛹的死亡。②利用甘蓝夜蛾在茂密杂草中产卵的习性，清除田间杂草可压低幼虫密度。③掌握产卵期及初孵幼虫期集中取食的习性，摘除卵块及初孵幼虫食害的叶片，可消灭大量卵块及初孵幼虫。

甘蓝夜蛾的化学防治：①利用成虫趋化性，采用糖醋酒液、性诱剂诱杀。②在幼虫 3 龄前用 2.5% 敌百虫粉剂喷粉，每公顷用药量为 22.5～30.0 kg；或 80% 敌敌畏乳油或 90% 晶体敌百虫 1 000 倍液，或 2.5% 鱼藤酮 500～800 倍液喷雾。

复习思考题

1. 简述我国亚麻栽培的分布情况。
2. 简述亚麻的根系类型和根系分布情况。
3. 简述温度对亚麻生长发育的影响。
4. 简述亚麻各生育时期的特性。
5. 亚麻的主要病害有哪些？各如何防治？

主要参考文献

曹海峰，2008. 亚麻机械化生产技术[M]. 哈尔滨：黑龙江科学技术出版社.

曹洪勋，2018. 钾肥对亚麻生长特性及纤维品质的影响[D]. 哈尔滨：东北农业大学.

黄文功，关凤芝，吴广文，等，2018. 纤用亚麻新品种黑亚 23 号选育及其配套栽培技术[J]. 中国麻业科学，40（3）：97-100.

高玉梅，2015. 亚麻的用途与栽培技术[J]. 吉林农业（18）：103.

李雨浓，2014. 黑龙江省油用亚麻栽培技术[J]. 中国麻业科学（1）：38-40.

陆佳萍，2017. 中国亚麻加工业发展问题研究[D]. 荆州：长江大学.

米君，2006. 亚麻（胡麻）高产栽培技术[M]. 北京：金盾出版社.

牛海龙，徐驰，潘亚丽，等，2017. 纤维用亚麻新品种吉亚 7 号选育经过及栽培技术[J]. 现代农业科技（20）：26-27.

曲志华，白苇，张丽丽，等，2019.170 份亚麻种质资源主要农艺性状分析[J]. 作物杂志（4）：77-83.

粟建光，戴志刚，2016. 中国麻类作物种质资源及其主要性状[M]. 北京：中国农业出版社.

孙中义，姜卫东，朱炫，等，2020. 高纤亚麻新品种华亚 8 号选育及栽培技术[J]. 中国种业（5）：83-85.

魏伟，2019. 苎麻间作亚麻对二者产量品质的影响[D]. 武汉：华中农业大学.

吴广文，袁红梅，宋喜霞，等，2020. 2017 年我国亚麻行业发展概况[J]. 东北农业科学，45（4）：33-35.

吴学英，杨若菡，茶增华，等，2013. 纤用亚麻新品种"云亚 3 号""云亚 4 号""同升福 1 号"特征特性及栽培技术[J]. 云南农业科技（5）：56-57.

熊和平，2008. 麻类作物育种学[M]. 北京：中国农业科学技术出版社.

姚玉波，吴广文，黄文功，等，2014. 浅析黑龙江省亚麻耕作栽培技术的发展[J]. 黑龙江农业科学（4）：147-149.

张文杰，2014. 纤维用亚麻栽培技术要点[J]. 农村实用科技信息（12）：17.

第八章

苘　麻

第一节　概　述

苘麻（*Abutilon theophrasti* Medicus）又称青麻、空麻子、白麻、野麻、野苘麻，属锦葵科苘麻属一年生草本植物，是广泛栽培的经济植物。

一、起源与分布

苘麻在我国有 2 000 多年的栽培历史，远在 2 000 多年前史书就有记载，青麻为草类（《周礼》），其纤维可作衣着原料（《诗经》），原颂周说"尔雅翼云：檾或作苘，则此物为吾国原产"。考古证据表明，距今约 7 000 年的浙江省河姆渡新石器时代遗址中发现有苘麻纤维的织物，多数学者认为苘麻起源于我国。苘麻有大粒亚种与小粒亚种 2 种类型，按生育期分早熟、中熟和晚熟 3 个类型。苘麻适应性强，在我国分布广、面积大、品种资源丰富、野生类型多。苘麻性抗寒，最北端可分布至黑龙江北部的北纬 50°左右地区；抗涝，在华北、东北地区的低洼水涝地区大量分布。苘麻在各地的分布情况，在东北以沿辽河两岸的洼地为主；在华北，在河北以大清河、子牙河、永定河两岸的市（县）为主；在山东则集中于运河流域的几个积水湖沿岸的浸水地区，例如独山、蜀山、南旺、微山及东平等湖附近；在华东以沿淮河两岸的洼地为主。全国苘麻栽培面积，以辽宁、河北、安徽、山东及河南 5 省份最多，吉林、江苏及湖北 3 省份次之。

二、国内外发展现状

世界栽培苘麻的主要国家包括中国、蒙古、日本、埃及、美国及独联体地区国家。我国苘麻在过去多数为农民自种自用，栽培分散而零碎。近年来，苘麻才逐渐进入商品生产，栽培也逐渐集中。由于受国外黄麻生产及其价格的影响，常年纤维产量在 $3.0 \times 10^5 \sim 4.5 \times 10^5$ t。

我国苘麻栽培历史悠久，主产区沤麻水源好，麻农加工技术成熟，沤洗出的熟麻脱胶良好，品质优良。根据 2019 年河北苘麻产区的收购统计，收购到的 5.0×10^4 t 熟麻纤维中，特粗麻占 1.50%，上级麻占 6.52%，中级麻占 48.36%，下级麻占 33.21%，次下级麻占 10.11%，等级外麻仅占 0.30%。

三、产业发展的重要意义

苘麻的抗涝性强，可在低洼易涝地区栽培，比栽培其他作物的经济收入有保障。苘作为我国主要的麻类作物，用途广泛，在国民经济中占有重要的地位。苘麻纤维主要用作纺织原料、民用绳线以及建筑材料。苘麻纤维较粗硬，纺织上的利用价值虽不如黄麻、洋麻。但因苘麻适应性强，容易栽培，仍为纺织上的重要原料。我国东北、华北地区使用的部分麻袋原料，仍使用苘麻。苘麻纤维与洋麻或黄麻混织，作为纬纱，做成麻袋，经久耐用。苘麻纤维容易染色，多用来织地毯。苘麻纤维经化学药剂处理后，其品质与洋麻相似。苘麻在纺织上仍有一定的发展前途。

苘麻除可用于制作农具用绳、车马上的曳绳、家具用绳、农产品的包装用绳和交通、建筑和矿业上用绳等外，还因为其纤维抗水性强而用作渔网、渔船绳索等。苘麻麻袋特别适合用于河工防水防腐等用途。用旧的麻绳、麻布和麻网可以改作建筑上用的麻刀，也可以作为造纸的材料。苘麻的纤维还可以作为电线的外覆线。

苘麻种子称为苘麻子，可入药，气微，味淡苦性平，具有清热利湿、解毒退翳的功效，临床常用于治疗赤白痢疾、淋病涩痛、红肿目翳等症状。苘麻种子脂肪含量为15%～16%，供制皂、油漆和工业用润滑油，油饼可作为肥料。苘麻种子炒熟后碾碎可作牲畜的饲料及毒饵的原料。苘麻秆可用于制纸、火药的原料，也可作为燃料。

第二节　植物学特征

一、根

苘麻的根系比较发达，由主根和侧根组成。主根的深浅主要是因生长条件而异。在地下水位高的地区，侧根不发达，根系分布较浅，主根与侧根不易区分；而在地下水位较低的地区，主根可深达1 m以上。侧根与主根所形成的角度，也与土壤的水分和肥力有关。当土壤水分缺少时，主根与侧根所形成的角度较小，为20°～30°，侧根向下伸长，几乎与主根平行；在土壤的水分及营养物质比较充足的情况下，则主根与侧根近于形成直角，侧根朝向水平方向延长。

二、茎

苘麻的茎直立，上部多分枝，尤其当播种密度较稀时，分枝较多。茎下部较粗，上部较细，基部最粗的直径可达5 cm。在密植情况下，茎细而直，分枝少，分枝节位高，茎上部和下部粗细较均匀。茎高为1.5～4.8 m，茎中部最粗部分直径为1.00～1.25 cm；茎上通常具有15～40个节，节间的长度为7～50 cm。始枝节位为10～25节。苘麻鲜茎的出麻率为2.5%～9.0%，干茎的出麻率为15%～25%。苘麻茎的颜色分为绿色、紫色及淡紫色3种。苘麻从幼苗开始，主茎的顶芽不断向上生长，形成直立而明显的主茎，主茎上的腋芽形成侧枝，侧枝再形成各级分枝，但分枝的生长均不超过主茎，主茎的顶芽活动始终占优势。

三、叶

苘麻的叶大而色绿。主脉的长度随品种及植株部位而异，一般长为10～20 cm，也有长度在34～35 cm甚至更长的。叶片呈心脏形或略呈圆形，单叶先端尖锐，全部边缘呈钝状锯齿状。叶片两面全被短而密的茸毛。小粒亚种苘麻的茸毛比大粒亚种的茸毛长而密，并能分泌出一种油脂状的液体。叶柄长度随品种及植株部位而异，一般为 3～30 cm，叶柄上被星状细柔毛。托叶小，呈丝状披针形，被有细毛，脱落很早。随生长发育日数的增多，苘麻植株下部的叶片逐渐变枯黄而脱落。大部分品种的叶柄基部两侧生有紫色的斑点。

四、花

苘麻的花着生于假轴分枝上。花萼五裂，呈绿色，密被细毛。萼片呈卵形，尖端较锐，基部联合。花冠为橙黄色或黄色，由 5 片花瓣构成。花瓣呈卵圆形，长为 9～17 mm，顶端微凹。花柄长为 12～25 mm，被有茸毛。花朵的大小随品种而异。小粒亚种苘麻的花朵较小，大粒亚种苘麻的花朵稍大。苘麻的雄蕊较多，一般具有 35～65 个雄蕊，花丝细弱。雄蕊的基部与花瓣相连，花药呈橙黄色或黄色。花粉呈球形而具有小刺。雌蕊有柱头 12～16 个，呈绿色。子房壁被有茸毛，小粒亚种苘麻茸毛长而密集，大粒亚种苘麻茸毛则短而稀少（图 8-1）。花期为 7—8 月。

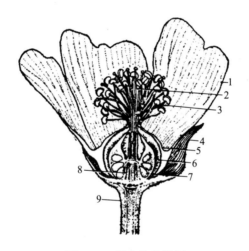

图 8-1 苘麻花的纵剖

1. 花瓣 2. 雌蕊 3. 雄蕊 4. 花萼 5. 子房 6. 子房壁 7. 胚珠 8. 胚座 9. 花梗

（引自涂敦鑫，1959）

五、果 实

苘麻的果实为蒴果，成熟蒴果为黄褐色、暗灰色、深黑色或金黄色，其形状、大小和颜色因品种而异。种子为半球形，直径约为 2 cm，长约为 1.2 cm，被有短而细小的茸毛。蒴果有分果爿 15～20 个，被粗毛，顶端具长芒。小粒亚种苘麻的蒴果较小，而大粒亚种种子稍大。种子成熟后，蒴果容易裂开，种子外散。每株蒴果数因品种而异，一般为 14～65 个。每个蒴果由 12～15 小室构成，每室有种子 3～4 粒，每个蒴果有种子 36～46 粒。种子呈淡灰色或黑色，呈肾形，表面被星状柔毛。种子千粒重为 9～18 g。苘麻种子含脂肪 12%～16%、蛋白质约 17.8%、粗纤维约 16.9%。

第三节　生物学特征

一、生育时期

（一）营养生长时期

苘麻种子在温度为 15 ℃以上及水分充足时，播种后 24 h 就开始吸胀，随后胚根突破种皮，胚轴逐渐伸长；经过 5～8 d，子叶即顶出土面。子叶出土后，苘麻的茎依据品种不同可分为绿茎品种和紫茎品种，但无论茎的颜色是什么，胚轴均为灰紫色。子叶和胚轴上均被有天鹅绒状的茸毛。子叶出土后，第 1 片真叶需要经过 5～12 d 才完全展开，这主要取决于环境的温度。当第 1 片真叶完全展开后，地下的主根上开始出现侧根。此时，胚轴的颜色发生改变。

绿茎品种的幼苗，胚轴的颜色从灰紫色逐渐变淡，至后期完全变为绿色。紫茎品种的幼苗，胚轴的灰紫色随着苘麻植株的生长而逐渐加深，至后期完全变为紫色。当第 1 片真叶伸出之后，每隔 3～5 d 即出现 1 片新叶片，若气温继续升高，每隔 2～4 d 即可再出现 1 片新叶片。

随着植株的生长，植株下部的叶片逐渐脱落。从苘麻植株的生长过程来看，苘麻幼苗期生长较慢，但是与北方地区的洋麻和黄麻相比较，苘麻的生长速度更快。同时，由于栽培区域的自然环境和苘麻品种的差异，苘麻植株的生长表现也有差异。

在杭州地区，当日平均最低气温达 19 ℃左右时，苘麻幼苗期生长迅速。从 6 月开始，苘麻植株进入快速生长期，生长速度达到最大；随着气温的升高，苘麻植株进入生殖生长期，营养生长开始变得缓慢；在 7 月上旬，着生花部的茎节开始延长，进入了第 2 个生长高峰期。

北京地区栽培的苘麻在出苗后的 20 d 内，平均每天生长 0.6 cm。5 月下旬以后，苘麻生长的速度逐渐增加。在 6 月，苘麻植株的生长达到最高峰，高度达 0.98～1.10 m，平均每日生长 6～7 cm。6 月下旬后，苘麻植株的生长速度逐渐下降，植株生长 74～85 cm，不同类型苘麻植株的生长没有显著的差异。7 月上旬以后，苘麻植株的生长速度又开始减缓，尤其是早熟品种生长基本停止。

小粒亚种苘麻植株的生长趋势和大粒种的品种相类似，只是小粒亚种苘麻的种子出土期较大粒亚种晚，苗期生长速度也较低。6 月上旬以后，小粒亚种苘麻的生长速度才逐渐增加。从 6 月下旬到 7 月上旬，小粒亚种苘麻植株的生长速度达到最高峰，其间可生长 70～80 cm，平均每天生长 4.5～5.4 cm。7 月上旬后，无论是大粒亚种还是小粒亚种，苘麻植株的生长速度均逐渐减缓。进入生殖生长阶段后的苘麻植株生长均会放缓，放缓的程度取决于品种的成熟时期。小粒亚种苘麻对温度的要求较大粒亚种高，小粒亚种苘麻的生长高峰期也较大粒亚种苘麻晚。

（二）生殖生长时期

苘麻的生殖生长时期亦随品种、地区、播种期及年份的不同而有不同的表现。在我国的北方地区，苘麻从播种到花蕾出现需 47～111 d，从播种到开花需 70～136 d，从植株现蕾到开花需 8～16 d，从开花始期到开花末期需 20～30 d，从开花至蒴果成熟需 12～20 d，从播种到种子成熟需 100～160 d，不同品种所需时间差别很大。晚熟苘麻品种"蚌埠"及

"汉口 2 号"等，在杭州自然条件下，5 月上旬播种，只需 75 d 即开始现蕾，比在北京提早现蕾 20～30 d。

由于品种的早熟性及蒴果形成和生长发育期间的温度不同，开花到蒴果成熟的天数也不相同。从现花到蒴果开始成熟，最早熟的品种仅需 12～20 d，而晚熟品种需 25～30 d。不同播种期也会影响开花到蒴果成熟的日数。从开花到蒴果成熟的日数，最早期播种的为 15～20 d，最晚期播种的为 18～30 d。

苘麻为自花闭花授粉作物。当花瓣张开时，花粉已全部放出，柱头上已经落有大量花粉。苘麻植株的天然杂交率仅为 1.66%。苘麻的花一般是在 8：00—10：00 开放，黄昏时凋萎。由于苘麻植株具有特殊的气味，不吸引昆虫采粉，也导致了苘麻品种间天然杂交率很低。野生的小粒亚种苘麻的气味较栽培的大粒种苘麻的气味更加强烈。因此当对小粒亚种苘麻进行人工去雄后，若不进行人工授粉，植株结实率低。

二、生长发育对环境条件的要求

(一) 温度

苘麻性喜高温、多湿。苘麻在生长发育期内要求的积温，早熟品种为 2 000 ℃，而一般品种为 2 000～2 600 ℃。苘麻的种子发芽的最低温度在 10～12 ℃或以上，因此当土壤表层 5～10 cm 深处达到这个温度时，即可进行播种。苘麻种子在土壤内，遇低温不会遭受冻害，同时幼苗也不会受冻害，因此早播对于苘麻的生产没有显著的影响。苘麻幼苗能忍受－2 ℃的低温，成苗也能耐受－4 ℃的低温。

(二) 光照

苘麻为喜光作物，在生长发育期内，光线不足时，生长不良，茎秆缩短。苘麻是短日照作物，人为对苘麻植株进行短日照处理后，不仅现蕾、开花期缩短，而且植株外部形态和内部构造也发生显著的变化。苘麻在较北部地区栽培时，植株高大繁茂，贪青晚熟，生育期较长。

(三) 水分

苘麻是需水量多的作物，但亦能忍受短时期的水分不足。土壤水分过多或过少时，植株的生长会受到抑制，其茎秆和纤维的发育也受到一定的影响；土壤相对湿度接近 70% 时，苘麻生长良好，纤维产量高。在不灌溉地栽培苘麻，年降水量需 400～500 mm，才能获得高产量。在降水量少或在春季缺乏雨水的地区，栽培苘麻需要灌溉。苘麻栽培地的地下水位不宜过高，以 1.0～1.5 m 为佳。地下水位高到 0.7～1.0 m 时，植株的生长和纤维的发育都会受到很大的影响而严重减产。

在苘麻植株高度在 30～60 cm 或以下时，水涝对麻株生长影响严重，甚至造成死亡。但当苘麻植株的高度达 1.2～1.5 m 后，具有一定的抗涝能力，水涝后仍可开花结实，但植株生长受到抑制，可收获的植株部分减少，纤维产量会降低。

第四节 栽培管理技术

一、栽培制度

我国苘麻的栽培一般采用轮作。只有在地势太低、常年遭受水涝的地，因其不能栽培其他作物，才进行苘麻的连作。苘麻的连作会导致土壤内病原菌的积累而加重病害，同时，土壤中有效成分的缺乏也会影响植株的生长，导致纤维产量降低。

辽宁地区的生长季节较短，栽培农作物为一年一熟制，苘麻的栽培多与高粱、谷子、大豆等轮作，为 4 年或 5 年轮作制。苘麻的前作多为大豆或谷子，后作多为高粱。在低洼地一般在连作 2 年苘麻后，与高粱、大豆等作物进行轮作。栽培大豆之后的土壤，氮素丰富，特别适于苘麻的生长。

河北、山东的作物的生长季节较长，农作物栽培为二年三熟制，苘麻的后作多为冬小麦或春小麦，小麦后栽培玉米、高粱或大豆，第 3 年再栽培苘麻。在这个地区苘麻成熟较早，苘麻收获后到栽培其他作物还有较长一段时间，土地得到空闲，又有很充裕的整地时间，因此麻茬口小麦的产量高。

此外，在河北省一些低洼涝地，可将苘麻和春小麦进行间作，提高土地的利用效率。栽培的方式为 2 行春小麦间种 1 行苘麻，春小麦的行距为 50～56 cm，小麦与苘麻的行距为 85～100 cm。在春分前播种春小麦，在清明后播种苘麻，利用春小麦早熟的特性避免雨季的水害，而苘麻晚熟抗涝，可保证经济收入。

在作物生长季节更长、农作物栽培为一年二熟制的地区，第 1 年栽培苘麻，收获之后一般栽培小麦，小麦收获之后再夏播大豆或高粱，然后进行土地的空闲，第 3 年再夏播苘麻。

二、选地与整地

（一）选地

苘麻对土壤的要求不太严格，只要土壤土层深厚、富有营养，不过干或者过湿均能生长良好。苘麻最适宜在低湿的肥沃地栽培，河川两岸地势比较平坦的冲积地也很适宜栽培苘麻。砂土地、盐碱地、沼泽地及重黏土地均不适宜苘麻的栽培。为便于后续的加工，例如剥麻、沤麻等工作，苘麻最好栽培于沿河川两岸的土地上。

（二）整地

苘麻整地方法，因地区而异。在河北、山东等苘麻栽培地区，若地势较高，秋季收获后土壤能够脱水，一般在作物收获后用犁进行秋耕，耕深为 10～13 cm，耕地后不可耙地，待到翌年春天解冻时进行耙地，以保持土壤水分。地势较低洼的区域，秋季土壤过湿，不能及时进行秋耕，需要翌年春天解冻时进行春耕。春耕的方法与秋耕相同，耕深为 10～13 cm，耕后耙盖，但土壤过湿时不进行耙盖。若土壤的水分一直很高，春耕也不能进行，可直接进行播种。华北地区的苘麻栽培区半数不进行整地，而是采取直接播种的方式进行苘麻的栽培。

安徽省蚌埠市栽培苘麻的地区一般可以在秋季作物收获后进行秋耕。秋耕在 10 月中下旬进行，耕深为 12～15 cm，翌年开春时，再浅耕 1 遍，在春分至清明期间，把土粪撒到地里后，再耕翻 1 次，耕后耙 1 遍，以待播种。

东北辽宁等地苘麻为垄作。在播种前进行整地，包括秋耕、春耕、做垄等。一般在地势较高、少受水涝的麻地，在前作收获后进行秋耕。

三、品种选择

苘麻品种选育方面的研究较少，生产中选用品种多是地方品种或是农家种，目前整体处于自选、自繁、自留、自用阶段。一般在生产田中选择好的单株留种。一般选择生育期适中、丰产性好、多纤维、抗倒伏、抗涝、耐瘠、植株健壮、长相一致的植株，采收种子以作种用。

四、播　　种

（一）适宜播种期

苘麻播种期，随栽培地区而异。栽培的地区越往北，春季土壤解冻的时间越晚，苘麻播种的时间越晚；反之亦然。即使在同一地区，由于土壤含水量、前后茬作物收获时间不同，苘麻的播种期也有很大差异。

在黑龙江省哈尔滨市栽培苘麻，于在立夏至小满播种，立夏前播种的较少；在吉林省南部多集中在 5 月上旬播种，而在北部则在 5 月中旬播种；在辽宁省辽阳市，于清明至谷雨播种；在河北、天津等地，于清明至谷雨播种；在山东及河南的苘麻栽培区，多集中在清明前后播种，最早在春分前后播种，最晚的到立夏后才播种；在安徽省蚌埠市，春麻的播种期是在春分至清明前，秋麻的播种期则是在小满至芒种前；在湖北省黄冈市，春麻播种期在 4 月上旬，秋麻播种期在麦收后的小满后。

（二）播种方法

在东北、华北地区苘麻的播种方式主要为条播，在河南有撒播和条播两种，在安徽及湖北地区主要为撒播。由于各地所使用的农具和播种前整地方法的不同，苘麻的播种方法也因地而异。苘麻是适于密植的作物。密植使植株分布均匀，能够充分利用土壤肥力，使植株大小一致，始枝节位高，因而纤维产量高、品质好。北方地区苘麻播种量为 $11.25 \sim 30.00$ kg/hm^2，行距为 $40 \sim 50$cm，株距为 $9 \sim 11$ cm，每公顷保苗 $2.3 \times 10^6 \sim 3.0 \times 10^6$ 株。

在机耕情况下进行苘麻栽培，双条播比单条播的产量高。栽培苘麻时，肥沃的土地应比贫瘠的土地栽培密度大，晚播应比早播密度大。但是密度也不能过大，否则麻株多而细，不仅增加收获上的麻烦，而且不利于剥麻工作。因此苘麻的栽培密度应根据当地的具体条件，全面考虑，才能获得高产。

五、营养与施肥

（一）肥料需求

苘麻多种在低洼水涝地区，在雨季内容易受到水浸，因此种植苘麻很少施用基肥和追肥。但是这种地区往往由于淤泥的沉积而土壤较为肥沃，有利于苘麻的生长。类似这种不需要施肥的苘麻地，占华北地区苘麻总栽培面积的一半以上。在东北地区，苘麻的栽培区域也多是水洼地或过水地，土质较肥沃，当地农民栽培苘麻时多不施肥。在不积水的高地，或收成有保障的土地中，应对苘麻栽培进行适当的施肥。

（二）施肥技术

1. 基肥　基肥一般以有机肥为主，一般施用牲畜粪、土粪、人粪尿、大豆饼、炕土、塘泥土等作为基肥。施用量则根据土地条件、经济状况及有机肥堆积量确定。在吉林每公顷施用土粪 $7.5 \sim 15.0$ t，在辽宁每公顷施用土粪 $7.5 \sim 11.0$ t，在华北每公顷施用土粪 $7.5 \sim 22.5$ kg。基肥的施用方法主要有 4 种：①秋耕前撒施于地面，然后进行秋耕；②未进行秋耕的，在春耕前，将基肥撒施于地面，然后进行春耕；③春耕后将基肥撒施于地面，然后通过耙地，使基肥与田土混合；④临播种前撒于地面，然后播种。在东北，多先将基肥撒于垄沟内，然后进行秋耕或春耕。

2. 追肥 在苘麻的实际生产过程中，很少进行追肥，只有在集约化栽培，或因未用基肥而导致苘麻植株生长不良的耕地才施用追肥。在蚌埠、淮阴等地，每公顷用 3.75 t 人粪尿作追肥；在河北和山东，每公顷多用棉饼或豆饼 150～225 kg，或硫酸铵 75～150 kg，或大粪干 750～1 500 kg 作为追肥。

六、田间管理

苘麻播种后的出苗日数，因播种的早晚及品种而异。早播所需的出苗日比较晚播的多。一般距地表 10 cm 处的土壤温度达到 12 ℃左右时，播种后约 14 d 即可出苗；当距地表 10 cm 深的土壤的温度达到 15 ℃左右时，播种后 7～8 d 即可出苗；当距地表 10 cm 深处土壤温度达到 18 ℃时，播种后 4～5 d 出苗。通常情况下，大粒种苘麻比小粒种苘麻出苗所需的日数少。

苘麻出苗后，应间苗 2～3 次。当苗高 6 cm 时，进行第 1 次间苗，拔除过高、过细、生长不良或有病虫害的植株。当苗高 12 cm 时，进行第 2 次间苗。苗高 20～24 cm 时可定苗。定苗时，采用三角形留苗法，株距为 6～10 cm。在进行间苗的时候，应结合进行中耕、除草。中耕可利用锄头或镐进行。

七、收获与加工

我国在苘麻栽培上一般都在植株长到半花半果时（即大部分麻株长到 3～5 个蒴果时）进行收获。收获过晚时，苘麻纤维粗、硬、品质差，同时又加大剥麻加工难度。在辽宁、吉林和黑龙江等地，苘麻大都在 8 月上中旬进行收获；河北、山东等地，则在立秋前后进行苘麻的收获；在湖北黄冈等地，春麻在 8 月中旬收获，秋麻则在 10 月上旬才收获。我国各地苘麻收获的方法有 3 种：①连根拔起，带根一起进行沤麻；②在地下 3～6 cm 处将根挖断；③在贴地面处将苘麻植株割断。

苘麻植株收获后，置于平地上晾晒 1～3 d，除去麻秆上的叶片，即可进行沤麻。沤麻的主要目的是利用细菌的作用，使麻秆的木质组织软化，分解出纤维束，制成纤维。一般情况下，24～25 ℃的水沤麻 24～32 h 后即可使茎秆的外表皮裂开，部分有机物和无机物释放到水中，而细菌进入麻茎中；再经过 60～90 h 的浸泡，茎秆中继续浸出有机物和无机物，细菌大量繁殖，分解茎秆的韧皮部有机质；最后再经过 5～6 d 的沤制，茎秆中的果胶被分解，使得茎秆表皮脱落，此时可进行剥麻操作。剥下的麻要在清水里进行清洗，并不断地用双手搓动麻线，洗去杂质。将清洗净的麻纤维挂在晾晒绳上进行晾晒，待干燥后即可进行收集、出售。

第五节　病虫害及其防治

一、主要病害及其防治

（一）苘麻斑点病

苘麻斑点病病原菌孢子主要侵害苘麻的叶片部位，可在叶片上形成细小的黑褐色的病斑，并随着侵染程度的加深，病斑逐渐扩大，直径可达 2～3 mm。感染初期，病斑呈浓褐色，形状不规则，近圆形或椭圆形，相邻的病斑愈合后，会形成大病斑。待病斑干燥后，其颜色由中心开始，渐次变成淡褐色，后来发展成灰褐色或灰色。在空气湿润的情况下，病菌发育旺盛，会在叶面形成黑色粉状的菌群。菌丝或分生孢子可在受害的叶片上越冬，待第 2 年再进行传播。

苘麻斑点病的防治方法：当苘麻植株发病时，应该及时将病叶摘除，并烧毁或深埋，以减少病菌孢子或菌丝的扩散。也可以在发病的初期，将硫酸铜、石灰各 450 g 溶于 72 kg 的水中，制成波尔多液，采用喷雾的方式进行病情控制。

（二）苘麻露菌病

苘麻露菌病病菌寄生于苘麻叶片的背面，侵染叶部及茎梢的部分。在苗期发病时，叶片背面生有白色的霉状物，并沿叶脉形成三角形的淡褐色病斑，在叶面形成黄绿色的多角形或圆形病斑，病斑略隆起，呈水泡状；病害发展后，病斑逐渐变为褐绿色。茎梢被害后，有时幼苗枯死，或形成分枝。生长发育盛期受害时，叶片背部生有灰白色霉；病害发生初期，叶面病斑不明显，病斑小，呈圆形；随着病害的加重，相邻的病斑相互愈合，病斑颜色变为淡褐色，导致叶片干枯死亡。病菌的孢子在病叶上越冬，翌年再进行传播。

苘麻露菌病的防治方法：①结合防治苘麻斑点病进行防治；②对于病叶及时清除，并烧毁，减少孢子的传播；③利用波尔多液进行防治。

（三）苘麻胴枯病

苘麻胴枯病病菌侵害苘麻植株的茎部，发病位置多在距离地面 15～30 cm 处。染病植株的茎一侧会形成黑褐色或灰白色的病斑，病斑周围有黑色或褐色的环带，表面上生有细小的黑褐色颗粒体。在病害末期，病斑枯干易脆，破裂后使茎秆上的韧皮部外露，植株易在发病的位置折断。

苘麻胴枯病的防治方法：①对于发病的植株应及时拔除，烧毁或深埋，以减少病菌的繁殖和扩散；②在栽培过程中应避免过多地施用氮肥，注意氮、磷、钾的配合，合理施用混合肥；③植株生长环境中较高的湿度易导致病菌的快速繁殖，因此应避免选择阴湿的区域栽培苘麻，并注意栽培密度；④对于已经发病的地块可采用波尔多液进行喷雾防治。

（四）苘麻黑斑病

苘麻黑斑病病菌主要发生于苘麻植株的叶部，发病初期在叶表面产生黄色小斑点，病斑逐渐扩大，在病斑周围形成黑褐色的轮纹。在病菌的孢子繁殖旺盛时期，病斑表面上会出现黑色天鹅绒状物质。叶片上相邻的病斑可以互相融合，形成大的云状病斑，最终导致叶片枯死，影响植株的生长。

苘麻黑斑病的防治方法：采取与苘麻胴枯病相同的防治方法，注意染病植株的及时清理、肥料的施用和栽培密度等，可使用波尔多液喷雾的方法防治。

（五）苘麻立枯病

苘麻立枯病病菌主要侵害苘麻幼苗的茎部，导致幼苗倒伏，乃至死亡。也可以侵染成熟植株，发病部位通常在植株茎基部至地上 10 cm 附近。在发病初期，病斑较小，呈圆形或长椭圆形，直径为 1～2 cm，呈褐色或淡褐色。病斑周围有褐色的环带，与健康部位区别明显。随着病斑的扩散，染病部位向内凹陷，表皮发生龟裂，纤维部外露，植株易从病斑处折断。病菌的菌丝潜藏在土壤的腐殖质上进行越冬，翌年再由土壤进行传播。

苘麻立枯病的防治方法：①对于发生病害的植株要及时进行清理，烧毁或深埋，并尽量避免在发生过病害的土地上进行苘麻的连作；②使用波尔多液喷雾的方法防治。

（六）苘麻褐纹病

苘麻褐纹病病菌仅侵染植株的叶片，病斑呈现四角形、多角形或圆形，多为淡褐色或灰褐色，从叶的两面均可观察到病斑，病斑处叶片干枯。当病情严重后，小病斑会彼此融合形成圆形或多角形的大病斑，大病斑周围有褐色纹带，病斑表面具有散生的小黑点，大小为 1～2 mm。

苘麻褐纹病的防治方法：①结合防治苘麻斑点病进行防治；②及时清除病叶并烧毁，减少孢子的传播；③利用波尔多液进行防治。

（七）苘麻根癌肿病

苘麻根癌肿病病菌主要侵染植株的根部。染病植株的根部组织变得肥大，呈癌肿状；感病部位表面为灰褐色、凹凸不平，呈乳房状隆起，隆起部分呈球状，直径可达 6.5 cm；剖开后的内部呈褐色而木质化。病部扩散，染病植株根部的机械组织腐烂，根部形成空洞，影响植株对水分和营养物质的吸收，影响植株的生长，严重时导致植株死亡。

苘麻根癌肿病的防治方法：①对于发病的耕地进行秋耕、深翻；②避免在发病的区域进行苘麻的连作；③使用波尔多液对土壤进行防治。

二、主要虫害及其防治

（一）小地老虎

苘麻苗高 20～30 cm 时，可被小地老虎啃断。虫害较轻时，可造成缺苗断垄，严重时可造成全田毁种。特别是大水淹过的地区，以及低洼潮湿的多草地最易成灾。

小地老虎的防治方法：①采用人工捕捉的方式进行防治，即在苘麻苗出土后，清晨在田间观察，在被咬断的麻苗处可找到小地老虎的洞穴，用手或竹片拨开 1～4 cm 深的泥土即可以捉到地老虎并处死。②利用鲜嫩的杂草进行害虫的诱捕，即在苘麻出苗前，在耕地中每隔 5～10 m 堆放鲜嫩的菜叶或杂草，每天清晨可在堆放处的地面或 2 cm 深的土地中诱到小地老虎并处死。每隔 3～5 d 换草 1 次，连续诱杀 2～3 次，即可收到良好的效果。

（二）磕头虫

磕头虫危害苘麻的主根，一般不完全咬断。幼苗根部受伤害后，会导致植株的凋萎而死亡，发生缺苗的现象。

磕头虫的防治方法：可使用 40% 辛硫磷 500 倍液与适量炒熟的麦麸或豆饼混合制成毒饵，于傍晚顺垄撒入苘麻植株的根部，利用地下害虫昼伏夜出的习性，即可将其杀死。

（三）玉米螟

玉米螟主要危害苘麻的茎秆。幼虫孵化后，取食嫩叶；稍长大可钻入离顶端 30 cm 左右的茎部危害作物，幼虫在植株的茎秆内蛀食，轻则妨碍植株的生长、发育，重则导致植株空心，易折断。

玉米螟的防治方法：①天敌防治，玉米螟的天敌种类很多，主要有寄生卵的赤眼蜂和黑卵蜂，寄生幼虫的寄生蝇、白僵菌、细菌、病毒等，捕食性天敌有瓢虫、步行虫、草蜻蛉等，都对虫口有一定的抑制作用。②可根据玉米螟成虫的趋光性，设置黑光灯可诱杀大量成虫。在越冬代成虫发生期，用剂量为 20 μg 的亚洲玉米螟性诱剂诱芯，按照 15 个/hm²

的密度设置水盆诱捕器，可诱杀大量雄虫，显著减轻第 1 代的防治压力。③化学防治，主要利用 98％巴丹可溶性粉剂 100 g 兑水 100 kg 喷雾。

（四）棉大卷叶虫

在 5 月中旬棉大卷叶虫开始羽化为蛾，产卵繁殖并发生危害；6 月中下旬开始危害苘麻叶片；7 月至 8 月下旬是虫害的发生高峰期；此虫完成 1 代需要 40 d。老幼虫在麻田、棉田或附近的杂草上，未拔棉株的枯叶、枯果和麻茎上，或在老树皮内过冬。1～2 龄幼虫，并不卷叶，多聚集在棉叶或麻叶的背面，将叶片啃食成孔。3 龄后的幼虫，开始分散吐丝，将叶片卷成喇叭状，并在卷叶内食害叶片。幼虫期约为 23 d。幼虫老熟后，即在卷叶内吐丝化蛹，经过约 1 周可羽化成虫。秋雨较多年份虫害最为严重。

棉大卷叶虫的防治方法：①在冬季清除田间残枝落叶、田边杂草，消灭越冬幼虫；②当麻田初发生幼虫或虫数不多时，结合田间管理，人工捕捉幼虫；③可用灯光诱杀成虫；④在幼虫聚集危害尚未卷叶时，撒 2.5％敌百虫粉剂，每公顷施用 22.5～30.0 kg，防治效果较佳。

 复习思考题

1. 简述苘麻对生态环境的要求。
2. 简述苘麻的植物学特性。
3. 如何确定苘麻的合适播种期？
4. 简述苘麻对肥料的需求。
5. 苘麻的主要病害有哪些？
6. 简述苘麻的生产技术要点。

主要参考文献

陈瑶，蔡广鹏，韩会庆，等，2018.2001—2013 年我国麻类作物生产比较优势变化分析[J].贵州科学，36（2）：32-37.

黄安平，朱谷丰，曾维爱，等，2004.中国麻类作物虫害防治研究进展[J].中国麻业科学（4）：173-176.

贾旭，巩江，张新刚，等，2011.苘麻的栽培及管理技术研究概况[J].畜牧与饲料科学，32（2）：51-52.

刘瑛，李选才，陈晓蓉，等，2003.麻类作物副产品的综合利用现状[J].江西棉花，25（1）：3-7.

卢浩然，1993.中国麻类作物栽培学[M].北京：中国农业出版社.

彭定祥，2009.我国麻类作物生产现状与发展趋势[J].中国麻业科学，31（S1）：72-78.

粟建光，戴志刚，杨泽茂，等，2019.麻类作物特色资源的创新与利用[J].植物遗传资源学报，20（1）：11-19.

田春莲，2012.苘麻根化学成分与苘麻质量控制方法研究[D].沈阳：沈阳药科大学.

涂敦鑫，1959.中国的苘麻[M].北京：农业出版社.

涂敦鑫，段醒男，1963.我国苘麻品种资源的利用研究[J].作物学报（2）：215-217.

杨曾盛，1959.麻类作物[M].北京：高等教育出版社.

第九章

棉 花

第一节 概 述

棉花是锦葵科棉属（*Gossypium*）植物，包括 4 个栽培种：草棉（*Gossypium herba-ceum* L.）、亚洲棉（*Gossypium arboreum* L.）、陆地棉（*Gossypium hirsutum* L.）和海岛棉（*Gossypium barbadense* L.）。栽培最广泛的棉花是陆地棉，其产量约占世界棉花总产量的 90%；其次是海岛棉，占 5%～8%。棉花在经济作物中具有极其重要的地位，是棉纺经济发展中不可或缺的物质基础。

一、起源与分布

我国的棉花生产具有悠久的历史，可追溯到史前原始社会的夏禹时期。在《尚书·禹贡·扬州篇》中有"岛夷卉服、厥篚织贝"的记载，说明在 4 000 年以前，人们就已经懂得栽培和利用棉花。南北朝至隋代，广东沿海、广西桂林、云南西部和新疆塔克拉玛干沙漠的南北两侧，都可以看到棉花；12 世纪后期到 13 世纪初期，棉花栽培规模进一步扩大，棉花栽培区域扩展到长江流域；14 世纪中叶后，棉花栽培又迅速地从黄河流域传播到全国；19 世纪末 20 世纪初，机器纺织工业的蓬勃兴起，更刺激了我国棉花栽培产业的迅猛发展。

棉花广泛分布在北纬 47°至南纬 32°，且集中分布在北纬 20°～40°的地区，这个地区的棉花产量占世界棉花总产的 70% 以上。我国棉花栽培区域广阔，北起新疆北部的玛纳斯河流域，南至海南岛，西起新疆的喀什，东抵长江三角洲的沿海地带和东北的辽河流域都有棉花的栽培。根据气候、土壤、农情、棉作区域和棉种适应性，把全国分为以下 5 大棉区。

1. 长江流域棉区 该区主要分布在北纬 25°以北，秦岭、淮河及苏北灌溉总渠以南，川西高原以东地区，包括浙江、上海、江西、湖南、湖北、江苏和安徽的淮河以南、四川盆地、河南的南阳和信阳地区、陕南以及云南、贵州和福建 3 省的北部。

2. 黄河流域棉区 该区位于长江流域棉区以北，河北内长城以南，处于北纬 34°～40°，包括河北的长城以南、山东、河南（除南阳和信阳地区）、山西南部、陕西关中、甘肃陇南、江苏和安徽的淮河以北、北京、天津等。

3. 西北内陆棉区 该区位于六盘山以西，大约位于北纬 35°以北、东经 105°以西，包括新疆、甘肃的河西走廊及沿黄灌区。20 世纪 90 年代以来，新疆棉田扩展很快，已成为我国最具活力和发展潜力的棉区，是我国棉花生产的重要区域。

4. 北部特早熟棉区 该区位于黄河流域棉区以北，内蒙古高原以南，六盘山以东，包括辽宁、山西的晋中、河北的冀北（内长城以北）、陕北、甘肃的陇东等。受热量条件限制，本区棉花生产只能保持在很小的规模上。

5. 华南棉区 该区位于长江流域棉区以南，包括广西、广东、海南、台湾、云南大部、四川西昌地区以及贵州和福建两省的南部等，目前已成为零星产棉区。

二、国内外生产现状

据联合国粮食及农业组织（FAO）统计资料，世界上有 96 个国家和地区栽培棉花，印度是世界上棉花栽培面积最大的国家，但中国的棉花总产量位居世界第一位。我国棉花栽培面积约占世界棉花栽培面积的 17.66%，总产约占世界总产量的 25.83%。近年来，受国际棉花市场冲击、我国棉花生产效益低、内地棉花种植机械化受限等因素影响，我国棉花栽培面积整体上呈现下降趋势，从 2016 年的 3.34×10^6 hm² 降低到 2020 年的 3.16×10^6 hm²，减少了 5.2%。棉花产量整体呈增长趋势，2020 年达到 5.91×10^6 t，比 2016 年提高了 11.5%，全国棉花产量的增长主要来自新疆棉区单产水平的提高。另外，我国还是棉花消费量、进口量最大的国家。自 2002 年开始，我国成为世界最大的棉花进口国，每年进口量占世界棉花进口总量的 25% 以上。

三、产业发展的重要意义

20 世纪初，棉花纤维取代羊毛、丝、亚麻、苎麻等纤维，成为世界范围内最主要的衣着原料。棉籽也是重要的农产品，是食品和饲料工业中油料和蛋白质的重要资源。棉短绒是纺织、火药、造纸等工业的上等原料。棉秆是制作人造纤维和纤维胶合板的原料。

第二节 植物学特征

一、根

棉花根系属直根系，主根可深达 2 m 左右，由主根、侧根和支根组成一个倒圆锥形的根系网。在苗期和蕾期，主根的生长速度显著超过茎秆生长，侧根和根毛的再生力很强，是根系吸收能力最盛时期。花铃期以后，根系生长减慢，主根和侧根逐渐停止生长和延伸。

二、茎

棉花主茎直立。新生的茎秆在处于幼嫩状态时呈绿色，随着棉株的生长，下部茎秆逐渐老熟木质化，花青素大量形成，茎秆自下而上逐渐变红。红茎比例（主茎红色部分占主茎整个高度的比例），可以反映棉株生长的老嫩、旺弱程度，以及水肥供应状况。红茎比例在苗期以 50% 为宜；在蕾期应为 60%～65%，不足 60% 时为旺长，大于 65% 则为弱苗；在初花期应为 60%～70%；在盛花期以后接近 90%，全部呈红色是早衰的特征，绿色部分过多时可能晚熟。

棉花分枝有营养枝（又称为叶枝）和果枝两种。营养枝和果枝均由主茎节上的腋芽发育而成。中熟陆地棉通常主茎下部的 1～3 节腋芽不发育，第 4～5 节的腋芽发育成营养枝，第 6~7 节的腋芽发育成果枝。在营养枝上不能直接产花蕾，只能在其上生出的小分枝上形成花蕾，间接结铃。棉花的果枝分为二式果枝、一式果枝和零式果枝。二式果枝又称为无限果枝，在条件适合时，果枝可不断延伸增节。一式果枝只有 1 个果节，节间很短，棉铃常丛生于果枝顶端。零式果枝无果节，铃柄直接着生在主茎叶腋间。一式果枝和零式果枝也称有限果枝（图 9 - 1）。

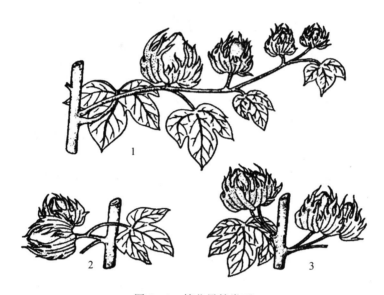

图 9 - 1　棉花果枝类型
1. 二式果枝　2. 一式果枝　3. 零式果枝
（引自张国平，2016）

三、叶

棉籽发芽后平展出两片肾形的叶片称为子叶。在子叶以上各节及分枝上着生的叶片，称为真叶。棉花叶片多呈掌状分裂，一般有 3~5 个裂片，裂口深浅和裂片宽窄因棉种和品种不同而异。一般陆地棉的叶片裂刻较浅，海岛棉的叶片裂刻较深。主茎叶片大小因生育期而不同，幼苗期较小，蕾期以后逐片增大，到开花期达到最大，盛花期以后逐片缩小。

四、花

棉株上的幼小花芽称为蕾，其外被 3 片苞叶，苞片呈三角锥形。随着幼蕾长大，花器各部分逐渐发育完成。在每片苞叶外侧的基部有 1 个蜜腺。花为两性花，具 5 片花瓣。陆地棉花冠一般为乳白色，海岛棉花冠为黄色。围绕花冠基部有波浪形的花萼，其基部也有蜜腺。雄蕊数目很多，花丝基部联合成管状，包被花柱和子房。花粉粒为球状，多有刺状突起。雌蕊由柱头、花柱和子房 3 部分组成。柱头的分叉数与其子房的心皮数一致。子房含有 3~5 个心皮，形成 3~5 室，每室着生 7~11 个胚珠。开花前 1 d，花冠急剧伸长露出苞叶外面，一般翌日 7:00—10:00 开放，15:00—16:00 逐渐凋谢，花冠由乳白色变成紫红色，到第 3 天花冠完全枯萎。

五、棉 铃

花朵开花受精后,其子房发育为蒴果,称为棉铃,状如桃,俗称棉桃。棉铃有圆形、卵圆形、椭圆形等,陆地棉较圆,海岛棉为瘦长形。棉铃的质量因棉种和品种不同差异较大,陆地棉为 3～9 g,海岛棉为 3 g 左右,亚洲棉为 2～3 g,草棉只有 1.0～1.5 g。

六、棉 籽

随着棉铃的发育,棉籽也发育成熟,棉籽有其外壳着生的可供纺织用的纤维和短绒,总称为籽棉。棉籽上密被短绒的称为毛籽,无短绒的称为光籽。陆地棉和亚洲棉多为毛籽,海岛棉多为光籽。短绒颜色和着生情况因棉种和品种不同而异。棉籽一般呈不规则的梨形或圆锥形,基部有合点,顶端有珠孔,旁有种子柄。种皮内有 1 层乳白色薄膜,为胚乳的残留,内部为胚。胚由子叶、胚根、胚轴和胚芽 4 部分组成。子叶 2 片,呈肾形,为奶油色。棉籽大小以籽指表示,即 100 粒种子的质量,陆地棉的籽指一般为 10 g 左右。

七、棉 纤 维

棉纤维由胚珠的外表皮细胞延伸发育而成。其发育过程可分为分化凸起期、伸长期、次生壁合成和加厚期、脱水成熟期 4 个阶段,伸长期与次生壁合成和加厚期有 5～10 d 的重叠期。成熟的纤维呈扁平管状,并形成许多转曲,其横切面由外向内依次包括初生壁、次生壁和中腔。纤维品质因棉种和品种不同而有很大差异,陆地棉和海岛棉的纤维品质显著优于亚洲棉和草棉。

第三节 生物学特性

一、生育时期

棉花生长发育期依各器官建成的顺序和形态特征划分为 5 个生育时期:播种出苗期、苗期、蕾期、花铃期和吐絮期。

(一)播种出苗期

从播种到子叶出土平展这个阶段称为播种出苗。露地直播棉花一般在 4 月中下旬播种,经 7～15 d 出苗。适宜的温度、水分和氧气可加速种子的发芽和出苗。地膜覆盖和塑料薄膜保温育苗播种至出苗期较短,为 5～7 d。

(二)苗期

从出苗期到现蕾这个阶段称为苗期,包括幼苗期和孕蕾期,从出苗至 3 叶期为幼苗期,从 3 叶期至现蕾称为孕蕾期。苗期因品种而异,中熟品种为 40～50 d,早熟品种为 30 d 左右。苗期以营养生长为主,生长速度较慢,3 叶期后开始花芽分化,所积累的干物质占一生总干物质的 1.5%～2.0%。

(三)蕾期

花芽经过分化发育长大,当棉株上出现第一个直径达到 3 mm 的三角形花蕾时,称为棉株现蕾。从现蕾到开花这个阶段称为蕾期,一般需 25～30 d。蕾期积累的干物质占一生总干物质积累量的 15%。现蕾后棉株上出现了生殖器官的生长,但主要以营养器官生长为主，是增果枝、增蕾数、夯实产量形成基础的时期。

（四）花铃期

从开花到开始吐絮这个阶段称为花铃期，一般为 50～70 d。花铃期是营养生长和生殖生长并进时期，所积累的干物质占一生总干物质积累量的 60％以上。花铃期是决定铃数和棉铃质量的重要时期，是决定产量的关键时期。

（五）吐絮期

从开始吐絮到全田收花基本结束这个阶段称为吐絮期，一般为 70 d 左右。在吐絮期随着棉铃陆续吐絮，营养生长趋于停止，生殖生长逐渐减弱。吐絮期积累的干物质占一生干物质积累量的 20％～30％，其中棉铃积累的干物质占这个时期干物质积累总量的 60％以上，是决定棉铃质量和纤维品质的时期。

二、生长发育对环境条件的要求

（一）温度

棉花为喜温作物。种子发芽的最低温度为 10 ℃，最高温度为 45℃，适宜温度为 28～30 ℃。在一定的温度范围内，温度越高，发芽越快。现蕾需要 19～20 ℃或以上的日平均温度，低于这个温度就不发生花蕾；高于 30℃会抑制腋芽的发育。开花、受精的适宜温度为 25～30 ℃，高于 35 ℃或低于 20 ℃时花粉生活力下降，甚至丧失。纤维发育对温度的要求很高，温度低于 15 ℃时纤维素的沉积停止。

（二）水分

棉籽需吸收相当于自身质量 60％的水分才可萌发，萌发时适宜的土壤水分条件为田间持水量的 70％～80％。适于根系生长的土壤含水量为田间持水量的 55％～70％。

（三）光照

棉花是喜光作物，对光照十分敏感。光照不足会阻碍棉花的发育，使蕾、铃大量脱落。棉花的光补偿点和光饱和点都较高，是水稻和小麦的 1.5～2.0 倍。当棉花营养体达到一定的生长量（真叶数为 7～8 片），且生理上通过光照阶段即可现蕾。陆地棉属短日照作物，但对日照长度要求不十分严格，一般在出苗后 20～24 d，即在 2～3 片真叶时即可完成光照阶段。光照度对提高棉花花粉的生活力有显著影响。弱光降低花粉生活力的原因主要是有机养料供应不足，影响花粉母细胞的正常发育。

（四）养分

土壤中养分适当时，根系生长良好；土壤贫瘠时，根系发育差。磷、钾元素有利于促进根系生长。棉叶对养分的反应敏感，它的色泽、形态（大小、厚薄等）常被用来作为诊断养分丰缺的指标。其中，顶部以下第 3～4 叶（打顶后为顶叶）常作为营养诊断的主要部位。一般施氮肥越多，叶色越深，叶片大而厚；氮肥不足时，叶色浅，发黄，叶片小而薄。缺磷时，叶色呈暗绿色或紫红色。缺钾时，初期症状为叶肉缺绿，出现黄白色斑块，呈花斑黄叶，严重时叶片发黄，出现褐色枯焦斑，叶尖和叶边缘枯焦卷曲，最后叶片皱缩隆起，叶片发脆干枯提早脱落，使棉株出现严重早衰现象。缺硼时，棉株叶片呈深绿色、略肥大，叶脉发白突起，叶片发脆；叶柄上有深绿色环带，环带处的组织肿胀凸起，使叶柄呈竹节状。

第四节 栽培管理技术

一、选地与轮作

棉花消耗的土壤养分多，要求土壤有较高的肥力，土层深厚；土壤质地以壤土或轻黏土为好。棉花适宜在盐碱含量低、有机质含量为 1.0% 以上、含氮 60～90 mg/kg、含磷 10～13 mg/kg、含钾 120 mg/kg 以上的地块上栽培。前作应为养地作物，例如大豆、瓜菜等。轮作周期一般在 5 年以上。

棉花在生产上常用的栽培方式有单作、连作、套作和间作 4 种方式。单作一般针对春棉，一年栽培一季。连作分夏棉麦（油）后直播和麦（油）后移栽棉。套作分麦套春棉和麦套夏棉。间作主要是棉花与瓜菜间作。

二、耕 整 地

（一）残膜清理

地块选好以后，在犁地之前清理残膜，减少残膜对土壤污染和棉花生长的影响。

（二）施足基肥

一般在播种前结合施好基肥进行深翻。基肥多用有机肥料，棉区主要施用堆肥、土杂肥、厩肥、油渣，也有以绿肥作基肥的。一般每公顷施有机肥料 15～30 t，施用油渣 750 kg。所有的有机肥料、磷肥总量的 80% 和所有钾肥可一次性在耕翻前集中施入。

（三）深耕翻

棉花是深根作物，深耕是棉花增产的重要环节。需要进行秋（冬）季深耕翻，耕翻深度在 25～30 cm，应保证耕翻质量。秋耕最好在前作收获后进行，最迟应在表层 5 cm 土壤结冻前结束。

（四）棉田冬灌

冬灌能使棉田积蓄充足的水分，冬灌后只要做好保墒工作，在一般情况下可满足棉花发芽、出苗和幼苗对水分的需要。冬灌还可消除棉田大土块，经一冻一融的作用，使土壤疏松，有利于棉花出苗和生长。冬灌还可促进土壤中有机肥料的转化，从而有利于棉花对肥料的吸收和利用。冬灌还能杀死棉田地下的虫卵，防止或减轻害虫对棉花的危害。冬灌要本着宜早不宜迟的原则，一般掌握在地表开始结冻或夜冻昼融时进行。冬灌水量可适当大些，要注意灌匀灌透，并做好耙耱保墒工作。棉田冬灌比晚春灌增产 20% 以上。

（五）春季做好保墒整地工作

播前及时整地，冬灌地早春化冻后及时耙地，适时保墒。一般先用钉齿耙或圆盘耙切地，耙地深度为 6～8 cm。然后带耱适当镇压，避免土壤过于疏松。在整地时，应注意减少作业次数，最好采用联合作业，达到"齐、平、松、碎、净、墒"的六字标准，且达到"上虚下实"，以确保播种质量。

（六）化学除草

为防除杂草，在播种前 1 d 用除草剂进行土壤处理，均匀喷雾，做到不漏喷，不重喷，喷药后立即（结合整地）耙磨整地，使药土混合均匀。棉田土壤除草剂使用时应注意使用的除草剂种类要适合、剂量要准，量不足时除草效果较差，量偏大时会促使棉苗形成畸形根，使用除草剂时还应注意使用时的气温、土质等因素，认真按照说明书操作，同时，施用除草剂的器械要专用。

三、播 种

（一）种子准备

当前棉花生产用种中，毛籽、光籽和包衣棉籽并存。

1. 毛籽播种前准备

（1）晒种 播种前选择晴天晒种 2～3 d。

（2）选种 选种方式包括粒选和水选。粒选是把种子平摊，逐粒挑选饱满、无病虫的健康种子。水选是将已晒过和粒选过的毛籽，用 75～80 ℃的温水浸泡 6～8 h 后（水与种子的比例为 2.5∶1），捞出瘪籽，留下饱满健康种子晾干。

（3）毛籽脱绒精选 用 95％的工业硫酸，按毛籽质量的 10％把硫酸加入盛有毛籽的瓦缸内（切忌用铁、铝桶），立即用木棒搅动 5～10 min，至棉籽发黏、黝黑、棉绒脱尽后，随即用清水反复冲洗，至棉籽无酸为止。除去瘪籽、杂质，取出下沉的健康种子晒干，得到脱绒籽。

（4）消毒 脱绒后的毛籽播种前每 10 kg 种子用 25％多菌灵粉剂 150～250 g，或50％多菌灵粉剂 75～125 g 拌种，以防苗期病害。

2. 光籽播种前准备 光籽可以晒种，一般不能浸种。应进行种子消毒，方法同毛籽。

3. 包衣棉籽播种前准备 包衣棉籽是优良品种经过脱绒、分级精选、种衣剂包衣的优质商品种子。包衣棉籽播种前不必晒种、粒选，也不需药剂拌种处理。

（二）地膜准备

生产上应选择不易破碎、保温保墒、经济效益高、回收率高的地膜产品，一般地膜厚度应在 0.01 mm 以上。

（三）露地直播

1. 播种期 当 5 cm 深的土层温度在 15～16 ℃时，即可开始播种。争取早播才能达到"早苗、全苗、壮苗"并获得高产。播种时，要注意天气和气温的变化，雨后抢晴天、抢墒情适时播种。

2. 播种方式 机械播种能做到开沟、下种、覆土、镇压一次完成，因而可减少跑墒，并且播种行直，下种均匀，深浅一致。

3. 用种量 播种量应根据棉籽大小、发芽率、留苗密度、播种方式、土壤、气候、病虫害等情况确定。播种量不应片面追求以多求全，而应着重抓种子质量和播种质量，播种粒数为留苗数的 2 倍左右。若在发芽率较低、土壤黏重、病虫害较多或提早播种等情况下，应适当增加播种量，以保全苗，但不应增加过多，一般增加 10％～15％即可。

（四）地膜覆盖植棉

1. 播种期 地膜覆盖植棉播种期可比露地直播提早 5 d 左右，当 5 cm 土层温度连续5 d 稳定通过 10 ℃时即可播种。

2. 播种铺膜方式 常用的播种铺膜方式有先播种后铺膜和先铺膜后播种两种。

（1）先播种后铺膜 春季及时耙糖保墒，适宜的时期先播种，然后铺膜，条播多采用这种方式。棉花出苗，子叶展平以后，人工及时放苗封土。这种方式的优点是保温保墒好，铺膜、播种质量高，可早出苗，且易出全苗。其缺点是放苗不及时易灼伤苗或低温冻伤苗，易形成高脚苗，费时费工，封土不好易掀膜，且杂草丛生。这种播种方式适合春季低温或播种早且土壤墒情好的秋灌棉田。

（2）先铺膜后播种 一般春季整好地后，适宜播种时，机械铺膜、打孔、点播、覆土一条龙作业。其优点是不需要破膜放苗，节省劳力，幼苗出土后抗寒能力强，分布均匀，生长整齐。其缺点是温度提高速度较慢，由于温度低，易烂种烂芽，遇雨时播种孔处易板结，造成出苗困难，保苗率降低。这种方式适宜春季雨水较少、气温回升较快的地区，适于砂质土壤。

（五）育苗移栽

棉花采用营养钵或营养块育苗移栽，可实现早播早出苗，是克服早春低温，实现全苗壮苗早发，充分利用棉花有效生长季节，延长有效开花结铃期，夺取棉花优质高产的一项重要技术措施。特别是在两熟棉田实行棉花麦行套栽或麦（油）后移栽，能有效缩短麦棉共生期，减缓间作荫蔽的影响，缓解两熟矛盾，延长麦（油）后棉花生长期，避免两熟田棉花迟发晚熟，实现棉花与前作或间套作物双高产。

四、施 肥

实现棉花高产优质，要求棉田具有较高的肥力，在棉花生长期间能持续供给棉株生长发育所需的各种养分，并通过施肥来提高土壤肥力，改良土壤结构。棉花施肥应遵循以下原则。

1. 有机肥料为主，无机肥料为辅，有机无机相结合 有机肥料属完全肥料，含有较完全的营养元素，能够较完全地满足棉花对营养元素的需要。其分解缓慢，肥效长而稳，使棉花生长稳健。有机肥料能增加土壤耕作层有机质，促进微生物活动，改善土壤结构，增强土壤保肥供肥能力。无机肥料的肥效快，对促进和控制棉花生长有较大的灵活性。有机肥料与无机肥料配合使用，能做到迟效与速效相结合，完全肥料与单一肥料相结合，发挥各种肥料的优点，有利于高产。

2. 施好基肥，分期合理追肥，基肥追肥相结合 一般地，基肥要施足，同时，必须根据各生育阶段的营养特性和栽培要求，分期追肥，做到早施、轻施苗肥，稳施蕾肥，重施花铃肥，补施长铃肥。

3. 根据土壤肥力情况，合理搭配氮、磷、钾和硼肥 例如浙江棉区土壤有机质和氮素含量一般较低，有机质含量大多在 $1.0\%\sim1.5\%$，全氮含量为 $0.05\%\sim0.11\%$，速效磷含量在 10 mg/L 以下，60%的棉田速效钾含量在 100 mg/L 以下。所以增施氮肥必须配合增施磷、钾肥，才能满足棉花的需要，使之增产。在土壤缺硼（含有效硼 0.4 mg/L 以下）的棉田，还需追施硼肥，增效显著。

4. "看天、看土、看苗、看肥"进行合理追肥 棉花施肥，还要根据天气情况、土壤、肥料特性和当时棉花生长状况全面考虑，要做到"四看"施肥。如蕾期雨水多应控制肥料，遇到伏旱应结合灌溉以水调肥。对砂土和盐碱土壤，其有机质缺乏，应多施有机肥料。滨海滩涂地，钾素丰富可不施钾肥；砂土缺少钾，应增施钾肥。肥料不同，施肥方法也不同。速效氮肥施后 $3\sim5$ d 即可发挥作用，移动性大，又易挥发和流失，不宜在棉花需肥前过早施下，应开沟覆土或穴施，以减少损失。磷肥在土壤中移动慢，范围也小。在蕾期施用磷肥，应开沟深施，以供蕾期和花铃期吸收利用。根据棉花的生长发育进程、长相长势，确定施肥的时间、种类和数量，特别要注意蕾期施肥，应掌握蕾期施肥供花铃用，使所施肥料的肥效高峰避开营养生长的高峰，而与开花结铃需肥高峰期相遇，避免带铃徒长，能坐住下部桃，多结中部桃，通过合理施肥促高产。

五、田间管理

（一）苗期的栽培管理

苗期栽培管理的总要求是：先抓好全苗，在此基础上培育壮苗，促苗早发。各项管理的目的，主要是克服不良自然因素的影响，改善生育环境，保证幼苗正常生长。

1. 查苗补种　播后及时检查，发现漏播时，应及时补种。棉花未出苗时，若发现烂芽、烂籽，应催芽补种。棉苗显行后，根据缺苗多少和苗的大小，采用不同的补救措施。例如采取催芽穴播或重播。可贴芽补种，催芽长为 1.5 cm，挖穴贴芽，每穴播 2～3 粒，2～3 d 就可出苗。棉苗到了子叶期，可采用芽苗移栽，其技术要领是：天要好，穴要小，水要少，苗要小。也可进行带土移栽，起苗时尽量不动土，少伤根。以后再缺苗，可采用灵活定苗的方法，有全苗留壮苗，没有全苗留双苗，离得远的留 3 苗。无法补缺则可留叶枝，肥地留 2～3 条，一般地留 1～2 条。

2. 间苗定苗　棉花播种量大，出苗后相互拥挤，如不及时间苗、定苗，会形成线苗或弱苗。间苗定苗时间和次数取决于对病虫害的控制能力。间苗可分两次进行，第 1 次在齐苗后进行，留壮苗，拔弱苗、病苗，做到叶不搭叶；第 2 次在 1～2 片真叶时进行。定苗在 3 叶期进行，此时茎秆基部已木质化，抵抗不良环境能力增强，不易再死苗。病虫害轻的地块，可以一次间苗，一次定苗。

3. 中耕　棉花苗期中耕是促进根系深扎，使地上部健壮生长，实现壮苗早发的关键措施。

北方棉区通过中耕可提高地温，减少水分蒸发，促使根系生长，控制病虫危害，培育壮苗。苗期一般进行 3 次中耕。第 1 次中耕在子叶期结合间苗进行，中耕深度为 4～5 cm；这次中耕可提高根周围地温，促进侧根早出，增强吸收能力，使真叶早出，增强幼苗抗逆性，还可破除土壤板结，起保墒作用。第 2 次中耕结合定苗进行，深度可达 6～7 cm，不要壅土。第 3 次中耕在现蕾前进行，深度可达 7～8 cm。此时已进入 6 月，气温上升，根系已较强大，地上部生长加快，深中耕可散表墒，促根下扎，并控制节间，在肥力较高的棉田更显重要。

南方棉区，苗期一般多雨，表土易板结，通气性差，地温低，肥料分解慢，杂草易滋生，故应在清沟排渍的同时，进行松土，铲除杂草。棉苗显行就浅锄，出真叶后适当加深中耕松土深度，破除板结，降低表土湿度，减少苗病。套作棉田，应在前作收获后抓紧中耕灭茬松土。

4. 追施苗肥　苗期生长较慢，植株营养体较小，吸收、消耗均较少。追肥应根据苗情，早施、轻施或不施。若基肥充足，又有种肥，可不追苗肥。一般大田，地力较差，基肥又少时，可适当追施苗肥，为蕾期打下一定的营养体基础。苗肥结合定苗、中耕进行，每公顷施硫酸铵 75 kg 左右。苗肥过多时，易造成养分流失浪费，且易形成旺苗。对瘦弱棉苗，可偏施苗肥，促使小苗赶大苗。

南方套作棉花，由于前作收后环境条件改变，棉苗有一段停滞生长时期，应注意施好提苗肥1～2次。第1次提苗肥在齐苗后施，肥地可不施。第2次提苗肥在前作收获前后施，这是促进壮苗早发的关键措施。

5. 灌水和排涝　北方棉区的一熟棉田，播种前浇足底墒水，苗期不灌溉，做好中耕保墒工作。头水争取推迟到现蕾后灌入。实在需要灌溉的，应小水轻浇，隔沟浇，灌溉后要中耕保墒，改善通气状况，提高地温。麦田套作棉花，苗期正是小麦灌浆成熟时期，耗水量大，遇旱应灌溉，避免棉苗生长受抑。

南方棉区由于雨水多，苗期强调清沟排渍，以降低土壤湿度，提高地温，减少病害，促根生长，提早发育。

（二）蕾期的栽培管理

蕾期的栽培管理一般以控为主，主攻稳长，增枝增蕾。

1. 稳施蕾肥，施好当家肥　蕾期施肥，既要满足棉株发棵、搭丰产架子的需要，又要防止施肥过多造成棉株旺长。因此蕾肥要稳施巧施，因苗施用。

2. 灌溉　北方棉区，蕾期一般雨水偏少，土壤蒸发和叶面蒸腾都较多，适时、适量灌溉，对提高产量有重要作用。一般棉田，为缓和"三夏"农活集中和夏种用水紧张，常把蕾期灌溉提前到麦收前，一般均有增产作用。但对高产棉田，早灌溉时容易徒长，应适当推迟灌溉，以利于棉株稳长，根系深扎，增强抗旱能力。灌溉要控制水量，用小水隔沟灌溉，切忌大水漫灌。

南方棉区的蕾期，一般正值梅雨季节，应继续加强清沟排水，消除明涝、暗渍。

3. 中耕　蕾期中耕可起到抗旱保墒、消灭杂草、促根下扎、生长稳健的作用。对有旺长趋势的棉田进行深中耕，有控制营养生长的作用。现蕾后到封垄前，一般应中耕3～4次，做到雨后锄、灌溉后锄、有草锄。旺长棉田应深锄，深度可达10～14 cm。封垄前，中耕结合培土，分次进行，雨季到来前结束。培土高度以17 cm左右为宜。培土的好处是，小旱能保墒，大旱利沟灌，天涝好排水，还能提高地温、促进根系发育、抑制杂草生长等。

4. 整枝　去除叶枝、赘芽和早蕾，可以减少养料消耗，增加伏桃和早秋桃，减少烂桃和霜后花，提高棉花产量和品质。

5. 控制徒长　对徒长棉花，可以采用下列措施。

（1）控制地上部生长　在小行深中耕10～15 cm，开沟暴晒或在行间切断部分侧根，使根系吸收能力减弱，以控制地上部的生长。也可摘去第1果枝下的主茎叶片，减少供应顶端生长的养料，控制棉株生长。

（2）喷施助壮素　当棉株初花期出现徒长时，每公顷用缩节胺15～22 g进行叶面喷施，对控制棉花徒长有较好的效果，并能改变株型，提高棉株结铃率，增加产量。

（三）花铃期的栽培管理

花铃期是棉株生长发育最旺盛的时期，也是决定产量、品质的关键时期，管理不当或不及时，均会影响产量。花铃期栽培管理的原则是，初花期到盛花期适当控制营养生长，盛花期后要促进生殖生长。

1. 重施花铃肥、补施长铃肥　花铃期棉桃大量形成，是棉花一生中需要养分最多的时期。故重施花铃肥是保伏桃、争秋桃、使桃多桃大、不早衰的关键措施。追肥量一般应占总追肥量的 50% 或更多。施肥水平高的地区，分初花期和盛花期两次施用，初花期施用速效肥料与迟效肥料混合的肥料，盛花期施用速效化肥。施肥水平较低的地区，可一次施入。施肥时间应根据当地气候条件和棉株长相确定，干旱年份、瘦地和稳长棉株在初花期集中施入，多雨年份、肥地及旺长棉株要在有 2～3 个桃后再施。

为了防止棉株早衰，促使多结铃，盛花期以后还要根据土壤肥力和棉株长势适当补施长铃肥。在基肥足、土壤肥、花肥重、棉株旺长的棉田，一般不补施长铃肥。在土壤瘠薄、施肥不足、棉株显衰的棉田，补施长铃肥可防早衰，争取多结秋桃。补施长铃肥时间，北方棉区一般在 7 月底至 8 月初，最迟不过立秋；南方棉区，在立秋前后，最迟不晚于 8 月中旬。

2. 灌溉和排水　花铃期叶面积达最大，且适逢高温季节，叶面蒸腾量大，棉株对水的反应敏感，如果水分失调，会使代谢过程受阻，大量蕾铃脱落，并引起早衰。土壤含水量以 20% 左右为宜，当土壤含水量降至 17% 左右时就需灌水抗旱。肥力差、棉株长势弱的棉田，要适当提早抗旱灌溉；肥力高、棉株长势旺盛的，可适当推迟抗旱灌溉。抗旱灌溉可采取沟灌、隔行沟灌、喷灌等，切忌大水漫灌。灌溉宜在早晚进行，这是因为中午温度高，棉株生理活动旺盛，如果中午灌水，会使土壤温度急剧下降，且使土壤空气大量排出，影响根系呼吸和养分吸收，使棉株体内水分代谢和营养代谢受阻，常使蕾铃脱落增加。灌水后要及时松土保墒，防止地面板结，影响根系生理活动。

根据北方棉区的气候特点，盛花期已进入雨季，土壤一般不缺水，棉株不致受旱。始花期雨季尚未到来，往往出现干旱，应及时灌溉。同时要注意天气预报，避免浇后遇雨，致使土壤水分过多，引起棉株疯长。花铃期灌溉一般采用沟灌。雨季则应注意排水，以免雨后田间积水，影响根系活动，导致蕾铃脱落。

南方棉区，花铃期正是伏旱季节，必须及时灌溉，以水调肥，促进肥料分解和根系吸收。此时，光照充足，适时灌溉有利于多结棉桃。每次灌溉后，要适时中耕保墒。

3. 中耕和培土　灌溉、下雨以及整枝、治虫等田间作业，均会致使棉田土壤紧实板结，通透性差，导致根系早衰。因而在花铃期尚未封垄时，应进行中耕和培土。花铃期棉根再生能力逐渐下降，中耕不宜过深，否则会切断大量细根，削弱根系吸收能力。培土可结合中耕进行。在蕾期培土的基础上，根据情况进一步培土，这对于灌溉、排涝、防倒都是有利的。

4. 整枝

（1）打顶　适时打顶可消除顶端生长优势，改变体内养分运输和分配，使养分运向结实器官，促使多结蕾铃，增加棉铃质量。打顶还可有效地控制主茎生长高度，改善通风透光条件，有利增产和早熟。打顶时间依条件而异，肥力低、密度大、长势弱、无霜期短的地区，应适当提早打顶，适当少留果枝；反之，则应适当推迟打顶，可以多留果枝，争取多结上部桃。北方棉区一般以 7 月中下旬为打顶适期，南方以 7 月下旬为打顶适期。打顶时，应采取轻打的方式，不可大把揪，以打去 1 顶 1 叶或 2 叶为宜。

（2）打旁心　打掉各个果枝的生长点，其目的在于消除果枝的顶端生长优势，控制棉株横向生长，改善通风透光条件，增加坐桃，促进早熟。在土壤肥沃、生长旺盛、果枝间相互交错严重、田间郁蔽的情况下，打旁心效果显著。一般瘠薄、干旱棉田，打旁心效果不明显。打旁心时，每个果枝留果节多少，根据具体情况确定，一般留 2～3 个果节。有的留成宝塔形，即棉株下半部果枝保留果节多一些，上半部果枝的果节少留些。有的留成花鼓形，即棉株中部果枝保留果节多一些，下部和上部果枝的果节少留些。

（3）抹除赘芽和疯杈　对主茎和果枝叶腋处长出的赘芽、疯杈应及时抹掉。

（4）打老叶　郁闭比较严重的棉田，通风透光不良易导致中下部烂铃和落铃。打老叶可改善通风透光条件。打老叶时，若下部果枝已有大桃，即可由下向上分期打掉主茎老叶，切忌打掉果枝叶，因果枝叶制造的养料，大部分供应棉铃。在通风透光较好的棉田，不必打老叶。

（四）吐絮期的栽培管理

吐絮期的栽培管理，其主要目的是促进早熟和防止早衰。

1. 补水补肥　在秋旱年份，高产棉田土壤水分不足会影响棉铃质量，应及时灌溉。灌溉方法以小水沟灌为宜。如果出现脱肥现象，可喷 1% 尿素溶液和 0.5% 磷酸二氢钾溶液。南方棉区要注意排水。

2. 整枝、推株并垄　棉田进入吐絮期，仍需继续做好打老叶、剪空枝、打旁心等整枝工作。特别对于后期生长较旺、贪青晚熟的棉田，更应抓紧进行，以改善通风透光条件，促使有机养料集中供给已结的棉铃，使之提早成熟吐絮，且可减少烂铃。生长旺盛、贪青晚熟、郁闭较重的棉田，或秋雨较多、湿度较大的棉田，可进行推株并垄，即将相邻两行视为一组，每组的两行棉株推并在一起呈八字形。隔 5~7 d 后，再以同样的方法，将相邻两组的相邻两行推成八字形并在一起。这样，每行棉花的两侧和行间地面，均可先后受到较充足的阳光照射，起到通风透光、增温降湿的作用，减少烂铃，促进棉铃成熟吐絮。

3. 催熟　对于贪青迟熟的棉田，可用乙烯利催熟，促使茎、叶养分加速向棉铃转运，提早成熟吐絮，提高品质，增加产量。目前多采用 40% 乙烯利水剂催熟，用量以 1 500~3 000 mL/hm² 为宜，在距枯霜期 15~20 d 时用药。

喷施乙烯利的效果与喷施时棉田的生长状况、气候条件及喷施时期关系密切。在正常情况下，喷施乙烯利 10 d 以后，棉桃的吐絮率便迅速上升，棉叶也显著落黄。北方棉区多在霜前 20 d 开始应用。南方由于始霜期迟，后期有效生长季节长，可推迟在 10 月上旬开始应用。如果喷施过迟，气温降至 20 ℃ 以下，乙烯利就不能发挥应有作用；相反，如果喷施过早，许多棉桃还发育不足，棉叶过早脱落，就不能充分利用后期有效的气候条件和土壤肥水条件，对棉铃品质和产量都会带来损失。正常成熟吐絮的棉田无须喷催熟剂。

六、收　花

种好、管好、收好是棉花生产的 3 大环节。要丰产丰收，必须在种好管好的基础上，及时收花，保证品质。收花过迟时，风吹雨淋会造成棉花落地和纤维失去光泽，品质与售价降低。遇长期阴雨天，应抢摘裂口黄棉铃，可防止烂铃和僵瓣。

收花要做到不同品种分收，留种与一般分收，霜前花与霜后花分收，好花与僵瓣分收，正常成熟花与剥出的青桃花分收。将棉株上的花收净，铃壳内的瓤摘净，落在地上的拾净，棉絮上的叶屑杂物去净。没有完全成熟的花不要急着收，棉絮上有露水的暂时不要收。

七、选留良种，提高种子质量

选留良种是提高棉花产量和品质的一项重要措施，主要方法有片选、株选、铃选。一般要求选择具有该品种特征、位于棉株中部的棉铃留种。留种的籽棉要单晒、单轧、单存。

第五节　病虫害及其防治

一、主要病害及其防治

（一）棉花枯萎病

棉花枯萎病症状有黄色网纹型、紫红型、黄化型、青枯型、矮缩型等。黄色网纹型症状为棉花枯萎病早期典型症状，患病的子叶或真叶叶脉变黄，叶肉仍保持绿色，形成黄色网纹状，叶片萎蔫，枯死脱落。青枯型症状表现为子叶和真叶颜色不变，全株或植株一边的叶片萎蔫下垂，最后枯死。矮缩型症状表现为病株节间缩短，株型矮小，叶片呈深绿色，叶面皱缩、变厚。各种症状的枯萎病株的共同特征是根、茎内部的导管变为黑褐色。纵剖茎部，可见导管呈黑色条纹状。早春气温较低且不稳定时常出现紫红型症状和黄化型症状。条件适宜时，尤其在温室中多出现黄色网纹型症状。夏季雨后骤晴，易出现青枯型症状。秋季多雨潮湿条件下，枯死的病株茎秆及节部产生粉红色霉层。病原物为尖镰孢萎蔫专化型。

棉花枯萎病的防治方法：①把好种子关，无病区建立无病良种繁育基地，禁止从病区调运棉种。②铲除零星病株，发现零星病株时统一拔除并烧毁，清洁棉田。③栽培抗病品种。④轮作倒茬，健株栽培。

（二）棉花黄萎病

棉花黄萎病为我国 B 类植物检疫性病害。该病近年来在我国扩展蔓延较快，且多数病区均与棉花枯萎病混合发生。受害植株叶片枯萎、蕾铃脱落、棉铃变小，一般减产20％～40％；同时，纤维品质也受到影响，表现为纤维缩短，强度降低，等级下降。病原物为大丽轮枝孢。

棉花黄萎病的防治方法：①加强植物检疫，保护无病区。重视产地检疫，禁止从病区调种，建立无病良种繁育基地。②病区实行轮作换茬，轮作可减轻病害的发生，一般与禾本科作物轮作效果较好，水旱轮作更有效，这是由于棉田淹水造成土壤缺氧，易使微菌核死亡，减轻发病。③栽培抗耐病品种。④生物防治，采用某些芽孢杆菌和假单胞菌，能有效抑制大丽轮枝孢菌丝体生长，并使部分分生孢子死亡。

二、主要虫害及其防治

（一）棉盲蝽

棉盲蝽为刺吸性害虫，喜食茎生长点、幼蕾等幼嫩部位，造成棉蕾大量脱落，严重时减产30％以上。其发生与气候条件密切相关，特别是降水量和湿度的影响尤为明显。危害我国的盲蝽主要有绿盲蝽、苜蓿盲蝽、三点盲蝽、中黑盲蝽、牧草盲蝽等，其中绿盲蝽为危害我国棉花的主要种类。

棉盲蝽的防治方法：①农业防治，应合理间套轮作，减少越冬虫源；冬季清除苜蓿残茬和蒿类杂草，消灭越冬卵。②灯光诱杀，在成虫高峰期于夜晚点双色灯诱杀成虫。③药剂防治，一般6月底或7月初为盲蝽的危害盛期，可用41％马拉硫磷乳油、20％啶虫脒可湿性粉剂、40％辛硫磷乳油等药剂喷施。

（二）棉蚜

棉蚜以刺吸式口器插入棉叶背面或嫩头部分组织吸食汁液，受害叶片向背面卷缩，叶表有蚜虫排泄的蜜露，并往往滋生霉菌。棉花受害后植株矮小，叶片变小，叶数减少，根系缩短，现蕾推迟，蕾铃数减少，吐絮延迟。

棉蚜的防治方法：①农业防治，在每年早春季节，对棉田内的杂草进行集中处理，减少蚜虫的越冬基数。②生物防治，在棉田周围种植苜蓿，为天敌创造有利于栖息的环境，对灭杀棉蚜有很好的效果。③物理防治，利用蚜虫具有一定的趋黄性的特点，可在棉田周围悬挂黄色粘虫板或黄色袋子，诱杀蚜虫。④化学防治，在棉蚜出现后，要及时喷洒药物防治，使用吡虫啉可湿性粉剂或吡虫啉水分散剂，可取得很好的防治效果。

（三）棉叶螨

棉叶螨危害时初期叶正面出现黄白色斑点，3～5 d以后斑点面积扩大，斑点加密，叶片开始出现红褐色斑块。随着危害加重，棉叶卷曲，最后脱落。受害严重的，棉株矮小，叶片稀少甚至光秆，棉铃明显减少，发育不良。

棉叶螨的防治方法：①农业防治，采取深翻土地的方式或者冬灌，破坏棉叶螨的生活环境，减少越冬基数；坚持科学的轮作倒茬制度，加强对田间杂草的清理工作，控制棉叶螨的发生和蔓延。②生物防治，在棉叶螨发生较轻时，可选择双尾新小绥螨进行防治。③化学防治，棉叶螨发生较重时，可先施用丁氟螨酯压低棉叶螨基数，再结合进行生物防治。

复习思考题

1. 棉花有哪些生物学特性？
2. 简述棉花蕾铃脱落的原因及减少蕾铃脱落的途径。
3. 简述棉花的需肥规律及施肥原则。
4. 棉花的产量限制因素有哪些？

主要参考文献

车艳芳，2013. 现代棉花高产优质栽培技术［M］.石家庄：河北科学技术出版社.

陈署晃，张炎，刘俊，等，2008. 新疆棉花施肥现状、问题与对策［J］.新疆农业科学，45（1）：153-156.

侯振华，2010. 优质高产棉花栽培新技术［M］.沈阳：沈阳出版社.

侯忠芳，黄秀荣，2014. 棉花高产栽培新技术［M］.北京：中国农业科学技术出版社.

靳学慧，台莲梅，张亚玲，等，2015. 农业植物病理学［M］.北京：中国农业出版社.

李志刚，2020. 新疆不同滴灌施肥水平对棉花生长和产量的影响［J］.农业工程技术，40（2）：27-28.

马小艳，马亚杰，姜伟丽，等，2014.7种土壤处理除草剂对北疆棉田杂草的防效及其安全性［J］.中国棉花，41（11）：13-15.

宁松瑞，左强，石建初，等，2013. 新疆典型膜下滴灌棉花种植模式的用水效率与效益［J］.农业工程学报，29（22）：90-99.

普宗朝，张山清，宾建华，等，2012. 气候变暖对新疆乌昌地区棉花种植区划的影响[J]. 气候变化研究进展，8（4）：27-34.

任琛荣，刘艳祥，王玮玮，等，2020. 除草剂在新疆棉花上的研究进展[J]. 新疆农垦科技，43（9）：26-28.

师树新，李伟明，张建宏，2018. 棉花新品种与高效生产新技术[M]. 北京：中国农业科学技术出版社.

唐海明，陈金湘，熊格生，等，2006. 我国棉花种质资源的研究现状及发展对策[J]. 作物研究，20（zl）：439-441.

武秀明，刘传亮，张朝军，等，2008. 棉花体细胞胚胎发生的研究进展[J]. 植物学通报，25（4）：469-475.

喻树迅，汪若海，2003. 中国种植业优质高产技术丛书：棉花[M]. 武汉：湖北科学技术出版社.

喻树迅，魏晓文，2000. 我国棉花的演进与种质资源[J]. 棉花学报，14（1）：48-51.

张德政，朱荷琴，冯自力，等，2020. "入田"拌种对棉花枯黄萎病的防治效果[J]. 中国棉，47（2）：30-33.

张国平，周伟军，2016. 作物栽培学[M]. 杭州：浙江大学出版社.

张克诚，李研学，贾恩宽，等，2002. 拮抗链霉菌 s-5 对棉花病害的防治作用[J]. 中国农学通报，18（2）：26-29.

第十章

甜　菜

第一节　概　述

甜菜（*Beta vulgaris* L.）又名莙荙菜，属藜科甜菜属植物，为长日照、喜光、喜肥的高产作物，兼具耐寒、耐旱、耐碱等特性，栽培范围广，在北纬 $30°\sim60°$ 和南纬 $25°\sim35°$ 地带均可栽培。作为我国重要的糖料作物之一，甜菜及其副产品还有广泛的开发利用前景。

一、起源与分布

甜菜属包括 14 个野生种和 1 个栽培种。栽培种有糖用甜菜、叶用甜菜、根用甜菜、饲用甜菜和观赏甜菜 5 个变种。糖用甜菜按经济性状又可分为高产型、标准型和高糖型。其中，糖用甜菜起源于地中海沿岸。

古罗马农学家瓦罗（M. T. Varro）在公元前 1 世纪编著的《论农业》曾提到过"播种甜菜根"。公元 8—12 世纪，在波斯和古阿拉伯已广泛栽培甜菜。1747 年，德国化学家马格拉夫（A. S. Marggraf）第一个发现甜菜中含有蔗糖。18 世纪后半叶，甜菜已成为制糖原料作物。1802 年，德国建立了世界上第一个甜菜制糖厂。19 世纪初，甜菜根中含糖率为 $6\%\sim8\%$，经过长期的选择和培育，到了 1860 年增加到 10% 左右，至 20 世纪 30 年代已增至 $18\%\sim20\%$。国际上习惯以含糖 16% 作为收购标准。

二、国内外生产现状

根据世界粮食及农业组织（FAO）2018 年统计资料，全世界有 56 个国家栽培甜菜，世界甜菜栽培面积为 5.03×10^6 hm²，块根总产量为 2.87×10^8 t，平均单产为 5.71×10^4 kg/hm²。甜菜栽培面积最大的前 5 个国家是俄罗斯（1.11×10^6 hm²）、法国（4.85×10^5 hm²）、美国（4.43×10^5 hm²）、德国（4.14×10^5 hm²）和土耳其（3.07×10^5 hm²），总产量最多的前 5 个国家是俄罗斯（4.21×10^7 t）、法国（3.96×10^7 t）、美国（3.01×10^7 t）、德国（2.62×10^7 t）和土耳其（1.89×10^7 t），单位面积产量高的国家是智利（1.10×10^5 kg/hm²）（表 10-1）。

我国甜菜栽培历史较短，1906 年开始引种，至今仅 100 多年的栽培历史。甜菜的主要产区分布在北纬 $40°$ 以北。黑龙江松嫩平原西部、吉林西部、内蒙古河套地区和新疆玛纳斯地区是我国甜菜的优势生产基地。2018 年全国甜菜栽培面积为 2.16×10^5 hm²，总产量为 1.13×10^7 t，单产为 5.22×10^4 kg/hm²，其中，栽培面积最大的是内蒙古（1.22×10^5 hm²），其次是新疆（5.73×10^4 hm²）、河北（1.81×10^4 hm²）、黑龙江（$1.20\times$

10^4 hm^2）、甘肃（3.8×10^3 hm^2）、辽宁（2.0×10^3 hm^2）和吉林（6.0×10^2 hm^2），山西、湖北、四川、青海等地也有栽培；单产最高的是新疆（7.42×10^4 kg/hm^2），其次是甘肃（6.68×10^4 kg/hm^2）、辽宁（5.92×10^4 kg/hm^2）、河北（5.19×10^4 kg/hm^2）、山西（4.64×10^4 kg/hm^2）、黑龙江（4.40×10^4 kg/hm^2）、内蒙古（4.23×10^4 kg/hm^2）和吉林（3.95×10^4 kg/hm^2），与全球甜菜生产发达区域相比，单产水平还有较大差距。

表 10-1　2018 年全球甜菜生产状况

（引自 FAO，2020）

国家 （地区）	栽培面积 （hm^2）	单位面积产量 （kg/hm^2）	总产量 （t）	国家 （地区）	栽培面积 （hm^2）	单位面积产量 （kg/hm^2）	总产量 （t）
阿富汗	196	27 362.2	5 363	吉尔吉斯斯坦	16 261	47 539.1	773 034
阿尔巴尼亚	702	39 152.4	27 485	拉脱维亚	5 782	—	—
亚美尼亚	3 547	15 272.9	54 173	黎巴嫩	142	28 183.1	4 002
奥地利	31 246	68 815.0	2 150 192	立陶宛	15 535	57 200.9	888 616
阿塞拜疆	8 562	32 377.6	277 217	马里	840	14 232.1	11 955
白俄罗斯	100 909	47 629.6	4 806 259	墨西哥	47	18 680.9	878
比利时	62 696	82 814.7	5 192 049	摩洛哥	53 960	68 764.2	3 710 514
波黑	34	20 235.0	688	荷兰	85 218	76 370.5	6 508 142
加拿大	7 251	69 661.7	505 117	北马其顿	263	29 779.5	7 832
智利	21 672	109 565.2	2 374 496	巴基斯坦	5 313	55 788.4	296 404
中国	216 130	55 881.3	12 077 618	波兰	238 920	59 864.9	14 302 911
哥伦比亚	1 090	27 176.9	29 615	葡萄牙	268	31 738.8	8 506
克罗地亚	14 066	55 203.4	776 491	摩尔多瓦	18 962	37 292.3	707 137
捷克	64 760	57 509.0	3 724 309	罗马尼亚	25 239	38 760.1	978 266
丹麦	34 326	61 400.0	2 107 616	俄罗斯	1 105 339	38 057.1	42 065 957
厄瓜多尔	748	6 197.9	4 636	塞尔维亚	48 125	48 318.0	2 325 303
埃及	219 087	51 224.9	11 222 720	斯洛伐克	21 911	59 877.3	1 311 972
芬兰	9 800	36 265.3	355 400	西班牙	35 297	81 335.7	2 870 907
法国	485 251	81 564.5	39 579 925	瑞典	30 710	55 304.5	1 698 400
德国	413 900	63 279.5	26 191 400	瑞士	20 317	80 005.0	1 625 460
希腊	5 671	62 260.3	353 078	叙利亚	1 600	40 812.5	65 300
匈牙利	15 880	59 298.2	941 655	突尼斯	1 152	66 454.9	76 556
伊朗	87 692	55 895.5	4 901 592	土耳其	307 067	61 550.1	18 900 000
伊拉克	4 120	7 292.2	30 044	土库曼斯坦	18 935	12 853.8	243 386
爱尔兰	1 390	56 544.6	78 597	乌克兰	274 700	50 847.1	13 967 700
意大利	34 408	56 425.2	1 941 479	英国	114 200	66 725.0	7 620 000
日本	57 300	63 350.9	3 611 000	美国	443 293	67 830.1	30 068 647
哈萨克斯坦	16 526	30 530.1	504 541	委内瑞拉	1 133	20 976.2	23 766

三、产业发展的重要意义

　　甜菜是我国及世界的主要糖料作物之一，其产量仅次于甘蔗。它的用途广，效益高。每 8 t 块根可加工成 1 t 食糖。糖是人民生活、医药和食品工业生产的必需品。据统计，

65 类、2 300 种食品工业生产都以糖作为重要原料。

甜菜茎叶、青头、根尾等副产物及制糖后的菜丝均含丰富的营养物质,是牲畜的良好饲料。每月处理 200 t 的糖厂所提供的茎叶和菜丝可养猪 $2.0 \times 10^4 \sim 3.0 \times 10^4$ 头或养牛 $4.0 \times 10^3 \sim 6.0 \times 10^3$ 头。制糖的另一副产物糖蜜,占原料根质量的 4% ~ 5%,经发酵或化学方法处理,可生产甲醇、乙醇、甘油、味精、丙酮等,为医药、化工、国防等工业提供原料,还可制成三磷酸腺苷、金霉素、维生素 B 复合体、蛋白酵母片等药品及柠檬酸等。因此大力发展甜菜糖的生产,充分利用甜菜的多种价值,促进我国甜菜产业的可持续发展,提高产区人民生活水平,提升甜菜在作物中的地位意义重大。

第二节 植物学特征

一、块 根

甜菜块根是在叶丛形成后期,主根基部显著膨大而形成,可分为根头、根颈、根体和根尾 4 部分(图 10 - 1)。

甜菜的根皮呈黄色或白色。块根的形态常见的有楔形、圆锥形、纺锤形、锤形等(图 10 - 2)。在不良栽培条件下,常形成螺旋根、多头根、分杈根等。一般纺锤形块根多趋向于丰产,而圆锥形块根含糖率较高。

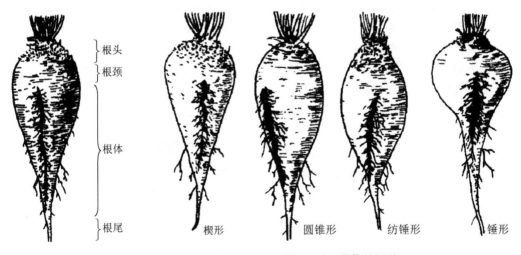

图 10 - 1 甜菜的块根
(引自王树安,2003)

图 10 - 2 甜菜的根形
(引自马凤鸣,1998)

产量较高的块根,常是根颈、根体粗壮深长。根体短、细的产量必然较低。根头部分含糖少而杂质多,故高产优质栽培要求根头短小,根颈、根体粗壮。

二、叶

甜菜为双子叶植物。子叶的面积很小,呈椭圆形。每片子叶长为 2 ~ 3 cm,宽为 0.5 ~ 1.0 cm。甜菜的真叶是单叶,由叶片和叶柄组成。常见的叶片形状有盾形、心脏形、铲形、矩形、团扇形、舌形、柳叶形等(图 10 - 3)。

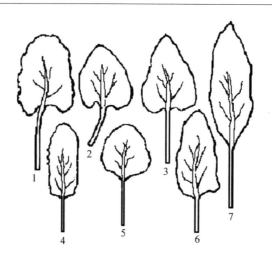

图 10-3　甜菜的叶形

1. 盾形　2. 心脏形　3. 铲形　4. 矩形　5. 团扇形　6. 舌形　7. 柳叶形

（引自马凤鸣，1998）

三、种　　子

　　农业生产上的甜菜种子，不是植物学意义的种子，而是果实。果实单生或几个果实聚合形成皱缩不规则的球形，俗称种球，种球直径为 2～5 mm。甜菜的种球是坚果和蒴果的中间类型。现代甜菜生产一般将种球变成单粒种，以利于提高甜菜机械化生产效率。

　　甜菜种子的形态结构如图 10-4 所示。每个果实由种子和果皮及宿存花萼组成，果皮以蜜腺为界分果盖和果壳。果皮及宿存花萼均呈褐色或深褐色，由厚壁细胞组成。这些细胞都有非常厚的木质化细胞壁，可保护种子。

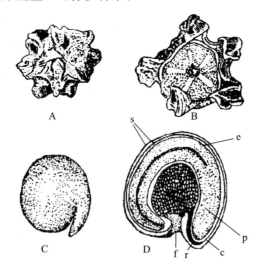

图 10-4　甜菜种子的形态结构

A、B. 果实　C、D. 真正种子

s. 种皮　c. 子叶　r. 幼根　p. 外胚乳　e. 内胚乳　f. 珠柄痕迹

（引自曲文章，1990）

第三节 生物学特性

一、营养生长阶段及其生育时期

甜菜为二年生异花授粉作物，从种子播到地里萌发开始，经过一系列生长发育过程，直到新种子形成，完成一个生活周期。

甜菜一生中分为营养生长与生殖生长2个阶段。第1年主要进行营养生长，长出繁茂的叶丛，形成肥大的直根（俗称块根），在块根中积累大量的糖分。制糖的块根称为原料根，留种用的块根称为母根。在我国北方春播甜菜区自然条件下，母根经窖藏越冬并通过春化阶段，第2年春季栽植后，进行生殖生长，即根头上重生叶丛，接着抽薹、孕蕾开花、结籽，完成生殖生长过程。

甜菜作为糖料生产主要是获得播种当年所形成的肥大块根，所以生产上要采取一年生的栽培制度。甜菜营养生长期个体发育过程划分为幼苗期、叶丛形成期、块根增长期和糖分积累期等4个生育时期。

（一）幼苗期

从出苗至幼根直径达0.5 cm左右所历经的时期，称为幼苗期。在黑龙江省气候条件下，一般4月下旬播种，5月上旬出苗（子叶出土），到6月上旬幼苗可形成10余片叶，子叶开始枯黄，苗龄约35 d。此期叶的发生速度缓慢，而根系生长发育较快，主根深达60 cm左右，根径达0.5 cm。根中糖分增长慢，含量少，根中含糖量不超过5%，平均每天增糖0.15%左右。幼苗期对养分反应敏感，施用以磷肥为主的种肥，对促进发根壮苗有显著作用。

（二）叶丛形成期

由6月上旬至7月中旬为叶丛形成期，苗龄约70 d，叶数为25~30片。这个时期光合产物主要用于建成地上部同化器官，田间郁闭，已达繁茂期。根部亦在增长，并积累一定糖分。每张叶片出生时间短，2~3 d即生出1片叶，叶面积增加速度快，单株叶面积每昼夜可增长100 cm²。此时田间出现封垄。

（三）块根增长期

从7月下旬至8月末叶丛总量开始下降，为块根增长期。此期为充分形成的同化器官生产大量光合产物、促进根部生长的阶段。其生长特点是地上部新叶形成减弱，运向根部干物质增多，进行根的快速膨大生长。每根每昼夜的质量增长量可达10 g左右；根中的糖度也在增加，但其积累强度远不及根的增长强度。

（四）糖分积累期

9月到10月上旬为糖分积累期。此期由于气温降低，外部叶逐渐枯死，地上部生产的干物质主要以蔗糖形式蓄积在根部，加上这个时期根系吸水减弱，使根中糖分显著上升。糖分积累期仍在缓慢地发生新叶，块根质量也在少量增加。当临近收获期时，糖分积累速度也逐渐减慢。这时根中可溶性非糖物质降到低限，而糖分与纯度均达到整个生长发育时期的最高点。此期为工艺成熟期（可用锤度和纯度来衡量），是甜菜收获适宜期。锤度是指溶液中所含可溶性物质的质量占总质量的百分比。纯度是指甜菜原汁中含杂质的程度，杂质越少，纯度越高，纯度＝含糖率/锤度×100%，纯度是衡量甜菜工艺品质的重要指标。

二、生长发育对环境条件的要求

（一）温度

甜菜喜温凉气候，全生长发育期的最适积温约为 3 000 ℃，如果达不到 2 600 ℃的积温，就不易获得丰产。所以 2 600 ℃这个积温称为甜菜生长发育的限界积温。世界主要甜菜产区，在北纬 45°左右的温带，能给甜菜生长发育提供 1 400～2 800 ℃的积温。

甜菜种子具有在低温甚至 1 ℃下也能发芽的特性，此为早播提供了依据。但温度过低时，发芽迟缓，幼苗细弱，易感染立枯病。甜菜发芽的最低温度为 4～5 ℃，最适温度为 25 ℃，最高温度为 28～30 ℃。甜菜种子发芽所需积温为 100～120 ℃。甜菜种子在低温条件下发芽需要的时间长，在适宜温度范围内，发芽日数随温度升高而缩短。在 15 ℃时，经过 15 d 可出苗。当早春 5～10 cm 土层温度达到 5～6 ℃时，即可播种。

甜菜幼苗具有较强的抗寒性。苗期遇−4～−3 ℃的低温时，仍不会被冻死。但幼苗期如遇低温，则产量比正常气温时低。特别是幼苗块根分化形成期气温低，而成熟生长期气温高时，块根产量最低。

甜菜叶的生长受温度影响较大。高温和低温（日平均温度 7 ℃）都会抑制甜菜叶的生长。温度过高时，叶片呼吸作用显著增强，消耗体内大量的有机物质，使光合作用受到抑制，也使叶片生长缓慢。

甜菜块根的生长随温度的升高而加快。当日平均温度达 20 ℃时，块根开始迅速生长，以后随着气温下降，块根增长缓慢。后期当日平均气温降至 10 ℃以下时，块根生长趋于停止。甜菜收获时的含糖率，也受气温的影响。在−5～−4 ℃的气温初次出现后，尽管叶子正常存在，但糖分积累往往停止。

（二）光照

甜菜是长日照作物。适于甜菜生长的日照时数为 10～14 h。光合产物是甜菜生长的物质基础，而光照度与光合作用强度有着密切的关系，即随着光照度的增加，甜菜光合速率加快。

在甜菜生长发育期间，块根增长与光照度成正相关。在甜菜生长发育的中后期，日照时数多时，块根产量高，含糖率高。例如新疆石河子是我国甜菜高产高糖区，除了当地具有灌溉条件之外，日照时数多是极有利的条件。当地 4—9 月，平均每天日照时数达 9.3 h，这个时间段在黑龙江哈尔滨的平均每天日照时数为 7.8 h。这是东北高纬度地区甜菜产量、含糖率不及石河子的原因之一。

日照时数明显地影响甜菜生长发育，同时也影响其形态变化。一般光照充足时，抑制其伸长生长，细胞变小，细胞壁加厚，茎、叶机械组织发达，抗病能力强。

（三）水分

甜菜种子为木质化的花萼与果皮所包被，所以其萌发时的最低吸水率为 120%～170%，明显高于其他作物。水分是控制种子发芽与否的最重要因子。种子在开始萌发时，必须先吸收大量水分，其他化学变化和生理作用才能逐渐开始。在甜菜整个生长组织中，平均含有 90%左右的水，即使是成熟的块根，也含有约 75%的水分。

甜菜的蒸腾系数虽然比有些作物（黍、高粱、玉米除外）小，但由于单位面积上甜菜可提供较多的干物质，因此栽培甜菜需要消耗大量的水分。生产实践中，甜菜需水一般用需水系数表示（每生产 1 份原料根所需水的份数）。甜菜需水系数约为 80，一般情况下每公顷甜菜要消耗 3 200 m³ 的水。

在甜菜幼苗期，由于叶数少，叶面积小，加之此期气温低，因而需水少，每日每株蒸腾水分不过几克。在 7—8 月，气温高，甜菜叶数不断增加，叶面积增大，叶面蒸腾量大。一株发育良好的甜菜每日蒸腾水分多达 400 g，甚至更多。在 7—8 月的叶片繁茂生长阶段，若供水不足，将严重破坏水分平衡，引起叶片凋谢，降低光合作用强度，造成减产和降低原料根的品质。进入 9 月以后，甜菜进入块根糖分积累期，此时部分叶片已枯死，叶面积缩小。同时，由于气温已逐渐下降，所以水分蒸腾量又减少。

甜菜生长发育前期缺水，根系势必深扎，生长发育中期得到充足水分便旺盛生长起来。若生长发育前期水分充足，则根系入土浅，到生长发育中期（需水临界期）遇到干旱，水分平衡就遭到破坏而造成严重损失。这就是甜菜生长发育前期和后期水分充足，中期水分不足时块根产量和品质最差的原因所在。

甜菜不耐涝，土壤含水量为 18%～20% 时，最适合甜菜块根生长，可获得高产。甜菜块根若遇水涝稍久，则根毛甚至大部分根体将腐烂，但根头、根颈甚至部分根体可保持完整，残存的根体可自水中吸取营养，维持块根生长。

（四）矿质营养

在甜菜生长发育中通过供给适量的矿质营养，就能提高同化器官的光合强度，增加产量。甜菜叶、根增长和糖分积累与体内氮、磷、钾主要营养元素的代谢紧密相关。甜菜具有需肥量大、吸肥力强、吸肥时间长的养分需求特点。栽培甜菜要消耗较多的肥料，特别是钾肥。据统计，每生产 1 t 块根连同茎叶，需要 4.5 kg 氮（N）、1.5 kg 磷（P_2O_5）和 5.5 kg 钾（K_2O）。在甜菜与谷类作物都丰产的情况下，甜菜吸收的氮、磷、钾分别为谷类作物的 1.2～2.0 倍、2 倍和 3 倍。甜菜施肥，氮（N）、磷（P_2O_5）、钾（K_2O）三要素在肥沃的土地上以 1：1：1 为宜，而在土壤含氮量低、磷、钾相对多的地区，以 2：1：1 较为适宜。

1. 氮 甜菜对氮素营养吸收与利用的旺盛时期为生长发育前期和中期。生长发育前期是甜菜叶片数增加和叶面积扩大最快的时期，含氮物质主要集中在地上部，例如叶丛中全氮含量占干物质量的 3.0% 左右，占全株总氮量的 85%～90% 或以上。块根增长期（7月中旬后）由于生长中心转移至根部，块根进入快速膨大阶段，而此时叶量仍在增加，全氮量占干物质量的 2.0%～2.5%，至 8 月上旬其积累量达到高峰。

当氮素营养供应不足时，具有较强竞争能力的新生嫩叶，将从外层叶夺取氮素，促使老叶提前枯黄早衰，从而严重地影响后期块根的增大和糖分积累。

2. 磷 甜菜对磷的需求以生长发育前期最为旺盛。施用磷肥的效果，首先表现在促进幼苗的生长上。另外，甜菜体内磷代谢与糖代谢有密切的关系。糖相互转化及其积累，都以糖的磷脂形式进行。所以磷含量的多少，直接影响块根的增长和糖分的转化与积累。

在甜菜叶丛繁茂后期（8 月中旬后），对磷素的吸收有所减弱。此时，新叶的形成、块根增长和糖分积累所需要的磷，主要靠甜菜体内所储存的磷素转移和再利用来供给。因此生长发育前期供应磷素的多少，直接关系到后期植株体内的磷素水平，进而关系到甜菜块根增长和糖分积累。

3. 钾 甜菜对钾的吸收强度以前期最大，随着生长发育进程推移而减弱，但随着甜菜干物质积累量的增加，钾含量逐渐增加，至叶丛形成繁茂后期（8 月中旬）达最大值。

钾能明显地促进甜菜对氮的吸收与利用。当钾供应充足时，进入甜菜体内的氮较多，形成的蛋白质也多，从而促进植株生长。如果缺钾，会使蛋白质发生水解，非蛋白质氮增加，导致甜菜含糖量下降。

甜菜生长发育前期，钾主要促进茎叶生长；生长发育后期钾可促进蔗糖合成和使块根薄壁细胞中蔗糖从细胞自由空间向液泡中移动，对甜菜表现出良好的增产增糖效果。

此外，缺镁时叶绿体的膜结构会逐渐破坏；缺钙时叶绿体的外膜常常破裂；缺硫时叶绿体的基质片层减少而基粒片层增加。叶绿体的结构失常会影响光合作用的正常进行。

三、产量形成和品质

（一）产量形成

甜菜单位面积产糖量由单位面积株数、单株块根质量和含糖率构成。单位面积株数过少时，虽然单株营养面积大，单株块根较大，但由于单位面积株数的减少而不能发挥群体的增产作用，故产量不高。另外，由于甜菜个体肥大，根头发达，空心率高，根肉比重小，含糖率低，最终降低单位面积产糖量。反之，甜菜单位面积株数过多时，田间过于郁闭，通风透光不良，导致叶柄细长，叶面积小，使得叶部徒长，块根增长缓慢，含糖中等，总产量不高。

在合理的密度条件下，甜菜的产量取决于块根增长和含糖率。二者又以地上部的生长发育状况和光合产物为基础。在甜菜生长发育期间，当每公顷目标产量在 3.0×10^4 kg 以上时，块根与叶丛的大致合理比值，6 月中旬为 1:3，7 月中旬为 1:1.5，8 月中旬为 1:1，9 月中旬为 1:0.4～0.5，10 月中旬 1:0.3～0.33。

（二）品质

甜菜品质的形成是多方面因素综合作用的结果，生产上需要综合协调各种影响品质的因素，才能达到提高甜菜品质的目的。

1. 甜菜的品质　甜菜块根压榨汁中的蔗糖含量是决定甜菜品质的重要指标。蔗糖含量的高低除与品种、栽培环境条件有关外，往往还与甜菜的其他一些工艺品质性状（例如根中有害氮含量、灰分等）有密切关系，这些指标直接影响糖厂的加工出糖量及成本。

甜菜根中的糖分在块根各部分的分布是不均等的。块根中部含糖率最高。在根头及尾部，糖分的分布较少。糖在块根中的分布特点说明，根的各部分比率是影响块根总糖分积累的因素之一。在块根质量相等的条件下，根头较大时，根中蔗糖含量明显降低。而根头的比例因营养面积、外界条件不同等有较大变化。

甜菜在收获时，块根中的含水量为 72%～78%。干物质占块根总质量的 22%～28%。块根中的干物质主要是蔗糖，占块根总干物质量的 65%～76%，占总鲜物质量的 14%～21%。此外，在块根中还含有一些有害的非糖物质。块根中水和干物质含量如下。

在非糖物质中有些化合物含量的高低，直接影响甜菜加工的出糖率，妨碍蔗糖结晶。块根中的有害非糖物质主要如下。

$$有害非糖物质\begin{cases}有害氮：氨基酸、甜菜碱、硝酸盐\\其他有害盐：钾盐、钠盐\\果胶质\\转化糖（葡萄糖、果糖）\end{cases}$$

2. 影响甜菜品质的因素 生产上有很多因素影响甜菜的品质，例如品种、气候、病虫害、栽培技术等。

甜菜是异花授粉作物，品种是影响品质的关键因素之一。其变异性很大，一般受遗传因子影响占 40%，受环境因子影响占 60%。若甜菜良种未进行合理的栽培与选择，则每繁殖 1 代，含糖率（糖锤度）下降 0.5 白利度左右。在相同的栽培技术条件下，由于品种不同，可使含糖率相差 2~3 白利度乃至更多。甜菜优良品种具有良好的工艺品质，即有害的非糖物质含量较少，对于提高甜菜制糖过程中的出糖率有着重要意义。此外，优良的甜菜品种可提高抗病及抗逆能力，这些均与提高甜菜产量和含糖率有着密切关系。

气候条件对于甜菜品质有着重要影响。我国各甜菜产区，自然条件差异很大。近年来各甜菜产区均在探讨低糖的原因，并一致认为在目前栽培条件下，气象因素是引起糖分降低的主要原因，且气象因素中的降雨及其分配是影响年度间甜菜含糖率升降的主要原因。

甜菜糖分积累期，在正常降雨情况下，每 10~15 d 可提高含糖率 1.0~1.5 白利度，如果此期 10~15 d 内降水量超过正常年份同期的 85% 左右时，含糖率反而比雨前降低 0.5~1.0 白利度。甜菜收获前 1 个月的降水量比正常年份每增加 10 mm，糖分可降低 0.3% 左右。

此外，甜菜糖分积累期光照充足、昼夜温差较大，均有利于含糖率的提高。

栽培或管理不当也会对甜菜品质形成造成严重影响。例如未进行合理轮作则会加重甜菜根部病害和虫害；栽培密度过小或过大均会引起甜菜含糖率下降；施肥不当，尤其是氮、磷、钾三要素施用比例不当，则降低块根中的含糖率。例如法国施氮量为 120 kg/hm² 时，甜菜含糖率接近于对照，而将施氮量增加到 150 kg/hm² 时，含糖率则降低 0.1%~0.6%。

此外，在甜菜生长发育过程中人为掰叶、过早或过晚收获块根，均会导致甜菜含糖率的降低。

第四节　栽培管理技术

一、选地与轮作

（一）选地

甜菜是深根喜肥作物，适宜生长在地势平坦、排水良好、土质肥沃的平原地或平岗地。地下水位高的低洼地，渗水性差，排水不良，土壤通透性差，妨碍甜菜根系生长发育，容易发生立枯病和根腐病。

甜菜需要在中性或微碱性的土壤（pH 为 6.5~7.5）上栽培。黑土，特别是油黑土是栽培甜菜的理想土壤。甜菜生长在这样的土壤里，根、叶生长迅速，根形整齐，块根产量和含糖率都高，根汁纯度也高。白浆土上的甜菜生长较差。甜菜耐盐碱能力较强，当土壤为轻盐渍化（含盐 0.1％～0.3％）时，甜菜仍能正常生长。土壤含盐 0.3％～0.6％时，甜菜生长便受到抑制。土壤强盐渍化（含盐 0.6％～1.0％）时，则不适于甜菜生长。贫瘠而不保水的砂土或砂砾土，不宜栽培甜菜。黏土亦不利于甜菜生长。

（二）轮作

甜菜忌重茬和迎茬。因为甜菜从土壤中吸收营养物质比在相同条件下的谷类作物多 2～3 倍，同时随着连作年限的加长，病害加重，降低甜菜产量和品质。连作 2 年的甜菜苗弱，块根减产约 10％，含糖率降低约 2 白利度；甜菜连作 3 年，产量比第 1 年减少 20％左右，含糖率降低 4 白利度以上；连作 4 年块根产量比第 1 年降幅高达 50％左右，含糖率下降 6 白利度以上。连作后根部病害严重，连作 2 年、3 年和 4 年的根腐病发病率分别约为 5％、11％和 16％。甜菜迎茬，一般减产 20％左右，含糖率也明显下降。一般采用 4 年以上的轮作。生产实践表明，甜菜前作以小麦为宜，其次是玉米、马铃薯等。高粱、谷子也可以作为甜菜前作，但不如前述好。豆茬就营养而言不失为甜菜的良好前作，但因金龟子有寻找豆科植物产卵的习性，使得豆茬蛴螬多，不易保苗，一般不选豆茬栽培甜菜。

二、深翻整地

深厚疏松的土壤耕层，有利于甜菜块根的膨大和根系发育。因此甜菜生长在深翻的土地上，增产显著。据黑龙江省的调查，当耕地深度由 15～18 cm 增加到 20～30 cm 时，甜菜增产 10％～20％。

深翻程度要依据当地的土壤、气候、地势、肥料、生产条件、经济效益等方面综合考虑。一般来说，在栽培技术水平和机械化程度高的地方，甜菜的适宜耕深为 22～25 cm，甚至更深。

耕翻应适时地提早进行，但必须考虑气候、土壤等各方面情况，切不可盲目地提前或延迟。耕翻分为伏翻、秋翻和春翻 3 种。我国北方无灌溉条件的甜菜产区，因春季风大，干旱严重，必须进行伏翻或秋翻，以利于晒垡熟化土壤，恢复地力，同时还能储存大量的夏、秋雨水和冬雪，来年春季土壤墒情好，有利于甜菜保苗。翻耕作业总的原则是伏、秋翻地宜早，翻后及时进行耙地、整地连续作业，在整平耙细的基础上及时起垄。

如因条件限制不得不春翻时，要及早顶浆翻地，做到翻、耙、起垄、镇压连续作业，才有利于保墒。

三、播 种

（一）品种的选用和种子处理

甜菜品种类型按其实用和经济性状，可分为丰产、标准和高糖 3 种类型。总的来说，丰产型品种比其他两种类型品种单位面积产糖量高。

选择品种要根据当地的自然条件和栽培技术水平，并要注意合理搭配。积温多，肥水好的地区，可选用多倍体品种；积温少，无霜期短的地区，需要选用早熟品种；温热多雨地区需要选用抗病高糖品种；机械化程度高时，需要选用适应机械栽培品种。选用块根产量和含糖率两种经济性状均表现良好的品种，最终结果是产糖量高。

为了播种均匀，获得全苗、壮苗，防止苗期病虫害，甜菜播种前要做好以下几项工作。

1. 选种 选用种球直径大于 2.5 mm、发芽率 75% 以上、千粒重在 20 g 以上的新种球作种子。

2. 研磨种子 为使机械播种下种流畅，促进种子吸水萌发，应将种子用磨米机或碌子适度碾磨，脱去部分木质化花萼和外果皮。

3. 温水浸种 用温水（40 ℃左右）浸种 24 h，捞出阴干或半干时播种，可促进种子发芽。

4. 药剂闷种 可用福美双、甲基硫环磷等药剂闷种 24 h，稍风干后播种。

（二）适期播种

甜菜产量是受播种期影响较大的作物。提早播种，可使甜菜在早期完成地上部生长，及时向根部输送干物质，即生长中心提前转入根部，促进块根生长。因此应在播种适期内尽量早播种。一般在 0～10 cm 土层温度达 5～6 ℃时即可播种。

（三）播种量及播种方法

为了保证全苗，每公顷播种量以 15～18 kg 为宜。甜菜播种方法分条播和穴播 2 种。条播又分机械播种和人工播种 2 种，行距为 50～60 cm，株距为 20～25 cm。覆土不可过厚，也不可过浅，以 3 cm 为宜。播种后要及时镇压。

四、施 肥

根据甜菜吸肥特点，为及时、适量地供给甜菜各生育时期所需要的营养物质，可采用基肥、种肥、追肥相结合的施肥技术。

（一）基肥

基肥一般每公顷施腐熟有机肥料 30 t 以上，可全层撒施，结合翻地翻入土中；亦可集中施用，将肥料条施在原垄沟中，然后破茬起垄。

（二）种肥

种肥用量（按有效成分计算）占甜菜施肥总量的 20% 左右。磷肥和钾肥除了作基肥外，余下部分可全部作种肥。氮肥可用总量的 1/3～1/2 作种肥，余下部分作追肥。种肥可穴施也可条施。为防止烧种，一般应施于种下 4～6 cm。

（三）追肥

追肥应在定苗后即甜菜形成 8～10 片叶时，结合铲耥作业进行。一般可追施尿素 120～150 kg/hm² 或硝酸铵 150～225 kg/hm²。如果出现缺磷症状，可追施过磷酸钙 105～150 kg/hm²。如果缺钾，可追施硫酸钾 30～45 kg/hm²。

当前简化的施肥方式是将 10% 的氮和 30% 的磷作为种肥，其余的氮、磷和全部的钾肥作为基肥，结合秋季起垄一次性深施于垄下 12～15 cm 处。

五、田间管理

（一）间苗和定苗

甜菜出现 1 对真叶时为间苗适期。间苗不应晚于 2 对真叶时进行。间苗时应小心，不要伤根。条播甜菜间成单株，株距为 5 cm。穴播的每穴保留 2～3 株。在间苗时，可对缺苗的地方进行补栽，最好选雨天进行补栽，晴天补栽时需挖穴灌水后将带土幼苗移植于穴内。

定苗要在间苗 1 周后进行，每穴选留 1 株壮苗，条播的按株距留苗。北方甜菜的合理密度为每公顷保苗 $6.0 \times 10^4 \sim 8.0 \times 10^4$ 株。在生产上应做到一次性播种保全苗，防止通过若干次移苗、补栽达到合理密度，这是甜菜获得高产的关键。

（二）中耕

甜菜生长发育期间至少要进行 3 次中耕。中耕要根据杂草的发生、生长规律，结合当年的气候条件，趁草小时适时进行。第 1 次中耕时，应结合间苗进行浅锄。用窄铧耥或用深松铲深松，以提高土壤温度，改善土壤蓄水性和透气性，促进根系发育和幼苗生长。第 2 次中耕在定苗后进行，结合追肥进行深铲，用大犁铧耥地培土。第 3 次中耕在封垄前进行，以大犁铧耥地，以达到培土和开顺水沟的作用。培土要覆盖根头，以抑制根头生长，提高根体比重。秋后再拔一次大草。

（三）灌溉和排涝

灌溉是提高甜菜产量的重要措施。在甜菜生长发育期间，应根据其需水规律和土壤水分状况进行合理灌溉。甜菜苗期，春旱严重的地区一般结合施氮肥灌头遍水。一般每公顷灌水 $450 \sim 750 \ \mathrm{m}^3$。甜菜叶丛形成与块根增长期，植株生长旺盛，需水量大，是主要的灌溉时期。甜菜灌溉次数与灌溉量，因各地区自然条件而异。但为使甜菜有较高的含糖率，应于收获前 $3 \sim 4$ 周停止灌溉。

甜菜块根怕水涝。水涝 $3 \sim 4 \ \mathrm{d}$，根尾甚至大部分根体腐烂。因此可采用灌、排两用渠道，灌水渠末端连接排水沟，遇旱引水灌溉，遇涝顺沟排水。垄作地块，通过垄沟排水很方便。

（四）化学除草

1. 土壤封闭除草　可在甜菜播种后出苗前，使用 96% 精异丙甲草胺乳油 $1\,125 \sim 1\,350 \ \mathrm{mL/hm}^2$ 进行土壤喷雾，用于防除一年生禾本科杂草及部分阔叶杂草（荠菜、苋、鸭跖草、蓼等）。土壤有机质含量低，尤其是低于 2% 的砂质土、低洼地、平播甜菜地及低温多雨情况下不推荐使用 96% 精异丙甲草胺乳油。在质地黏重的土壤上施用时，使用高剂量；在疏松的土壤上施用时，使用低剂量。

使用 70% 或 75% 苯嗪草酮水分散粒剂 $6\,750 \sim 7\,500 \ \mathrm{g/hm}^2$ 进行土壤喷雾，主要用于防除双子叶杂草（龙葵、蓼、反枝苋、藜、苘麻等）。若甜菜处于 4 叶期，仍可按上述推荐剂量进行处理。

使用 50% 敌草胺可湿性粉剂 $1\,500 \sim 3\,000 \ \mathrm{g/hm}^2$ 进行土壤喷雾，用于防除一年生禾本科杂草及部分阔叶杂草（例如藜、猪殃殃等）。

苗前封闭除草剂喷施过程中，机车作业喷液量为 $150 \sim 200 \ \mathrm{L/hm}^2$、车速为 $6 \sim 8 \ \mathrm{km/h}$，人工背负式喷雾器喷液量为 $300 \sim 500 \ \mathrm{L/hm}^2$，风速应在 $4 \ \mathrm{m/s}$ 以下。

2. 苗后茎叶除草　根据杂草情况和甜菜苗龄，采取低剂量多次除草，甜菜 $2 \sim 4$ 叶期、杂草 $3 \sim 4$ 叶期前，可用 16% 甜菜安·宁乳油或 21% 或 27% 安·宁·乙呋黄乳油防除双子叶杂草，再加入禾本科除草剂，一般需要施药 $2 \sim 4$ 次。如果出现防除困难的双子叶杂草，也可以使用氟胺磺隆、苯嗪草酮和二氯吡啶酸等药剂，但要注意甜菜苗龄，避免产生药害。

甜菜子叶期若杂草发生重，可选用 16% 甜菜安·宁乳油 $1\,500 \sim 2\,250 \ \mathrm{mL/hm}^2$（视草

害情况和甜菜苗龄而定）。1对真叶期，使用16%甜菜安·宁乳油 2 250～3 000 mL/hm²，加禾本科除草剂。2对真叶期，选用21%安·宁·乙呋黄乳油（含甜菜安、甜菜宁和乙呋草黄各7%）5 250～6 000 mL/hm²，加禾本科除草剂。

防除多年生禾本科杂草可用15%精吡氟禾草灵乳油 750～1 050 mL/hm²（防治芦苇时用药量为 1 200～1 800 mL/hm²）。防除一年生禾本科杂草可用20%烯禾啶乳油 1 500 mL/hm²，在杂草2～3叶期施用，错过杂草2～3叶期施药时防除效果减弱。

以下除草剂不能用于甜菜子叶期和3叶期以前。50%氟胺磺隆水分散粒剂，可在甜菜出苗后3～5叶期、禾本科杂草2～5叶期、阔叶杂草株高3～5 cm时进行茎叶喷雾，用药量为45～60 g/hm²，可有效防治甜菜田反枝苋、苘麻、稗草等一年生杂草。70%～75%苯嗪草酮可湿性粉剂，可在甜菜4叶期以3 000～3 750 g/hm²喷雾，其与16%甜菜安·宁乳油或21%安·宁·乙呋黄乳油（含甜菜安、甜菜宁和乙呋草黄各7%）混用时，药量应减半，主要用于防治双子叶杂草（龙葵、反枝苋、藜、苘麻等）。30%二氯吡啶酸水剂，可在甜菜4～6叶期、杂草2～5叶期以600～900 mL/hm²进行茎叶喷雾，也可与16%甜菜安·宁乳油或21%安·宁·乙呋黄乳油（含甜菜安、甜菜宁和乙呋草黄各7%）混用，可很好地防除部分阔叶杂草（刺儿菜、苣荬菜、稻槎菜、鬼针菜、苍耳、大巢菜等恶性杂草）。

苗后除草剂喷施过程中，机车作业喷液量为150～300 L/hm²、车速为6～8 km/h，人工背负式喷雾器喷液量为300～500 L/hm²，风速应在4 m/s以下。

此外，甜菜生长发育期间全程应杜绝人为掰叶，只有保护好叶片，才能增产增糖。

六、收　获

（一）收获时期

甜菜应在工艺成熟期进行适期收获。甜菜收获适期的田间特征是：大部分叶由深绿色变成浅绿色、老叶变黄、少部分枯萎；叶姿态大多斜立，部分匍匐。此时，根中含糖率达全生长发育期的最大值，非糖物质含量最低，根汁纯度达80%以上。整个地块有80%以上植株具有以上特征时即可收获。不应过早收获，否则降低块根产量、含糖率及纯度。也不能过晚收获，否则容易遭冻害，势必消耗已累积的糖分。甜菜一般在气温降至5 ℃以下，初霜降后收获。我国主要甜菜产区，工艺成熟期为10月上中旬。

（二）起收与切削

起收甜菜时，要根据切削速度，做到随起、随拣、随切削、随埋藏保管等连续作业，以免块根长时间遭受风吹日晒，失水萎蔫或受冻害，降低品质。

切削时，应先将根体上的泥土用刀背轻轻刮掉，然后切去叶与青皮。切削方式有一刀平切和多刀切削两种。对块根小，根头短，叶片紧凑的小甜菜，在根头与根颈交界处（叶痕下缘）一刀切下即可。对大甜菜采用多刀切削的方式，即在根头与根颈交界处，顺着根头坡度逐刀切削，直至削光，同时削掉直径1 cm以下的根尾。

（三）田间保藏

切削好的甜菜，如不能及时送交甜菜站，应于田间做堆保藏，防止因裸露而造成萎蔫或冻伤。甜菜集堆时，应先抖落块根上的泥土，根朝里、叶朝外，码成圆堆或长形堆，防止块根大量失水或受冻害。

一般收获时，隔适当距离，挖深为 30 cm、直径为 1.5～2.0 m 的圆坑，或宽为 1 m、长为 5 m 的长方形坑。每坑堆积 1 m 多高，堆上覆土 10～20 cm，用锹拍实。堆旁挖一条排水沟，堆中不可混入甜菜茎叶或杂草，以防止在堆中腐烂。同时还应把病的、破损的和霜冻变质的块根拣出，送往糖厂加工。在田间保藏的原料根要随时检查。

第五节　病虫害及其防治

一、主要病害及其防治

（一）甜菜立枯病

甜菜立枯病是由多种真菌引起的甜菜苗期病害的总称。症状因病原种类不同而异。其中，立枯丝核菌引起的苗病，多在幼苗出土后显症，发病之初病部呈柠檬色，病斑呈褐色，呈凹陷斑痕，子叶下胚轴至根部逐渐变细，幼苗生长慢、矮化。黄色镰孢引起的根腐病苗，病原菌由主根下部或侧根侵入，发病之初呈浅褐色至浅灰色，后整个根系呈丝线状黑褐干腐，引致幼苗萎蔫或猝倒。甜菜茎点霉引起的黑脚病，多发生在幼苗近土表或土表以下部位，造成幼苗出土前腐烂或出土后猝倒，病组织呈暗褐色或黑色干腐。

甜菜苗期立枯病可采用拌种方式防治，100 kg 种子可选用 70%噁霉灵可湿性粉剂 550～700 g、50%～70%敌磺钠 650～1 000 g、50%琥铜·乙膦铝可湿性粉剂（含琥胶肥酸铜 30%、三乙膦酸铝 20%）400～500 g。出苗后如果立枯病发生严重，可用 70%噁霉灵可湿性粉剂 75～150 g/hm² 喷雾处理。

（二）甜菜褐斑病

甜菜褐斑病发病由老叶开始，然后是幼叶。发病初期在叶部表现为叶表面出现很多针尖大小的褐色小斑点，之后斑点逐渐扩大，呈圆形、椭圆形或不规则的轮廓，最后，叶片病斑连成大片，造成叶片的干枯脱落。在一般年份，该病可造成甜菜块根减产 10%～20%，含糖降低 1～2 度，叶茎损失 40%～70%。

根据甜菜褐斑病发生情况和趋势，科学采取防治措施。一般先喷施 1 次，依据第 1 次喷药效果，确定第 2 次是否防治以及防治时间，如发生严重，需酌情第 3 次防治。第 1 次施药，可选用 45%三苯基乙酸锡可湿性粉剂 900～1 050 g/hm²、40%氟硅唑乳油 60～120 mL/hm²、10%苯醚甲环唑水分散粒剂 450～600 g/hm²。第 2 次施药，可选用 10%苯醚甲环唑水分散粒剂 450～600 g/hm²、40%氟硅唑乳油 60～120 mL/hm²。第 3 次施药，可喷施内吸性杀菌剂，例如 40%多菌灵悬浮剂 900～1 200 mL/hm² 加水稀释 250～500 倍，或 40%硫黄·多菌灵悬浮剂（含硫黄 20%、多菌灵 20%）2 250～3 000 mL/hm² 加水稀释 500 倍。在一个生长季节每种药剂只用 1 次，减少抗药性菌株出现的危险。三唑类治疗性药剂一般两次施药间隔 15～21 d。

（三）甜菜白粉病

甜菜白粉病染病后，先在叶片上产生白色绒毛状病斑，随后出现白色菌丝层，不久即形成白粉层。进入甜菜生长中后期，在白色菌丝层中长出黄色至褐色、后变为黑色的子囊壳。病叶变黄干枯而死。

甜菜白粉病一般年份不需要防治，个别严重地块发病初期可用 40%氟硅唑乳油 30～60 mL/hm²，也可使用 20%～25%三唑酮可湿性粉剂 1 050 g/hm²，兼治褐斑病和蛇眼病。

（四）甜菜根腐病

甜菜根腐病是甜菜块根生长发育期间受几种真菌或细菌侵染后引起腐烂的一类根腐病的总称。引起甜菜根腐病的几种真菌主要以菌丝、菌核或厚垣孢子在土壤、病残体上越冬；病原细菌在土壤及病残体中越冬，翌年借耕作、雨水、灌溉水传播。病原菌主要从根部伤口或其他损伤处侵入。

甜菜根腐病目前尚无十分有效的防治药剂，以预防为主，综合防治。主要是采取农业防治措施，例如选用耐病品种，重视选地，避免在排水不良的低洼湿地种植；实行4年以上轮作制度，避免重茬迎茬，选择麦类、玉米等茬口；增施腐熟有机肥料和生物菌肥，适量增施磷钾肥；加强深耕深松、及时铲耥。

二、主要虫害及其防治

（一）蛴螬和地老虎

甜菜苗期地下害虫主要是蛴螬和地老虎。蛴螬咬断甜菜根部，地老虎危害近地面甜菜根部，造成幼苗死亡，田间严重缺苗。

蛴螬和地老虎的防治方法：可选用50％辛硫磷乳油600～1 000倍液、48％毒死蜱乳油600～1 000倍液定向灌根或傍晚喷雾防治；也可结合灌溉，用48％毒死蜱乳油7 500 mL/hm²随水流灌施。此外，亦可使用50％辛硫磷乳油50 mL加炒香麦麸或玉米面5 kg制成毒饵，傍晚施于甜菜行间。发生严重时，每公顷用40％乙酰甲胺磷乳油1 200 mL和4.5％高效氯氰菊酯乳油300 mL混合，兑水225～450 L均匀喷雾，可兼治蛴螬、地老虎等地下害虫。

（二）草地螟、甘蓝夜蛾、甜菜夜蛾等

草地螟、甘蓝夜蛾、甜菜夜蛾等是甜菜生长中后期的主要虫害，严重发生时可吃光叶片，导致大幅度减产和含糖率降低。

草地螟、甘蓝夜蛾、甜菜夜蛾等的防治方法：应于幼虫3龄前选用5％顺式氰戊菊酯乳油150～300 mL/hm²或2.5％高效氯氟氰菊酯乳油150～225 mL/hm²，兑水225～450 L均匀喷雾。也可选用其他菊酯类药剂2 000～3 000倍液，或选用90％晶体敌百虫、80％敌敌畏乳油、50％辛硫磷乳油等按使用说明施用。阿维菌素、甲氨基阿维菌素苯甲酸盐可与菊酯类混用，提高防治效果。上述药剂可以兼治草地螟等鳞翅目虫害。如果与褐斑病防治时间一致，可同时混合施药。推荐使用20％氟虫双酰胺水分散粒剂（150～225 g/hm²）和5％氯虫苯甲酰胺悬浮剂（225～450 mL/hm²），这类新型安全、对环境友好的药剂。

复习思考题

1. 甜菜第1年营养生长生育时期是如何划定的？各时期的生长中心及生长特点如何？

2. 甜菜块根可分为哪几部分？高产优质栽培甜菜块根具有哪些特点？

3. 甜菜生产力是由哪些因素构成的？单位面积株数与产量及品质的关系如何？

4. 影响甜菜品质的因素有哪些？

5. 甜菜的需肥特点如何？生产上如何做到一次播种保证全苗、壮苗？

主要参考文献

邓光联，1993. 甜菜高产高糖栽培技术[M].北京：科学技术文献出版社.

董一忱，1981. 甜菜农业生物学[M].北京：农业出版社.

董一忱.1982. 甜菜栽培[M].北京：农业出版社.

国家统计局，2020. 中国统计年鉴2019[M].北京：中国统计出版社.

韩永吉，马伟华，杨志伟，1998. 黑龙江省甜菜生产发展战略要点讨论[J].中国糖料（1）：3-5.

李彩凤，2003. 甜菜优质高效生产技术[M].哈尔滨：黑龙江科学技术出版社.

吕春修，卢秉福，1998. 浅谈辽宁省发展甜菜生产的主要措施及设想[J].中国糖料（1）：50-52.

马风鸣，1998. 作物栽培技术[M].北京：中国农业科学技术出版社.

曲文章，1990. 甜菜生理学[M].哈尔滨：黑龙江科学技术出版社.

曲文章，1991. 甜菜栽培生理[M].北京：农业出版社.

王树安，2003. 作物栽培学各论：北方本[M].北京：中国农业出版社.

魏良民，冯建忠，1999. 连作对甜菜生长和块根产量及含糖率的影响[J].中国糖料（3）：20-22.

许越先，1999. 发展优质农产品的问题与对策[M].北京：中国农业科学技术出版社.

于立河，李佐同，郑桂萍，2010. 作物栽培学[M].北京：中国农业科学技术出版社.

张翼飞，张晓旭，刘洋，等，2013. 中国甜菜产业发展趋势[J].黑龙江农业科学（8）：156-160.

中国农业科学院甜菜研究所，1984. 中国甜菜栽培学[M].北京：农业出版社.

И. Ф. 布扎诺夫，1984. 甜菜生理学[M].赵宛榕，译.北京：农业出版社.

DRAYCOTT P A，2006. Sugar beet[M].Oxford：Blackwell Publishing.

FAO，2020. Crops[DB/OL].http：//www.fao.org/faostat/en/#data，2020-09-14.

第十一章

甜 叶 菊

第一节 概　　述

甜叶菊 [*Stevia rebaudiana* (Bertoni) Hemsl] 又名甜菊、甜草、甜茶等，为菊科甜叶菊属多年生草本植物，为继甘蔗、甜菜糖之后第 3 种极具开发价值和保健功能的天然、绿色甜味剂。

一、起源与分布

甜叶菊原产于南美洲巴拉圭和巴西交界的阿曼山脉，当地人民栽培甜叶菊已有 1 500 多年的历史，当地人民将其作为"糖疗法"用于甜茶和医药。日本于 1970 年和 1975 年，先后两次从巴西引入甜叶菊种子，试种成功。1977 年我国从日本引入少量种子并试种成功，到 1980 年我国甜叶菊栽培面积已达到 300 hm² 以上。此外，泰国、菲律宾、印度尼西亚、马来西亚、巴布亚新几内亚、斯里兰卡、罗马尼亚、阿富汗、加拿大、法国、德国、瑞士、保加利亚等国于 1990 年前后分别引种试种成功。

二、国内外生产现状

2008 年美国食品药品监督管理局（FDA）宣布，甜叶菊叶片的甜菊糖苷莱鲍迪苷 A（rebaudioside A，RA）一般认为安全（GRAS），可以在食品和饮料中作配料使用，此后甜叶菊甜味剂在饮料、乳品、餐桌上甚至药物应用上都呈现强劲发展势头。2009—2014 年，全球甜叶菊产品产量逐年递增。英国巴思（Bath）的 Zenith 食品与饮料顾问国际公司宣称，2013 年全球甜叶菊总市场额达 3.04×10^8 美元，甜叶菊产品销售量为 4 100 t，比 2012 年上升了 6.5%。其中亚太地区占 33%，北美洲占 30%，南美洲占 25%，欧洲占 11%，其他地区占 1%。2014 年全球甜叶菊产品销售量为 4 670 t，比 2013 年增长了 13.9%；销售额达 3.36×10^8 美元。2000 年我国甜叶菊出口产值不足 1.0×10^6 美元。到 2009 年，我国甜叶菊工业产量约为 4 000 t，出口量为 3 350 t，出口产值达到 8.43×10^7 美元，出口量年均增长率为 14.40%，出口产值年均增长率为 132%。自 2006 年起，我国成为世界甜菊糖产品最大的出口国，甜叶菊工业产品占全球供应量的 80%。但是我国的甜叶菊产品仍然主要是低档加工产品，出口企业主要在山东、江苏和天津，产品主要是低莱鲍迪苷 A 含量的甜菊糖苷，而莱鲍迪苷 A 含量为 95% 和 97% 的高含量甜菊糖苷产品出口量很少。在甜叶菊栽培方面，我国继续处于领先水平，不断开辟新的栽培区域。东非、南美洲和欧洲更关注甜叶菊产品的供应，很多国家都在致力开发高品质甜叶菊产品，因此未来甜叶菊的发展大有前途。

三、产业发展的重要意义

甜叶菊被国际上誉为世界第三糖源，其应用于甜味剂、新型保健品和药品开发及生产的研究方兴未艾。甜叶菊中的糖苷类物质属于萜类化合物，目前从甜叶菊中已分离出十几种此类成分，提取分离技术已相当成熟，包括近来备受关注的莱鲍迪苷 D（rebaudioside D，RD）和莱鲍迪苷 M（rebaudioside M，RM）在内，这些糖苷类物质均含有同一苷元甜菊醇，因其在 C_{19} 和 C_{13} 位上连接不同数量的葡萄糖基或鼠李糖基，使得其甜度和味质差异很大。其中占主要的 2 大类分别为甜菊苷和莱鲍迪苷 A，后者是比前者甜质更受欢迎的甜味剂。由于甜叶菊叶中所含糖苷的甜度为蔗糖的 $150\sim300$ 倍，具有热稳定性、酸碱稳定性和非发酵性，长期储存不易变质，加入食品中经热处理不会有褐变现象，是一种高甜度低热能、味质好、安全无毒的天然理想糖源，可代替糖精或部分蔗糖，应用于各种食品饮料中。

由于甜叶菊糖苷对血液葡萄糖影响不大，因此甜叶菊糖是糖尿病、肥胖症及小儿龋齿等患者的理想糖源。同时，甜叶菊干叶中还含有蛋白质、脂肪、纤维素、酚酸类、黄酮类、维生素、微量元素等非糖物质。工业中提取甜菊糖后的残渣中，含有大量的纤维素、无氮浸出物、粗蛋白等，可用于提取微晶纤维素，还可作饲料、肥料及食用菌的培养基等。

第二节　植物学特征

一、根

甜叶菊的根有初生根和次生根之分。初生根由主根和侧根组成，根细小，根毛少，功能弱。次生根由粗根和细根组成，粗根垂直向下，入土深度为 $18\sim25$ cm，伸展宽度达 $28\sim36$ cm，根毛多、功能强。甜叶菊单株的粗根，一般有 60 多条，在粗根上生长出很多细根（图 11-1）。甜叶菊根系为须根系。甜叶菊根的吸收机能主要靠根尖部分，吸收水分主要通过根毛区，而吸收矿质元素则主要通过根毛区前端呼吸较强的部分。

二、茎

甜叶菊茎为直立型，呈绿色、圆形，密生茸毛，中实质脆。一年生的一般为单秆型，二年生或多年生的多为茎丛生型。甜叶菊属于木质化不发达的草本植物，幼茎柔嫩，随着茎的伸长和加粗，其组织也逐渐木质化，茎的中部呈半木质化，基部木质化，而茎的顶部较为幼嫩。甜叶菊各腋芽形成分枝，在适宜的条件下，一级分枝的叶腋处又可形成二级分枝，分枝的着生与叶的着生相同，一般呈对生（图 11-1）。分枝出现的早晚因节位高低而不同，一般是中部分枝出现早，下部分枝出现晚。甜叶菊茎的主要机能是通过输导组织输送水分和养料、支撑地上部其他器官。

三、叶

甜叶菊不同部位叶分 3 种：子叶、真叶和苞叶。真叶对生，个别互生，由叶柄和叶片组成。叶柄短，呈扁圆形，基部扩展成托叶状。叶缘中上部有粗齿，叶尖钝，叶基呈楔形

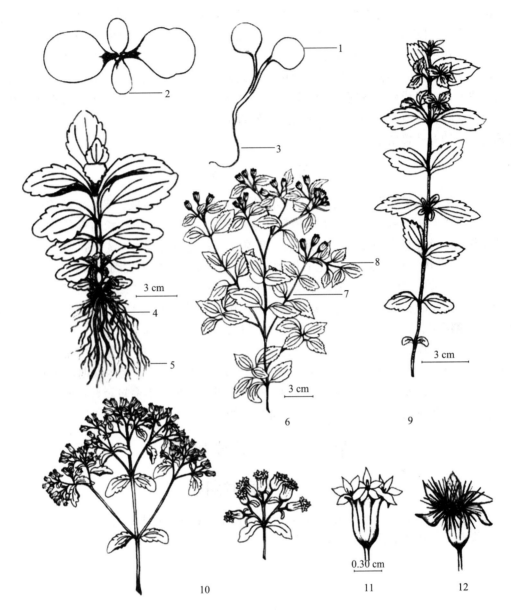

图 11-1 甜叶菊的形态结构

1. 子叶　2. 真叶　3. 初生主根　4. 粗根　5. 细根　6. 短日照下发育的植株　7. 一次分枝　8. 二次分枝
9. 切割后的再生茎　10. 伞房花序　11. 包含 5 朵白花的头状花序　12. 准备散粉的头状花序

(引自 Carneiro，2007)

渐窄。叶脉为三出脉，叶脉上有红色小腺点。叶片正反面均有茸毛，茸毛由表皮毛和腺毛构成。叶色为浅绿色或浓绿色。叶长为 4～11 cm、宽为 0.7～4.0 cm。苞片（每个头状花序 5 枚）呈披针形，密生茸毛。

四、花

甜叶菊花序为头状花序。花冠呈白色，顶端具 5 裂，中下部合成管状；萼片退化成毛状，称为冠毛；雌蕊由 2 个心皮构成，下位子房，1 室，内含 1 胚珠；花柱细长，柱头具 2～4 个分叉，向外反卷；雄蕊 5 个，着生于花冠管内，花药聚合于柱头的下部，5 个花丝分开着生于花的基部。一个总苞中有 4～6 个小花集生。花冠和总苞是生殖器官的保护器官。每个花轴的节间不伸长，形成小盘状，构成无花梗的小花附着的头状花序，着生在茎顶或分枝上部，组成伞房花序。甜叶菊经过一系列生长发育过程，由营养生长期进入生殖生长期，这时花芽原基出现，花芽原基随即发育成花。然后经过开花、传粉和受精作用，完成甜叶菊的有性繁殖过程。

五、果 实

甜叶菊果实属于瘦果，由冠毛、果皮、种皮和种子 4 部分组成。果实呈纺锤形，长为 3～4 mm，宽为 0.5～0.8 mm；果皮为黑（棕）褐色，有 5～6 条凸状白褐色纵纹，两纵纹间有纵沟，果皮密生刺毛和少量腺毛；果顶有浅褐色冠毛 20～22 条，冠毛长为 5～7 mm，呈倒伞状展开，冠毛表皮上有锐刺。甜叶菊果皮由 1 层表皮细胞和 3～4 层表皮内层细胞、多层薄壁细胞组成，果皮厚度为 0.1～0.3 mm。表皮内层细胞的胞壁常木质化，多为细胞腔窄小的石细胞，内含黑褐色素。种皮由 1 层表皮细胞和多层薄壁细胞组成。甜叶菊受精作用完成后，受精的中央细胞发育成胚乳，受精的卵细胞经过一定时间的静止期后发育成胚，胚珠的珠被发育成种皮。种皮、胚和胚乳三者共同构成了甜叶菊种子。甜叶菊种子千粒重为 0.22～0.35 g，种子长为 2～3 mm。甜叶菊种子无休眠期，成熟种子遇到适宜环境，很快发芽出苗。因甜叶菊种子很小，种皮又薄，寿命较短，一般非密闭储存室温条件下，新收获的种子 1 年后发芽率降低一半。

第三节 生物学特性

一、生育时期

甜叶菊属对光敏感的短日照喜温作物。甜叶菊一生各器官形成过程可分 3 个生长阶段：营养生长、并进生长、生殖生长（图 11-2）。

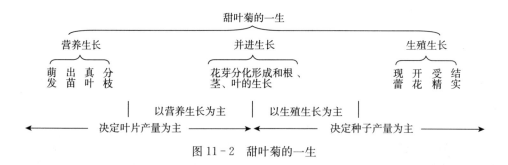

图 11-2 甜叶菊的一生

在营养生长阶段，甜叶菊主要是分枝、长叶和侧根形成过程。并进生长阶段为花芽分化形成与根、茎、叶的生长和须根、粗根的形成过程。生殖生长阶段是现蕾、开花、受精、种子形成和成熟的过程。前两个阶段决定叶片的产量，最后阶段决定种子的产量。3个阶段的生长中心不同，栽培管理主攻方向也不一样。

甜叶菊生长发育主要特点是：苗期生长十分缓慢，营养生长与生殖生长并进时间长，现蕾及开花时间也长。现蕾时甜叶菊的产叶量和糖苷含量都已达到最高峰，是收割产品最好的时期，亦可称为工艺成熟期。甜叶菊的生长发育可分为以下 5 个生育时期。

（一）出苗期

甜叶菊种子无休眠期，成熟种子得到适当的温度、水分时，即可发芽成苗。甜叶菊的种子萌发过程，首先是种子吸水膨胀，胚根下扎入土，胚轴相继伸长，经 3～10 d 出苗。由于种子成熟度不一致，出苗时间和出苗状况也有显著差异。一般成熟度好的种子，出苗后子叶展开良好，胚轴及胚根生长正常。如果种子成熟度不好，有的出苗后子叶展开和胚根伸长基本正常，但胚轴生长异常；有的胚根伸长良好，而子叶展开缓慢；有的子叶展开，但胚根不伸长等。发生以上异常情况不能培育成苗，几天后相继死亡。

（二）苗期

种子出苗后，生长非常缓慢，尤其从子叶展开到第 1 对真叶展开期间更为明显，一般需要 16～25 d，第 2 对真叶展开需要 8～14 d，分枝前期 6～7 d 可长出 1 对真叶，分枝盛期每 2～3 d 长出 1 对真叶。所以从播种到移栽（以苗长到 5～6 对真叶为移栽指标），苗期经历 50～60 d。当子叶展开转绿时，主根伸长 3～5 cm；幼苗出现第 1 对真叶时，形成一级侧根；出现第 4 对真叶时，可见到 2～3 条粗根（肉质根）；到出现第 6 对真叶时，总根数可达 7 条左右。

（三）分枝期

甜叶菊移栽后 5～6 d 即可恢复生长，随着温度的逐渐升高和雨水的增加，生长速度也逐渐加快。一级分枝发生于主茎节第 5～6 节位，每株总分枝在 40 个以上；二年生植株属多枝丛生，二级分枝发生于主要枝条中部，一般在第 16～20 节位，分枝多少与株型和栽培密度有关。这个时期是茎叶的生长盛期，根的生长速度也很快，此时茎基发生大量的细根和粗根，细根分布在土壤表层，粗根入土较深，具有较强的吸收机能，由于地上部与地下部的密切配合，致使茎叶生长较快。

（四）现蕾开花期

甜叶菊繁盛的分枝期之后，主茎生长点伸长，腋芽分化，形成花蕾。其每个小花开花时间为 5 h 左右，开花起始时间因天气情况而有所不同，一般从 7:30 开始开放，10:00 左右最盛，15:00 尚有少量开花，通常每朵小花可开放 2～3 d，1 簇花开完需 5～7 d。在 20～25 ℃情况下，天气晴朗时开花集中，结实率也高；若温度过高对授粉不利，结实率降低；温度过低时，花期延长，不能正常结实。甜叶菊现蕾开花期的早晚受日照长短影响很大。甜叶菊临界日长为 12 h，在现蕾前 13～14 d 或开花前 26～30 d 日照时数少于 12 h 方可开花。

（五）结实期

甜叶菊开花后，受精的胚珠发育为种子。种子成熟后和总苞一起随风传播。甜叶菊在长江以南地区可以正常开花结实，成熟度高；在长江以北地区，由于秋季气温下降，在下霜前只能收到部分种子，成熟度差，下霜后只开花不结实。我国东北及西北地区，特别是北纬 39°以北区域，由于生长期短、温度低，甜叶菊只开花，不能正常结实。

二、生长发育对环境条件的要求

(一) 温度

甜叶菊喜高温,适应性很强,适宜的温度是促进其生长发育的必要条件。我国夏季气候多为雨热同步,对甜叶菊的生长有利。据试种,在日平均气温低于 24 ℃时,甜叶菊生长很慢;平均气温高于 25 ℃时,甜叶菊生长十分迅速;秋季日平均气温降到 15 ℃时,甜叶菊停止生长;甜叶菊生长的适宜温度为 25~29 ℃;全生长发育期需要 >10 ℃的活动积温 4 600 ℃、>15 ℃的活动积温 4 100 ℃。

在自然光照下,温度对甜叶菊发芽出苗影响极大。试验证明,甜叶菊在 10~15 ℃就可以发芽,但低温时发芽速度慢,幼苗长势弱;20~25 ℃范围内发芽快,发芽率高;30 ℃以上时发芽势反而降低。营养生长阶段一般要求 22 ℃以上的气温,温度低限在 15 ℃左右。在幼苗期如遇 8~12 ℃低温条件,延续 1 个月时间,叶片及地上部干物质量就明显下降。各地移栽时,应掌握好温度,才能提高成活率。开花结实期要求 20~24 ℃或以上的温度,高温时花期集中、种子成熟度好、采种量大,低温时花期不集中或不开花结实。

(二) 光照

甜叶菊在光照与黑暗条件之下,发芽情况不同。光照可以促进种子发芽,提高发芽率;黑暗条件降低发芽率。甜叶菊属光敏感性略强的短日照作物,其临界日长为 12 h。由于日照随纬度的变化规律,纬度越低开花越早,反之则越晚。例如在新疆于 9 月底现蕾开花,而在广东则于 6 月开花。甜叶菊在 11 h 的日照条件下,播种后 45 d 现蕾,播种后 54 d 开花;在 12 h 的日照下,现蕾、开花都比 11 h 日照下推迟 10 d;14 h 日照条件下,相比于 11 h 日照条件下的现蕾、开花均推迟 50 d 左右。

(三) 水分

甜叶菊发芽需要较充足的水分,田间持水量不能低于 80%,且近地表空气湿度要大。土壤墒情差、近地表空气湿度小时,种子难于发芽扎根,发芽率明显降低,发芽出苗后死苗亦严重。但田间持水量超过 85%时,发芽率也会下降,无根苗增多,烂籽严重。甜叶菊为喜湿作物,尤其在 2~3 对真叶之前不定根未形成,短期干旱即可造成死苗。在水分不足时不定根很短,表层无细根,生长量很小。水分充足时则根系发达,不定根多。在生长发育盛期,土壤水分充足对生长发育很重要;而在生长发育后期土壤水分不足,对叶产量影响不大,但影响种子的饱满成熟度。甜叶菊具有相当强的耐湿性,其呼吸机能较强,对氧的消耗量比其他作物低。

(四) 养分

甜叶菊根与叶的含氮量从苗期以后逐渐增加,到生长发育盛期达到最高峰,到现蕾开花期逐渐下降。甜叶菊在生长发育初期叶片磷含量最低,到生长发育盛期磷含量最高,以后逐渐下降。甜叶菊在整个生长发育期中,叶部都有一定的钾含量,在生长发育后期钾含量有下降的趋势。茎枝部钾含量从生长发育初期逐渐增加,到生长发育旺盛期含量最高,至生长发育后期急剧下降。根部钾含量和茎部有类似倾向,8 月下旬的含量达到高峰,生长发育后期急剧下降。甜叶菊在 7 月下旬以后生长发育速度急剧增加,到 8 月上旬达到生长发育盛期,对肥料三要素的吸收量急剧增加,特别是氮和钾的吸收剧增,钾比氮更显著,此趋势一直持续到生长发育末期。若将全生长发育期的最大吸收量作为 100%,在花蕾形成期氮、磷和钾的吸收量分别为 78%、72% 和 67%，而后吸收速度逐渐降低。甜叶菊对肥料三要素的需求以钾肥需求量最多，因此应多施钾肥。

第四节　育苗管理技术

育苗是甜叶菊生产中的一个重要环节。及时培育出充足的壮苗，才能达到适时早栽、合理密植、苗全、苗壮的要求，为甜叶菊高产优质打好基础。利用种子育苗繁殖是目前甜叶菊生产中最常用的育苗方法。甜叶菊种子具有许多与常规作物种子不同的特异性状，保存条件和育苗技术如有不当，极易失去发芽力，降低成苗率，造成育苗失败，影响生产。因此必须根据甜叶菊种子发芽、出苗和幼苗生长特性，创造适宜的环境条件，以保证育苗成功。

一、育苗地选择和苗床设置

（一）育苗地的选择

育苗地选择得当，不仅管理省力，而且成本降低。以小麦、玉米等作物为前作的熟地育苗好。忌用重茬地、葱地或有药害的田块作育苗地。育苗地要选在向阳背风的平坦地或缓坡地。荫蔽、阳光不足、土壤温度低的地段，处于风口、水分蒸发快地块，均不利幼苗生长，出苗率和成活率较低，不宜选作育苗地。甜叶菊育苗期间，需水量大，育苗地应选在水源充足、灌排方便的地段，以保证灌溉用水的需要。不宜在干旱的高坡地或低洼的积水地上育苗。育苗地的土壤要求富含有机质、疏松肥沃、结构良好、保水保肥力强、呈中性或微酸性的壤质土或砂壤土。熟土层厚度一般在 20～80 cm。不宜在黏重土壤、贫瘠的砂质土或盐碱地上育苗。还要考虑选择交通方便、离本田较近的地方，以便于日常管理和物料、出圃幼苗运输。

（二）整地与施基肥

育苗地在前作收获后要多次耕耙，并结合施用基肥和农药，以促进土壤疏松熟化，消灭病虫害。春季做床播种前，浅耕 8～10 cm，随即耙细整平。施肥要以基肥为主，每公顷施优质腐熟农家肥 30～90 m³、过磷酸钙 450～900 kg，缺钾地块加施适量钾肥。施肥量多的可分次施入。在秋季耕翻前施入农家肥总量的 1/2～2/3，随即耕翻入土；春季耕翻或做床时再施入余下的农家肥及全部磷钾肥。施肥量少的，宜在播种前做床后集中撒施于床面，然后耙地，使之与床土混合。

（三）做育苗床

一般在播种前 10～15 d 做好育苗床，使育苗床土沉实，有利于播种和育苗。

1. 育苗床的方向　在平坦地，育苗床以东西向为宜，以利于接受阳光，并可减轻寒风危害。在缓坡地，育苗床向应与坡向垂直，以利于保持水土，又便于灌溉和排水。

2. 育苗床的宽度和长度　育苗床的宽度以 120～180 cm 为度，长度应根据地形、地势和育苗量确定，在平坦地块一般以 15～20 m 为宜。育苗床过宽、过长时管理不便，且不利于灌溉和排水；过窄和过短时土地利用率低。应按大田栽植面积确定育苗床面积，一般情况下每栽 1 hm² 大田需育苗床 150～200 m²。

3. 育苗床的形式　育苗床一般有高床和低床两种，应根据当地旱涝条件选用。在育苗期多雨的地区，宜采用高床，即在床面四周挖成深宽各 15～20 cm 的排水沟，以利于排除积水；并将床面做成中部稍高、两侧渐低的龟背形，以防育苗床面积水。在北方寒冷地区，也应做成育苗床面平坦的高床，育苗床面四周要挖 15～30 cm 深的排水沟，以便排水增温。

4. 耙细整平　育苗床整好后，要反复将育苗床土耙碎，使育苗床面平整，以保证播种时种子与土壤密接，表土水分分布均匀，有利于种子发芽和出苗。

二、确定播种期和播种量

（一）播种期

由于我国各地自然条件和物候期的不同，甜叶菊播种期大致可分为：春播育苗、春秋播育苗和秋冬播育苗 3 种类型。

1. 春播育苗　我国华北、东北和西北地区，冬季严寒，春季低温干旱，无霜期短，甜叶菊 1 年只能收获 1 次，宿根在田间自然条件下不能安全越冬，需每年春季播种育苗。为了早育苗、早移栽，充分利用有限的大田生长发育期，一般都在早春采用塑料大棚保护地育苗，只要育苗床内最低温度能达到 1～3 ℃或以上，就可播种。

华北地区一般多在 3 月上中旬播种，最晚于 3 月下旬播种。准备在小麦收获后夏栽的甜叶菊，可延迟到 4 月下旬前后播种。东北地区和西北地区所跨地域范围大，各地的地理纬度和海拔高度不同，气候条件相差很大，但大多数地区比华北地区全年无霜期更短，春季温度更低、雨水更少，要加强育苗床保温措施，争取适时早播，一般多在 3 月中下旬至 4 月上旬播种。四川、湖北、云南等地的高山地区，虽然所处纬度较低，但海拔高、气温低、无霜期短，栽培甜叶菊也宜春播育苗，适宜的播种期应根据当地气候条件和保护措施确定，多在 3 月中卜旬。

2. 春秋播育苗　华东地区和华中地区，地处长江流域，气温较高，无霜期长，雨水充沛，春、秋两季均可播种育苗。可以露地育苗，但秋播苗越冬期间和早春播种的育苗床应加盖薄膜保护防寒。秋播育苗，能提早移栽期（一般在翌年春 4 月上旬就可移栽），延长营养生长期，增加收获次数，从而获得较高的干叶产量。秋季露地育苗床，播种期一般在 10 月中旬到 11 月上旬，以平均气温处于 15～18 ℃时最为适宜。用薄膜覆盖育苗时，播种期可推迟 10～20 d。以掌握幼苗进入越冬期时，具有 2～3 对真叶最为理想，苗过大、过小均不利于安全越冬。

3. 秋冬播育苗　华南地区属亚热带湿润气候，冬无严寒，雨水充足，无霜期长，适宜秋冬播种。春夏期间播种育苗时营养生长期较短，又地处低纬度，日照较短，往往早现蕾开花，不利于营养生长，从而影响干叶产量。秋冬露地育苗，多在 10 月中旬至 11 月中旬、平均气温稳定到 15～18 ℃时播种。冬季稍加保护，即可安全越冬。越冬苗也以具有 2～3 对真叶最为理想。冬季播种，宜用薄膜覆盖育苗床，于 1—2 月播种。冬季露地育苗时出苗率低，不宜采用。

（二）播种量

1. 确定播种量的依据　要做到播种量适宜，就要根据种子质量、气候条件、苗床整地质量、育苗方式、育苗床管理水平、病虫害发生程度等综合考虑。一般以每平方米育苗床能培育成苗 800～1 500 株为标准。

2. 播种量的计算方法　播种量的多少，是由计划大田栽植苗数（株/hm²）、种子质量[以单位重量（质量）种子中所含有效种子数来表示]、预计有效种子成苗率（根据育苗条件和育苗技术确定）3 项因素决定的。栽植 1 hm² 大田所需播种量（g）＝计划栽植苗数（株/hm²）/［成熟种子粒数（粒/g）×成熟种子发芽率（%）×预计有效种子成苗率（%）］。

例如经检验，每克种子中含成熟种子 1 400 粒，成熟种子发芽率为 52%，预计有效种子成苗率为 33%，计划栽植苗数为 1.8×10^5 株/hm²。按上列公式计算，即每栽植 1 hm² 大田，育苗所需要的播种量为 750 g。

三、选种和种子处理

（一）种子除杂和精选

1. 种子除杂　甜叶菊种子细小，又带有冠毛。采收时易夹带大量枝叶及花器等残片杂质，收获后必须除去这些杂质才能使用。收获的种子，先用手工拣去较大的枝叶、花梗等杂质，再用孔径 2 mm 的筛子筛除沙土、花冠残片等比较大的杂质，然后将种子进行筛选，晒干装袋。

2. 种子精选　经除杂后的种子，仍带有部分干瘪不实的种子，如需采用饱满度高的种子，必须进一步精选。精选方法常用的有粒选、风选和水选 3 种方法。

（1）粒选法　用人工手选，即用镊子逐粒挑选种皮黑褐色的饱满种子。此法选出的种子质量高，但费工多、效率低，一般只用于少量精播或科研需要的种子。

（2）风选法　此法效率高，最常采用。用自然微风或机械风力，吹动飘散的种子，将空瘪种子吹向远处，收集上风头的饱满种子备用。

（3）水选法　此法只适用于播种前，结合浸种进行选种。将已搓去冠毛的种子，浸入清水中，搅拌 10~15 min，再静置 1~2 h。此时饱满度高的种子自然下沉，捞除上浮的瘪种子等杂质，倒掉清水，收集下沉的种子，拌上干锯末或细沙土等直接播种，或进行催芽处理后再播种。

（二）晒种和去冠毛

1. 晒种　在播种的前几天，选晴朗天气，将种子放在日光下晒 1~2 d，可杀灭甜叶菊种子上的病菌和虫卵，并对种子的发芽率和发芽势、幼苗生长发育有良好作用。晒干的种子冠毛变脆，易于去除。

2. 去冠毛　甜叶菊种子的冠毛着生于种子顶端，呈倒伞形张开，若不除去，播种后冠毛支撑种子，使其与土壤接触不良，影响种子吸水和发芽，所以播种前必须搓掉冠毛。可将种子摊于纸上，用双手掌夹取种子，轻轻揉搓，至大多数种子上的冠毛脱落为止。也可将种子装入纱布袋中，均匀摇动，除去冠毛。

（三）种子消毒

可选用 50% 多菌灵可湿性粉剂 250 倍液，或 70% 甲基托布津可湿性粉剂 500 倍液，或 50% 代森锌可湿性粉剂 500 倍液进行种子消毒。将甜叶菊种子装在纱布袋内，先用清水浸湿，捞出后沥去浮水，然后放入上述配制好的药液中，浸泡 10~15 min，取出用清水将药剂冲净，即可用于播种或进行催芽处理。

（四）浸种催芽

经消毒处理的种子，可直接播种。但为了出苗整齐健壮，也可进行浸种和催芽。

1. 浸种　将种子放在冷水或 25 ℃ 温水中，浸泡 12~18 h。捞出、沥去浮水，即可播种或再进行催芽处理。浸种后，若再用 100~150 mg/kg 赤霉酸或 100 mg/kg 激动素溶液处理，均能有效地提高种子发芽率。

2. 催芽 经浸泡、吸足水分的种子，放在 20～25 ℃温度下保持湿润，每天早、晚各翻动 1 次，使温度和湿度均匀一致，经 2～3 d，待种子约有半数开始露白时，即可播种。完成催芽的种子应及时播种，以免幼芽生长过长，播种时受到损伤。

四、播　　种

（一）播种量

按种子质量和苗床面积定用种量。一般以每平方米播 2 000～3 000 粒有效种子、成苗 800～1 500 株为适宜。

（二）播种方法

育苗床育苗采用撒播方式。先将整好的育苗床灌足底水，待水下渗后，再用细土填平水冲洼陷处，使育苗床面平整，以保证育苗期间灌溉均匀，育苗床面湿度一致。然后将干种子或经过处理的种子捞出、沥去浮水，加入适量的干细土或锯末，拌匀，分多次均匀地撒在床面上。再用细筛盛细沙土，均匀地筛撒覆土，至种子半埋半露为止。

露地育苗，播种后在育苗床面上盖一层稻草，然后用喷水壶喷水，保持土壤湿润。也可在稻草上再盖一层地膜，以保温保湿。覆盖的稻草和地膜，要在种子开始出苗时即揭去，揭得过晚时既影响光照，也易损伤幼苗。薄膜覆盖育苗时，播种后搭好拱棚支架，盖好薄膜。

五、育苗方式及保护措施

按育苗床地上部设置和保护措施不同，育苗方式可分为：露地育苗、薄膜覆盖育苗（薄膜阳畦和小拱棚）、塑料大棚育苗、玻璃温室育苗等多种。目前北方普遍采用的是塑料大棚育苗。

塑料大棚与薄膜阳畦和小拱棚比较，由于覆盖空间大，保温效果好，育苗床管理也较方便。一般多采用单栋圆拱形大棚，其中小型的宽为 5～10 m，长为 30～70 m，中高为 1.8～2.5 m。大棚内多采用育苗床，也可根据需要和条件采用电热温床、营养钵育苗、沙培育苗等方法。为充分利用空间，还可在棚内设立多层支架，层层摆放育苗箱，实行立体育苗。塑料大棚育苗，保温条件好，甜叶菊播种期可比薄膜小拱棚提前 10～20 d。为了更好地保持土壤的温度和湿度，播种后也可在育苗床面盖草和薄膜或无纺布，出苗后再揭去。地面覆盖，在夜间的保温作用明显。

六、苗期管理

甜叶菊种子细小，自身所含养分少，幼苗嫩弱，生长缓慢，育苗期长，必须加强苗期管理，才能培育出足够数量的健壮幼苗，达到高产、优质、低成本的目的。

（一）育苗床水分管理

甜叶菊种子播在育苗床上，抗旱力差，育苗期间稍有干旱，就会影响出苗和造成死苗。因此在播种前育苗床要灌足底墒水，再加覆盖保湿措施，以使育苗床土壤保持湿润，避免播种后早期灌溉冲动种子影响出苗。无论采用何种育苗方式，播种后在育苗床面均可盖一层稻草或麦秸，既有利于保持育苗床土壤湿度，又能缓冲早期灌溉对种子和小苗的冲击。

从播种到幼苗长到 2～3 对真叶时，是抗旱力最差的阶段，必须每天早晚检查墒情，稍干就应及时灌溉，使表土始终保持湿润状态。此时灌溉要用细孔喷壶喷洒，严禁用瓢泼水或开沟放水漫灌，以免冲动种子和冲出幼苗。

待幼苗长到2～3对真叶之后，根系已经下扎，可适当减少灌溉次数，仍需保持根层土壤湿润。育苗中后期，如果幼苗出现徒长现象，或幼苗已接近移栽标准，而又因故需推迟移栽时，则应控制灌溉，并配合停止追肥、加强通风降温等措施，以抑制徒长，炼苗促壮。

移栽前5 d，应适当控制灌溉，使幼苗逐渐适应大田条件，以提高移栽成活率。起苗移栽前2～3 d，适量灌溉以湿润根层，有利于起苗。

（二）调节育苗床温度

甜叶菊育苗期间，保持适宜的温度，是达到苗全、苗齐、苗壮的重要条件。据各地调查，甜叶菊播种出苗期间，以保持地表温度20～28 ℃为宜。幼苗生长期间，以保持白天18～25 ℃、夜间12～16 ℃为宜。10 ℃以下时幼苗生长趋于停止，但幼苗可耐2～3 ℃低温；30 ℃以上时出苗和生长受到抑制，35 ℃以上时会发生生理障碍，甚至导致幼苗和小苗大片枯死。

在北方早春育苗，育苗前期气温低，夜间应在薄膜上盖草帘保温防寒，白天揭去覆盖，接受阳光增温。到育苗中后期，气温渐高，只要没有寒潮袭击、大幅度降温天气，夜间不再盖草帘。在晴暖的白天，应注意检查育苗床温度，当育苗床温超过28 ℃时，就要采取遮光或通风降温措施。随温度的升高，逐步增多和加大通风孔，以提高降温效果。以保持育苗床内温度不超过28 ℃为好。当幼苗长到2～3对真叶，平均气温稳定在12 ℃以上时，开始早揭晚盖，到移栽前10 d，昼夜通风。

（三）合理追肥

甜叶菊育苗前期，苗小而幼嫩，根少而浅，生长缓慢，需肥量少，耐肥力差，追肥不当容易造成肥害死苗，得不偿失。此阶段应以看苗施肥为重点，一般待幼苗长到2～3对真叶后，方可开始追肥。第1次追肥后隔7～10 d可再追1次肥，共追2～3次肥。徒长苗不追肥或少追肥。移栽前7～15 d停止追肥，以免幼苗生长细嫩，影响移栽成活。起苗前根据幼苗长势特征，可酌情施送嫁肥。

追肥种类，南方与北方有差别，北方多用化肥，例如尿素、氮磷钾复合肥、磷酸二铵等；南方多用稀薄腐熟的粪尿水。不可施用碳酸氢铵、氨水等挥发性大的肥料，以及未经腐熟或成块状的有机肥料，以免引起肥害。对于春季保护育苗条件下易受低温干旱影响的区域，土壤有机质分解缓慢，育苗床施肥应以速效肥为主，但追肥要少量、稀施。待苗长到2～3对真叶以后，可追0.3%～0.5%磷酸二铵或氮磷钾复合肥的水溶液，例如一般每10 m² 苗床，用尿素或氮磷钾复合肥30～50 g，兑水15～25 kg，溶解后喷洒。试验证明，在4对真叶时用0.2%尿素、0.2%磷酸二氢钾、1%甲基托布津的混合液，叶面喷施3～4次，既可促进幼苗生长，又能防治叶斑病。追肥浓度切忌过高，也不宜在高温烈日下施肥，以免伤苗。

（四）间苗和假植

1. 间苗 甜叶菊育苗时往往以增加播种量来增加成苗保险系数，当出苗密度过大时，如不及时疏苗，易长成细高的老化苗或徒长苗，影响移栽成活和叶片产量。整个苗期可分2次间苗。第1次间苗在1对真叶时进行，在出苗密集处间去过密的苗，同时结合除草。第2次间苗在幼苗出现2～3对真叶时进行，剔除过密处的小苗、弱苗及全部病苗。留苗密度以苗距 1.0～1.5 cm 为宜。为防止苗床上留下的苗不够移栽之用，可将第 2 次间出的苗假植备用。

2. 假植 采用假植，要预先做好假植苗床，假植前苗床要浇足底水。用于假植的苗，起苗时要仔细，尽量少伤根。假植时，先用小竹签在假植苗床面戳一小洞，然后将苗栽入，再用竹签轻压苗周围的土壤，假植苗的行距为 3～5 cm。要按苗的大小分批栽植。栽后灌溉、遮阴，以利成活。假植初期，要注意灌溉，保持土壤湿润，以后酌情灌溉和追肥。

第五节　轮作与整地

一、选地与轮作

甜叶菊对土壤种类、肥力要求不十分严格，适应范围较宽。甜叶菊在 pH 为 4.75～8.16、含盐量为 0.07%～0.52%、有机质含量为 0.74%～2.55% 的土壤上，无论熟化与否均能生长。土壤不同，甜叶菊根系生长差异明显。从干叶产量、根系生长来看，其在肥沃、疏松的土壤长最好。

甜叶菊忌重茬和迎茬，在同一块地上长期连种时，病害加重，土壤肥力减退。实行合理的轮作制度，是取得高产和高效益的重要措施。甜叶菊的前茬以豆科作物为好，其次是小麦、水稻、甘薯茬。甜叶菊不可栽培在白菜、大葱等蔬菜为前作的土地上，更不可栽培在菊科作物为前作的土地上。根据气候条件与能否安全越冬，甜叶菊大致可分为一年生和多年生两个类型轮作制度。

（一）一年生栽培

一年生栽培主要分布在华北、东北以及其他长江以北的甜叶菊不能自然越冬的地区，其轮作方式有：春麦或春菜—甜叶菊—小麦、春菜—甜叶菊—豌豆、马铃薯地套种或接茬甜叶菊、豆或麦—春栽甜叶菊（次年倒茬）、甜叶菊—玉米—大豆、小麦—甜叶菊—大豆。

（二）多年生栽培

多年生栽培分布在华南、华东和西南部分地区，这些地区气候温暖，宿根甜叶菊可以安全过冬，所以一般实行多年生栽培。其轮作方式有：大麦、小麦—甜叶菊（夏栽连续收获 4～5 年）、油菜—甜叶菊（夏栽连续收获 4～5 年）、绿肥及蚕豆—甜叶菊（夏栽连续收获 4～5 年）、玉米—甜叶菊（夏栽连续收获 4～5 年）、水稻—冬闲→甜叶菊（春栽连续收获 4～5 年）、绿肥—甜叶菊（夏栽连续收获 4～6 年）、玉米—绿肥—甜叶菊（夏栽连续收获 4～5 年）。

二、整　　地

（一）前茬处理

栽种甜叶菊的前茬，北方主要是小麦、大豆、玉米、薯类等。灭茬是保证秋耕质量的必要措施，也是保墒的重要手段。前茬不同，灭茬方法也不同。对根茬较大的作物，例如玉米、高粱等，必须拾茬破垄，然后秋耕。对根茬较小的作物，例如大豆等，可用犁进行浅耕灭茬，或直接通过 1 次秋冬深耕翻埋浅茬。具机耕条件的地区，可用圆盘耙浅耙 1～2 遍，将前茬切碎，然后秋耕。北部地区结冰较早，来不及秋耕的地块，可根据不同作物选用上述灭茬方法，实行灭茬保墒，接纳雨雪，以免损失大量水分，导致土壤紧实，春耕时费力，影响整地质量。

（二）耕后整地

在冬季雪少、春季干旱的地区，耕后必须耙耱保墒，不需晒垡。在低温易涝地区，或雨雪较多，有水利保证时，可以晒垡。在土壤疏松或坷垃多、风沙大的地区，为了碎土、保土、保墒，深耕后镇压十分有效。在机械化程度较高的地区可结合秋季深耕，根据具体情况，采用耕、耙、耱、压连续作业，能提高整地质量。有水利条件的地区，秋耕后应根据土壤墒情进行冬灌蓄水，以利春耕整地播种。

（三）播种前的整地

1. 早春耢地、耙地 早春土壤开始解冻时进行耢地、耙地，一般称为顶凌耙地，这时白天化夜间冻。由于纬度的不同，整地的时间也不同，例如辽宁和吉林 3 月整地较好，哈尔滨和牡丹江地区在 4 月 5—10 日整地较好，佳木斯地区在 4 月 10—20 日整地较好，黑河和嫩江地区可较晚整地。

2. 春耕 辽宁和吉林最好不用春耕地栽培甜叶菊。黑龙江的秋季时间很短，往往来不及全面进行秋耕，冰雪就封地了，只好春天耕地。若甜叶菊地块是春耕地，避免再进行春翻地，免得跑墒，无法栽种，其办法是先处理残茬，然后耙地起垄。

3. 起垄 秋季或早春起垄，在垄上栽种甜叶菊，是适于北方较寒冷地区的栽培方法。特别是在早春土壤温度较低情况下，对要求较高温度的甜叶菊幼苗的生长起到良好作用。同时，垄作的昼夜温差大，对甜叶菊同化作用的进行和营养物质的积累与转化都很有利。

三、大田施肥

（一）大田基肥

甜叶菊的矿质营养，有 2/3 以上靠土壤本身供应，追肥作用较小。在甜叶菊生产中，注重选择地力好的土壤，并增施有机肥料作基肥，以培养地力。大田基肥应以农家肥为主。施肥量一般为 23～38 m^3/hm^2。在缺磷土壤上应配合施用磷肥，可施过磷酸钙等磷肥 300～450 kg/hm^2。

基肥施用方法有条施、撒施和穴施 3 种。基肥集中条施，肥料靠近甜叶菊根系，在根际微生物作用下，分解速度较快，成为容易吸收的养分，便于甜叶菊吸收利用。条施时，在移栽前将粪肥施入犁沟内，然后破原垄形成新垄，亦称为破垄夹肥。穴施一般在肥料较少的情况下采用，在挖穴移栽时作送嫁肥。通常情况下，基肥宜早施，在北方栽培甜叶菊地区，随秋翻施基肥，可以促进肥料分解，提高肥效。

（二）大田追肥

甜叶菊追肥要根据土壤肥力、天气状况和苗情灵活掌握。依据甜叶菊自身需肥规律，供肥重点主要在茎叶旺盛生长的分枝期。追肥应采取前轻、中重、后补的原则。追肥总量不宜过多，在一般土壤肥力条件下，氮肥用量以每公顷不超过 225 kg 纯氮为宜。北方地区，根据地力和苗情，一般追肥 2～3 次。第 1 次追肥在移栽后 5 d 左右进行，追施尿素 75～120 kg/hm^2，旨在促进幼苗健壮生长。第 2 次追肥在出现一次分枝时进行，追施氮肥，可施尿素 10 kg/hm^2 左右，并配合喷施 0.2%磷酸二氢钾。第 3 次追肥在二次分枝大量生长时进行，也就是茎叶旺长期，植株根系生长较发达，吸收能力较强时，可追施氮肥和磷酸二氢钾（或氮磷钾复合肥），施肥量同第 2 次追肥。

第六节 移栽与田间管理技术

一、栽培密度

因为不同地区的气候、土壤、肥力、施肥水平、灌溉条件、栽培措施等各不相同，甜叶菊栽培密度应随之做出相应调整。我国华南产区地处热带、亚热带气候区，光、温、水条件好，甜叶菊生长发育快，加之短日照条件，使植株生长期短、植株矮小，每年可收 $2\sim3$ 次，适宜密度是 $1.95\times10^5\sim2.85\times10^5$ 株/hm^2。长江流域产区光、温、水也较丰富，处于短日照区，但生长期略长于华南产区，故其栽培密度，一年生为 $1.80\times10^5\sim2.25\times10^5$ 株/hm^2，多年生为 $1.20\times10^5\sim1.50\times10^5$ 株/hm^2。华北产区气温适中，日照逐渐加长，甜叶菊生长期较长，一般以一年生为主，植株高大，适宜栽培密度为 $1.50\times10^5\sim2.25\times10^5$ 株/hm^2。东北、西北产区日照长，土壤肥沃，移栽期晚，田间生长期较长，一般栽培密度为 $1.50\times10^5\sim2.00\times10^5$ 株/hm^2。

二、栽培方式

（一）等行距

这种栽培方式的行与行之间的距离相等，一般情况下行距大于株距。在栽培密度较小的情况下，可采用等行距栽培。该栽培方式下田间光照条件和营养面积比较均匀，便于操作。

（二）宽窄行

宽窄行又称大小行或大小垄，即采用宽行距和窄行距相间排列的栽培方式。有些地区平栽后培土，或不培土呈畦栽植；有的地区起好垄后，一垄双行栽植，窄行距内相邻两行株间交错，北方称为双行拐子苗，可改善田间通风透光条件，使之更利于中后期植株生长和田间管理。

栽培方式是合理密植的重要方面，两者必须适当搭配好，才能收到预期效果。

三、幼苗移栽

（一）移栽苗的标准

甜叶菊移栽时必须掌握好苗龄。一般在具 $5\sim7$ 对叶、苗高为 $8\sim12$ cm 时移栽，这时，幼苗根系生长发育良好，为理想移栽苗。

（二）移栽时期

必须在日平均气温稳定在 $12\sim15$ ℃、土壤温度达到 10 ℃以上、不再有晚霜危害时，才可进行移栽。降水的数量与分布，也是确定移栽期的重要依据。甜叶菊生长期间，月平均降水量 $100\sim130$ mm 较为理想。移栽时降水稍多，有利于缓苗，缓苗后土壤水分少些，有利于长根。

适时早栽可以充分利用无霜季节，延长大田生长期，在初霜之前营养体充分生长，叶片大而厚实，叶片质量大，从而达到增产增糖的目的。在一年生栽培区，春季灌溉条件较差，移栽时如果墒情不好，极易造成缺水而影响生长，而适时早栽也是保墒的一种有效措施。如果迟栽，苗床的幼苗苗龄长，易变成老化苗，植株瘦弱、根系不发达，移栽到田间后缓苗慢，又影响后期生长。若育苗时播种晚，会导致育苗床苗太小，既不好移栽又不易成活，灌水时还容易淤苗。因此适时移栽一定要与育苗播种期密切配合好。

（三）移栽技术

1. 起苗方法

（1）带土起苗法　为了达到起苗多带土的目的，起苗前 2～3 d 即应给育苗床灌好水，使土壤湿润，减少起苗时的根系损伤。用移植铲在根部四周垂直下挖成一个土垛。然后用铲在根底部平铲即将苗起出。这种方法由于根带土多，根毛损失少，因而成活率高，缓苗快，生长也旺盛。

（2）拔苗法　在砂性育苗床培育的幼苗不易带土起苗，往往采用拔苗移栽。在拔苗前，育苗床必须充分浇水，不仅使苗吸足水分，还可使表土松润，拔苗时伤根少，带土多。起苗后要用黄泥浆水或保水剂蘸根，防止根系失水，并尽量做到随起随栽，避免风吹日晒。幼苗如需长途运输，要相应地采用一些保护措施，例如用湿草包扎根部，注意遮盖和洒水，防止幼苗过度失水。

2. 移栽方法

（1）垄栽穴植法　北方春旱、水源不充足的地区多采用此法。先起好垄，按一定密度等距离挖穴，将苗轻轻放入后用细土培好压实，但不要用力过大，以免伤根。然后浇足水，待水渗下后再覆细土（封淹）。或先浇水后放苗，再封土。

（2）畦栽或平栽法　按栽培密度挖穴或开沟，按一定密度摆好苗，一般覆土至心叶以下为宜。栽植时，一手扶直甜叶菊苗，一手将土轻轻填入沟中，避免根梢弯曲窝根，再将土在苗周围压实，使土壤与苗根密接，随后浇足定根水。

（3）扎孔移栽法　此法适用于营养袋育苗的移栽，具体做法是用尖铁棍扎孔，孔深约为 15 cm，直径为 2.5～3.0 cm，然后将营养袋移栽苗插入孔内，覆土压实，使甜叶菊苗与地面垂直，随后浇足水。

总之，移栽时要注意几个关键点：①起苗不伤根；②栽苗要使苗垂直于地面，不压心，不伤底叶，不窝根；③栽苗时间选早晚或阴天，千万不能栽后暴晒；④栽植作业要连续，起苗、栽苗、浇水各环节配合好；⑤栽后浇足定根水，2～3 d 内再浇 1 次缓苗水，促进根系生长。

四、摘　　心

甜叶菊产区多采用人工摘心方法，一般可在植株高达 10～30 cm 时轻度摘心。摘心宜早期进行，一般有育苗床期摘心和大田期摘心 2 种。凡定植期迟，均应采用育苗床期摘心。定植期早时，可在大田期摘心。在不影响大田生长和收割的情况下，可进行育苗床期和大田期 2 次摘心。

育苗床期摘心宜在移栽前 5～10 d 至移栽时进行，一般用剪刀剪去幼苗顶芽即可。大田期摘心宜在定植成活后、株高为 15～30 cm 时进行。摘心要选晴天上午进行，以便于伤口愈合。摘下的茎顶端要携出田外，不要随地丢弃，以免传染病虫害。田间有病株时必须先摘健株，再摘病株，以免接触感染。另外，摘心次数也要根据大田植株的长势、密度、肥力等因素确定，一般密度稀、植株长势好、地力肥沃时可摘心 2～3 次。如果田间密度大、植株生长旺盛，这种情况下若再多次摘心，可使田间郁闭，反而减产，可酌情减少摘心次数或停止摘心。

五、中　耕

甜叶菊中耕时间、次数和深度，必须根据雨水、土壤质地、杂草量灵活掌握。中耕次数一般为 2~4 次。第 1 次中耕在定植成活后 10 d 左右进行；与其他作物套种的地块，应在前作收获后马上进行。以后每隔 2 周中耕 1 次，最后 1 次中耕应在封行前进行。在灌溉后或雨后，要适时中耕松土，以便及时消除土壤板结，改善土壤通气状况，消灭杂草，减少水分蒸发，促进植株生长。

中耕深度，以不伤根为原则。初次中耕时，因幼苗根系不发达可深耕。以后随着根系的发育，特别是苗期以后，根系不断扩大，此时中耕可浅耕，宽窄行栽培的宽行宜深、窄行宜浅。此外，可结合中耕除草、追肥进行高质量培土作业，通过培土可以防止倒伏，并可把撒在行间土中的养分集中于畦上，便于甜叶菊吸收利用，减少养分流失，更有利于排灌，形成自然排灌系统。

六、灌　溉

确定合理的灌水时期与灌水定额，才能获得高产优质的甜叶菊产品与高经济效益。一般应根据土壤性质、土壤墒情、甜叶菊生长发育状况和灌溉方式综合考虑。甜叶菊不同生育阶段的需水特点不同，灌水量和灌水次数也不一样。移栽之后，植株小，根系不发达，需水量较少，此时根系吸水能力弱、耐旱性差，宜采用小水勤灌。随植株的生长，需水量增大，灌水量也应相应增加。特别是在甜叶菊繁茂生长的现蕾前期，当耕作层土壤田间持水量在 56%~70% 或以下，甜叶菊发生轻度萎蔫时，就要及时灌溉。一般以保持田间持水量的 70%~80% 为宜。

合理的灌水量是既能保证土壤中有适宜的水分，满足甜叶菊生长发育的需要，又不会抬高地下水位和引起土壤次生盐渍化。适宜的灌水量可用下式计算。

灌水量＝（土壤最大持水量－灌水前土壤含水率）×土壤容重×计划湿润深度

在同样气候条件下，土壤含有机质多或新耕翻的土地，由于土质疏松，孔隙度大，蓄水量增加，其灌水量也相应增大。

七、杂草防除

在适宜的温度和湿度条件下，杂草往往比甜叶菊苗生长更迅速，如不及时拔除，会严重影响甜叶菊幼苗生长。甜叶菊苗出齐后，要及早拔除杂草，以后每隔 5~7 d 拔草 1 次。拔草最好先灌溉后进行，这样，土壤松软，容易将杂草连根拔掉。

八、收　获

（一）收获时期

甜叶菊主要利用成分是甜叶菊糖苷，其在叶中的含量最高，占全株糖苷总含量的 70% 左右，所以叶片是甜叶菊的最终经济产物。现蕾期的叶片糖苷含量最高，故现蕾期是其工艺成熟期，亦即是收获适期。充分掌握甜叶菊成熟特征，适时收获，对提高甜叶菊品质、保证丰产丰收至关重要。为增加采收价值，应于花前、叶部比例高、茎部比例低、茎尚未木质化前收获，这时甜叶菊糖苷含量最高。

（二）收获方法

1. 机械收获　可利用谷类收割机，割后枝条用低转速脱谷机脱叶。然后干燥、过筛、包装，一整套均用机械化操作。

2. 剪取法　使用锋利修枝剪，依据甜叶菊现蕾情况，分枝剪下。一般不 1 次剪光，要留部分枝条，待下次再收，故又称为半割法。

3. 割取法　一般用镰刀割取，本法也称为全割法，适合 1 年收 1 次或 1 年多次收获的最后一茬用，适合大面积收获用。

九、干　　燥

北方地区甜叶菊收获期，正逢秋高气爽，可连秆割下，在秆上阴干脱叶。收获时，轻握植株，在离地面 3～5 cm 处割下，就地晒 1 d，每 10～20 株为 1 束，松松地用草捆在一起，5～10 束为一码，立在田间再放 1～2 d 后，然后移入阴凉通风处干燥。叶干燥后，一边抖叶，一边手摘。脱叶时茎不宜太干，否则易混入折断枝条，降低品质。

南方地区多次收获时，往往现蕾期正值气温高、湿度大、阴雨天多的气候条件，不能采用北方的收获干燥法。一般有下列几种干燥法：①晴天收获，收获时随收获随摘叶，然后摊成薄薄的一层晾晒。②田间收获后，直接摆在田间晒至半干，然后运回置于干爽的塑料大棚、玻璃温室或烤烟房干燥后脱叶。③收获后置田间晒至叶干茎不干，抖取叶后用热风干燥机干燥，再筛选除杂。④收获后的枝条用脱谷机脱叶，马上用谷物干燥机或牧草干燥机进行热风干燥（60～80 ℃）；这种方法效率高，最理想。

在实际操作中，采收前 1 个月绝不能施农药，以免农药残留超标。要选晴天上午、无露水时开始收获，以免叶片带水过多，不易干燥且发黑变质。收获量要与晒场、人力、机械等条件相适应，如果一次收量过多、堆大堆或捆大捆，会促使叶发霉变质，失去利用价值。脱叶时，要先除病叶、烂叶，轻轻摘叶，不要用力过猛，将叶揉挤变形、变色。晒后摘叶要在叶干茎不干时抖落叶片，尽量少用工具打叶，以免茎秆折断，叶片破碎，增加杂物。

十、包装储藏

甜叶菊叶片易吸湿软化，当天晒干的叶片，除掉杂质，只要达到优质叶标准，就要马上装入塑料袋中密封好。一般 5 kg 鲜叶可晒成 1 kg 干叶。干叶体积很大，不便运输和储藏，并且增加成本。大量生产及出口的收购站，采用干燥压缩机，把干叶压缩打捆，成块状，每块 10 kg，再装入塑料袋中封存，每 4 块 1 箱，集成运输。包装好的干叶，在运输、储藏过程中，一定要注意放在通风干燥场所，尤其雨季更要防上发霉变质。要勤检查，有发热变黑叶，马上要摊开晾好，以免糖苷转化成其他物质，不能加工应用。

第七节　病虫害及其防治

一、主要病害及其防治

为防止甜叶菊苗期发生病害，保证幼苗健壮生长，要在播种前对苗床土壤进行药剂处理。在播种前 7～15 d，选用下列药剂与 30 倍的细土混合，撒于床面，把入表土内，使与表土混合。可用 50%多菌灵或 50%甲基托布津可湿性粉剂 7～15 g/m²，或 50%敌磺钠可湿性粉剂 3 g/m²。

育苗期间，如发现有立枯病等危害，要立即拔除病株并烧毁，病株周围土壤也要挖出处理，并在病穴处撒石灰粉，或用 50％代森铵水溶液 500 倍液浇灌消毒，以防病菌传播。发病较重时，可用 50％多菌灵可湿性粉剂 700～1 000 倍液喷洒全部幼苗，每隔 7 d 喷 1次，连续 2～3 次，以加强防病。

二、主要虫害及其防治

在有蝼蛄、蛴螬、金针虫等地下害虫危害的地区，每平方米床面用 50％辛硫磷乳油 1 mL 拌细土 100 g，撒施床面，并耙入表土内。苗期虫害主要是蝼蛄、蛴螬、地老虎及蚯蚓等地下害虫，发现时可用 50％辛硫磷乳油 1 000 倍液，沿危害处浇灌，也可做成毒饵诱杀。

复习思考题

1. 简述甜叶菊对生态环境的要求及生长发育特点。
2. 简述甜叶菊育苗栽培的增产原因及播种育苗的要求。
3. 简述甜叶菊的需肥规律及施肥方法。
4. 如何确定甜叶菊的适宜移栽期？如何移栽？
5. 简述甜叶菊关键生产技术。

主要参考文献

陈育如，杨凤平，杨帆，等，2016. 甜叶菊及甜菊糖的多效功能与保健应用[J].南京师范大学学报：自然科学版，39（2）：56-60.

丁宁，郝再彬，陈秀华，等，2005. 甜叶菊及其糖苷的研究与发展[J].上海农业科技（4）：8-10.

关兴照，1999. 甜菊的需肥规律及其施用技术[J].中国糖料（1）：3-5.

舒世珍，李钦，陈绍裘，等，1994. 中国甜菊栽培及应用技术[M].北京：中国农业出版社.

王贵民，郝再彬，王彦超，等，2008. 东北地区甜叶菊栽培技术[J].黑龙江农业科学（1）：124-126.

吴国柱，1984. 甜叶菊主要生物学特性的初步观察[J].江西农业科技（7）：22-23.

吴则东，张文彬，吴玉梅，等，2016. 世界甜叶菊发展概况[J].中国糖料，38（4）：62-65.

徐沛楷，1985. 日本等国对甜叶菊的研究[J].国外科技（10）：31-34.

于立河，李佐同，郑桂萍.2010. 作物栽培学[M].北京：中国农业出版社.

于振文，2003. 作物栽培学各论（北方本）[M].北京：中国农业出版社.

赵永光，1985. 甜叶菊的营养特性及施肥效应[J].热带作物学报（2）：129-134.

郑红玲，张东华，李玉珍，2005. 甜叶菊生产技术操作规程[J].农业与技术（1）：153-154.

CARNEIRO J W P, 2007. *Stevia rebaudiana*（Bert.）Bertoni：Stages of plant development [J]. Can. J. Plant Sci. 87：861-865.

第十二章

烟　草

第一节　概　述

烟草为茄科烟草属植物。现今栽培的大多数烟草为普通烟草（*Nicotiana tabacum* L.），又称为红花烟草；有小部分是黄花烟草（*Nicotiana rustica* L.）。烟草是我国重要的经济作物之一。

一、起源与分布

烟草原产于中美洲、南美洲，作为栽培作物有 400~500 年的历史。普通烟草和黄花烟草都起源于秘鲁北部到阿根廷南部一带的安第斯山脉。全世界烟草种类繁多，目前已知有 60 多种，其中绝大多数为野生种，栽培的为普通烟草中烤烟、白肋烟、晒烟、香料烟和雪茄烟。烟草分布广泛，各大洲均有栽培，集中产区在北纬 45°至南纬 30°之间。晒烟约在 16 世纪中叶由南洋岛或菲律宾传入我国。烤烟 1900 年开始在台湾省引种，1910 年在山东威海孟家庄试种成功。目前我国烟草分布相当广泛，在东经 75°~134°、北纬 18°~50°都有栽培，在 23 个省份 900 多个县均可栽培烟草，大致可分为以下 7 个烟区。

1. 黄淮海烟区　本区包括河北、山西和山东的全部，内蒙古东南部，陕西和河南大部，以及江苏和安徽的淮河以北地区。黄淮海烟区是我国最大的烤烟产区，烤烟栽培历史最久，烤烟面积最大，约占全国总面积的 40%，产量约占全国烤烟总产量的 50%。

2. 西南部烟区　本区位于我国西南部，包括云南大部、贵州全部、四川南部、湖南西部、湖北西南部及广西西南部。本区以烤烟为主，有一定数量的晒烟和晾烟。本区无论烤烟还是晒烟、晾烟，在品质上都有明显的优势，深受国内市场欢迎。

3. 南部烟区　本区包括福建东南部、广东南部、广西南部、台湾及云南西南部。本区是我国唯一可栽培冬烟的地区，晒烟资源较丰富。

4. 东北部烟区　本区包括黑龙江、吉林和辽宁三省的大部分。本区晒烟品种多，分布广，统称关东烟，有晒红烟和晒黄烟之分。本区烤烟主要分布在辽宁的凤城、岫岩、西丰，吉林的延吉、和龙，黑龙江的牡丹江、佳木斯等地。

5. 长江中上游烟区　本区包括陕西南部、湖北西部、甘肃东南部和四川盆地。本区是我国晒烟和白肋烟的主要产地。

6. 长江中下游烟区　本区包括浙江、江西、江苏、安徽、湖北、湖南大部、福建西北部、广东北部、广西北部及河南南部。本区烟草类型多样，分布广泛，主产烤烟和晒烟。

7. 北部西部烟区 本区包括黑龙江的西部和北部、吉林西部、内蒙古大部、甘肃大部、宁夏、青海、新疆、西藏、四川西部、云南西北部，约占半个中国。本区不适于栽培普通烟草，而适于栽培较耐寒冷的黄花烟。兰州水烟、新疆莫合烟和东北的蛤蟆烟都是栽培历史较久的黄花烟，产地比较集中。

二、国内外生产现状

据联合国粮食及农业组织统计，2018 年全世界有 131 个国家栽培烟草，世界烟草栽培总面积为 4.37×10^6 hm²，总产量为 8.34×10^6 t 左右，平均单产为 1 908 kg/hm²。烤烟栽培面积较大的国家有中国（1.00×10^6 hm²）、印度（4.80×10^5 hm²）、巴西（3.56×10^5 hm²）、印度尼西亚（2.03×10^5 hm²）、坦桑尼亚（1.63×10^5 hm²）、美国（1.17×10^5 hm²）、津巴布韦（1.01×10^5 hm²）等；单位面积产量居于前 6 位的国家有阿拉伯联合酋长国（1.38×10^4 kg/hm²）、老挝（9 525 kg/hm²）、秘鲁（9 500 kg/hm²）、萨摩亚（5 093 kg/hm²）、阿曼（4 545 kg/hm²）和斯里兰卡（4 412 kg/hm²）；总产量较大的国家有中国、巴西、印度、美国、印度尼西亚等。栽培面积和产量上亚洲居首，其他各洲依次为南美洲、北美洲、欧洲和非洲。烟草产量中，烤烟约占 80%，晒烟约占 15%，其他占 5%。

我国是世界上烟草生产和消费最大的国家，烟叶和卷烟产量均为世界第一，占世界总产量的 1/2 左右。2017 年我国烟草栽培面积为 1.13×10^6 hm²，总产量为 2.39×10^6 t，平均单产为 2 115 kg/hm²，其中栽培面积较大的省份有云南（4.25×10^5 hm²）、贵州（1.56×10^5 hm²）和河南（1.04×10^5 hm²），单产较高的省份有内蒙古（3 740 kg/hm²）、山西（3 490 kg/hm²）、辽宁（3 280 kg/hm²）和甘肃（3 230 kg/hm²）。

三、产业发展的重要意义

烟草生产具有投资少、周期短、见效快、税利高的特点，其应用前景十分可观。烟草是多用途的经济作物。烟草除作为嗜好作物的传统利用途径外，还含有人类可利用的有机物质，例如蛋白质、淀粉、纤维素、糖、氨基酸、维生素等，还有一些其他功效的化合物。在烟草鲜嫩幼苗时期，当烟碱尚未大量合成积聚时，人类可利用烟草创造出大量的营养物质。新鲜幼苗的烟叶含水量为 80%～90%，干物质的最低收取率为 10%。据美国的试验结果，每公顷收鲜叶 66 t，其中干物质 6.6 t，可分离出糖、氨基酸和维生素约 2 t（33.3%），蛋白质、淀粉和纤维素约 4 t（60.5%）。提取后的残渣中所含营养物质，可与优质苜蓿相媲美，可以作为饲料。在烟叶干物质中，蛋白质总的含量约为 40%，并且都是人类需要的优质蛋白质。从提取性质上分为可溶性蛋白质和不溶性蛋白质 2 部分，各约占干物质的 20%。可溶性蛋白质可分为组分Ⅰ蛋白质（F-1-P）和组分Ⅱ蛋白质（F-2-P）。其中组分Ⅰ蛋白质含盐低，氨基酸平衡度高，必需氨基酸的含量均超过联合国粮食及农业组织的推荐标准。另外烟草蛋白质具有很好的食品功能性，其溶解性、吸水吸油性、乳化性、泡沫性、搅打性等，均优于鸡蛋白和大豆蛋白。

科学家们已成功将一种特殊基因植入烟株，获得了人类抵御癌症、中风、牙病等疾病所需的蛋白质。烟草很适合大量生产这种蛋白质。

第二节 植物学特征

一、根

烟草根系属直根系，由主根、侧根和不定根3部分组成。种子萌发时，胚根突破种皮逐渐发育成主根，在主根产生的各级大小分支都称为侧根，在茎上发生的根都称为不定根。到移栽前，主根可达15 cm以上，移栽时主根多被折断或损伤，残留的主根较短而不明显，移栽后停止伸长，但会在主根和根颈部发生许多不定根，中耕培土后茎的基部会产生不定根。因此移栽后侧根和不定根成为烟草根系的主要组成部分。烟草发根能力很强，一般在移栽后15～20 d，根深可达15～25 cm，条件适宜时近地面的茎部能发出大量不定根；开花时根深可达80～100 cm；生长发育后期可达150 cm左右。有70%～80%的根密集分布在地表以下16～50 cm、宽25～80 cm的土层内。

二、茎

烟草的主茎由顶芽分化生长而成，直立而呈圆柱形。茎一般为鲜绿色，中央充满髓，髓可储存养分和水分。茎由节和节间组成，在茎的节上着生叶片，两节之间称为节间。上部节间较长，中下部节间较短，因此叶在茎上着生也有疏密。叶腋部都有腋芽，所有的腋芽都可能萌发形成分枝。

三、叶

烟草的叶是没有托叶的不完全叶。种子萌发后，子叶先展开，以后陆续出现真叶。苗期叶片出现较慢，叶面积较小。移栽缓苗后叶片生长较快，叶面积也逐渐增大，每隔2～3 d出现1片叶。越接近现蕾期，叶片出现的速度越快，在现蕾期5～10 d内，几乎同时可出现3～5片叶。这些叶片聚集在一起，类似叶簇，这时顶端出现花序，叶数不再增加。烟草叶片中间有一条主脉，主脉两侧有侧脉。一般原烟的烟梗质量约占全叶质量的25%，粗的可达30%～40%。烟草叶片的厚度一般为0.2～0.5 mm，品种不同，叶片厚度也有差别，多叶形品种叶片较薄，少叶形品种叶片较厚。烟草的叶片形状根据叶长宽比例的不同，大体上可分为8种（图12-1），分别为宽卵圆形、卵圆形、长卵圆形、披针形、心脏形、宽椭圆形、椭圆形和长椭圆形。

四、花

烟草花序为有限聚伞花序，花是两性完全花，自花授粉。花萼由5个萼片组成，呈钟形，包于花冠基部，有5条明显的主脉。花萼宿存，早期为绿色，能进行光合作用，后期为黄褐色，上下表皮都有浓密的表皮毛。花冠由5个花瓣构成管状，开花时先端展开成喇叭状。花瓣在未开时呈黄绿色，随着花的生长，普通烟草花瓣先端逐渐变成淡红色，盛开时转为粉红色，一般开红花，少数开白花或深红色花。黄花烟的管状花冠粗而短，开黄花。雄蕊5枚，轮列于花瓣间；花丝4长1短，顶端着生花药，基部着生在花冠的内壁上。花药短而粗，呈肾形，具2室。雌蕊由柱头、花柱和子房组成。子房由2个心皮组成，呈圆锥体形，基部周围有蜜腺。子房上位，有2～4心室，每室有众多的胚珠，受精

图 12-1 烟叶类型

1. 宽卵圆形 2. 卵圆形 3. 长卵圆形 4. 披针形 5. 心脏形 6. 宽椭圆形 7. 椭圆形 8. 长椭圆形

（引自于立河等，2010）

后发育成众多种子。了房顶部有一根细长的化柱，花柱的先端是膨大的柱头，柱头能分泌黏液，可粘住花粉。

五、果实和种子

烟草的果实为蒴果，呈长卵圆形，上端稍尖、略近圆锥形，成熟时沿愈合线或腹缝线裂开。花萼宿存包被在果实外方。一株烟有蒴果 100～300 个，每个蒴果有种子 2 000～3 000粒。烟草种子很小，千粒重（1 000 棵种子的质量）为 0.06～0.09 g。烟草种子的形态不一，有椭圆形、卵圆形、肾形等，其种皮厚而坚硬，表面有角质层，通气透水性差。

第三节　生物学特性

一、生育时期

烟草生产上，可分为苗床期和大田期两个栽培过程。根据烟草的生长发育习性和栽培特点，可分为以下 8 个生育时期。

（一）苗床期

从播种至成苗移栽称为苗床期，其长短因环境条件和栽培技术而有很大差异，一般为50～60 d。根据幼苗生长发育形态特征以及对外界条件的不同要求，分为出苗期、十字期、生根期和成苗期 4 个生育时期。

1. 出苗期　从播种至全田 50%烟苗 2 片子叶平展，且第 1 片真叶出现为出苗期。

2. 十字期　当全田 50%烟苗从 1～2 片真叶长至近似子叶大小，并与子叶交叉成十字形，称为小十字期；第 3～4 片真叶与第 1～2 片真叶构成十字形时，称为大十字期。

3. 生根期 从第 5 片真叶出现到第 7 片真叶长出期间，根系发育快，主根伸长增粗，侧根数增加，形成了完整的根系，为生根期。

4. 成苗期 当烟苗长出 8～10 片真叶时，已具备健壮而完整的根系，适于移栽，此期称为成苗期。

(二) 大田期

从烟草移栽直到大田采收结束，其长短因品种和栽培条件而异，一般为 100～130 d。大田期分为以下 4 个生育时期。

1. 缓苗期 从移栽到烟草成活并恢复生长，这个阶段称为缓苗期。烟草移栽时根系受到损伤，吸收功能减弱、地上部蒸腾加剧，体内水分亏缺，会出现短时间的萎蔫现象。待根系恢复生长后，烟苗会继续生长。叶色开始变绿、新叶出现表示移栽苗已经成活，缓苗结束。缓苗期一般为 7～10 d。根系发达的壮苗移栽后 24 h 即能恢复吸收水分，栽后 2～3 d 开始扎新根，4～5 d 开始长出新叶。

2. 伸根期 从烟苗移栽成活到团棵，这个阶段称为伸根期。当烟苗株高达 30～35 cm、叶数达 12～16 片时，烟株横向发展的宽度与纵向生长的高度比例约为 2：1，烟株近似球形，称为团棵。从成活到团棵一般需要 25～30 d，团棵后不久叶芽分化逐渐停止，叶数固定。伸根期作为烟苗旺长的准备阶段，虽然茎叶生长逐渐加快，但仍以根系伸展为主。

3. 旺长期 从团棵到现蕾是烟株茎叶生长最快的时期，称为旺长期，需 25～30 d。旺长期，茎、叶生长旺盛，叶片数量、大小和干物质量迅速增加，烟株由营养生长向生殖生长转变，是决定烟叶产量和品质的关键时期。此期烟株需要大量的水分和养分。

4. 成熟期 从现蕾到叶片采收结束为成熟期。现蕾后下部叶逐渐衰老、叶片自下而上依次变黄成熟，是烟叶品质形成的关键时期。现蕾后烟株已进入生殖生长阶段，花序的生长会消耗叶内大量的有机物质，影响叶内干物质的积累，容易导致烟叶产量和品质降低。此期应适时打顶抹杈，并掌握烟叶合适的成熟度，适时采收。

二、生长发育对环境条件的要求

(一) 温度

烟草是喜温作物，生长的最适温度是 25～28 ℃，低于 9 ℃ 或高于 35 ℃ 都不利于烟草生长。－1～2 ℃ 或以下的低温会导致烟株死亡。因此烟苗移栽时，必须保证 10 cm 土层温度在 10 ℃ 以上、日平均气温在 12 ℃ 以上。从生产优质烟叶角度来看，以前期温度较低，中后期温度较高为宜。品质良好的烟叶叶片成熟阶段的日平均温度不应低于 20 ℃，较理想的日平均温度为 20～24 ℃ 并持续 30～40 d。

烟草正常生长完成生命周期需要一定的积温。一般认为大田期大于 10 ℃ 的有效积温应为 1 200～2 000 ℃，其中成熟期大于 10℃ 的有效积温为 600～1 200 ℃。

(二) 光照

烟草是喜光作物，光照充足才能生长健壮。但从烟叶品质要求来看，光照充足而不强较为有利，尤其在成熟期，天气晴朗多光照是十分必要的。如果光照不足，则会出现烟叶香气少，品质差；如果光照过强，叶片厚而粗糙，主脉突出，烤后烟叶含氮化合物含量高，含糖低，吃味辛辣，刺激性强，品质不良。烟叶大田生长期间要求日照时数为 500～700 h，日照率在 40%以上；成熟期间要求日照时数为 280～300 h，日照率为 50%以上。

（三）水分

烟草耐旱怕涝，水分过多或过少都不利于烟草的生长发育及优质适产烟叶的形成。在温度较高、水分充足的条件下烟株生长旺盛，叶片大而产量高，但叶内干物质积累少，含水量高，不易烘烤，烤后烟叶颜色浅，品质差。如果水分不足或遇干旱，烟株矮小，叶片小而厚，成熟不一致，且易早花，产量和品质都不高。烟草移栽期间降水较多有利于缓苗；缓苗后及成熟期对土壤适度控水，有利于烟苗伸根和烟株叶片干物质积累与适时成熟采收。团棵期水分供应充足可促进旺盛生长。

（四）矿质营养

烟草在生长发育过程中，需要吸收一定数量的无机营养。只有足量和适时地供给无机营养，才能使烟株生长协调，获得理想产量和品质。烟草吸收的无机营养元素包括氮、磷、钾、钙、镁等，其中以氮、磷、钾的需要量最多，是烟草生长发育最基本的物质，每公顷生产 1 500 kg 干烟叶，烟株需要从土壤中吸收氮 45.0～52.5 kg、磷 15.0～22.5 kg、钾 90.0～105.0 kg。

第四节　栽培管理技术

一、选地与轮作

（一）选地

烤烟的品质与土壤的关系极为密切，同一品种在不同土壤条件下栽培，烟叶品质有明显差异。烟草土壤适应性很强，除重盐碱土外，几乎所有的土壤上烟草都可生长。但不同土壤上生产的烟叶品质差异非常明显。一般来说，有机质含量为 1.5%～2.0%，土层深厚、质地疏松、结构良好、通透性强的壤土或砂壤土对烟草生长和品质形成最为有利。生产优质烟叶的土壤，盐分含量必须低于 5 g/kg，含氯量应小于 30 mg/kg（烟叶含氯达1.0%时即有不同程度的黑灰熄火现象）。烟草对于土壤酸碱度的适应性很广，土壤 pH 在5.5～8.5 时都可生长，最适宜的土壤 pH 为 5.5～7.0。

（二）轮作

烟草不耐连作，重茬或迎茬地块烟草病害发生严重，坚持合理的轮作制度是实现优质适产的重要措施之一。烟草的轮作周期至少应为 3 年，轮作周期越长防病效果越好。选择前茬作物时，应保证有充足的时间使烟草生长发育成熟采收，且土壤中氮素残存量不宜过高。从生产来看，烟草的前茬以谷子、芝麻、甘薯较好；茄科和葫芦科作物与烟草有相似病虫害，不宜为其前作。我国北方一年一熟轮作通常为春烟→玉米或大豆或高粱→谷子或玉米、春烟→玉米或大豆→大豆或玉米或高粱、春烟→玉米或大豆→玉米。

二、整　　地

烟田深翻和耙耱可以改善土壤物理性状和团粒结构，增强土壤通透性，增强好气微生物活性，加速有机质分解，提高土壤蓄水保肥性能，为烟株生长发育创造优越土壤条件。

烟草是深根作物，根系密集层大多在地表下 30～50 cm 范围内。因此烟地必须深翻

25～30 cm，以促进根系深扎。另外，深翻还可将病菌孢子、虫卵、杂草等深埋，减少危害。

垄作对整地的要求较高。秋收后要趁墒耕翻，黏性土壤耕后视墒情随耕随耙，砂性土壤当年不耙，翌年春季及时耙细镇压，以防春旱，移栽前半个月起垄（也可秋耕耙后起垄）。垄距一般为 90～110 cm，垄高为 20～30 cm。农家肥用量较大时，可在起垄时将其条施于垄内。地膜覆盖栽培时，可在移栽前 15 d 左右整好地，施好肥，随后起垄，雨后或灌水后立即趁墒覆膜封紧，以利保温、保湿、防风、防草。移栽时按株距打孔，挖穴移栽。

三、育　苗

（一）育苗的要求

烟草育苗的要求是壮、齐、足和适时。"壮"要求烟草生长健壮无病害。壮苗的标准是茎秆粗壮，根系发达，幼叶单位面积干物质量大。"齐"要求烟草生长整齐，大小均匀一致，无过大、过小的苗和瘦苗、高脚苗。"足"要求烟苗数量充足，能满足一次性适时移栽需要。"适时"要求在最适宜移栽的季节烟草达到壮苗标准，适于移栽。

（二）育苗地的选择与苗床整理

育苗地要选在背风向阳、光照充足、地势平坦、土壤肥沃、靠近水源、便于运输的生茬地。重茬地、低洼易涝地、盐碱地、场园地、瓜菜地、荒地都不宜作育苗地。每栽 1 hm² 烟草需要育苗地 150 m² 左右，可根据种植计划确定育苗面积。北方烟区多采用平畦塑料薄膜覆盖育苗。制作苗床前对育苗地进行深中耕细耙，精细整理，做到土碎地平。标准畦长为 10 m，宽为 1 m，畦面与地面平齐，畦埂高出地面 10～15 cm，畦底宽为 25～30 cm，畦面宽为 15～20 cm。

（三）浸种催芽

经过精选的种子可用 1‰硫酸铜溶液（或 0.1%的硝酸银溶液或 2%甲醛溶液）浸泡 10～15 min 消毒，冲洗后再在清水中浸种 24 h，然后搓去种皮上的胶质，使种子容易吸水萌动。催芽时将种子装入干净的白布袋内，温度保持在 25～28 ℃并使种子保持湿润不黏结状态，经常翻动种子以调节透气性，促使种子萌发，待种子胚根突破种皮，长度与种子等长时即可播种。

（四）播种

播种时应注意播种期与移栽期相适应，即适时成苗移栽。黄淮海烟区春烟一般以 2 月下旬到 3 月下旬播种为宜。播种前应浇底墒水，待水下渗后立即播种。播种方法有条播、点播、撒播等，每标准畦可用芽种 3～4 g，用细碎土拌匀后均匀播于苗床。播种后覆盖一层细土（约 1 mm），然后插拱，覆盖塑料薄膜，密封保温、保湿。

（五）苗床管理

1. 温度控制　十字期前要密封保温、保湿，使膜内温度控制在 25～28 ℃，超过 30 ℃要进行通风降温，以防止高温烧苗；4～5 片真叶时开始逐渐揭膜炼苗。通风揭膜的原则：先揭两头后两边，时间由短到长，从日到夜，在成苗前 7～10 d 应昼夜揭膜，提高幼苗素质和适应裸地环境的能力。

2. 水分管理　从播种到十字期以前应始终保持苗床表土湿润，一般在浇足底墒水后不需再灌水，若表土稍干应少量多次供水。伸根期应控水促根，不旱不灌，成苗期要适当断水炼苗，以提高烟苗的抗旱能力。

3. 苗床追肥 当苗床基肥不足、苗发黄时，需及时追肥。在幼苗 4～5 片真叶时追施，每次每标准畦可用尿素 100 g（或复合肥 200 g），结合灌溉追施，追肥后用清水冲淋，以防烧苗。

4. 间苗定苗 一般苗床要间苗 2～3 次。第 1 次间苗在小十字期进行，将密集苗除去，苗距保持 2 cm。第 2 次间苗在大十字期进行，间去高大苗、弱小苗和病虫苗，苗距为 3～4 cm。第 3 次间苗在 5 片真叶时进行，称为定苗，苗距为 5～6 cm。多次间苗后及时灌溉，结合施肥并去除杂草，以保持幼苗整齐一致。

5. 假植育苗 假植的方法有很多，例如用营养袋（钵）、营养块、假植床等。当烟草 4～5 片真叶时将烟草从原苗床移植到假植苗床上，假植后遮阴灌溉，成活后的管理与母床相同。假植后 25 d 左右，烟苗可长至 7～8 片真叶。当袋底布满根时，即可移栽大田。

四、大田移栽与密度

（一）适期移栽

烟草的移栽受气候条件、栽培制度、品种特性、播种期等的影响。但在不同地区，主导因素不同。因此在确定移栽期时，需结合当地实际，进行综合考虑。

1. 气候条件 一般春烟移栽必须在当地晚霜过后，日平均气温和土壤温度稳定在 12 ℃ 以上时进行，过晚移栽时不能充分利用生长期；过早移栽时不但会受晚霜冻害，而且烟草生长在低温环境中，易产生早花现象。

移栽时雨水稍多，有利于缓苗。缓苗后雨水少，有利于伸根。根据气候条件决定移栽期，除了考虑要有利于烟苗的成活和生长外，还要注意使后期烟叶成熟期处于适宜气温条件。一般认为，成熟期气温在 20～25 ℃、光照充足、降水量减少而又不干旱的条件有利于烟苗的成熟和提高烟叶的品质，而温度低于 17 ℃、降水量过多或过少都不利于烟苗正常成熟。

2. 栽培制度 春烟栽培的主要目标是将烟草成熟期安排在最适宜的季节里。只要气候适宜，即可尽量提早移栽，充分利用有限的无霜期。

3. 品种特性 不同品种对生态条件反应不同，在确定移栽期时应区别对待。一般情况下，对低温较为敏感的品种的移栽期不宜太早；对于不同程度的春旱现象，抗旱品种可适当早栽。

4. 播种期 播种育苗过晚时会出现"地等苗"，播种过早时会出现"苗等地"，均不能保证大田的适期移栽。只有适时播种，烟苗大小适中，才能按时移栽。

（二）移栽技术

1. 地膜覆盖栽培 地膜覆盖是烟草栽培的一项重要措施，增产效果显著。

（1）起垄施肥 整地要精细，做到细、平、匀，使膜能紧贴地面。开沟深度为 20 cm，分两层施肥。将腐熟的农家肥与磷肥充分混合后，取 2/3 条施于底层；另将复合肥和硫酸钾混合后，取 2/3 撒在上面，然后覆土 15 cm。余下的肥料全部穴施在上层，充分拌匀细土，再盖一层新土，然后摆苗培土，边栽边浇透水，最后覆盖地膜保温。

（2）新法覆膜 地膜的宽幅为 90～100 cm，将膜分成两幅，每幅宽为 45～50 cm，栽好烟苗后，将两幅地膜分别自垄的两边向垄的中心处交汇覆盖。盖好后，用细土压封两膜交汇处和膜边，防止通风漏气，以利于保温保湿。新法覆膜操作简便，后期揭膜容易，可供二次使用，提高膜的利用率，节省投资。

（3）揭膜高培土 由于覆膜栽培一次性施足肥料，不能再中耕、培土、除草，垄面较低而紧实，杂草丛生，对烟株生长不利。因此可在栽后气温回升到 20～22 ℃或以上，雨季来临时，全部打开地膜，及时进行烟田松土、除草、培土，每公顷施硫酸钾 225～300 kg，施肥后高培土。

2. 膜下小苗移栽 多年来烟草生长处于大田生长前期低温干旱、后期多雨高温的不良气候，致使前期生长缓慢，大面积发生早花，后期病虫害严重，上部烟叶常处于失收的状况，严重影响了烟叶品质、产量和经济效益。为避免以上问题，可采用膜下小苗移栽技术。膜下小苗移栽配套技术如下。

（1）选择适宜规格的地膜 地膜厚度不得小于 0.01 mm，宽度以 90 cm 为宜。

（2）秋翻整地 入冬前要及时进行耕翻整地，并清除作物根茬，以达到蓄水保墒、减少病原侵染、消灭虫卵的目的。

（3）起垄施肥 起垄前先开沟将腐熟的农家肥、磷肥以及 20% 的复合肥、硫酸钾条施于沟内再覆土起垄开穴，一般以穴深 15 cm、直径约 20 cm 为宜。

（4）适时移栽 移栽时日平均气温高于 10 ℃，膜内温度高于 15 ℃，烟苗苗龄为 4～5 片真叶，叶片平展呈蝶形。

（5）加强管理 适时破膜放苗，移栽当天要浇足定根水，并用 50% 辛硫磷乳油 500 mL/hm^2 兑水 750 L/hm^2 喷洒烟株及穴周围，以防地下害虫。栽后要及时盖上地膜。但是当膜内温度升至 25 ℃时，需要在苗穴上方的膜上扎 0.1～0.2 cm 的小孔 3～4 个，以利于烟苗透气和避免高温烧伤现象。移栽 15～20 d 后，当烟苗在膜内生长受阻时，要及时破膜放苗，并在苗周围用细土封严膜口。

（6）揭膜培土 烟株进入旺长期后，侧根已长至地表面，露出地表的侧根不能很好地吸收土壤养分，根系的发育受到抑制，影响烟株在大田后期的生长，当气温稳定在 20 ℃以上时，需进行揭膜培土。

（三）移栽密度

烟草叶片是制造有机物质的主要器官。因此应最大限度地使烟叶保持在良好的光照条件下，以增加光合产物，使个体与群体相互协调，达到适产优质的目的。

目前烟草栽培采用单行疏植方式。在单行疏植中，每单行的叶片上下都获得充足的阳光，叶的光合面积大，光合强度大，伸向行间的叶片占 81%，伸向株间的叶片占 19%，有利于提高烟叶的光合利用率，有效地提高烟叶品质和产量。一般行距为 90 cm，株距为 55～60 cm，每公顷有苗 $1.3×10^4$～$1.8×10^4$ 株，才能实现烟叶优质适产。

五、施 肥

（一）施肥量

烟草吸收养分的数量因品种、产量、肥料形态、土壤性状和栽培条件不同而有较大差异。上文已述，每公顷生产 1 500 kg 干烟叶，需从土壤中吸收纯氮（N）45.0～52.5 kg、磷（P_2O_5）15.0～22.5 kg、钾（K_2O）90～105 kg。烤烟对钾素吸收量最多，比需氮量高 1～2 倍；对磷的吸收量较氮、钾少，为氮量的 1/2～2/3。由于磷肥的吸收利用率低，在实际生产中磷的施用量要比氮多 1 倍左右。

（二）施肥技术

1. 施肥原则 烟草的施肥原则为：适施氮肥，增施磷钾肥；重施基肥，早施追肥；大量元素肥料与微量元素肥料配合施用。

2. 施肥方法 气候条件，特别是降水量和雨水的分布状况、土壤性状、土壤保水保肥状况，均与养分的释放、流失、吸附和利用有着直接的关系。需要采取不同的施肥方法，以充分发挥肥料的效应，调节烟草养分的供应。

（1）基肥追肥施用方法 垄作栽培烟草，基肥分 2 次施用。起垄时，将 2/3 基肥条施于垄底，1/3 在移栽时施于穴内。追肥一般在移栽 20～30 d 后撒施于株间或用追肥枪追施。基肥和追肥施入深度，在大田生长发育前中期湿度大的地区，以 10～15 cm 为宜，在湿度小的地区以 15～20 cm 为宜。

（2）双层施肥方法 在起垄前将基肥用量的 60％～70％ 条施于垄底烟株栽植行上，然后起垄。移栽时再把剩余的 30％～40％ 施于定植穴底部，与土壤充分混合，覆以薄土后移栽烟苗。如果在起垄后进行双层施肥，可先将穴挖至 20 cm 深左右，先将基肥用量的 60％～70％ 施于穴内，覆土 7 cm 左右，将余下的 30％～40％ 基施于覆土之上，与土混合均匀，然后移栽烟苗。

（3）双条施肥方法 单条施肥法由于施肥点距烟草根系有一定距离，肥料需要经过一个缓慢的扩散过程迁移到根表后才被吸收，不符合烟草根系分布规律。双条施肥结合烟草根系分布特点，将肥料施于距烟行 15 cm 的两侧，深度为 20 cm 左右。

（4）肥料喷施方法 近年来对根外喷洒叶面肥应用较多。具体做法是，分别在团棵期、打顶后和下二棚叶片采收后喷施绿芬咸 1 号或绿芬咸 2 号营养液，每公顷用药 1 500 mL，兑水 750 L。一般在傍晚喷施，夜间露水使叶面喷肥液滴干燥慢，有利于吸收。

（5）立体施肥方法 根据烟株营养生长规律，为防止肥料的流失和固定，起垄时一次性施用全部饼肥、草木灰和 50％ 复合肥，不施用钾肥。移栽时施入另外 50％ 复合肥和全部钾肥。同时，移栽时采用打眼施肥法，在烟株两侧，离烟苗 10 cm 处各打一个深为 15 cm 的孔眼，将肥料施入后盖严。在旺长期、打顶期分别喷施上述营养液，使地下层、地表层、地上层的肥料发挥各自的作用，基本满足烟株各生长阶段的营养需要。

六、田间管理

（一）苗齐苗壮

遇上早春倒春寒和干旱时，烟苗移栽后易缺苗。如有缺苗，应及时补栽。对已成活的小苗和弱苗，要特别多施 1～2 次"偏心肥"，促进其迅速赶上大苗，做到苗齐、苗全、苗壮。

（二）中耕培土

烟苗移栽后 4～5 d，浅锄 5 cm 左右，以松土保墒，破除板结，提高土壤温度，促苗发根。第 2 次中耕在移栽后 15～20 d 进行，要进行深中耕，行间中耕深度为 14 cm，烟株周围中耕深度为 7 cm，锄深、锄透、锄匀，促进烟株生根。团棵后进行第 3 次中耕，浅锄除草保墒。

烟田培土可结合第 2 次中耕或在第 2 次中耕后 7~10 d 进行，培土高度在 20 cm 以上，达到土壤与根系之间无间隙，培土后垄直底平。

（三）灌溉与排水

烟草大田各生育时期对水分的需求不同，从移栽到团棵，烟株需水量约占全生长发育期需水量的 15％，此期要求土壤含水量为田间持水量的 60％。旺长期是烟株需水最多的时期，此期需水量占全生长发育期的 50％左右，要求土壤含水量保持在田间持水量的 80％。成熟期烟株需水量占全生长发育期的 35％左右，此期要求土壤水分为田间持水量的 60％。各阶段若遇干旱应及时灌溉。灌溉方法主要有沟灌和喷灌两种，灌水要均匀，防止烟田积水。此外，由于烟草有耐旱怕涝的特点，如遇大雨，要及时排除田间积水，以免发生涝灾。

（四）打顶抹杈

1. 打顶 烟株打顶的早晚和留叶数的多少，应根据烟株的长势、长相和品种的特性等灵活掌握。烟株长势差的宜早打顶，少留几片叶，反之则多留几片叶。

（1）现蕾打顶 在烟株生长正常、花蕾伸长约 2 cm 高、已能分清嫩叶和花蕾时，将花蕾和花梗连同 2~3 片小叶一起去掉。

（2）初花打顶 在烟株长势旺盛，烟株顶端的第 1 朵中心花刚开放时，将顶部 3~4 片小叶和花梗花序一起去掉。

（3）"扣心头"打顶 若烟株长势欠佳，在顶端的花蕾被包在小叶内且尚未明显露出时，用竹签或尖嘴小镊子去除花苞。

2. 抹杈 打顶后烟株失去顶端优势，腋芽又会萌发，每个腋芽都可能开花结实。因此打顶后要及时抹杈。一般要求每隔 3~5 d 抹 1 次杈，杈长不超过 3 cm。可人工抹杈，也可用烟草腋芽抑制剂进行化学除芽。

（五）防止早花和底烘

早花指的是烟株未到达该品种正常生长应有的高度和叶数，提前现蕾开花的不正常现象。可通过选用适宜品种、适期移栽、选栽壮苗、合理施肥、加强管理等措施预防早花发生。发生早花后可及时打顶培育杈烟，尽量减少早花的损失。

底烘指烟株下部叶片未达到成熟期，提早发黄，甚至枯萎的现象。底烘可导致产量降低，品质下降。光照不足、田间高温多湿或土壤干旱引起的底烘，可采取合理稀植、搞好培土排水、及时采收脚叶和合理灌溉等措施防止。

（六）化学除草

1. 苗期土壤处理 在烟草播种后至出苗前，每公顷苗床可选用 70％灭草猛乳油 3 700~6 000 mL、90％双苯酰草胺可湿性粉剂 4 000~6 000 g、20％灭草喹液剂 600~1 000 mL，兑水 750 L/hm² ，均匀喷雾后，再覆盖苗床。

2. 移栽前土壤处理 在烟苗移栽前，可每公顷可选用 33％二甲戊乐灵乳油 3 000 mL、20％萘氧丙草胺乳油 1 500 mL、48％异噁草酮乳油 750~1 005 mL，兑水 750 L/hm² ，均匀喷施处理垄面。

3. 移栽后土壤处理 在烟苗 5 片真叶、杂草 3~5 叶期，可每公顷选用 75％禾草灭水溶性粉剂 975~1 725 g、12％烯草酮乳油 450~600 mL、15％精吡氟禾草灵乳油 600~1 005 mL，兑水 750 L/hm² ，茎叶喷雾处理。

七、采收与烘烤

（一）适熟采收

1. 烟叶的成熟 烟叶的成熟分 3 个时期：生理成熟期、工艺成熟期和过熟期。

（1）生理成熟期（始熟期） 生理成熟是指烟叶通过旺盛生长后，叶片由缓慢生长至停止生长，叶面积基本定型。

（2）工艺成熟期（适熟期） 烟叶生理成熟后，合成能力迅速减弱，分解能力加强，叶绿素降解加快，淀粉、蛋白质含量下降。此即工艺成熟期。

（3）过熟期（衰老期） 工艺成熟期如不及时采收，烟叶内养分消耗大，逐渐衰老枯黄，将造成产量低，烤后色淡，油分少，光泽暗，缺乏香味，商品价值降低。

2. 烟叶采收

（1）采收时间 移栽后到适合采收，一般下部叶需 60 d 左右，中部叶需 70 d 左右，上部叶需 80 d 左右。每 5～7 d 采收 1 次，每株每次采收 2～3 片叶，顶叶留 3～4 片叶，最后一次性收完。一般在晴天早晨，太阳未升起或微弱阳光下进行采收。阴天可以全日采摘，晴天中午不宜采收，避免叶面失水过多而凋萎，或被烈日暴晒灼伤，不利于烘烤。雨后不宜采收，因为此时叶面烟油被冲洗，导致采收时手无黏胶质状，烘烤后烟叶品质欠佳，故应待雨后晴 2～3 d 再采收。

（2）专人采收 专人采收能严格掌握烟叶的成熟度，切实做到多熟多收，少熟少收，不熟不收，不采生叶，不漏采熟叶。采收后把叶整齐叠放入筐内，叶尖朝内，叶柄向外，轻放不强压。运回后放在空房或树荫下，防止日晒、雨淋，并将叶尖竖立摊放，不宜摆平堆压，以防发热烧焦叶片。

（3）分类绑竿 将大部分适熟黄叶先绑竿，绑好一竿后即挂到阴凉处的木架上。再将误摘回的带青叶，另行绑竿。最后将过熟叶和病虫叶片另绑竿。绑叶时，大叶两片、小叶三片为一撮，叶片背靠背，每撮之间保持一定的距离，不宜靠紧，以利于升温、排温，否则易烤出灰褐色烟。

（4）合理装炕 烤房内温度自下而上逐渐降低，烟叶也分层受热，并散发出水分，通过天窗把大量水分排出。因此必须使挂竿之间的距离适当，保持烤房内处处升温均匀，排湿顺畅。

装烟时，要严格掌握好分类，未熟叶、适熟叶和过熟叶分别挂在顶层、中层和底层，挂竿间距要求上密（竿距为 17 cm 左右）、中疏（竿距为 21 cm 左右）、下稀（竿距为 24 cm 左右）。按先顶部、再中部、最后下部的顺序挂竿，逐层挂满。要提前统计总竿数，分层定竿，一次性装满炉，当天完成装炕烘烤，切忌分 2～3 d 装炕。

（二）科学烘烤

1. 烟叶烘烤的基本原理 烟叶烘烤的全过程以温度调节为主，通过调控温度、湿度和通风条件并利用烟叶自身酶的催化作用，促使烟叶发生复杂的变化，将烟叶内含 80%～90% 的水分排出，使烟叶变黄变干，具备特有的色泽、油分、香气、气味、劲头、燃烧性等，使烟叶朝着利用价值最高的方向变化。

烟叶在烘烤过程中存在两个变化过程，即由绿叶变黄叶和鲜叶变干叶的过程。在 36～45 ℃下，由绿叶变黄叶；在 45～55 ℃下，实现鲜叶变干叶。使烟叶两个变化过程趋于相等的速度，使之同步进行，密切配合，协调一致，使烟叶具有良好的外观形态、物理特性及化学成分是至关重要的。

2. 烟叶的变化过程　通常将烟叶的烘烤全过程划分为变黄期、定色期和干筋期等 3 个时期。

（1）变黄期　变黄期要求调节房内的温度在 36～45℃，相对湿度在 50%～85%。此期重要的外观变化是：烟叶达到基本变黄，仅余叶脉和叶基部微带青，并且叶片充分萎蔫发软，烟叶失水量为 25%～40%。

（2）定色期　温度由变黄末期的 45℃ 上升到 50～55℃，相对湿度下降到 23%～28%，便可及时升温，加快排湿，终止变黄期的各种变化，烤干叶片，固定和保持叶片在变黄期已得到的金黄色和优良品质。定色期掌握得当与否，是烘烤成败的关键。温度以平均每 2～3 h 升高 1℃ 的速度升至 54℃ 左右，保持湿球温度在 38～40℃。此期需加热、排湿，使烟叶水分含量逐渐减少到 30% 以下，达到叶片干燥、烟叶化学成分和颜色相对固定。必要时，延长在 46～48℃ 停留的时间，达到黄片黄筋且勾尖卷边至小卷筒。在 54℃ 要保持足够时间，使叶片全干，同时有利于淀粉彻底降解，增进烟叶的香味、吃味品质。

（3）干筋期　干筋期的主要任务是把主筋（主叶脉）烤干。将温度升到 60～65℃，相对湿度下降到 17%～40%，以排尽烟叶主筋中的水分。但温度不能过高，在 60℃ 时香气最浓，到 65℃ 时香气被挥发而变淡，67℃ 时更淡。因此温度超过 70℃ 时会出现红烟，糖分焦化，香气量减少，刺激性增加。

3. 烤后烟叶的保管　烤干后停火 4～5 h，可全部打开天地窗和大门，让潮湿空气进入烤房，烟叶自然吸湿变软，压而不脆，即可出炉。

（1）室内回潮　烟叶出炉后，不宜摆到地面上，以免回潮过度，烟叶呈潮红而降低等级。一般最好堆放在地面的木架子上。

（2）堆积发酵　解竿后，扎成小捆，堆放在楼板或木架上。分级扎把后，再集中堆放，叶尖向内，叶柄向外，不要紧靠墙壁，以免受潮。烟堆的上下四周用干稻草密盖。面上可压上木板，促进烟堆保温并防潮，加速烟叶发酵，可使部分浮青烟转化为黄色烟，呈现出色泽鲜亮、金黄或橘黄，香气倍增，达到优质标准。

第五节　病虫害及其防治

一、主要病害及其防治

（一）烟草猝倒病

烟草幼苗出土至大十字期最易感染猝倒病。发病初期，茎基部开始出现水渍状、似开水烫状，呈暗绿色，继而病部软腐或近地面处呈水渍状、暗褐色，腐烂处渐渐干枯缢缩，倒伏。在苗床内常形成明显的发病中心，向四周扩展。病区床土表面可见白色蜘蛛网状的菌丝。

烟草猝倒病的防治方法：发病初期交替选用 58% 甲霜灵·锰锌（含甲霜灵 10%、代森锰锌 48%）可湿性粉剂 1 500 g/hm²、64% 噁霜·锰锌（含噁霜灵 8%、代森锰锌 56%）可湿性粉剂 1 600 g/hm²、25% 甲霜灵可湿性粉剂 750 g/hm²，兑水 750 L/hm²，喷淋苗床。

(二) 烟草病毒病

北方烟区主要病毒病有普通花叶病。普通花叶病主要危害叶片，病叶边缘有时向背面卷曲，叶基松散，叶片厚薄不匀，甚至皱缩扭曲而畸形，有缺刻，严重时叶尖呈鼠尾状或带状。发病早的病株节间短，植株矮化。重病株的花朵变形，蒴果小而皱缩。

烟草病毒病的防治方法：①农业防治，例如实行轮作、栽植抗病品种、选无病株留种。②药剂防治，可在假植前和移栽前 3～7 d，或在发病初期，交替选用 0.5％菇类蛋白多糖水剂 2 750 mL/hm²、5％菌毒清水剂 1 875 mL/hm²、2％宁南霉素水剂 3 250 mL/hm²，兑水 750 L/hm² 喷雾。

(三) 烟草炭疽病

烟草炭疽病在烟草整个生长发育期均可发生。发病初期，在叶片上产生暗绿色水渍状小点，1～2 d 后病斑扩大，呈黄褐色或褐色，有时有轮纹，产生小黑点。

烟草炭疽病的防治方法：①农业防治，主要是加强苗床管理。②药剂防治，于发病初期交替选用 75％百菌清可湿性粉剂 850 g/hm²、30％碱式硫酸铜悬浮剂 1 750 mL/hm²、30％王铜悬浮剂 1 050 mL/hm²，兑水 750 L/hm² 喷雾。

(四) 烟草野火病

烟草野火病在苗床期和大田期均可发生，主要危害叶片，也可危害幼茎、蒴果、萼片等器官。叶片受害时，首先产生褐色水渍状小圆点，周围有黄色晕圈，几天后会逐渐发展成为直径为 1～2 cm 的圆形或近圆形褐色病斑。遇到气温较高、多雨高湿的天气时，褐色病斑会急性扩展增大，相邻病斑连片形成不规则的大斑，上有不规则轮纹，表面常产生黏稠菌脓。

烟草野火病的防治方法：发病初期交替选用 72％农用硫酸链霉素可溶性粉剂 250 g/hm²、50％丁戊己二元酸铜可湿性粉剂 1 500 g/hm²、1％新植霉素可湿性粉剂 150 g/hm²，兑水 750 L/hm² 喷施。

(五) 烟草赤星病

烟草赤星病主要危害烟草叶片和茎部。叶片发病时，病斑一般自上而下发生，最初在叶片上出现黄褐色圆形小斑点，然后变为褐色。典型病斑产生明显的同心轮纹，质脆、易破，病斑边缘明显，外围呈淡黄色，晕环较窄，不明显，病斑中心有灰黑色的霉状物。

烟草赤星病的防治方法：①农业防治，例如实行轮作与秋翻、合理密植、增施磷钾肥，熟后及时采收，减少再侵染。②药剂防治，可在发病初期交替选用 65％代森锌可湿性粉剂、40％菌核净可湿性粉剂、50％退菌特可湿性粉剂，药剂用量均为 1 500 g/hm²，兑水 750 L/hm² 喷雾。

二、主要虫害及其防治

(一) 地老虎

地老虎主要啃食烟草根茎，多采取以菌杀虫方式进行生物防治；也可在移栽前 3 d，选用 2.5％溴氰菊酯乳油 300 mL/hm²、2.5％氯氟氰菊酯乳油 300 mL/hm²，均匀喷施苗床；或在移栽后覆膜前用 5％顺式氰戊菊酯乳油 375 mL/hm² 喷施垄面。

(二) 烟蚜

烟蚜在吸食烟草汁液时还能传播病毒，使烟草致病。通过释放天敌，能有效防治烟蚜。生产上常采用茧蜂对烟蚜进行防控。也可用 10％吡虫啉可湿性粉剂 250 g/hm²，兑水 750 L/hm² 喷雾。

（三）烟青虫

烟青虫以烟草的新芽和嫩叶为食，严重时整株烟叶均被啃食，导致绝收。在幼虫 3 龄之前，交替选用 2.5％联苯菊酯乳油 250 mL/hm²、52.25％农地乐乳油 500 mL/hm²、5.7％氟氯氰菊酯乳油 500 mL/hm²，兑水 750 L/hm² 喷雾。

复习思考题

1. 烟草分哪几类？我国烟区是如何划分的？
2. 试述优质烟叶生产的生态条件。
3. 试述烟草大田地膜覆盖栽培技术的要点。
4. 试述烟草的施肥原则和方法。
5. 如何防止烟草底烘和早花？
6. 试述烤烟科学烘烤技术。

主要参考文献

陈传印，雷振山，2011. 作物生产技术[M]. 北京：化学工业出版社.

段志刚，2018. 烟草病虫害防治技术[J]. 乡村科技，26：106-107.

黄鹤鸣，叶庄钦，詹仁锋，2020. 优质烟草栽培技术[J]. 河北农业，7：36-37.

姜方荣，李锦彪，汪中，等，2019. 烟草栽培技术[J]. 现代农业科技，21：2.

刘朝巍，2016. 北方特种经济作物栽培学[M]. 北京：中国农业出版社.

刘国顺，2003. 烟草栽培学[M]. 北京：中国农业出版社.

唐羽，张颖，2018. 烟草病虫害种类、产生原因及防治策略[J]. 农业工程，8（1）：113-115.

杨能珍，李继光，2001. 烟草田草害防治新技术[J]. 农村新技术，11：6-7.

于立河，李佐同，郑桂萍，2010. 作物栽培学[M]. 北京：中国农业出版社.

郑庆伟，2013. 地膜覆盖烤烟田病虫草害的防治[J]. 农药市场信息，1：50.

中国农业科学院烟草研究所，1987. 中国烟草栽培学[M]. 上海：上海科学技术出版社.

第十三章

南　瓜

第一节　概　述

南瓜 [*Cucurbita moschata* (Duch ex Lam) Duch ex Poiret] 为葫芦科南瓜属一年生蔓生草本植物，主要包括中国南瓜、印度南瓜、美洲南瓜、黑籽南瓜和墨西哥南瓜。中国南瓜又称为南瓜、倭瓜、饭瓜、番瓜、老缅瓜等，主要分布于中国、印度、日本等国家。印度南瓜又称为笋瓜、玉瓜、北瓜、拉米瓜、日本南瓜、西洋南瓜等。美洲南瓜又称为西葫芦、角瓜、蔓瓜、白瓜等。黑籽南瓜又称为米线瓜、绞丝瓜等。墨西哥南瓜又称为灰籽南瓜等。

一、起源与分布

南瓜属植物起源于美洲大陆的 2 个中心地带：①墨西哥和中南美洲，是美洲南瓜、中国南瓜和墨西哥南瓜的初生起源中心，可能也是黑籽南瓜等栽培种的初生起源中心；②南美洲的秘鲁南部、玻利维亚和阿根廷北部，是印度南瓜的初生起源中心。美洲南瓜的多样性中心主要在墨西哥北部；墨西哥南瓜的多样性中心从墨西哥中部延伸至尤卡坦半岛抵哥斯达黎加。中国南瓜的多样性中心从墨西哥城南经过中美洲，延伸至哥伦比亚和委内瑞拉北部。作为生长在海拔 $1\,000\sim2\,000$ m 的高地种，黑籽南瓜的多样性中心从墨西哥中部，经中美洲高原沿安第斯山抵智利中部。印度南瓜的多样性中心在南美洲的阿根廷、玻利维亚北部、秘鲁南部和智利北部。

南瓜已有 9 000 年的栽培史，哥伦布将其带回欧洲，以后被葡萄牙引种到日本、印度尼西亚、菲律宾等地，明代开始进入中国。我国主要栽培中国南瓜、印度南瓜和美洲南瓜 3 种类型。

二、国内外生产现状

南瓜对外界环境条件适应性强，在世界各地均有栽培，亚洲栽培面积最大，其次是欧洲和南美洲。据联合国粮食及农业组织统计资料，2018 年全世界南瓜栽培面积为 2.04×10^6 hm^2，总产量约 2.764×10^7 t，单位面积产量平均为 1.35×10^4 kg/hm^2。南瓜栽培面积较大的国家有印度（5.20×10^5 hm^2）、中国（4.47×10^5 hm^2）、喀麦隆（1.74×10^5 hm^2）、土耳其（9.95×10^4 hm^2）、乌克兰（6.11×10^4 hm^2）、俄罗斯（5.60×10^4 hm^2）等；单位面积产量居于前 6 位的国家有圭亚那（1.08×10^5 kg/hm^2）、巴林（1.02×10^5 kg/hm^2）、荷兰（6.67×10^4 kg/hm^2）、印度尼西亚（5.87×10^4 kg/hm^2）、哥

伦比亚（5.46×10^4 kg/hm²）、西班牙（4.73×10^4 kg/hm²）；总产量较大的国家有中国、印度、乌克兰、俄罗斯、墨西哥、西班牙等。中国的栽培面积居世界第二，总产量居世界第一。

自 20 世纪 90 年代以来，我国各大科研机构针对南瓜开展的遗传理论与应用技术研究取得了显著成果，南瓜功能性作用在食品、医药、化妆品等领域凸显，有些地区已经形成了科研、生产、精细加工产业链条，推动了南瓜生产的发展。近年来我国南瓜栽培面积增长迅速。根据农业农村部统计，全国南瓜栽培面积，1989 年为 4.2×10^4 hm²，1994 年发展到 5.6×10^4 hm²，2007 年约为 3.25×10^5 hm²，2008 年达 1.00×10^6 hm²，2010 年达 1.20×10^6 hm²。

三、产业发展的重要意义

南瓜果肉中含糖类、蛋白质、膳食纤维、多种维生素（例如维生素 C、维生素 A、胡萝卜素、硫胺素、核黄素、烟酸等）以及多种矿质元素（例如铁、钙、镁、锌等）。南瓜中所含果酸能够有效促进人体内胃液和胆汁的分泌，增强食欲并能促进肠胃的蠕动和排便，促进肠胃快速消化各种油腻食物，激活新陈代谢并促进造血。种子含有丰富的蛋白质和脂肪，含量分别高达 40% 和 50% 左右，其中不饱和脂肪酸含量高达 45% 左右。南瓜种仁对胃病、糖尿病等具有一定辅助疗效，同时有降血脂、防脱发、抗衰老等作用。熟南瓜种子可治疗蛔虫病、蛲虫病、绦虫病、钩虫病等。南瓜色素是一种少有的着色力强的理想天然色素，是开发新型功能性食品、营养制剂和药物制剂的理想成分，可在食品、保健、医药等领域中得到充分应用。

第二节 植物学特征

一、根

南瓜根系为直根系，由主根和侧根构成，种子发芽长出主根，入土深度达 2 m 左右，主要根群分布在 10～40 cm 的耕层中。种子发芽后主根以日均生长 2.5 cm 的速度扎入土中，一般主根深 60 cm 左右。一级侧根有 20 余条，一般长为 50 cm 左右，最长的可达 140 cm，并可分生出 3～4 级侧根，形成强大的根群。

南瓜的根系发达，在根系发育最旺盛时可占有 10 m³ 的土壤体积。南瓜侧根分布的半径可达 85～135 cm，其长可达 40～70 cm。根系强大，吸水和吸肥能力强。

二、茎

南瓜茎因不同种类而异，中国南瓜和印度南瓜多数为长蔓，分主枝、侧枝和二次分枝，蔓长达 3～5 m，有的品种可达 10 m 以上。美洲南瓜可分长蔓和短蔓。少数有短缩的丛生茎。

无论是长蔓还是短蔓，茎均为绿色，中空，具有不明显的棱，被有白色茸毛或刺毛。在叶腋间有侧芽、卷须和花芽。在匍匐茎节上易产生不定根，入土可达 20～30 cm。

三、叶

南瓜叶片大，呈深绿色或鲜绿色，为单叶、互生，无托叶，呈心脏形、掌状或近圆形。叶形因种和品种的不同而异,中国南瓜叶为心脏形或浅凹五角形,印度南瓜叶为近心脏形,美洲南瓜叶为掌状深裂,裂叶明显。裂缺的深浅、裂叶的大小是鉴别品种的重要特征之一。各种类型的南瓜生长初期前几片真叶一般为心脏形或浅凹的五角形,到3~5叶后叶形开始显现品种类型的典型特征。南瓜叶面粗糙,叶脉呈网状,叶脉在叶背、叶面处有与茎表面相同的表皮毛、茸毛,叶面刺毛不明显。沿叶脉交叉处常有白斑,白斑的多少、大小及叶色浓淡与品种有关。叶腋着生雌花、雄花、侧蔓及卷须,卷须有3~4个分叉。适宜条件下单株叶面积可达 30 m² 以上。

四、花

南瓜的花为单性花,雌雄同株异花,异花授粉。花朵较大,雌花大于雄花,花冠呈黄色。雌花呈筒状,子房下位,柱头3裂,花梗粗,从子房的形态可以判断瓜形。雄花数量多于雌花。春季温度低,雌花分化出现早,而雄花晚;夏秋季温度高,雌花发生晚,而雄花早。雄花有雄蕊5枚,合生成柱状,花粉粒大,花梗细长。花萼着生于子房上。花冠5裂,花瓣合生成喇叭状或漏斗状。

南瓜的花一般在 4:00—4:30 完全开放。露地栽培下自然授粉多在 6:00—8:00 进行,13:00—14:00 完全闭花。雌花受精时间一般在 4:00—5:00,此后,受精能力急剧下降。但保护地栽培条件下,当温度低、光照弱、空气湿度较高时,开花、闭花及雌花受精能力最高时间均相应推迟。

五、果　　实

南瓜果实一般较大,果实形状有圆形、扁圆形、椭圆形、长筒形等。幼果暗绿色、绿色、白绿色或白绿间杂;老熟果呈灰绿色、橘红色、橘黄色等,间有斑点或条纹。果实表面光滑或具棱线、瘤状突起或纵沟等。果肉颜色多为黄色、深黄色、白色或浅绿色。

果实分外果皮、内果皮和胎座3部分。子房下位,具3~5心室,一般为3心室,6行种子着生于胎座。肉厚一般为3~5 cm,有的厚达9 cm以上。肉质质密。瓜梗硬、木质化,断面呈5棱,上有浅纵沟,与瓜连接处显著扩大而成五角形的座,果梗与果实连接处不凹陷。

六、种　　子

南瓜种子多为卵形、扁平,颜色有乳白色、灰白色、淡黄色、黄褐色、黑色等。中国南瓜、印度南瓜和美洲南瓜的种子形态比较,主要表现在不同南瓜种之间,种子大小、性状、种缘及脐痕有所不同。根据种子颜色、大小、形状,南瓜种子分为雪白片、光板、毛边和黄厚皮4种,种子寿命为5~6年。种子千粒重,中国南瓜为80~250 g,印度南瓜为140~340 g,美洲南瓜为80~210 g。

第三节　生物学特性

一、生育时期

南瓜的生育期长短因品种、类型、播种期等因素不同而异。从播种到新种子收获,即完成一个生命周期，要经历发芽期、幼苗期、抽蔓期和开花结果期 4 个生育时期。

（一）发芽期

从种子萌发到子叶展开、第 1 片真叶显露为发芽期，一般为 7～15 d。南瓜的种子在播种前应进行浸种，一般用 40～50 ℃温水浸种 2 h，然后在 25～30 ℃的条件下催芽 36～48 h。

播种后，种子在适宜的水分、温度和通气条件下开始萌动、发芽，胚轴和子叶出土，继而子叶展平，萌发结束。这时胚根已经发育成初生根和几条侧根，开始从土壤中吸收营养、水分。这个时期的生长发育主要靠子叶储藏的营养物质，逐渐转化为可溶性物质和能量，维持呼吸消耗。

（二）幼苗期

从第 1 片真叶开始抽出至具有第 5 片真叶为幼苗期，一般为 15～30 d。在 20～26 ℃条件下，幼苗期为 25～30 d。温度低于 20 ℃时，生长缓慢，幼苗期在 40 d 以上。温度过高时，下胚轴会过度伸长，形成高脚苗（徒长苗）；在冷凉条件下，上胚轴的生长比较迟缓，第 1 节间较短。因此南瓜要适期早播，促进壮苗，控制枝蔓长度，也有利于雌花发育。

幼苗期是生长发育的基础，幼苗期南瓜形成茎和 5～6 片真叶，叶腋间出现雄花和侧蔓。以后中国南瓜、印度南瓜节间逐渐伸长，出现雌花、茎卷须、雄花等。较高温度条件下，南瓜茎蔓日伸长达到 4～5 cm，甚至 20 cm 以上。真叶扩展长大快，早熟品种出现雌花花蕾，有的显现雌花和侧蔓，并由直立生长逐渐变为匍匐生长，地下主根也不断伸长，分生出一级侧根和二级侧根，形成完整的根系。

（三）抽蔓期

从第 5 片真叶展开至第 1 朵雌花开放为抽蔓期，一般为 10～15 d。此期地上茎叶和地下根系进一步生长，花芽分化节位陆续向上推进，从直立生长变为匍匐生长，节上抽出茎卷须，茎节上的腋芽开始形成，抽生侧蔓，开始现蕾，雄花陆续开放，为营养生长旺盛的时期。此期根据品种特性，注意调节营养生长和生殖生长的关系，同时注意压蔓，促进不定根的发育，满足茎叶生长及结瓜的需求，为开花结果期打下良好基础。

（四）开花结果期

从第 1 朵雌花开放至果实成熟收获为开花结果期，到种瓜生理成熟一般需 50～70 d。南瓜的主蔓和侧蔓均能开花结果，生产上以主蔓结果为主。

在同一植株上，先发生雄花后发生雌花，雌花发生的早晚与种或品种的熟性有关。早熟品种在主蔓第 5～10 叶节出现第 1 朵雌花，中熟品种需要在主蔓第 10～18 叶节出现第 1 朵雌花，晚熟品种延迟至约 24 叶节才出现雌花。

美洲南瓜的雌花着生节位比中国南瓜低，矮生品种通常在第 4～5 叶节开始着生雌花，半蔓性品种在第 7～8 叶节开始着生雌花，蔓性品种在 10 余叶节开始着生雌花，印度南瓜介于美洲南瓜和中国南瓜之间。早熟品种于主蔓 5～7 叶节开始着生雌花，晚熟品种则在 10 叶节以上开始着生雌花。在第 1 朵雌花出现后，南瓜以后每隔 3～5 叶节着生 1 朵雌花或连续几节都能出现雌花；侧蔓多在第 4～5 叶节着生第 1 朵雌花，以后每隔 3～4 节着生 1 朵雌花。

这个时期茎叶生长与开花结瓜同时进行。整个开花结果期，从现蕾至植株开花为结果初期，坐瓜后至果实成熟为结果期，结果期又分为结果初期、结果中期和结果后期。在果实发育过程中，种子也同时形成，并逐渐成熟。一般果实收获后储存 15～20 d，促其后熟，然后才能开瓜取种子。

二、生长发育对环境条件的要求

（一）温度

中国南瓜和印度南瓜喜温耐热，对低温的忍耐能力不如美洲南瓜。美洲南瓜耐低温能力最强，在我国最北部的黑龙江和新疆都能广泛栽培。

南瓜适宜温度范围一般为 18～32 ℃。不同生长时期对温度要求也有所不同，发芽期最适温度为 25～30 ℃，最高温度为 35 ℃，最低温度为 13 ℃，在 10 ℃以下或 40 ℃以上时种子不能发芽。幼苗期和抽蔓期温度保持在白天 25～32 ℃、夜间 13～15 ℃，有利于促进光合作用和花芽分化。在临界低温（白天温度为 15 ℃、夜间温度为 5 ℃）条件下，不仅幼苗生长受到抑制，而且容易受到低温冷害。苗期如遇 -1 ℃的寒流，会严重受冻。南瓜生产中，在避开晚霜的前提下，尽可能早播种，以获得高产。根系伸长的最低温度为 6～8 ℃，根毛发生的最适温度为 32 ℃，低于 6 ℃或高于 38 ℃时根生长受阻。

开花结果期最适温度，白天为 25～27 ℃，夜间为 15～18 ℃，低于 15 ℃或高于 35 ℃可能导致花芽发育异常或花粉败育。南瓜果实生长期昼夜温差大于 13 ℃，有利于提高品质和产量。果实发育期，平均气温超过 23 ℃时，果实发育快，着色早，果皮过早老化，果实体积、质量增加不够，积累淀粉能力减弱；继续升温，则会显著抑制生长。

（二）光照

南瓜属短日照作物，在每日 8 h 短日条件下，南瓜幼苗分化的雌花较多，坐果数增加，能明显提高产量。相反，12 h 长日照下，分化的雄花多，雌花少，雌花出现晚，坐果少。一般以 8～12 h 短日处理较为适宜。

南瓜光合作用强度在白天晴朗、湿润、温度适宜（18～28 ℃）条件下较强，在阴雨、刮风、高温条件下光合作用强度下降，高温、干旱时呼吸强度增加。昼夜温差大时呼吸消耗少，干物质积累多，有利于提高产量。

（三）水分

南瓜因根系强大，叶片有缺刻或被蜡质等，具有较强的吸水、抗旱能力。同时南瓜茎叶繁茂，叶片大，蒸腾作用强，整个生长发育期需水量大，每形成 1 g 干物质需要消耗 748～834 g 水。土壤和空气湿度低时，也会造成萎蔫现象，持续时间过长时易形成畸形瓜，所以要及时灌溉，才能正常生长和结果，但湿度过大时易徒长。雌花开放时若遇阴雨天气，易落花落果。

（四）养分

每生产 1 000 kg 南瓜需吸收氮（N）3～5 kg、磷（P_2O_5）1.3～2.0 kg、钾（K_2O）5～7 kg、钙 2～3 kg、镁 0.7～1.3 kg，所需氮、磷、钾比例为 3∶2∶6。不同生育时期南瓜需肥量不同。南瓜苗期对养分吸收比较慢、数量少，但是长期养分缺乏会造成第 1 个瓜皱缩、脱落。抽蔓后吸收能力明显增强，结果初期是养分吸收量最大的时期，需要大量补充养分，以促进茎叶生长、果实膨大。果实膨大后期养分吸收速度减缓，吸收量减少，对磷、钾吸收量逐渐增多，对氮吸收减少，主要供应种子养分需求。如果是以产瓜子为目的，由于南瓜种子的发育需要更多的磷和钾，应注意磷钾肥的有效施入。

第四节　栽培管理技术

一、选地与轮作

(一) 选地

南瓜对土壤条件适应性强，要求不严格，土壤酸碱度以中性为好，但在略偏酸、偏碱的土壤上，也能正常生长和坐果，适于南瓜栽培的土壤 pH 为 6.5～7.5。不论是山地，还是丘陵、平原、沙滩均可栽培南瓜。南瓜在瘠薄的土壤上栽培时产量低，更适宜在耕层深厚、排水良好、升温较快的砂壤土上栽培，这些土壤条件使产量和品质表现优良。

(二) 茬口安排及套种

北方大部分地区南瓜栽培 1 年只能种 1 茬，新疆部分地区可以复种秋叶菜。而东北地区积温在 2 000～2 200 ℃的地区，中晚熟品种的种子成熟及种子晾晒都有困难。在低纬度地区，南瓜可以和其他作物轮作、套种。在温暖地区，栽培南瓜的前茬以早春蔬菜（菠菜、白菜、小萝卜、莴苣等）为主，不能播种早春作物的以冬压绿肥为主，或者前茬为粮食作物、棉花、油料作物为好。南瓜不耐连作，连作容易发生枯萎病、猝倒病、疫病等，必须轮作倒茬。

二、整　地

春季播种南瓜应在前茬作物收获后及时灭茬进行秋深耕，使土壤有较长的熟化时间。有灌溉条件的地区，封冻前灌冬水。秋耕结合施有机肥，利用冬季冻融交替熟化肥料，避免因春季施肥使肥料未完全腐熟而造成烧苗，出现缺苗断垄现象。生产田早熟耙耱保墒，前茬收获晚不能秋耕的土地应及早春耕，随耕随耙，防止跑墒。北方春季多风，跑墒严重，影响播种出苗，可多次耙耱保墒，使土壤细碎无坷垃，上实下虚，有利于保苗。如果播种前遇雨，可浅耕并及时耙耱，趁墒起垄播种。

三、播　种

(一) 品种选择

优良品种是南瓜高产的内在因素。随着瓜子炒货的兴起，南瓜种子需求量不断增加，籽用南瓜应选用产籽量较高的南瓜品种。肉用南瓜品种应根据当地消费习惯和市场需求确定，一般选择坐果性较好、口感粉质高，并且适应性广、抗病性强、产量高的品种。

(二) 适期播种

1. 直播　直播时播种期一般在地表 10 cm 土层温度稳定在 12 ℃以上时播种，确保幼苗在终霜后出土。播种前浸种、催芽，露白后即可在晴天播种。采用开穴坐水下种，每穴放 2～3 粒种子，覆土 2 cm。一般行距为 130～150 cm，穴距为 40～60 cm。

2. 育苗移栽　育苗移栽时，播种后苗床温度，白天保持在 25～28 ℃，夜间保持在 15～18 ℃。出苗后及时揭开地膜，苗床温度白天保持在 15～25 ℃，夜间保持在 12～18 ℃，夜间温度不宜超过 20 ℃，白天温度超过 30 ℃时应通风降温。定植前 7 d，通风降温炼苗，白天保持在 20～22 ℃，夜间逐渐从 12～15 ℃降到 8～10 ℃，使幼苗能适应定植后的环境条件。壮苗标准是：苗龄为 35～40 d，株高为 10～15 cm，株型紧凑，具 4～5

片真叶，叶片深绿、肥厚，节间短，茎秆粗壮，根系发达，无病虫害。10 cm土层温度稳定在12～13 ℃时定植于大田。短蔓型定植株距为70 cm，行距为80 cm。长蔓型多采用棚架栽培，也可爬地栽培。棚架栽培时，定植株距为40～50 cm，行距为130～150 cm；爬地栽培时，株距为40～50 cm，行距为180～200 cm。定植时先挖穴，灌足水，再放苗。一般不留侧蔓，选留第2～3朵雌花结果，采收嫩瓜上市，单株留瓜2个，采收老熟瓜时单株留瓜1个。

（三）栽培方式

南瓜有平作、畦作、垄作、坡地栽培等方式，不同地区、不同生态环境因地制宜采取相应的栽培方式。

1. 平作 在雨水均匀、排水良好地区，特别是北方砂土地区，宜采用平作栽培，0.9 m地膜覆盖时播种1～2行，1.4 m地膜覆盖时播种2～3行。在北方地膜覆盖滴灌栽培时也可采用平作，地面平整后不需要做畦沟或畦埂，或按行距架设滴灌带并覆盖地膜直接播种。平作省工，土地利用率较高。但是在降雨多的秋季，会引起果实腐烂。

2. 畦作 畦作在西北地区又称为水旱塘栽培，畦面高于畦间水塘，多结合地膜覆盖栽培。一般畦面高为20～25 cm，畦面宽为100～200 cm，南瓜在畦边单行播种。水旱塘栽培加厚了耕层，排水方便，土壤透气性好，有利于根系发育。北方干旱，需要多次灌水，灌水于水塘里，水不超过畦面。在南方采用深沟高畦栽培，沟内存水和排水，有利于南瓜生长。因此畦作是南瓜的主要栽培方式。

3. 垄作 垄作为较窄的高畦，适于栽培短蔓型南瓜，一般垄底宽为30～50 cm，垄沟深为10～35 cm，垄面平或略呈圆弧形，垄间距为50～70 cm。垄作时土壤温度易升高，雨季易排水，土壤湿度较畦作充足而均匀，有利于减轻病害。但是垄作在坐瓜时需要将瓜摆在垄面上，果实不能浸水，否则后期果实容易腐烂。

4. 坡地畦作、穴播 新疆、内蒙古、甘肃庆阳、黑龙江、吉林、云南等的坡地栽培南瓜面积较大，特别是云南、东北垦区边缘山地。坡地栽培靠自然降雨，栽培方式根据地形地势确定，坡度小于25°的地块采用等高线垄作，坡度大于25°的地块改造成梯田或水平沟畦作，或者按照等高线穴播。

5. 地膜覆盖 在西北地区（内蒙古除外）南瓜几乎全部实现了地膜覆盖栽培；在西南、东北地区由于经济因素、栽培习惯、地理气候特点，只是部分地区实现了地膜覆盖栽培。地膜覆盖栽培具有增产、减少田间杂草、减少劳动作业等明显优势。

南瓜平作、垄作、畦作等栽培的行向以南北向为好，同时要根据地块、机械化操作设置，山坡地行向一般随等高线。在做畦、起垄时垄（畦）面要平、直，高度均匀一致，防止低洼处积水或灌水后湿度不均匀。整地做畦时，对土壤适度镇压或拍实，若土壤过于疏松，大孔隙较多，灌水时易造成塌陷而使畦面高低不平，播种后种子与土壤接触不紧密，出苗慢，容易缺苗断垄，移栽苗缓苗慢，容易产生"吊苗"现象。

6. 播种

（1）人工直播 西北地区4月下旬至5月初播种；东北地区积温带复杂，播种期在不同积温带间差异较大，一般在5月上旬至6月上旬播种；华北地区于4月初播种；长江中下游地区于3月下旬播种；分干籽直播和坐水直播。播种深度为2～3 cm，土壤干旱时可深到3～4 cm。地膜覆盖穴口，地膜开口呈十字形，不能开成一条缝，否则幼苗出土后易

"穿枪"，即苗在地膜下，放苗不及时会被"烫"死。种植穴压实，种子平放即可。播种后盖湿土2～4 cm封严地膜口。

大田栽培中，不提倡先催芽再播种的方法。由于播种面积大，催芽后芽尖容易风干，出苗不如直播。在小面积播种时可以催芽播种。

土壤墒情较差时，坐水直播不但可以恢复土壤墒情，而且还可提前出苗。可先开穴，浇足底水，每穴播1粒种子，水渗完后盖2 cm厚细土，温度合适时4～5 d即可出苗。

（2）气吸式精量点播机直播　气吸式精量点播机一般由机架、风机系统、整形装置、铺管装置、铺膜装置、点播系统、覆土机构、镇压装置、划行器等部分组成，可一次完成整形、铺管、开沟、展膜、压膜、膜边覆土、膜上点播、膜孔覆土、镇压等多种工序的联合作业。

作业地块要防风条件好、地势平坦、整地质量高、墒情好，播种前地头需要打好线，以利于点播机作业时机具匀速前进，做到精量精准播种。

采用精量点播机直播时，对种子的发芽率、纯度和净度的要求高。发芽率低、纯度不够会导致出苗不良，缺株断垄，杂苗、劣苗多，严重影响产量和品质。净度不高时，掺混在种子中的杂物易堵住吸种孔，造成空穴无苗。

播种前首先了解播种技术要求，明确南瓜品种、行距、株距、播种深度以及是否铺设滴灌带等。南瓜种子颗粒大、发芽率高、顶土能力强，可采用单粒播种。播种作业时调好两边划行器的长度，做到播种尺寸准确、铺膜平展、埋膜严密、覆土均匀、镇压落实。

播种时严禁倒车，提升和落下播种机时均要缓慢，特别是落下播种机时一定要轻放，以免鸭嘴变形或夹土。携带足够的种子、地膜、滴灌带等，以确保播种时机车不停。每个来回均要检查穴播器状况。一是看鸭嘴是否完好有效；二是看吸种孔是否有杂物堵塞，如有应及时清除干净；三是经常检查播种机各部件状态，特别是传动轴、风机传动带、风管的密封性等。

（四）栽培密度

南瓜栽培密度因品种、株型、植株开展度、栽培方式、栽培管理水平、气候条件等不同而异。短蔓品种适于密植，特别是规模化生产中，短蔓品种有利于昆虫传粉、坐瓜。单作、平畦栽培密度大，每公顷保苗$3.0 \times 10^4 \sim 4.5 \times 10^4$株；畦作、垄作密度较低，每公顷保苗$3.45 \times 10^4 \sim 3.75 \times 10^4$株。蔓生品种密度小，每公顷保苗$1.5 \times 10^4 \sim 1.9 \times 10^4$株。短蔓品种播种密度大，每公顷保苗$3.9 \times 10^4 \sim 4.8 \times 10^4$株。

（五）调节播种期

南瓜栽培一般为一次性直播。但目前南瓜品种多数为短蔓品种，表现为雌花先开，雌花开后7～10 d再开雄花，导致许多第1～2朵雌花甚至第3朵雌花因无雄花授粉而成为无效雌花。另外，短蔓型品种由于低节位雌花没有坐果，植株开始抽蔓，还有些品种由于坐瓜困难而由短蔓变为中蔓、长蔓，坐果节位升高，植株早衰，影响产量。

为避免上述现象出现，南瓜栽培可以采用错期播种方式。在确定好生产整体播种期以后，根据品种生长发育特性，少数种子早播3～7 d，一般为总量的10%～15%。错期播种可保证大部分植株雌花开放时，有充足的花粉供应，促进早结果，提高产量。也可以采用将10%左右的种子先用50 ℃温水浸种10 min，待水温降至常温时，再浸种2 h，然后晾干，与其他种子均匀混合后正常播种。为提高早期坐果率，还可采用早熟品种和中晚熟品种间作套种或混播方式，间作、混播后早熟品种先开花，可以为中晚熟品种提供花粉，提早坐果，避免瓜蔓生长过长。

四、施　肥

（一）根部施肥

南瓜需肥量大，不同生育阶段养分需求量有差别，应做到均衡施肥或配方施肥，重视基肥、种肥、追肥施用。目前基肥的使用总体呈下降趋势，而种肥的使用尤为重要，一般为磷酸二铵 $225\sim300$ kg/hm^2、尿素 $150\sim225$ kg/hm^2。首先将种肥撒在播种行，集中施入，然后做畦起垄，防止种子与肥料直接接触。南瓜追肥强调氮、钾、磷配合使用，追肥根据土壤肥力、瓜苗的长势及不同生育时期灵活掌握。播种至抽蔓期如苗势弱、叶色淡、泛黄，可结合灌溉施 $1\sim2$ 次稀粪水，或每公顷追施硫酸铵或尿素 $75\sim90$ kg。如果土壤肥沃，则只灌溉不施肥。抽蔓期前，如果墒情好，应少灌溉、少施肥，以利于壮苗。开花坐果前，要防止茎叶徒长和生长过旺影响开花坐果。当植株进入开花结果期并坐果长至鸡蛋大小时，每公顷应沟施或穴施磷酸二铵 $225\sim300$ kg 和尿素 $105\sim150$ kg（或硫酸铵 225 kg），或三元复合肥 $225\sim300$ kg，施肥后灌溉，以促进结瓜和果实膨大。

若使用滴灌时，可将追施肥料加入施肥罐随水施入；喷灌时将肥料直接撒在垄沟、畦沟内；使用河水、井水灌溉时，可撒在畦沟或在进水口冲施。

（二）叶面施肥

南瓜叶片大，叶面追肥容易吸收。在出苗后 $4\sim5$ 叶期生长缓慢，可以进行叶面追肥以促进生长。结瓜中期叶面施肥即可促进果实膨大，增加种子千粒重。苗期每公顷用 90% 磷酸二氢钾 $2\,250$ g 和多元微量元素肥料 $1\,500$ g 兑水 750 L 叶面喷洒 1 次，在盛花期喷洒 $1\sim2$ 次，共喷洒 $2\sim3$ 次。

五、田间管理

（一）间苗及定苗

南瓜长到 $1\sim2$ 片真叶时，留间隔较远的 2 株壮苗，拔除不具本品种特性的苗、弱苗、畸形苗和病苗。南瓜根系生长迅速，以小苗定植为宜。当其长到 $2\sim3$ 片真叶时即定苗。定苗时选留下胚轴短粗、子叶肥大平展、颜色浓绿、根系发达的壮苗，淘汰弱苗、无生长点的苗、子叶不正常的苗和带病的黄化苗。

（二）中耕除草

从定苗到封行前，一般要进行中耕除草 $3\sim4$ 次。中耕不仅可以疏松土壤，增加土壤的透气性，提高土壤温度，而且还可以保持土壤湿润，有利于根系发生。第 1 次中耕除草在灌过缓苗水后，在适耕期间进行，中耕时根系附近浅一些、离根系远的地方深一些，以不松动根系为好。第 2 次中耕应在南瓜秧倒蔓、向前爬时进行，可适当地向南瓜秧根部培土。如果封行前没有将杂草清除干净，此时需要用手拔除杂草，以防止养分的消耗和病虫害的滋生。

（三）植株调整

现阶段，南瓜大都为规模栽培，开展整蔓等精细管理工作有一定难度。整蔓只能限于小面积栽培。有条件的情况下，蔓生品种需要压蔓、整蔓，在西北地区风大的地方适时压蔓，有利于固定植株，有效防止风害。长蔓品种应压蔓，以固定瓜蔓和叶片，使其向预定方向伸展，合理分布叶面积和发生不定根，增强吸收能力。当蔓长到 50 cm 左右时即可压蔓，北方地区将蔓压入土中；南方多雨，用土块压在距蔓的顶端 15～20 cm 的蔓上即可。整蔓有 2 种方法，一种是保留主蔓，在基部选留 1 个长势相当的子蔓，其余子蔓摘除；另一种是在幼苗长至 4～5 叶时对主蔓摘心，选留 2 个长势相当的子蔓，使其同时结果，果形整齐，便于管理。

（四）授粉

采用自然授粉或人工授粉，每公顷南瓜种子产量可达 450～1 050 kg。人工授粉小面积可以实现，而大面积导致成本过高。大面积栽培时，必须采用蜜蜂辅助授粉。

蜂源与南瓜大面积栽培的产量关系密切。蜂源可以是靠近树林的野生蜜蜂。在有蜜源植物（例如葵花、油菜、槐花等）以及防护林带的地方，野生蜜蜂较多。栽培南瓜的地块应该选在这些有野生蜜蜂的地方。在没有或野生蜜蜂数量少，无法满足大面积南瓜授粉的需要时，就要靠人工养蜂源。要达到较高的授粉率，既要注意蜜蜂的活动规律，也要搭配好蜜蜂和瓜田的比例，一般每公顷瓜地保证两箱以上的蜂群，就能满足授粉的需要。

人工辅助授粉在西北地区最佳时间是 5:00—10:00，在东北地区是 4:00—9:00。采集雄花并剥去花冠，用雄蕊在雌花柱头上均匀涂抹即可。雄花少时 1 朵雄花可以授 2 朵雌花。当雌花子房膨大时，对植株摘心，可使坐果整齐，成熟一致，种子颗粒一致性好。授粉期间，控制灌水，如干旱应浅灌水。授粉结束后，及时追肥、灌溉和防治病虫害。

（五）化学除草

1. 土壤封闭除草　在南瓜播种后至出苗前，可每公顷用 90%乙草胺乳油 1 500 g 加 40%扑草净可湿性粉剂 800～1 200 g，兑水 300 kg 喷雾；或每公顷用 72%金都尔乳油 2 000 mL 加 40%扑草净可湿性粉剂 800～1 200 g，兑水 300 kg 喷雾。

2. 茎叶除草　在禾本科杂草 3 叶期，可每公顷用 12.5%拿捕净乳剂 1 500～2 250 g 兑水 450 kg 喷雾，或每公顷用 15%精稳杀得乳油 1 500 g 兑水 450 kg 喷雾。

六、采　　收

（一）肉用南瓜

早熟南瓜在开花后 10～15 d 采收嫩瓜，中晚熟南瓜在花谢后 35～60 d 采收充分老熟瓜。一般开花后 40 d 以上，果皮变硬并出现白粉，绿色消失，果柄变硬时，即可采收。

（二）籽用南瓜

1. 采收后熟　籽用南瓜在雌花授粉后 45～60 d，瓜皮变暗转黄色、褐色、红色等本品种的特定色泽，此时划破果皮无水珠形成时即可采收。籽用南瓜待到 80%以上果实成熟时一次性采收。采收后果实成熟度较好的大瓜后熟 10～15 d，嫩瓜后熟 20～30 d。不同品种类型后熟时间不同。没有老熟的、因病害提前收获的南瓜以及部分品种原因，后熟时间过长会出现果内发芽现象，应缩短后熟期，甚至不经后熟直接取籽。生产中一般为在地里完成后熟。

2. 机械取籽　传统的手工取籽已逐步被机械取籽所取代。作业时，直接将南瓜放入进料口，由旋转的切刀将瓜切开，瓜进入分离筒中，分离筒拨片挤压、搅动瓜瓤，在旋转过程中将种子分离出。此时大部分瓜瓤从主轴开口端旋出，少量瓜瓤和种子从分离筒缝隙掉落在下面的种子分离筒中。种子分离筒用 2 mm 钢板制作，表面冲孔，孔的边缘经过磨光处理，不会损伤种皮。主轴桨叶用螺栓固定，桨叶与收集筒无间隙或间隙很小，桨叶与主轴在轴向方向有一定的夹角，并呈螺旋排列，具有螺旋推进作用。种子随着旋转向前推进，瓜瓤从收集筒小孔中排出，种子从另一端口进入种子收集筒，收集筒中螺旋推进桨片将种子从接籽口排出，继续从冲孔排出瓜瓤。新购置的取籽机应用沙子旋转打磨 15～30 min，磨光毛刺，避免对种子的损伤。

3. 晾晒清选　机械所取南瓜种子中含有很多杂质，例如瓜皮、瓜梗、瓜瓤等，需要通过清洗去除杂质，然后晾晒干燥。

（1）瓜子清洗　机械取籽或人工取出南瓜种子后尽快用水漂洗，应在取出的当日清洗干净，连续操作不隔夜，避免出现沤板、脱皮、黄板、褐变等现象。清洗的方法是：用一个水槽，把掏出的南瓜种子放入水槽里，捞出浮在水面上的种子和瓜瓤、瓜壳、部分秕粒。清洗好的南瓜种子立即晾晒。经清水漂洗过的南瓜种子，由于表面的瓜汁等黏性较大的物质被清除，易于迅速脱水，晾晒干燥。

（2）晾晒　用木架搭宽为 1.5～2.0 m、长为 20～30 m 的尼龙筛网，离地悬空，上下通风。将洗净的南瓜种子放在尼龙网上铺开，每平方米 1.5 kg，每 2 h 翻动 1 次，晾晒 2 d 后籽粒之间不粘连，转到彩条布、苫布上晾晒，倒空架子再晾第 2 批。晒干的南瓜种子水分含量降到 8%～9% 时，去瘪粒、去杂质，装袋储存。水分含量高于 10% 的南瓜种子存放时，易发生霉变。装袋前再堆放 2～3 d，为防止籽粒外干内湿，选择晴天再晾晒一次，确保储存安全不变质，南瓜种子干燥光亮。

机械取籽不洗种的，应选晴天晾晒，要求薄摊、勤翻，防止种子和瓜瓤粘连在一起，或出现沤籽发霉。有条件时可以用自然风吹干或加热烘干。

（3）烘干　可利用瓜子烘干机烘干。烘干机通过安装于主机体上的两台振动电机产生激振力，使物料沿水平孔板跳跃运动，热风由下部向上通过孔板，穿过物料层，达到脱水干燥的目的。

第五节　病虫害及其防治

一、主要病害及其防治

（一）南瓜疫病

南瓜疫病是南瓜生产上最重要的病害，在南瓜产区均有发生，严重时瓜苗大面积枯死，果实腐烂，甚至绝产。幼苗发病初期，茎基部出现水渍状软腐，多呈暗绿色，常造成幼苗倒伏。成株期发病的，其叶片上产生暗绿色圆形病斑，病斑边缘不明显，空气潮湿时，病斑迅速扩展，叶片部分或大部分软腐，并可在病部看到白霉。南瓜为匍匐茎，接触地面广，茎部各部位可发生褐色软腐状不规则斑，蔓延迅速；湿度大时，病部也产生白色霉层。瓜被危害时，初呈暗绿色水渍状小点，迅速扩展至全果实腐烂，瓜上常密生灰白色霉状物。土壤带菌是南瓜疫病的主要初侵染来源，其次是病残体和未腐熟肥料。

南瓜疫病的防治方法：①选用抗病、耐病品种。②采用宽行栽培与定向压蔓结合。③药剂防治，可选用 50% 多菌灵可湿性粉剂、4% 福美双可湿性粉剂、35% 甲霜灵拌种剂按种子量的 0.4% 拌种。也可在病害发生初期喷洒 25% 甲霜灵可湿性粉剂 1 250 g/hm²，兑水 750 L/hm² ，以控制病害蔓延。

（二）南瓜白粉病

南瓜白粉病主要危害叶片，发病初期，叶片正面或反面产生白色小斑点，斑点逐渐扩大并连成片，上面布满白色粉状物，一般从下部叶片开始，逐渐向上发展。严重时，整个叶片布满白粉，使叶片由绿色变黄色，最后干枯。该病主要影响南瓜的正常变色，使瓜色偏黄，不呈橙红色。栽培过密、肥水充足、叶片多、通风不良时发病严重，该病在瓜转色前后发病最重。

南瓜白粉病的防治方法：①选用抗病品种，培育壮苗，增强植株抗病性。②发病初期及时喷药，喷药应着重叶背。常用药剂有 50％多菌灵可湿性粉剂 1 500 g/hm² 、15％三唑酮可湿性粉剂 500 g/hm²（或 20％粉锈宁乳油 375 mL/hm² 、75％百菌清可湿性粉剂 1 250 g/hm² 、50％甲基托布津可湿性粉剂 750 g/hm²），兑水 750 L/hm² 进行喷雾，每 7～10 d 喷 1 次，连续喷 2～3 次。

（三）南瓜枯萎病

南瓜枯萎病从幼苗到成株期都可发生，但以开花结果期发病最重。苗期发病时，幼茎基部缢缩，萎蔫猝倒而死。成株期发病时，叶片出现黄色网纹，有的叶片出现萎蔫；潮湿时，茎基部半边纵裂，上有粉红色霉状物，剖开根颈部可发现维管束已变成黑褐色。该病的病原菌在土壤和未腐熟粪肥中越冬，由根部伤口侵入，土壤温度低、氮肥过量、湿度大的易发病，施未腐熟的农家肥的地块易发病。

南瓜枯萎病的防治方法：①实行轮作，可与非葫芦科作物进行 5 年以上的轮作，也可实行水旱轮作。②种子处理，可在播种前采用温水浸种，即用 55～60 ℃的温水浸种 20 min。也可采用药液浸种，即用 10 mL 40％甲醛兑水 1 500 mL 浸种 0.5 kg，浸种时间为 30 min；或用 30 mL 50％多菌灵可湿性粉剂兑水 1 500 mL 浸种 0.5 kg，浸种时间为 1 h。浸种结束后用清水冲洗干净，催芽待播。还可用药剂拌种，可以用干种子质量的 0.2％～0.3％的 95％敌克松可湿性粉剂拌种或 50％多菌灵可湿性粉剂拌种，或用每 100 g 增产菌拌种 1 000 g。也可以进行种子包衣。

二、主要虫害及其防治

（一）蚜虫

蚜虫成虫和若虫在南瓜嫩茎、嫩梢或叶背面吸食汁液危害。当嫩叶和生长点被害后，由于叶背被刺伤，生长缓慢，叶片卷缩，严重时卷曲成团，生长停止，甚至萎蔫死亡。成株的叶片受害后提前干枯，明显缩短开花和结果期，可大大降低产量。

蚜虫的防治方法：①农业防治，早春及时清除田埂、地边杂草，减少冬春蚜虫繁殖基数。②利用黄板诱杀。③药剂防治，可选用 10％吡虫啉类杀虫剂 450～600 g/hm² 或 50％灭蚜松乳油 750 mL/hm² ，兑水 750 L/hm² 进行喷雾。④生物防治，保护利用瓢虫、食蚜蝇、草蛉、蚜茧蜂等天敌，增加天敌数量，并诱集天敌向瓜田转移，必要时可人工繁殖释放或助迁天敌，使其有效地控制蚜虫。

（二）地老虎

地老虎危害以幼虫取食南瓜幼苗，咬断或咬食幼苗根茎，主茎硬化后也能咬食生长点，使植株难以正常发育或导致幼苗枯死。

地老虎的防治方法：①农业防治，前茬作物收获后，应及时清理田间杂草，深埋或运出田外沤肥，减少地老虎产卵和隐蔽的场所。②物理防治，在地老虎成虫发蛾初期，将糖醋酒液放入田间诱杀。③化学防治，可配制毒土，即在幼虫危害期用 50% 辛硫磷乳油 500 mL，加适量水，喷在 150 kg 细土上拌匀。于傍晚将毒土撒施在南瓜根部附近，每公顷撒施 375 kg。或者用 50% 辛硫磷乳油加水稀释 1 500 倍后灌根，每株用药液 250 mL。

复习思考题

1. 试述发展南瓜生产的经济意义。
2. 南瓜有哪些类型？各类型有什么特点？
3. 南瓜的一生分为哪几个生育时期？
4. 简述南瓜生长发育对环境条件的要求。
5. 说明南瓜的整枝压蔓技术。
6. 简述南瓜栽培技术要点。

主要参考文献

曹宗波，张志轩，2009. 蔬菜栽培技术[M]. 北京：化学工业出版社.

陈荣贤，常宏，魏照信，2012. 中国籽用南瓜[M]. 兰州：甘肃科学技术出版社.

程智慧，2010. 蔬菜栽培学各论[M]. 北京：科学出版社.

胡炜，陈天鉴，钱颖聪，等，2020. 南瓜色素的制备及抗氧化作用机制研究进展[J]. 中国瓜菜，33（9）：1-6.

林德佩，2000. 南瓜植物的起源和分类[J]. 中国西瓜甜瓜（1）：36-38.

刘英，2020. 黑龙江省南瓜产业发展现状及建议[J]. 北方园艺（13）：134-138.

马琳，2013. 南瓜病虫草害防治技术[J]. 现代农业（12）：36-37.

汪磊，刘英，2010. 黑龙江地区露地肉用南瓜高产栽培技术[J]. 黑龙江农业科学（9）：187-188.

王士苗，智利红，刘骏，等，2018. 12 个南瓜果实成分含量的测定与分析[J]. 中国瓜菜，37（7）：13-17.

王艳梅，张伟东，2013. 南瓜生产中主要病虫草害防治技术[J]. 农村实用信息技术（1）：22.

徐茂财，2008. 籽用南瓜疫病发生规律及综合防治技术[J]. 中国农技推广，24（7）：36-37.

于立河，李佐同，郑桂平，2010. 作物栽培学[M]. 北京：中国农业出版社.

第十四章

板 蓝 根

第一节 概 述

板蓝根（*Isatis indigotica* Fort.）又名为菘蓝、大蓝、大青根等，是十字花科菘蓝属草本植物。板蓝根以根和叶两个部位入药，根作为中药板蓝根使用，叶子作为大青叶使用。

一、经济价值

板蓝根含靛苷、β-谷甾醇、靛红、板蓝根结晶乙、板蓝根结晶丙、板蓝根结晶丁、植物性蛋白、树脂状物、糖类、氨基酸（精氨酸、脯氨酸、谷氨酸、酪氨酸、γ-氨基丁酸、缬氨酸和亮氨酸），以及芥子苷、抑菌物质。新鲜叶中含有大青素 B。新鲜植物中含 3-吲哚甲基葡萄糖异硫氰酸盐（又称为芸薹苷）、1-甲氧基-3-吲哚甲基葡萄糖异硫氰酸盐（又称为新芸薹苷）、1-硫酰-3-吲哚甲基葡萄糖异硫氰酸盐。板蓝根性苦、寒，有清热、解毒、凉血等作用，可治流行性感冒、流行性脑膜炎、乙型脑膜炎、肺炎、丹毒、热毒发斑、神昏吐血、咽肿、痄腮、火眼、疱疹等。西药的副作用给治疗感冒的中药提供了很大的市场空间，几乎所有的治疗感冒的中药配伍中都有板蓝根。因此市场对板蓝根的需求量会继续上升，尤其是以优良的疗效、便捷的服用方法、良好的口感而赢得消费者宠爱的板蓝根含片的上市，更使板蓝根产业拥有更光明的市场前景。

二、分布与生产

板蓝根原产于我国，是我国古老的常用中药材之一。菘蓝属是喜温、喜光植物，具有耐寒、怕涝、忌高温的特性，喜土层深厚、腐殖质含量多、排水良好的砂质壤土，对自然环境和土壤要求不严。板蓝根分布很广，在我国南北 20 多个省份均有栽培，主要分布于河北、北京、黑龙江、河南、江苏、甘肃、内蒙古、陕西、山东、浙江、安徽、贵州等地。2010年全国板蓝根栽培面积在 2.7×10^4 hm^2 左右，板蓝根市场年需求量在 2×10^4 t 左右，并且呈逐年增加趋势。黑龙江省大庆市是全国知名的板蓝根生产基地之一，近年来，年栽培面积均超过 1.33×10^4 hm^2（2.0×10^5 亩），带动林甸县、红岗区及周边地区，使栽培面积不断扩大。

第二节 植物学特征

一、根

板蓝根（菘蓝）的根系由主根、侧根和支根组成。在主根周围分生出侧根，侧根上再分生出支根，支根上再生出小支根或细毛根，所有这些根的尖端幼嫩部分都生长很多根毛。板蓝根主根一般入土深度在 60～80 cm，侧根一般分布在 10～30 cm 土层内，上层侧根长，下层侧根短，形成一个倒圆锥形的根系网。

二、茎

板蓝根植株无毛或具单毛、分支毛、星状毛或腺毛等。茎直立、略有棱，上部多枝，稍带粉霜。

三、叶

板蓝根的叶分为子叶、基生叶和茎生叶。子叶两片，对生，着生于子叶节上，呈椭圆形。随着板蓝根的生长发育，两片子叶逐渐变黄脱落。基生叶呈长圆状椭圆形，有柄。茎生叶呈长圆状披针形或长圆形，先端钝，基部呈箭形、半抱茎，全绿或有不明显的锯齿，是板蓝根的主要收获物之一，称为大青叶。板蓝根茎生叶出生速度与温度高低有密切的关系，气温在 15 ℃以上时，3 d 左右可长出 1 片叶；气温在 10～15 ℃时，5～6 d 长出 1 片叶；气温在 6～9 ℃时，7～8 d 长出 1 片叶；气温在低于 5 ℃时，需 10～15 d 才长出 1 片叶。

四、花

板蓝根的花序为复总状花序。花呈黄色，花梗细弱，花后下弯成弧形。花两性，辐射对称，萼片 4 枚；花瓣 4 枚，两两对称，称为十字花冠；雄蕊 6 枚，外轮 2 枚较短，内轮 4 枚较长，称为四强雄蕊，少数退化为 4 枚、2 枚或 1 枚；子房具 2 心皮，为侧膜胎座，中间有假隔膜而形成 2 室，每室有 1 至多数胚珠，子房上位。

五、种　　子

板蓝根果实呈长圆形、扁平、翅状，表面呈紫褐色或黄褐色，稍有光泽。果实先端微凹或平截，基部渐窄，具残存的果柄或果柄痕；两侧面各具一中肋，中部呈长椭圆状隆起，内含种子 1 枚。种子呈长椭圆形，表面呈黄褐色，基部具一小尖突状种柄，两侧面各具一较明显的纵沟（胚根与子叶间形成的痕）及 1 条不甚明显的纵沟（两子叶之间形成的痕）。胚弯曲，呈黄色，含脂肪；胚根呈圆柱状；子叶 2 枚，背倚胚根。

第三节　生物学特性

板蓝根是喜温、喜光植物，具有耐寒、怕涝、忌高温的特性，水淹后根部易腐烂，喜土层深厚、腐殖质含量多、排水良好的砂质壤土，对自然环境和土壤要求不严。板蓝根播种至采收期主要在其营养生长阶段，依据板蓝根此阶段的生长发育特点，采取科学的管理措施，对于提高板蓝根的产量和品质十分重要。

一、生育时期

（一）播种至出苗期

板蓝根种子发芽需要吸收相当于自身干物质量的 60% 以上的水分。吸水膨胀后种子体积增大约 1 倍。一般当土壤含水量在田间持水量的 50％ 以上、土壤温度达 3 ℃ 以上且通风良好时，即可萌动发芽，但生长缓慢。播种到出苗所经历的时间，在 5 ℃ 以下时为 20 d 以上，在 8 ℃ 左右时为 10 d，在 12 ℃ 左右时为 7～8 d，在 16～20 ℃ 时为 3～5 d。种子发芽及出苗阶段，土壤含水量以田间持水量的 60％～65％ 为宜。

种子发芽时，胚根首先突破种皮，当其伸入土中 2 cm 时，开始长出根毛，随后继续生长，形成由主根、侧根和支根组成的根系。胚根长出根毛之后，胚轴向上伸长，两片子叶露出地面，由黄色变绿色，并逐渐展开，当两片子叶展开时，即为出苗。

（二）抽茎开花期

从黄土高原、华北平原到长江以北的暖温带为最适板蓝根生长的地区。板蓝根为越年生、长日照植物，按自然生长规律，种子萌发出苗后，是营养生长阶段。露地越冬经过春化阶段，于次年早春抽薹、开花。3 月上旬为抽薹期，3 月中旬为开花期。

（三）成熟期

板蓝根翌年 4 月下旬至 5 月下旬为结果和果实成熟期。板蓝根结实枯死后，完成了整个生长周期，6 月上旬即可收获种子。生产上为了利用植株的根和叶片，往往要延长营养生长时间，因而多于春季播种，秋季或冬初收根，其间还可收割 1～3 次叶片，以增加经济效益。

二、生长发育对环境条件的要求

（一）温度

板蓝根适应性较强，对自然环境和土壤要求不严，较耐寒，在我国南北各地均能栽培；喜温和气候，冬天不太冷、夏天不太热的气候最宜生长。种子容易萌发，以 20 ℃ 左右发芽最快，发芽率最高。但为了获得较好的经济效益，必须选择最适宜的气候条件，例如光照充足、大于 10 ℃ 的年活动积温达 3 000 ℃ 以上、无霜期在 150 d 以上、年降水量为 400～900 mm。

（二）水分

板蓝根从播种到收获，要消耗大量水分，其耗水量的多少受自然条件和栽培技术的影响变化很大，一般情况下每公顷耗水量在 4 500 m³ 左右，其中土壤蒸发占 30％～40％，叶面蒸腾占 60％～70％。板蓝根的需水情况大致为前期少、中期多、后期少。板蓝根出苗需要充足的水分，但是土壤水分过多，超过田间持水量的 90％ 时，土壤通气不良，种子的发芽出苗均会受到影响。在幼苗生长阶段，土壤水分含量一般要求在田间持水量的 70％～80％，过少时不利于幼苗生长，过多时不利于主根深扎。板蓝根在收获大青叶之前，一般叶面积指数达到最大值，而此时正值天气炎热、叶片快速生长季节，耗水量最大。大青叶收获前 15 d 左右，土壤水分含量以保持在田间持水量的 80％ 为佳，土壤水分含量低于田间持水量的 65％ 时就会影响叶片的生长，导致叶片变小，降低大青叶的产量和品质。在板蓝根收获前 1 个月，随着气温的降低，耗水量也相应减少。此阶段，土壤中水分含量以保持在田间持水量的 75％ 为宜。如果水分含量过低，就会影响地上部的营养物质向地下部转移，降低产量和品质。因此当土壤水分含量低于田间持水量的 65％ 时，就要适时灌溉。但要注意灌溉不能过量，否则也会影响板蓝根的产量和品质。板蓝根比较耐旱，当 0～5 cm 土层土壤含水量为 12％ 时，植株可正常生长。因此栽培地要离河流、水库、地下水等较近，以满足干旱时作物对水分的需要。

（三）养分

在板蓝根的生长发育过程中，需要多种矿物质元素，其中最主要的是氮、磷、钾、钙、镁、铁等。在板蓝根的生产过程中，对氮、磷、钾元素需用量较大，主要靠施肥来补充。在一般情况下，为了保持板蓝根的药用品质，一般以施用有机肥料为主，少施磷、钾肥，不施氮肥。生长环境中的其他元素，一般均可满足板蓝根的生长需要。板蓝根在不同生长阶段对营养物质的需求与吸收情况不同。在幼苗期，需肥量较少。在生长发育中期需肥量较大，以氮素为主，此时若缺氮，叶片变薄变黄，会影响大青叶的产量。在生长发育中后期，需肥量逐渐减少，以吸收磷、钾为主，土壤中磷、钾缺乏时，不利于地上部营养物质向根部的转移，影响板蓝根的产量和品质。

（四）土壤

鉴于板蓝根喜温暖气候，怕涝，故宜选择土层深厚、地势平坦、排水良好、疏松的砂质壤土及腐殖质壤土，在内陆平原、冲积土、山坡、河滩均可栽培。多年栽培经验证明，板蓝根对土壤排水性要求极为严格，土质黏重排水不良、耕作层积水或地下水位在 1 m以内的地块不适宜栽培。

第四节　栽培管理技术

一、选地与整地

上文已述，板蓝根栽培，应选择地势平坦、排水良好、肥沃疏松的砂质壤土。低洼积水和黏土地不利于板蓝根的生长。板蓝根是根、叶兼用型中草药，进行深耕对于提高收获物特别是根的产量有十分重要的作用。深耕要在前茬作物收获后及时进行。对于春播板蓝根来说，及早进行深耕，能够延长土壤风化时间，有利于土壤熟化，并且可以多接纳冬春雨雪，减少土壤水分蒸发，有利于蓄水保墒。据试验，秋耕比春耕的板蓝根栽培田 0～20 cm 深的土壤中含水量高 3％以上。没有秋冬耕的板蓝根栽培田，要做到早春耕，一般当土壤化冻到宜耕深度时，就应立即进行，争取在冻层化透时结束，越早耕越有利于保墒。深耕能够使板蓝根增产，但也不是越深越好。耕地的适宜深度，应根据耕地时间、土层厚度、土壤性质、原来耕深等具体情况，因地制宜，灵活掌握。一般来说，板蓝根秋冬耕的深度以 25 cm 为宜，春耕的深度以 13～17 cm 为宜，深耕应大力提倡机耕，以保证耕地的深度和质量。深耕时要做到熟土在上、生土在下，不打乱土层，否则生土翻到表面，不利于板蓝根的生长发育，甚至会造成当年板蓝根的大幅减产。

板蓝根的耕翻要与其他整地措施相结合。北方冬季雨雪较少，春季干旱多风，土壤水分蒸发量大，做好秋冬耕耙和春季耙耕，是整地保墒的关键。秋冬耕后，必须立即进行耙耱，以破碎土块，耙平地面，蓄水保墒。春季要抓好顶凌耙地，以后随着冻层逐渐化冻和每次春雨后，及时进行耙耱保墒。对土壤过于疏松、土块多或表层干土层较厚而底墒较足的板蓝根栽培田，可进行播种前镇压，使土壤踏实，土块破碎，增加表墒，以利于播种出苗。板蓝根播种前，整地要达到地面平整、深浅一致、上虚下实、无根茬、无坷垃的要求。为了便于排灌，一般可将地块做畦起垄，畦宽为 100～120 cm，垄高为 25 cm。

板蓝根生长期较长，在栽培过程中，需要不断地从土壤中吸收大量的营养物质。因此，要施足基肥，有效供给板蓝根生长所需的养分是获得较高经济产量的基础。板蓝根基肥应以厩肥、堆肥、土杂肥、绿肥等充分腐熟的有机肥料为主，最好结合秋冬耕深翻到土里。如果不能做到冬施基肥，春施基肥也要早施。板蓝根栽培田施基肥量多时，可以采取撒施方法；施基肥量少时，最好采取集中条施，以充分发挥肥效，提高肥料利用率。基肥用量应根据土壤肥力、肥料质量确定。

二、合理密植

合理密植就是使板蓝根在单位面积和空间上有一个合理的分布，使群体与个体、地上部与地下部都能得到比较健全而协调的发展，从而经济有效地利用光能和地力，提高单位面积的经济产量。其经济产量取决于单位面积株数、单株根质量和产叶量。密度小时，虽然个体发育良好，单株经济产量较高，但总株数少而造成经济产量低，难以达到高产。反之，密度过大时，个体生长发育不好，植株瘦弱，单株的经济产量过低，同样不能达到高产。同时，药材的品质也不能保证。因此在板蓝根的栽培中，要根据其生态习性，科学确定栽培密度，达到既发挥群体的增产作用，又能保证个体良好生长发育。一般来说，肥地宜稀，旱薄地宜密，水浇地宜稀。

三、播　　种

（一）种子处理
播种前用 30 ℃温水浸种 3～4 h，捞出阴干后即用适量干细土拌匀，以便播种。

（二）播种方法
播种可分为春播和夏播 2 种。春播在清明与谷雨之间进行。夏播在芒种至夏至之间进行。春播商品品质较优。可采用条播或撒播，多用条播。在整好的畦面上，开宽沟进行播种，行距为 18～20 cm，播幅为 4～5 cm，播种后覆土并稍加填压即灌溉。每公顷播种量为 20～30 kg。一般播种后 5～10 d 即可出苗。

四、田间管理

（一）前期管理
板蓝根出苗以后，个体绿色面积小，光合作用制造的有机物质也少，因此地上部、地下部都生长缓慢。随着个体新叶的生长和光合能力的增强，生长发育逐渐加快。"发苗先发根，壮苗先壮根"，幼苗期促进根系发育良好，是板蓝根优质高产的重要基础。

幼苗期植株含氮水平较高，但由于温度低、生长慢、株体小，对养分和水分的需求量也较少。所以在一般情况下，只要基肥施足、土壤不干旱，便能满足板蓝根幼苗期生长发育对水分和养分的要求。在幼苗期，必须有适宜的温度，在一定的温度范围内，随温度的升高，板蓝根的生理活动增强，生长速度加快。在我国北方地区，幼苗期温度往往低而不稳。因此采取综合措施，提高土壤温度，是促进板蓝根形成壮苗的关键。苗期管理要注意抓好以下 3 个环节。

1. 查苗补苗　为了保证苗全苗匀，在幼苗显行以后，要逐行检查，如发现有缺苗断垄，就要抓紧时间进行补种或移栽。根据缺苗多少和缺苗时间早晚，采取不同的补救办法。

（1）催芽补种　在缺苗较多时，应将种子催芽后补种。如果土壤墒情差，应结合灌溉点种。

（2）带土移栽　在缺苗较少、缺苗时间较晚时，可采用带土移栽法补苗。为了提高移栽成活率，起苗时要多带土，少伤根；移栽时要挖大窝，适当多灌溉。在补种或移栽后，要加强管理，促小苗赶大苗，使单株间生长均衡，防止大苗欺小苗的现象。

2. 间苗和定苗　间苗和定苗能避免板蓝根幼苗拥挤，减少肥水消耗，保持单株有一定的营养面积，促进幼苗根系发育。如果间苗和定苗过晚，板蓝根幼苗拥挤，尤其是在密度过大的情况下，拥挤现象更为严重，互相争夺肥、水、光，致使地上部和地下部均发育不良。一般来说，当板蓝根苗出齐后，苗高5 cm时就应进行间苗，可根据具体情况间苗1～2次。当幼苗长到12～13 cm高时，就要及时定苗。但定苗也要根据具体情况进行，如果气候不正常，气温偏低，就应适当推迟定苗时间；如果天气好，幼苗健壮，也可不间苗而进行1次定苗。

间苗和定苗时，应认真做到留壮苗去弱苗、留健苗去病苗、按计划株距定苗，在缺苗断垄处进行带土移栽，以保证密度。

3. 中耕松土　中耕松土是促进板蓝根生长发育良好的关键措施。中耕具有疏松土壤、破除板结层、提高土壤温度、调节土壤水分、消灭杂草、减少病虫害、增强土壤有益微生物活动、加速养分的分解等作用，因而能够促进根系发育，保证板蓝根幼苗的健壮生长。

板蓝根幼苗期中耕要突出"早、浅、细"。"早"是指板蓝根在定苗后要及时进行中耕。"浅"是指中耕深度不能超过5 cm，以防伤根、伤苗、跑墒。"细"是指中耕时做到竖锄横锄，四面见，深浅一致，土壤疏松细碎，不漏锄、不伤苗、不埋苗、不留草。

（二）中期管理

板蓝根生长中期是营养生长最为旺盛的时期，对于春播板蓝根来说，从6月上旬至8月下旬，时间跨度为2～3个月。此期，一方面地上部不断生长出新叶，光合作用强度和光合效率也随之增大，群体的叶面积指数达到最大值；另一方面地下部逐渐形成发达的根系，吸收水分和养分的能力不断增强。此期以肥水为中心，加强管理，促进地上部与地下部协调发展，以获取较多数量的大青叶，又不至于对根的生长产生较大影响，是本期管理的关键所在。

1. 灌溉　随着板蓝根不断长出新叶，气温也逐渐升高，植株生长加快，需水量增多，我国北方土壤的水分往往不能满足板蓝根生长发育的需要，因此适时灌溉、满足植株对水分的要求，是取得较高生物学产量和经济产量的主要措施。但是如果土壤水分过多，就会使根系生长受阻，不利于根系深扎，甚至出现烂根的现象。因此灌溉必须因时、因地进行。总的来说，只要板蓝根不表现出旱象就不要灌溉，否则就会因为水分偏多形成只长叶不长根的现象。板蓝根的叶片是主要收获物之一，一般来说，叶片采收后要及时灌溉，并配合施肥措施。

2. 中耕　板蓝根生长中期，根系生长发育迅速，勤中耕、深中耕，是促进根系深扎，控制植株徒长，获取较高经济产量的有效措施。中耕要做到雨后或灌溉后必锄，地板结、有草必锄，经常保持土壤疏松、无杂草。一般生长中期要求中耕4～5次，中耕深度要逐次加深，不能一次过深，特别是在天旱墒情差或上次中耕较浅的情况下。一次中耕过深时，伤根过多，并掀起大块、透风跑墒，反而对板蓝根生长不利。行间中耕深度要逐渐加深到 10 cm 左右，地湿、地板、苗旺时适当深锄，天旱、墒情差时要适当浅锄保墒。对于旱薄地，主要是勤中耕、细中耕保墒，不可中耕太深；对地肥、墒足、棵旺的田块，可适当加深，以切断部分根系，减少肥水吸收，避免地上部徒长。

3. 追肥 进入生长中期以后，板蓝根逐渐进入旺盛的营养生长时期，需要不断地从土壤中吸取更多的营养物质。此期适当追肥，不仅能够促进地上部和地下部的协调生长，提高板蓝根的经济产量，而且能够提高板蓝根的品质。一般来说，追肥要以有机肥料为主，适当使用磷肥、钾肥。每次大青叶收割后，可结合灌溉每公顷施入人粪尿 $3.0 \times 10^4 \sim 4.0 \times 10^4$ kg；磷肥、钾肥以速效肥为主，每公顷施过磷酸钙 120～150 kg、硫酸钾 300 kg。一般情况下，无须施用尿素、碳酸氢铵等含氮化肥，否则土壤中氮素含量过高，会降低大青叶的药用品质。

(三) 后期管理

进入 9 月以后，随着温度的降低，植株生长开始减慢。此期主要是促进地上部保持较大的营养面积，并使地上部的营养物质更多地向地下部输送，努力提高根的产量和品质。

1. 摘除花蕾 因种子混杂或个别植株提早度过春化阶段，个别植株会出现现蕾开花现象。要早发现，及时摘除，以减少植株生殖生长的营养消耗，促进根部生长。

2. 追肥 为了补充生长发育后期营养的不足，要进行根外追肥，每公顷用尿素 7.5 kg 加磷酸二氢钾 1.5 kg，兑水 450 kg，充分混合后，进行叶面喷洒；也可用 APT 生根 (增根) 粉等叶面肥料，按说明书进行喷洒。一般要求喷施 2～3 次，每隔 7～10 d 喷施 1 次。这有助于延长植株叶片生长时间，补充营养，提高产量和品质。翌年 4 月，秧苗返青后及时灌溉、松土。苗高 6～7 cm 时追施人粪尿或硫酸铵，每公顷 150～200 kg，加入过磷酸钙 20 kg 及少量钾肥 (氯化钾或硫酸钾，南方可用草木灰)，以促使茎秆坚硬。不可大量施用氮肥，氮肥过多时，茎秆徒长细弱，上部结籽后，遇有风雨常常倒伏，不利于种子成熟。抽薹开花时如果植株过于瘦弱，可适当追肥。

3. 灌溉 收获前 15～20 d，要浇 1 次透水，以满足板蓝根后期生长对水分的需要，同时有利于秋后采挖收根。对留种田，可适当晚灌溉或不灌溉，到封冻前浇 1 次封冻水即可。

五、采收与初加工

(一) 采收

1. 大青叶采收 春播板蓝根在水、肥管理较好的情况下，地上部正常生长。每年收割大青叶 2～3 次。第 1 次收割在 6 月中旬、苗高为 15～20 cm 时进行，收割时留茬 3 cm 多。第 2 次收割在 8 月下旬进行。第 3 次结合收根，割下地上部，选择合格的叶片入药。以第 1 次收获的大青叶品质最好。伏天高温季节不能采收，以免发生病害而造成植株死亡。选择晴天收割，这样利于植株重新生长，又利于大青叶的晾晒，以获取高品质的大青叶。

2. 板蓝根采收 板蓝根采收时期在初霜后，可获取药效成分含量高、品质好的板蓝根药材。采收时，首先用镰刀在离地面 2～3 cm 处割下叶片，然后从畦头开始挖根，用锹或镐深刨，挖一株拣一株，挖出完整的根。注意不要将根挖断，以免降低根的品质。一般可收获鲜根 4 500～7 500 kg/hm²。

3. 留种 一年生的板蓝根不开花结果，春播后当年收根。在刨收根时，选择无病虫、粗大健壮、不分叉的根条留种。按行距 50 cm、株距 20～26 cm 移栽到肥沃的留种地里。栽后及时灌溉以保证成活。11 月下旬薄薄铺上一层马粪或圈肥防寒。翌年 5—6 月种子成熟后，采收、晒干、脱粒，存放于通风干燥处备用。

在北方也可于 8 月，选向阳、肥沃的地块，按行距 50 cm 开浅沟，将种子均匀撒入沟中盖土，4～5 d 后出苗生长。幼苗在田间越冬，严寒地区略加覆土或盖马粪防寒。翌年春季，当苗高 13 cm 时，按株距 6～10 cm 定苗。田间管理、收种时期和方法均与留种地同。收过种子的根已木质化不能作药用。

（二）初加工

1. 加工方法 将大青叶运回晒场后，进行阴干或晒干。如果阴干，需在通风处搭设荫棚，将大青叶扎成小把，挂于棚内阴干。如果晒干，需放在芦席上，并经常翻动，使其均匀干燥。无论是阴干还是晒干，都要严防雨露，避免发生霉变。以叶大、洁净、无破碎、色墨绿、无霉味者为佳。

将挖取的板蓝根去净泥土、芦头、茎叶，摊放在芦席上晒至七八成干（晒的过程中要经常翻动），然后扎成小捆，晒至全干，打包或装袋储藏。以根长直、粗壮、坚实而粉性足者为佳。晒的过程中严防雨淋，避免霉变，否则会降低板蓝根的品质。

2. 包装、储藏和运输

（1）包装 大青叶质脆易断碎，怕压，应采用纸箱或苇席包装。板蓝根一般用麻袋包装，每件 30～40 kg。包装物上要挂上标签，标签上注明产地、等级、质量、单位等。

（2）储藏 板蓝根药材应储藏于干燥、温度在 28 ℃以下、相对湿度为 65%～75% 的地方，商品水分含量应控制在 11%～13%。大青叶一般不易变质，但如遇雨季，极易受潮、发霉，使叶片变黑，影响品质。因此雨季应经常检查，防止发霉生虫。在储藏期间，防止阳光长期直射而引起褪色和有效成分减少。

（3）运输 药材运输时，不应与有毒、有害、易串味物质混装。运载容器应具有较好的通气性，以保持干燥，并应有防潮措施。

第五节 病虫害及其防治

一、主要病害及其防治

（一）板蓝根根腐病

板蓝根根腐病危害根部，被害根部呈黑褐色，随后根系维管束自下而上呈褐色病变，向上蔓延可达茎及叶柄。以后，根的髓部发生湿腐，呈黑褐色，最后整个主根部分变成黑褐色的表皮壳。皮壳内为乱麻状的木质化纤维。根部发病后，地上部的枝叶发生萎蔫，逐渐由外向内枯死。

板蓝根根腐病的防治方法：①农业防治，选择土壤深厚的砂质壤土、地势略高、排水畅通的地块种植；实行合理轮作；合理施肥，适施氮肥，增施磷、钾肥，提高植株抗病力。②药剂防治，发病期喷洒 50% 硫菌灵可湿性粉剂 800～1 000 倍液。

（二）板蓝根霜霉病

板蓝根霜霉病的发病叶片在叶面出现边缘不甚明显的黄白色病斑，病斑逐渐扩大，并受叶脉所限，变成多角形或不规则形。在相应的背面长有一层灰白色的霜霉状物，为露在寄主体外的病菌孢囊梗和孢子囊。湿度大时，病情发展迅速，霜霉集中在叶背，有时叶面也有。后期病斑扩大变成褐色，叶色变黄，叶片干枯死亡。茎及花梗受害时，常肿胀弯曲成龙头状。患病茎秆呈黑色、有裂缝，病部亦有灰白色霜霉状物。严重被害的植株矮化，荚细小弯曲，常未熟先裂或不结实。

板蓝根霜霉病的防治方法：①农业防治，注意排水和通风透光；收获后处理病残株，减少越冬菌源；避免与十字花科等易感染霜霉病的作物连作或轮作。②药剂防治，发病初期喷洒 75％百菌清可湿性粉剂 800 倍液或 25％甲霜灵可湿性粉剂 600 倍液，喷药 1～2 次，间隔 10 d 左右。病害流行期可用 1：1：200 波尔多液或用 65％代森锌可湿性粉剂 600 倍液喷雾。

（三）板蓝根灰斑病

板蓝根灰斑病的受害叶面产生细小圆形病斑，病斑略凹陷，边缘为褐色，中心部呈灰白色。病斑变薄发脆，易龟裂或穿孔。病斑直径为 2～6 mm，叶面生有褐色霉状物，为病原菌子实体。自老叶先发病，由下而上蔓延。后期，病斑可互相愈合，病叶枯黄而死。

板蓝根灰斑病的防治方法：合理轮作和清洁田园，加强田间管理，减少菌源；开沟排水，降低田间湿度。

（四）板蓝根菌核病

板蓝根菌核病的发病植株，其基部叶首先发病，然后向上延及茎、茎生叶和果实。发病初期呈水渍状，后为青褐色，最后腐烂，在多雨高温的 5—6 月发病最重。茎秆受害后，布满白色菌丝，皮层软腐，茎中空，内有黑色不规则的鼠粪状菌核，使整枝变白倒伏而枯死，种子干瘪，颗粒无收。

板蓝根菌核病的防治方法：①农业防治，例如水旱轮作或与禾本科作物轮作；增施磷肥；开沟排水，降低田间温度。②药剂防治，发病初期用 65％代森锌 500～600 倍喷雾，隔 7 d 喷 1 次，连续 2～3 次。

二、主要虫害及其防治

（一）菜青虫

菜青虫 1 年发生多代，例如在东北每年能发生 4～5 代，在上海每年发生 5～6 代，在杭州每年发生 8 代，在广西每年发生 7～8 代，东北以 5—6 月第 1 代和第 2 代发生最多、危害最严重。

菜青虫的防治措施：①农业防治，例如清洁田园；结合积肥，处理田间残枝落叶及杂草，集中沤肥或烧毁，以杀死幼虫和蛹；冬季清除越冬蛹。②药剂防治，发生时用苏云金芽孢杆菌防治效果较好，对人畜无毒害，可用苏云金芽孢杆菌可湿性粉剂 500～800 倍液喷雾。

（二）潜叶蝇

潜叶蝇 1 年中发生的世代是重叠的。潜叶蝇各代所经过日期的长短和气温有关，第 2 代繁殖期间，平均气温为 20.4 ℃时，需要 41.9 d；第 3 代繁殖期间，平均气温为 23.9 ℃时，需要 26.2 d。潜叶蝇在不同地区或同一地区不同年份，各代出现的时期和一年中发生的世代数有差异。

潜叶蝇的防治方法：①农业防治，清除野生寄主，消灭野生寄主上第 1 代卵、幼虫和蛹，以减少第 2 代发生数量；提高栽培技术，精耕细耙，及时中耕除，施用追肥。②药剂防治，可喷洒 1.8%阿维菌素乳油 3 000～4 000 倍液。

（三）红蜘蛛

红蜘蛛主要以卵或受精雌成螨在植物枝干裂缝、落叶以及根际周围浅土层、土缝等处越冬。翌年春天气温回升、植株开始发芽生长时，越冬雌成螨开始活动危害。叶片展开以后转到叶片上危害，先在叶片背面主脉两侧危害，从若干个小群逐渐遍布整个叶片。一般情况下，在 5 月中旬达到盛发期，7—8 月是全年发生的高峰期，尤以 6 月下旬至 7 月上旬危害最为严重，因此在 4 月底以后，对植株要经常进行观察检查，在气温高、湿度大、通风不良的情况下，红蜘蛛繁殖极快，可造成严重损失。

红蜘蛛的防治方法：加强栽培管理措施，对植株增施有机肥，减少氮肥的使用，增强长势，提高植株抵抗害虫入侵的能力。在高温干旱季节，及时灌溉，补充植株水分损失。对当年红蜘蛛发生严重的植株，结合清园，清除枝干上的枯叶、落叶以及杂草等越冬场所，消灭过冬雌成虫、卵等，降低越冬虫源基数。

复习思考题

1. 简述板蓝根生育时期及其对环境条件要求。
2. 简述板蓝根根腐病的防治措施。
3. 简述板蓝根红蜘蛛的防治措施。
4. 简述板蓝根菜青虫的发生规律。
5. 简述板蓝根初加工方法。

主要参考文献

常维春，常彤，2003. 板蓝根地黄无公害高效栽培与加工[M].北京：金盾出版社.

漆燕玲，2004. 黄芪、板蓝根无公害栽培技术[M].兰州：甘肃科学技术出版社.

宋晓平，2004. 中草药高效栽培加工 7 日通[M].北京：中国农业出版社.

王灵丽，李鑫梅，2019. 板蓝根优质高产栽培技术操作规程[J].农业技术与装备（6）：87-88.

王振学，潘涛，2018. 板蓝根优质高产栽培技术[J].科学种养（5）：23-24.

杨凤刚，杨海丽，杨帜辉，2015. 板蓝根规范化栽培管理[J].云南农业（7）：70.

姚攀，2018. 大庆地区不同播种期对板蓝根生长发育及产量的影响[D].大庆：黑龙江八一农垦大学.

贺美忠，王瑞军，李洪，等，2020. 高产高效绿色板蓝根栽培技术要点[J].江西农业（8）：6-7.

第十五章

防　风

第一节　概　述

防风［*Saposhnikovia divaricata*（Trucz.）Schischk.］别称北防风、关防风（东北）、哲里根呢（内蒙古），为伞形科防风属多年生草本植物，以根入药，为我国大宗常用中药材。防风叶、花也可供药用。

一、药用价值

防风为辛温解表类药物之一，味辛、甘，性温。防风含有挥发油、色原酮、香豆素、有机酸、杂多糖、丁醇等化合物，有解表发汗、祛风除湿、止痛、解痉等作用，主治风寒感冒、头痛、发热、关节酸痛、破伤风。防风为治疗常见病、多发病、外感风寒的常用中药，是制作中成药的主要原料，而且还是传统的出口药材，年需求量较大。我国商品防风主要来源于野生资源，随着需求量的快速增加，采挖数量也与日俱增。过度的连年采挖对防风野生资源的破坏十分严重，野生防风资源数量和品质急剧下降。野生防风一般自然更新需要 8～10 年，野生防风资源不足的危机已日益突出。随着需求量的不断增加，防风的价格连年攀升，居高不下，全国各大中药市场货源紧缺，特别是供出口的高档防风供应不足。面对国内外日益增长的市场需求，防风发展前景广阔。

二、分布与生产

我国古代医书就有关于防风的记载。《名医别录》载：防风生沙苑（陕西）、川泽及邯郸（河北）、琅玡（山东）、上蔡（河南）。《唐本草》记载：出齐州龙山最善，淄州、兖州、青州（均为山东境内）者亦佳。防风主要分布在我国的黑龙江、吉林、辽宁、河北、河南、山东、山西、内蒙古、甘肃、青海、陕西、宁夏等省、自治区；主产于黑龙江的安达、大庆和齐齐哈尔，吉林的洮南、长岭、前郭和通榆，内蒙古的赤峰、额尔古右、科尔右、扎鲁特和呼伦贝尔，辽宁的义县、建平、朝阳、绥中和铁岭。黑龙江西部和内蒙古呼伦贝尔草原是我国最大的防风产区。防风不但是制作中成药的主要原料，而且还是传统的出口商品，年需求量增速很快。20 世纪 50 年代防风的年需求量为 500 t，20 世纪 70 年代初为 1 500 t，20 世纪 80 年代初为 2 000 t，20 世纪 90 年代达到 3 000 t 左右，40 多年间增长了 5 倍。近年来，防风栽培面积不断增加。

第二节 植物学特征

一、根

防风主根肥大，无侧根或有少量侧根。主根呈圆柱形或长圆锥形，1 年生防风根长为 15～30 cm、直径为 0.5～2 cm。根表面呈灰棕色，有纵槽，并有横向皮孔及点状根痕。根体轻、质松，断面不平，皮部呈深棕色、有裂隙，木部呈浅黄色；气特异、味微甘。

野外自然条件下，防风在砂质漫岗上生长时，由于土壤含水量低，根系生长主要向深处发展，主根长、侧根较少，主根呈黄棕色或灰棕色。人工起垄栽培时，根系生长比野生的快，一般 2～3 年植株主根长为 40～70 cm、直径约为 1 cm，粗者可直径达 1.5 cm；侧根较多。根系外皮颜色为棕黄色或黄白色，较浅。根粗壮而较匀长，呈近圆柱形，表面为淡棕色，散生凸出皮孔。

二、茎

防风茎单生，株高为 30～80 cm。自基部分枝较多，生长方向斜上升，与主茎近于等长，表面有棱沟。

三、叶

防风基生叶多数簇生，有长柄，基部为鞘状，叶片质厚、平滑、呈三角状卵形，2～3 次羽状全裂或深裂；第 1 次裂片有小叶柄，第 2 次裂片在顶部无柄、在下部的有短柄；小裂叶呈条形至披针形，全缘。茎生叶与基生叶相似，茎生叶渐无柄，叶鞘半抱茎，茎顶的叶不发育或很少。

四、花

防风花序为复伞形花序，顶端花序梗长为 2～5 cm，伞幅为 5～7 根、长为 3～5 cm，无毛，无总苞片。花小，小伞形花序有花 4～9 朵，萼齿为三角状卵形，较明显。花瓣 5 枚，呈倒卵形、白色，具内折的小舌片，其先端钝。子房下位，具 2 室，密被白色疣状突起，每室 1 个胚珠，胚珠倒生，单珠被，薄珠心；花柱 2 个，基部呈圆锥形，果期伸长而不弯。每朵小花具 5 枚雄蕊，每枚雄蕊的花药具 4 个花粉囊。成熟花粉粒为三细胞型，具 3 个孔沟。花药壁的发育为双子叶型，腺质绒毡层。

防风的花为雌雄蕊异熟，雄蕊的发育早于雌蕊，花药开裂散粉时，自花的花柱不具备授粉的条件，因此防风为异花传粉。

五、果　实

防风幼果表面具多数不规则的瘤状突起，突起表面又具平行或扭曲的线纹，成熟后渐消失。双悬果呈狭圆形或椭圆形，幼时有疣状突起，成熟时渐平滑，棱槽内通常有油管 1 条，合生面油管 2 条，胚乳腹面平坦。成熟果实为黄绿色或深黄色，呈长卵形，具疣状突起，稍侧扁。果有 5 棱，果期为 9—10 月。

第三节 生物学特性

一、生育时期

（一）苗期

防风幼苗第 1 年只形成叶簇，呈莲座叶形态，不抽薹开花。防风由胚根发育成直根系。子叶期主根的初生结构从外向内由表皮、皮层、维管柱（中柱鞘和维管组织）3 部分组成。初生木质部为二原型，两木质相对，为外始式发育。根具初生油室 2～4 个，每个初生油室由 3～4 个分泌细胞组成。根经短暂的初生生长，便开始次生生长。

（二）生长期

第 1 片真叶形成时，主根具木栓层细胞 2～3 层、初生油室 15～18 个，韧皮部中由形成层产生的次生油室第 1 圈有 6～10 个、第 2 圈开始形成 2～4 个，韧皮部与木质部比为 4∶1。圈油室分布，其中腔较大的有 14～15 个，腔较小的有 2～26 个。初生韧皮部受挤压而被破坏。次生韧皮部有 4～5 圈油室，每圈约 20 个油室，每个油室由 5～7 个分泌细胞组成，腔为菱形或椭圆形。从根的纵切面上可见油室为长管状。形成层由 2～5 层细胞组成。10 月末随着气温的逐渐下降，叶渐枯萎，地下根系活动逐渐减弱，慢慢进入休眠状态。

（三）越冬期

生长到 10 月中上旬，地上叶茎开始枯黄，进入越冬期。

（四）返青期

防风根茎在地下经过冬季漫长的"休眠"以后，到翌年春季随着天气变暖、气温升高，耕层逐渐解冻，根茎开始萌发新芽，进入返青期，此时逐渐抽薹分枝，开花结实。

（五）旺盛生长期

防风为深根植物，早春以地上茎叶生长为主，根部生长缓慢；夏季植株进入旺盛生长期，根部生长加快，长度增加。

二、生长发育对环境条件的要求

防风适应性较强，喜充足阳光、凉爽气候，耐寒、耐干旱，喜干燥，忌雨涝。

（一）温度

防风种子萌发的适宜温度为 19～28 ℃，最适温度为 25 ℃。种子在 20 ℃以上时 1 周左右出苗，在 15～17 ℃时 3～4 周出苗。生长最适温度为 20～25 ℃。防风耐严寒，在 -40 ℃条件下能安全过冬。防风怕高温，夏季持续高温对植株生长发育不利，易引起苗枯。

（二）水分

防风喜干燥，而种子萌发则需要湿润的土壤条件，所以出苗前如遇干旱应及时灌水，保持土壤湿润，以利于出苗。防风忌雨涝，土壤过湿或雨涝，易导致防风根部和基生叶腐烂。

（三）光照

防风喜阳光充足的气候条件，在长日照条件下才能从营养生长期向生殖生长期转变。

（四）土壤

防风栽培宜选土层深厚、疏松肥沃、排水良好的砂质壤土，不宜栽培在酸性大、黏性重的土壤中。

第四节　栽培管理技术

一、选地与整地

（一）选地

防风对土壤要求不高，但应选择地势高、不易发生水灾的向阳土地，土壤以疏松、肥沃、土层深厚、排水良好的砂质壤土最适宜。黏土、涝洼地、酸性大或重盐碱地不宜栽种防风。防风对前茬作物没有特殊要求，大田作物所有茬口均可栽培。育苗田以选择地势较平坦、靠近水源的农田地为宜，种子田宜选择肥沃的熟地。

（二）整地

防风栽培一般为畦作，地势高的地块宜做成平畦，地势较低的可做成20～30 cm的高畦。一般畦宽为120 cm，长度视地势而定。畦间距为离30 cm。畦土要耙细，畦面要平整。也可垄作，垄距为65～70 cm。地势高、排水良好的缓坡地或荒山坡地，可不做畦，只深耕，耙碎土壤。防风用地宜深耕，以耕深25～30 cm为好。整地时结合耕翻、耙地，施足基肥，以优质腐熟厩肥、猪粪为好。基肥宜在秋天深翻前均匀施在地表，然后翻入耕层。早春整平耙细，拾净根茬和杂物，为防风生长创造良好的基础条件。耕翻耙细之后即可做畦。

二、播　　种

（一）种子处理

防风的种子种皮较厚，并且含有发芽抑制物质以及大量的挥发油。种子的发芽率较低，寿命较短。处理时将精选好的种子，于播种前进行温水浸泡。种子先用35 ℃的温水浸泡24 h，种子入水时边搅拌边撒种，然后用40～50 ℃的温水浸泡8～12 h，使种子充分吸水，以利发芽。浸种完成后，除去浮在水面上的瘪籽和杂质，将沉底的饱满种子泡好后取出，稍晾后播种。

（二）播种

1. 播种期　播种期分春播、夏播和秋播。应根据当地的气候条件和土壤墒情确定播种期。

在墒情好和有灌溉条件的地块及育苗的畦床，可采用春播，于3月下旬到5月中下旬气温达到15 ℃以上时进行。对易发生春旱和砂质土地块，可于6月下旬到7月上旬雨季到来时夏播。对土层深厚、保墒好的地块，于9—10月前茬作物秋收后及时整地进行秋播，翌年春季出苗。

2. 播种方法　播种方法分撒播、条播和穴播3种，依育苗方法而定。

（1）扣拱棚育苗　扣拱棚育苗时，采用撒播，将畦面整好，浇透水，然后人工撒播种子，每公顷用种子30～45 kg。撒播均匀后，用竹筛或铁筛筛上2 cm厚的湿润新土保墒，盖严种子，然后插拱扣膜。

（2）露地平畦育苗　露地平畦育苗时，采用条播，行距为 15~20 cm，开沟深为 2~3 cm（壤土宜浅，砂土宜深），将种子均匀地撒在沟内，覆土 1.0~1.5 cm，每公顷播种量为 30~38 kg。待稍干进行镇压保墒。

（3）生产田直播　其播种方法基本与露地平畦育苗方法一致，但行距要加大到 25~30 cm，每公顷用种量为 15~25 kg。

（4）荒山坡地或林缘地直播　荒山坡地或林缘地直播，采用穴播，不用做畦，可按行株距 20 cm×20 cm 或 30 cm×20 cm 开穴播种，每穴播种 5~10 粒，覆土 2 cm。

条播或穴播播种后均要稍加镇压，盖草保湿。若遇干旱天气，应及时灌溉，以利出苗。

三、移　　栽

防风移栽最好在翌年春季防风萌发前进行（4 月中旬）。如春季移栽适期短，可在秋季上冻前几天起出后假植越冬，或在秋季经霜冻枯黄后进行移栽。

春季起苗时宜随起随栽，起苗深度在 30 cm 以上，尽量不伤主根或少伤主根，起苗后随即绑成小把（每把 100 株），用刀割去部分枯叶，立刻假植在土里以防晒干。

栽植前先用犁开沟，沟深在 30 cm 以上，然后在沟内栽 2 行"拐"子苗（也可栽单行），每公顷保苗 4.5×10^5 株以上。随摆苗随埋土，埋土不宜过深，适当露出顶端，栽后直接用犁耥 1 遍，然后进行喷灌或沟灌，提高土壤温度并保湿。

移栽后及时查田，待苗出齐后铲耥 1 遍及时除草，如杂草较多，可在雨季到来前再铲耥 1 遍。7 月雨季到来时可结合灌水，向垄沟里撒施 1 遍尿素，每公顷用量为 150 kg 左右。

四、田间管理

（一）苗期管理

在塑料薄膜拱棚内进行育苗，播种至出苗阶段为密闭期，要经常检查，控制好棚内温度，一般以 20~25 ℃为宜，天气过热、棚内温度过高时，要加盖草苫遮阴降温。当畦面小苗见绿时，可揭膜放风调整棚内温度。随着幼苗生长，应逐渐加大放风孔炼苗，直至揭掉塑料膜为止。畦内发生杂草要及时防除。

1. 抗旱保墒，力争全苗　此期要采取一切抗旱保墒措施，确保播种层内有充足的土壤水分，满足其萌发需要，严防土壤"落干"和种子"芽干"的现象发生，力争达到苗全、苗壮。

2. 除草松土，防荒促壮　此期进行中耕除草 2~3 遍，为幼苗根系生长创造良好环境，促使根系深扎，达到壮苗的效果。

3. 疏苗定苗，防虫保苗　出苗后 15~20 d、苗高达 3~5 cm 时，进行疏苗，防止小苗过度拥挤，生长细弱。生长到 1 个月左右、苗高达 10 cm 以上时，进行最后定苗，育苗田苗距为 2~3 cm，生产田苗距为 8~10 cm，防止苗荒徒长。同时，做好田间调查和病虫害防治工作，保证防风幼苗不受病虫危害。

（二）生长期管理

由于防风适应性强，耐寒、抗旱性强，只要保证全苗，生长期管理比较简单。为促进生长和发育也可采取一些促控措施。

1. 追肥灌溉 一般情况下人工栽培防风，第1年很少表现缺肥和缺水症状。只有播种在砂质土壤或遇严重干旱天气时，在定苗后适当追肥灌溉。每公顷追施尿素120～150 kg和硫酸钾3～5 kg，追肥后及时灌溉，以满足防风幼苗生长需要。

2. 中耕除草 生长期仍然有部分杂草在不同时间生长出来，要结合中耕松土及时拔除。

3. 排水防涝 防风生长的旺盛时期在6—8月，此时正逢雨季，田（畦）间出现涝渍时要及时排除，并随后进行中耕，保持田间地表土壤有良好的通透性，以利于根系生长。

4. 打薹促根 防风播种当年只形成叶簇、不抽薹，第2年7—8月现蕾开花。防风开花结籽后，根部木质化、中空而不宜作药用。因此除留种株外，发现抽薹应及时摘除。

（三）越冬期管理

生长到10月上中旬，防风地上叶、茎开始枯黄，进入越冬休眠期。此期管理，一是在10月底或11月上旬浇封冻水，确保浇灌均匀；二是防止畜禽的践踏危害，做好田间管护工作；三是做好各项移栽前的准备工作，例如整地、施肥、水源等。

（四）返青期管理

防风地下部的根茎经过冬季休眠后，在翌年春季随着天气变暖、气温升高，开始萌发新芽，进入返青期。在返青前需人工进行彻底清园，将地表枯枝落叶清除到田外烧毁，以减轻病虫发生和危害。

（五）旺盛生长期管理

1. 中耕松土 此期生产田仍以促根生长发育为主，田间经常进行中耕松土，可改善根系生长环境，促进根系生长。

2. 除草 及时拔除田间杂草，避免草害。

3. 根外追肥 根据防风植株生长情况，如发现营养不足，可进行根外追肥。

4. 打薹促根 防风播种后第2年将有80%以上植株抽薹开花结实。地上植株开花以后，地下根开始木质化，严重影响药用根品质或失去药用价值，为此，2年生以上植株，除留种田外，必须将花薹及早摘除，一般需进行2～3次，避免开花消耗养分，影响根的生长发育。

5. 排湿除涝 田间遇涝或积水时，要及时排除，以免影响植株生长。

（六）留种田管理

选择无病虫害、生长旺盛的2年生植株作为留种株。对留种株要加强管理，增施磷钾肥，培土壅根，促进开花结实。选留植株生长整齐一致、健壮的田块作留种田，不进行打薹，可放养蜜蜂辅助授粉。

五、采收与初加工

（一）采收期

防风一般在栽种第2年开花前或冬季收获。育苗移栽的要栽后第2年（长势好的可在当年）秋季采挖，均以根长达30 cm以上时挖采。采收过早时产量低，采收过迟时根易木质化。

（二）采收方法

收获时，宜从畦的一边挖1条深沟，然后逐行掘起，露出根后用手扒出，防止挖断。

将根挖出后，除净残茎、细梢、毛须及泥土，晒至九成干时，按粗细与长短，分别捆成250 g 或 50 g 的小捆。

（三）加工方法

药材的采收与加工是相互衔接的两个环节。防风采收后可采用 45 ℃烘干，同时增大通风量，缩短干燥时间。采收后若不能及时干燥，宜存放在阴凉处。

（四）储藏

防风易受潮发霉、泛油、虫蛀。防风商品的安全水分含量为 11%～14%，应储藏于通风、阴凉、干燥处。储藏适宜温度为 30 ℃以下，空气相对湿度在 70%～75%。储藏期间应定期检查。高温、高湿季节到来之前，可密封抽氧充二氧化碳养护，受潮品可进行摊晾或翻垛通风，然后重新包装储藏。防风为常用中药，一般可储存 2～3 年。

第五节　病虫害及其防治

一、主要病害及其防治

（一）防风白粉病

防风白粉病主要危害叶片及嫩茎。发病初期，在叶面及嫩茎上产生白色近圆形的点状白粉斑，以后病斑逐渐扩大蔓延，全叶及嫩茎被白色粉状物覆盖，即病原菌的分生孢子。后期在粉状斑上逐渐长出小黑点，即病原菌的有性世代闭囊壳。发病严重时引起早期落叶及茎干枯。

防风白粉病的防治方法：①农业防治，实行与禾本科等作物轮作；避免在低洼积水地栽培，雨后及时排水；合理密植，以利田间通风透光；及时清除病残体，集中于田外烧毁，减少田间菌源量。②药剂防治，发病初期及时用药剂防治，可交替使用 15%三唑酮可湿性粉剂 600 倍液、50%多菌灵可湿性粉剂 1 000 倍液，视病情每隔 7～10 d 喷 1 次，共喷 2～3 次。

（二）防风斑枯病

防风斑枯病主要危害叶片。被害叶片病斑呈圆形或近圆形，直径为 2～5 mm，边缘呈深褐色，中央色泽稍淡。病斑上散生多个黑色小点，为病原菌分生孢子器。发病严重时，病斑相互汇合，造成整个叶片枯死。通常下部叶片先发病，然后逐渐发展至上部叶片，严重时除顶端新生叶外的叶片全部枯死。

防风斑枯病的防治方法：①农业防治，在无病植株上留种；冬前搞好清园，彻底清除田间病残体，并集中烧毁，减少越冬菌源量。②药剂防治，可轮换选用 70%代森锰锌可湿性粉剂 500 倍液、77%氢氧化铜可湿性粉剂 500 倍液、50%多菌灵可湿性粉剂 600 倍液、50%乙霉威可湿性粉剂 600 倍液，每 10 d 喷 1 次，连续 2～3 次。

（三）防风根腐病

防风根腐病发病初期，病根出现红褐色斑块，边缘不明显，之后病斑逐渐变为黑褐色，凹陷或开裂，最后根部腐烂，叶片萎蔫、变黄枯死。

防风根腐病的防治方法：①农业防治，可选择土层深厚、排水良好、疏松干燥的砂质壤土栽培防风；雨季注意排水，防止积水烂根。②药剂防治，发病初期及时拔除病株，并撒石灰粉，消毒病穴，预防大面积传染，同时用 50%多菌灵可湿性粉剂 500 倍液根际浇灌。

二、主要虫害及其防治

（一）黄凤蝶

黄凤蝶以幼虫危害叶片、花蕾，将叶片咬成缺刻，或将花蕾吃掉，仅剩花梗，严重时整个叶片被吃光。

黄凤蝶的防治方法：①人工捕杀，当害虫发生量少时可人工捕杀；秋季清除田间残株并烧毁，清灭越冬蛹。②化学防治，6—8 月幼虫 3 龄以前，早晨或傍晚用 90％晶体敌百虫 800 倍液，或苏云金芽孢杆菌乳剂 300 倍液喷雾防治。

（二）黄翅茴香螟

黄翅茴香螟幼虫危害花序及幼嫩果实，在花蕾上结网，严重影响开花结实，造成产量损失。

黄翅茴香螟的防治方法：6—7 月幼虫 3 龄以前，早晨或傍晚用 90％晶体敌百虫 800 倍液，或苏云金芽孢杆菌乳剂 300 倍液喷雾防治。

 复习思考题

1. 简述防风生长发育对环境条件的要求。
2. 简述防风栽培的整地方法。
3. 简述防风采收方法。
4. 简述防风加工方法。
5. 简述防风根腐病的防治措施。

主要参考文献

郭靖，王英平，2015. 北方主要中药材栽培技术［M］.北京：金盾出版社.

姬丽君，2014. 不同生长年限防风生长发育动态及采收期研究［D］.兰州：甘肃农业大学.

姜德斌，2020. 中药防风的高产栽培技术［J］.农业技术与装备（1）：154，156.

马卉，贡济宇，2016. 防风的栽培技术［J］.世界最新医学信息文摘，16（23）：166-167.

滕发云，2020. 中草药防风的栽培管理技术［J］.畜牧兽医科技信息（3）：184-185.

王宇先，2009. 中草药防风及其在寒地干旱地区人工高产栽培技术［J］.黑龙江农业科学（1）：165-166.

周艳玲，2009. 防风种子休眠生理与栽培技术研究［D］.哈尔滨：东北林业大学.

第十六章

柴 胡

第一节 概 述

柴胡（*Bupleuri radix* L.）别名为地熏、山菜、菇草、柴草，为伞形科柴胡属多年生草本植物，全株可入药，以根为主。柴胡是一种常用的大宗药材。

一、药用价值

柴胡性微寒，味苦、辛，归肝经、胆经，具有和解少阳、疏肝解郁、升阳举陷、热入血室等功效，常用于治疗感冒发热、寒热虚劳、小儿痘疹蓄热、疟疾、肝郁气滞、胸肋胀痛、脱肛、月经不调、子宫脱落等症，是大柴胡汤、小柴胡荡、柴胡桂枝汤等我国传统药剂配方的重要组成成分。柴胡中含有柴胡皂苷、挥发油、甾醇、脂肪酸、木质素、氨基酸、多肽、抗坏血酸、多糖等多种活性成分。近年来还有大量研究表明，柴胡具有解热、镇静、抗炎、提高免疫力、抗辐射、抗肿瘤、抗肝损伤等功效。现已有多个以柴胡为主要成分的口服药品与注射液应用到临床上，例如柴胡口服液、复方柴胡注射液、逍遥丸、柴胡滴丸等。柴胡主要以根部入药，有些地区也有用其全草入药的，有制药厂等利用柴胡地上部水提液，浓缩后制成柴胡片，对小儿呼吸道感染及肺炎疗效显著。其成分主要为柴胡地上部分总黄酮，其中有槲皮素及其苷。柴胡属植物不同部位的综合开发是很有前途的，例如柴胡果实含多种柴胡皂苷，茎叶含心血管活性成分芸香苷及抗衰老成分二十九烷-10-酮，也可以开发其新用途。不同柴胡品种，其柴胡皂苷含量不同。北柴胡和狭叶柴胡的有效成分含量最高，且北柴胡高于狭叶柴胡，因此北柴胡和狭叶柴胡被作为柴胡的正品。除大叶柴胡及其变种有毒外，其他柴胡均可作为药用柴胡新资源。

二、分布与生产

柴胡属植物种类繁多，全世界有 180 多种，我国有 42 种、17 个变种、7 个变型（其中特有种有 25 个、变种 15 个、变型 7 个）。柴胡广泛分布于北半球，集中分布于地中海地区、欧亚大陆和非洲北部。地中海地区和我国西南横断山区是柴胡属的两大分布中心。我国药用柴胡种类近 30 种，西北地区已开发 5 种药用柴胡，云南也发展了 8 种柴胡属植物作为药用。我国南方是中国柴胡属的起源中心，在距今 200 万～250 万年前，因气候的变化和地壳板块的运动，柴胡属植株产生生殖隔离，分别形成南方种和北方种，并分别扩散至各地。商品柴胡分北柴胡、南柴胡和竹叶柴胡 3 大类。北柴胡，别名为硬柴胡、津柴胡等，其原生植物有柴胡、银州柴胡、小叶黑柴胡、长白柴胡和兴安柴胡，主产于东北、华北、西北各地，湖北、山东、安徽等地也有栽培。南柴胡，别名为软柴胡、香柴胡、红柴胡等，其原生植物有狭叶柴胡、线叶柴胡和锥叶柴胡，主要产于湖北、四川、安徽、黑龙江、吉林、内蒙古等地。竹叶柴胡，其原生植物有膜缘柴胡、西藏柴胡、小柴胡、马尾柴胡等，主要分布于山西、陕西、四川、贵州、云南、西藏等地。大叶柴胡主要分布于黑龙江、辽宁、吉林、内蒙古、甘肃等地，虽然皂苷含量高，但含有挥发性有毒成分，不能入药。陇西是我国柴胡的主要栽培区域。近年来，随着柴胡新功能的不断发现以及国际上对植物源药物的广泛认可，柴胡的国内外市场需求量急剧增长。

第二节　植物学特征

一、根

柴胡为直根系植物，根除了发挥吸收储藏功能外，也是主要的药用部位。柴胡出苗至拔节前，根质量增加缓慢。从拔节到开花，根鲜物质量、干物质量和地上部同步增加，根的质量增加速度较快。开花后，柴胡生长重心转到花的生长，根的质量增加又趋缓慢。

二、茎

柴胡茎直立，丛生，少有单生，上部多分枝，并略呈之字形弯曲。拔节后每周新增3～4个茎节，每茎节在1周后完全长成，到主茎顶端分化成主花序后，茎节数和株高不再增加。

三、叶

柴胡种子萌发时有2个子叶，随后在根颈上（根和茎交界处，长为0.5～1.0 cm）长出基生叶，一般基生叶可达到11片左右，到柴胡拔节期每个主茎节上着生1片叶。主茎顶端分化成主花序后，茎生叶不再增加。在各个侧枝茎节上着生1片叶，随着柴胡进入生长盛期，叶片数和叶片质量也达到顶峰，之后从基部叶片逐渐向上枯萎。

四、花

柴胡的复伞形花序为腋生兼顶生，具伞梗4～10根，总苞片1～2枚、常脱落。小总苞片5～7枚，较小伞梗短或略等长，呈披针形，左右扁平，有3条脉纹。花小，呈鲜黄色，萼齿不明显；花瓣5枚，先端向内反卷；雄蕊5枚，插生于花柱基之下；子房呈椭圆形，花柱2根，花柱基部呈黄棕色，宽于子房。

五、种　子

柴胡种子外壳坚硬，当年新种子发芽率为43%～50%。种子寿命短，常温下储藏的种子寿命不超过1年。因此播种时必须使用新鲜并经过处理的种子，一般用40 ℃温水浸种或去除种皮或用针挑破种皮，可显著提高发芽率。陈种子不能使用。种子发芽适宜温度为15～25 ℃，30 ℃以上的高温会抑制发芽。刚收获的柴胡种子的胚还不成熟，尚处于休眠状态，需经过后熟过程才能发芽。新收获的柴胡种子胚的体积只占胚腔的5.1%，5个月后能增加到16.7%。沙藏处理能够明显促进柴胡种子的萌发，提高发芽率和发芽势，并使柴胡种子的发芽启动日与高峰日明显提前。在土中层积储藏种子，也能加速胚的发育，促进后熟。层积 5 个月后，发芽率可达 69.1% 左右，平均发芽时间约为 15 d。除温度外，空气相对湿度和氧气供应对柴胡种子的发芽也有很大影响，柴胡种子萌芽期需要 100% 的空气相对湿度和充足的氧气。

第三节 生物学特性

一、生育时期

柴胡需要 2 年完成 1 个生长周期，1 个生长周期包括 5 个生育时期。

（一）生长期

人工栽培柴胡第 1 年生长期内只生基生叶和茎，只有很少的植株开花，但是不能生产种子，进入越冬状态前均为生长期。

（二）越冬期

柴胡植株生长到 9 月下旬，地上叶片开始黄化枯萎，进入越冬休眠状态。一般干枯的茎叶突出于地表面。

（三）返青期

柴胡栽种的翌年春季，当气温达到 12 ℃ 以上时，根茎芽鞘开始萌动，生长出新植株。

（四）旺盛生长期

柴胡植株返青期后，逐渐进入旺盛生长期，地下根系继续深扎长粗，地上植株抽薹、开花，旺盛生长发育。

（五）成熟期

8—10 月是柴胡成熟的季节，由于抽薹开花不一致，因此种子成熟的时间不同。田间观察种子表皮变褐、籽粒变硬时，即可收获种子。

二、生长发育对环境条件的要求

（一）温度

柴胡属喜温植物，种子发芽的最低温度为 10 ℃，最适温度为 20~25 ℃，最高温度为 32 ℃。春、秋播种均可，以春播为好，播种期（4 月中旬）要求温度 18 ℃ 左右，低于该温度出苗缓慢。移栽期最适温度为 18~20 ℃，此时成活率高。花期（8—9 月）气温以 20~22 ℃ 时结籽率高，旺盛生长期以 18~22 ℃ 最为适宜。植株开花后对温度反应敏感，气温高于 28 ℃ 或低于 20 ℃，都将对柴胡开花、授粉、结实产生不良影响。柴胡耐寒性强，在寒冷的黑龙江北部地区冬季最低气温可达 -41 ℃，柴胡也能正常自然越冬。

（二）水分

柴胡属耐旱性较强的植物，不遇严重干旱，一般不需要灌溉。在水分和养分需求高峰期，追肥后浇适量水即可保证生长需要。柴胡生长要求年降水量在 700 mm 以上，空气最适相对湿度为 65%~75%，相对湿度大于 80% 或小于 55% 时生长发育会受到抑制。7—8 月要及时摘心除蕾（种苗地除外），防止盛花期大量消耗水分，造成水分不足，影响产量和品质。

（三）光照

柴胡为喜光植物，在年日照时数为 1 500～1 700 h、平均日照时数大于 6 h 的地区栽培较为适宜。光照不足，会延长柴胡生育期。

（四）土壤

柴胡栽培，以土层深厚、疏松肥沃、排水良好的砂质壤土、腐殖质土或夹砂土为宜，pH 以 6～7 为佳。盐碱地、低洼易涝积水田块不适宜栽培柴胡。前茬以禾本科作物为好，忌连作。

（五）养分

柴胡为直根系植物，根系庞大，分布在 40 cm 的土层内，吸收养分、水分能力极强。对于一年生柴胡而言，由于基肥充足，可以满足植株对养分的需要。二年生柴胡，为避免第 2 年养分不足影响产量与品质，可分 2 次追肥，第 1 次追肥在苗高 30 cm 时进行，追施腐熟稀粪水 12～15 t/hm² 或尿素 150～200 kg/hm²。第 2 次在开花前叶面喷施磷酸二氢钾 3～4 kg/hm²。此外，苗高 10 cm 时也可用 1% 过磷酸钙溶液进行根外施肥，每隔 10～15 d 施 1 次，连续 2～3 次，有很好的增产效果。

第四节　栽培管理技术

一、选地与整地

（一）选地

1. 育苗田的选择　选择背风向阳、地势平坦、灌排方便、土层深厚、土质疏松肥沃的砂壤或轻壤土地块，土壤 pH 应为 6.5～7.5。交通便利也是应考虑的因素。

2. 生产田的选择　应选择山坡梯田、旱坡地或新开垦的砂壤土、腐殖质土地块栽培柴胡。前茬作物以禾本科为宜。盐碱地、低洼易涝地和黏重土壤不适宜柴胡栽培。

（二）整地

育苗地整地要精细，做到地平、土细、耕层土壤疏松。耕翻深度应达到 25 cm 以上，清除石块、根茬和杂草，做到精细耕作。直播田的整地，深翻应达 30 cm 以上。

因柴胡种子较小，为便于管理和有利于出苗，要做畦育苗。畦长为 1.2～1.5 m，畦宽为 30～40 cm，畦埂要坚实，畦面平整，土壤细碎。对于易发生积水地块要做成高畦床，畦面高出地面 10～15 cm，畦间设作业道，宽为 40～50 cm，便于排水和苗圃管理。育苗田要施入充足的农家肥作基肥，坚持以有机肥料为主、化肥为辅的施肥原则。一般结合做畦，每公顷施腐熟有机肥料 15～25 t、过磷酸钙 750～900 kg、尿素 25 kg 作基肥，结合耕翻 1 次施入。冬春季进行耙压保墒，早春进行耢耙整地，清除根茬和碎石及杂草，满足地平、土碎、墒情好的要求。

二、播　　种

柴胡可直播，也可采用育苗移栽的方式。

（一）种子处理

柴胡种子的种皮厚，部分种子存在休眠现象，出苗率低，播种前应对种子进行预处理。具体方法如下。

1. 沙藏处理 将柴胡种子用 30～40 ℃的温水浸泡 24 h，撇除浮于水面的未成熟种子后，将种子与湿沙按 1∶3 的比例混合，置于 20～25 ℃温度下催芽，10～12 d 后大部分种子裂口，这时可以进行播种。

2. 药剂处理 用 0.8％～1.0％高锰酸钾水溶液浸种 10～15 min，冲洗干净后播种。

3. 激素处理 用 0.5～1.0 mg/L 赤霉素或 0.15 mg/L 细胞分裂素浸种 24 h，用清水冲洗后播种。

（二）播种量的确定

处理后的种子要进行快速发芽试验，以确定播种量。发芽试验可用保温瓶快速催芽法。具体操作如下：取 1 只保温暖瓶，内盛暖瓶体积 1/3 的 60 ℃左右温水，取处理好的种子 100 粒左右，用新纱布包好，再用细线捆扎住，另一端拴好大头钉，扎于暖瓶软木塞上，将催芽种子包吊悬于暖瓶水面之上，盖好软木塞，经 18～20 h 观察种子萌发情况。种子发芽率低于 50％时，要加大播种量。

（三）播种

1. 播种时间 生产上可春播或秋播，春播在 4 月上中旬进行，土壤表层解冻达 10 cm 以上、土壤表层温度稳定在 10 ℃以上时，即可开始播种。

2. 播种方法 育苗田平畦以条播为主，高畦以撒播为宜。平畦播种时，将处理好的种子播在整好的畦面上。播种时按行距 10～12 cm 横向开浅沟条播，沟深为 1.5 cm，播种后覆盖薄土，稍压紧后灌溉，可盖草保温保湿。高畦撒播时，在做好的畦面上，保持畦面土壤墒情和湿度的情况下，均匀撒播种子。播完种子后，使用竹筛或铁丝网筛，均匀地筛上一层湿润的细土覆盖畦面，覆土厚度为 2～3 cm，然后架拱棚盖塑料薄膜，进行保湿保温育苗。每公顷播种量为 40～45 kg，苗床温度保持在 20 ℃左右，播种 10～15 d 后即可出苗。直播田，人工开沟条播，行距为 20～25 cm，沟深为 3～5 cm，将种子均匀撒于沟内，覆土厚度为 2 cm 左右，然后踩实或镇压保墒，每公顷用种量为 20～30 kg。

（四）移栽

早春移栽时，在对栽植田进行精细整地的基础上，每公顷施入农家肥 10 t 以上、磷酸二铵 7～10 kg、硫酸钾 3～5 kg。移栽前先在苗床上适当灌溉，选粗壮无病幼苗随挖随栽。取苗时尽量不要伤害根部。定植不宜过深或过浅，以根头露出地面为宜，栽后立即灌溉，促进早缓苗、早成活。5 月下旬至 6 月上旬于地表耕层土壤解冻后进行移苗栽植。根直径为 2～3 cm、根长为 5～6 cm、苗高 6 cm 左右时移栽，用犁开沟，行距为 20 cm，株距为 10～12 cm，顺垄斜放于垄沟内，覆土厚度为 3～5 cm。

三、田间管理

（一）苗期管理

1. 育苗田管理 经常检查育苗棚内温度和湿度。温度控制在 20～25 ℃，高于 28 ℃时要遮阴或通风。畦面发生干旱有裂隙时，要用喷壶喷水，每次喷透喷匀。一般播种后 10 d 左右畦面可萌发出针叶，逐渐进入苗期，此时应及时拔除杂草。当畦面见绿时要控制好湿度，通过通风孔的大小来调节棚内温度和湿度。苗生长到 3～5 cm 高时，对塑料棚采用昼敞夜覆的方法进行炼苗，逐渐撤掉棚膜。当苗高 5～10 cm 时，每公顷追施尿素 100～150 kg。追肥后浇灌 1 次透水。畦面要保持清洁，发现杂草要及时清除。育苗田苗过密时要进行疏苗。

2. 生产田管理　大面积生产田播种后，在自然条件下一般10～15 d出苗，渐露针叶，逐渐进入苗期，其管理目标是苗全、苗齐、苗壮。出苗后应及时结合中耕除草松土，为幼苗根系生长创造适宜条件。经常进行检查，发现地下害虫时，及时防治，确保苗全。

间苗和定苗：柴胡出苗后第1个月生长缓慢，当苗高3～5 cm时，可开始间苗，除去过密苗和病弱苗。如有缺穴断垄现象应及时补栽，补栽后立即灌溉，以利于成活。苗高5～7 cm时，按株距10 cm定苗，每平方米留苗50株左右。

（二）生长期管理

柴胡第1年生长期植株长势细弱，生长缓慢，多为茎叶丛生，一般不抽薹开花。因此柴胡第1年生长期管理以壮苗促根为中心。

1. 松土除草　柴胡生长怕草荒，苗期要加强管理，及时除草。一般在生长期要进行3～4次中耕，特别是在干旱时和下雨过后，进行中耕十分有效。苗高10 cm时，适当增加中耕松土次数，以利于改善柴胡根系生长，促根深扎，增加粗度，减少分支，但宜浅耕，避免碰伤或压住幼苗。夏季结合基部培土中耕锄草1次，秋季及时除掉后期杂草。

2. 追肥灌溉　生长期是柴胡对营养和水分需求的第1高峰期，定苗后，为满足植株生长的需要，要在6—8月追肥1次，每公顷施尿素150～180 kg。追肥后浇1次透水，待水下渗2～3 d后，酌情进行中耕松土，保持田面土壤疏松，通透性良好。生长期间，遇干旱应及时灌溉，雨季要注意排涝。

3. 防涝　柴胡怕积水，夏季为洪涝多发期，要及时排涝。

4. 除蘖摘蕾　在7—8月除留种田外，需在植株高度为40 cm时进行除蕾打顶，通过不断除去多余的丛生基芽和花薹，减少不必要的营养消耗，促进养分向根部转移，使根部迅速生长膨大。

5. 培育健壮秧苗　对育苗田的管理基本同生产田，但要更加仔细些，严防徒长。以培育健壮秧苗为目的，促进幼苗根系深扎，以利于翌年春挖苗移栽。同时，对田间发生的蚜虫、蛴螬等害虫，应做好防治工作。

（三）越冬管理

柴胡植株生长到9月下旬时，地上叶片开始枯萎黄化，进入越冬休眠状态，此阶段管理得好坏直接影响翌年春季返青质量。

1. 浇越冬水　北方气候条件偏旱，为防止冬、春风害失墒，保证翌年春季返青有足够的土壤水分，育苗田和生产田均应在封冻前浇1次越冬水，这对柴胡根系发育和生长十分有利。

2. 严禁放牧　柴胡越冬休眠状态时，对地上干枯茎叶要加强管理，禁止放牧，以防各种牲畜侵害和践踏。

3. 禁止明火　越冬柴胡地表茎叶一般不割除，冬季人工用木制耙子轻搂即掉落。不可火烧茎叶，否则将影响柴胡翌年春季的返青。

（四）二年生药田管理

1. 返青期的管理　柴胡栽种的翌年春季，当气温达到12 ℃以上时，根颈芽开始萌动，生长出新植株。冬、春两季如果一直干旱无雨雪，地表干硬，会对返青的柴胡幼芽产生阻碍。此时可施入返青肥，每公顷施入优质农肥 20～30 t，混入磷酸二铵 75～100 kg，浇 1 次返青水。

2. 旺盛生长期的管理 柴胡植株返青后，逐渐进入旺盛生长期，地下根系继续深扎并长粗，地上植株抽薹、开花，生长发育旺盛。返青后株高达 3～5 cm 时，应适时进行中耕松土，打破地表板结，为根系输送氧气，除草防荒，促进植株生长。以后隔 7～10 d 再进行 1 次中耕松土，连续中耕松土 2～3 次，有利于提高根的产量和品质。

柴胡植株开花期，是全生长发育期第 2 个养分、水分需求高峰期。一般在柴胡现蕾期，每公顷追施尿素 150～180 kg，追肥后灌溉。也可于开花前每公顷叶面喷施磷酸二氢钾 3～4 kg，满足柴胡植株开花生长发育需要。不作留种田的地块，在柴胡花蕾期，进行 2～3 次花蕾摘除，可减少植株营养消耗，有利于提高根的产量和品质。同时注意排水防涝，避免根部发病。

3. 留种田的管理 选留部分生长整齐一致、健壮的田块留种，留种植株不进行花蕾摘除，而要进行保花增粒。有条件的地区可放养蜜蜂辅助授粉，以提高种子产量和品质。8—10 月是柴胡种子的成熟季节，由于抽薹开花不一致，因此种子成熟时间不同。当种子表皮变褐、籽实变硬时即可收获。野生柴胡种子随熟随落，很难大量采到，所以人工栽培时要注意增大留种面积，以利于扩大栽培。

四、采收与初加工

(一)采收时期

柴胡在春、秋两季均可采挖，以秋季采挖为佳。人工栽培二年生的植株，秋季开始枯萎时即可收获，以 9 月下旬至 10 月上旬为宜。

(二)采收方法

应选择晴朗的天气采收，采收前割去地上部茎秆。由于柴胡根较浅，可用药叉采挖，也可用拖拉机单铧顺行翻出地面。采挖根部时应注意勿伤根部和折断主根，以免影响品质。采挖后剪去残茎和须根，抖去泥土后晒干。

二年生柴胡每公顷可收获药用根干货 1 500～2 250 kg，三年生柴胡每公顷可产干货 2 250～3 000 kg。

(三)初加工方法

把采挖的柴胡根用水冲洗干净，除去病根后，进行晾晒。晒至七八成干时，把须根去净，根条顺直，按粗细等品质性状进行分类，最后将整根或切段继续晒干即可。

(四)商品规格

1. 北柴胡规格标准 北柴胡商品根应呈圆锥形，上粗下细，顺直或弯曲，多分支；头部膨大，呈疙瘩状，残茎不超过 1 cm；表面呈灰褐色或土棕色，有纵皱纹；质硬而韧，断面呈黄白色，显纤维性；微有香气，味微苦辛；无须毛、杂质、虫蛀、霉变。

2. 南柴胡规格标准 南柴胡商品根应呈类圆锥形，少有分支，略弯曲；头部膨大，有残留苗茎；表面呈土棕色或红褐色，有纵皱纹及须根痕，断面呈淡棕色；微有香气，味微苦辛；残留苗茎不超过 1.5 cm；无须根、杂质、虫蛀、霉变。

(五)包装、储藏与运输

1. 包装 一般多采用麻袋、席包、竹篓、竹筐、纸箱等包装，外用绳索捆扎紧实。

柴胡茎质脆、易折断，最好顺向理齐，扎成小把，再捆成大包，以避免折断。

2. 储藏　柴胡在夏季吸潮后容易发霉（多为青霉菌），同时易生虫，乃至变色，故应储存于通风、干燥处。柴胡的水分含量宜在 14% 左右，应在空气相对湿度 75% 的条件下保管储藏。如果空气相对湿度达到 80% 以上，15 d 之内就会出现霉菌菌丝体。相对湿度若达 90% 以上，3～4 d 即开始发霉，1 周后严重霉烂，颜色发暗。春末夏初，天气由凉转暖，此时应加强检查，每 15 d 检查 1 次。夏末秋初是真菌繁衍盛期，又是虫害频发期，要每周检查 1 次。如果发现受潮或发霉，需拆包摊于阳光下暴晒，晒后晾凉，再打包码垛。轻微生虫亦可用烈日暴晒或药物灭杀。为预防虫蛀，可在包装后采用微波干燥杀虫，也可在夏季熏蒸消毒 1 次。

3. 运输　柴胡根运输时，应注意包装紧实，防止颠簸破损。不应与有毒、有害、易串味物品混装。运输工具应具有良好的通气性和防潮性，避免运输过程中发霉或生虫。

第五节　病虫害及其防治

一、主要病害及其防治

（一）柴胡锈病

柴胡锈病主要危害茎叶。发病初期，叶片及茎上发生零星锈色斑点，斑点逐渐扩大，严重时遍及全株，影响植株生长发育及根的产量和品质。

柴胡锈病的防治方法：①农业防治，在秋季采收后及时将田内杂草和柴胡残株彻底清理干净，运出田外集中深埋或烧掉；实行轮作，合理施用氮肥，适当增施磷、钾肥，增强柴胡的抗病能力。②药剂防治，发病初期用 25% 三唑酮可湿性粉剂 800～1 000 倍液喷洒，每 7～10 d 喷 1 次，连续喷 2～3 次。

（二）柴胡斑枯病

柴胡斑枯病主要危害叶部，病斑呈圆形或近圆形，直径为 3～5 mm，呈暗褐色，中央呈灰白色，上生黑色小点。严重时，叶片上病斑连成片，植株枯萎死亡。

柴胡斑枯病的防治方法：①农业防治，秋季采收后彻底清理田园，将病株残体运出田外集中深埋或烧掉。②药剂防治，发病前喷施 1∶1∶150 波尔多液，或 50% 甲基硫菌灵可湿性粉剂 600 倍液预防，每 15～20 d 喷 1 次；发病初期喷施 50% 福美双可湿性粉剂 1 000 倍液，或 65% 代森锰锌可湿性粉剂 800～1 000 倍液，或 40% 代森铵可湿性粉剂 1 000 倍液，每 7～10 d 喷 1 次，连续喷 2～3 次。

（三）柴胡根腐病

柴胡根腐病主要危害二年生植株，传染很快。发病初期，仅个别支根和须根变褐腐烂，后逐渐向主根扩展，根全部或大部分腐烂，只剩下外皮，地上部枯死。

柴胡根腐病的防治方法：①农业防治，可在栽培柴胡前进行土壤消毒；使用充分腐熟的有机肥料，少施氮肥；移栽时严格剔除病株弱苗，选壮苗栽植；7～8 月增施磷、钾肥，提升植株抗病力；雨季注意排水。②药剂防治，可在栽植前，在种苗根部用 50% 甲基硫菌灵可湿性粉剂 800～1 000 倍液浸泡 5 min，取出沥干后栽植；发病田使用 50% 甲基硫菌灵可湿性粉剂 700 倍液灌根，每隔 7 d 灌 1 次，连灌 2～3 次并清除病株。

二、主要虫害及其防治

（一）蚜虫

蚜虫多在苗期及早春返青时危害叶片、上部嫩梢，吸取其汁液，造成苗株枯萎，影响植株正常开花结实。

蚜虫的防治方法：可为瓢虫、各类蜘蛛等蚜虫的天敌创造有利的生存条件，提高天敌的繁殖力和数量，达到消灭蚜虫的目的。发生初期可选用 0.3％苦参碱植物杀虫剂 500 倍液喷雾防治，5～7 d 喷 1 次，连续 2～3 次。严重发生期可用 50％抗蚜威可湿性粉剂 3 000 倍液，或 2.5％鱼藤精乳油 600～800 倍液，或 50％辛硫磷乳油 1 000 倍液喷雾防治，7～10 d 喷 1 次，连续 2～3 次。

（二）黄凤蝶

黄凤蝶幼虫危害叶片、花蕾，造成缺棵或仅剩花柄，使柴胡根部养分不足，产量和品质降低。

黄凤蝶的防治方法：在发生期间可人工捕杀幼虫或蛹，集中处理。收获后，及时清除杂草及周围寄主，减少越冬虫源。幼虫盛发期可用 90％晶体敌百虫 1 000 倍液，或苏云金芽孢杆菌乳剂 300 倍液，或 90％晶体敌百虫 1 000 倍液喷洒，每隔 10 d 左右喷 1 次，连续 2～3 次。

（三）赤条蝽

赤条蝽若虫和成虫都对植株有危害，常栖息在叶片和花蕾上，以针状口器吸取茎叶汁液，使植株生长衰弱、花蕾败育，造成种子畸形和根部减产。

赤条蝽的防治方法：可在冬季对病害田进行深耕，消灭部分越冬成虫；同时清除田间枯枝落叶及杂草，沤肥或烧掉；也可在 8—9 月若虫和成虫的危害盛期，当田间虫株率达到 30％时，选用 5％高效氯氰菊酯乳油 1 500 倍液，或 1.8％阿维菌素乳油 2 000 倍液喷洒，5～7 d 喷 1 次，连续防治 2～3 次。收获前 15 d 停止用药。

复习思考题

1. 简述柴胡的种类与资源分布。
2. 简述柴胡的栽培现状和发展前景。
3. 简述柴胡生长发育对环境条件的需求。
4. 柴胡主要的病害有哪些？如何防治？
5. 柴胡主要的虫害有哪些？如何防治？

主要参考文献

郭靖，王英平，2015. 北方主要中药材栽培技术[M]. 北京：金盾出版社.

黄旗凯，沈亮，刘志香，等，2019. 无公害银柴胡栽培技术[J]. 中国实验方剂学杂志，25（16）：120-127.

客绍英，张胜珍，王向东，等，2020. 柴胡规范化栽培现状与产业发展分析[J]. 河北农业大学学报（社会科学版），22（4）：21-26.

李晓微，秦晓辉，金萍，等，2020. 北方地区柴胡标准化栽培技术[J]. 特种经济动物，23（2）：28-29，32.

王志民，2019. 柴胡种植技术要点分析[J]. 种子科技，37（5）：69.

杨婷婷，2016. 晋产柴胡规范化栽培技术研究[D]. 太谷：山西农业大学.

翟树林，李元富，李华斌，等，2016. 北柴胡人工栽培技术[J]. 安徽农业科学，244（3）：151-152.

赵亚会，2003. 当归柴胡无公害栽培与加工[M]. 北京：金盾出版社.

朱洁，2014. 柴胡生产关键技术及质量评价研究[D]. 杨凌：西北农林科技大学.

第十七章

万 寿 菊

第一节 概 述

万寿菊（*Tagetes erecta* L.）又名金盏菊、臭芙蓉、千寿菊、蜂窝菊，是菊科万寿菊属的一年生草本植物，作为观赏植物和药用植物被广泛栽培。

一、药用价值

万寿菊根、叶和花均可入药，有清热化痰、解毒消肿、补血通经之功效。根部苦、凉，可解毒消肿，可用于治疗上呼吸道感染、百日咳、支气管炎、眼角膜炎、咽炎、口腔炎、牙痛；外用治腮腺炎、乳腺炎、痈疮肿毒。叶甘、寒，用于缓解痈、疮、疖、疔、无名肿毒。花序苦、凉，平肝解热，祛风化痰，可用于治疗头晕目眩、头风眼痛、小儿惊风、感冒咳嗽、顿咳、乳痛、痄腮。花清热解毒，可化痰止咳，有香味，可作芳香剂，用于抑菌、镇静、解痉剂。万寿菊花瓣含有叶黄素，占色素总质量的 90% 左右。叶黄素色泽鲜艳，不仅可用作天然食品色素，还具有丰富的营养及药用价值，能够延缓老年人因黄斑退化而引起的视力退化和失明症以及因机体衰老引发的心血管硬化、冠心病和肿瘤疾病，在医药、食品、禽类养殖及化妆品中被广泛应用，因其价格昂贵而有"软黄金"之称。目前这种纯天然的黄色素在国际市场上供不应求。此外，万寿菊还是一种常见的园林绿化花卉，常用来点缀花坛、广场、布置花丛、花境和培植花篱。中矮生品种适宜作花坛、花境、花丛材料，也可作盆花；植株较高的品种可作为背景材料或切花。万寿菊花可以食用，是花卉食谱中的名菜。万寿菊产业有着广阔的发展前景。

二、分布与生产

万寿菊原产于墨西哥及中美洲地区，多生在路边草甸中，还可生长在海拔 1 150～1 480 m 的地区。从 18 世纪后开始传入我国，出现盆栽万寿菊等草花。清代乾隆年间，上海郊区已有批量万寿菊生产。1912—1949 年，万寿菊在南京、上海等地栽培比较普遍，但品种比较单一。20 世纪 80 年代后，随着国内外新品种的出现，万寿菊品种更新较快，规模上也有较大发展。经人工矮化栽培，万寿菊现已成为我国主要栽培的草本盆花之一，广泛用于室内外环境布置。万寿菊在我国各地均有栽培，已从盆栽转入大田生产栽培，尤其是在广东、云南、河南、黑龙江、内蒙古、吉林等地栽培较多。近年来，万寿菊产业发展迅速，市场发展迅猛，我国万寿菊种植面积 2003 年只有 3.3×10^4 hm²；到 2013 年达 5.8×10^4 hm²，约占世界栽培面积的 85%。

第二节 植物学特征

一、根

万寿菊为浅根系植物，根系主要分布于 10～30 cm 耕层中。由于栽培方式不同，可形成不同类型根系。当用种子繁殖时，植株形成的根系为直根系，有 1 条主根和多条侧根。当采用扦插方式进行繁殖时，形成的根系为须根系。

二、茎

万寿菊株高为 50～150 cm，在大田栽培中一般选用株高为 70～100 cm 的品种。茎粗壮，直径为 0.5～0.9 cm，具纵细条棱，有分枝，分枝向上平展，茎为绿带紫色。

三、叶

万寿菊的叶对生或互生，无托叶。叶形呈羽状全裂，裂片为长椭圆形或披针形，边缘具锐锯齿，上部叶裂片的齿端有长细芒。叶缘背面具有油腺点，沿叶缘有少数腺体，因而有浓烈臭味。叶长为 5～10 cm，宽为 4～8 cm。叶片绿色。

四、花

万寿菊的花为两性花，稀单性。花序为头状花序，花序梗顶端呈棍棒状膨大；总苞长为 1.8～2.0 cm，宽为 1.0～1.5 cm，呈杯状，顶端具齿尖。花萼变态为冠毛、长芒和鳞片。花冠为舌状和管状。其中舌状花呈金黄色或橙黄色，顶端微弯，长为 2.9 cm；舌片呈倒卵形，长为 1.4 cm，宽为 1.2 cm，基部收缩成长爪，边缘皱曲。管状花花冠为黄色，长约为 9 mm，顶端具 5 齿裂，管部几乎与冠毛等长。雄蕊 4～5 枚，花药合生而环绕花柱，花丝分离，为聚药雄蕊。子房下位，2 心皮，1 室，具 1 枚胚珠。

五、种　子

万寿菊的种子为瘦果，呈形状线形，含 2 枚子叶，无胚乳。种子长为 8～11 mm。种子上部为黑色，基部为黑色或褐色，基部缩小，被短微毛。种子连萼，有冠毛，有 1～2 个长芒和 2～3 个短而钝的鳞片。

第三节 生物学特性

一、生育时期

万寿菊的生育期一般为 5～6 个月。根据地理位置不同，生长周期也不同。例如黑龙江一般 4—5 月播种，8—9 月采收。

万寿菊的一生从播种开始，经过出苗、现蕾、开花直至成熟。整个生长发育期按照器官建成顺序，并以特定的外部形态特征或器官出现为标准，一般分为出苗期、根茎生长期、现蕾期、开花期和成熟期 5 个生育时期。

（一）出苗期

全田 50%植株的第 1 片叶露出地面 1.5～2.0 cm、地下部出现侧根时为出苗期。在播种后 7 d 左右，种子萌发开始出苗，在播后 20 d 左右进入出苗期。

（二）根茎生长期

5 月中下旬，植株进入根茎生长期，这个时期持续 90～100 d。主根迅速伸长，并开始生成侧根，此时根系具有良好的吸收水分和营养物质的能力，同时叶片具有良好的光合能力，充足的营养供给保证了地上部和地下部的快速成长。

（三）现蕾期

当万寿菊植株上出现第 1 朵 3 mm 大小的花苞时为现蕾期。这标志着万寿菊已进入旺盛生殖生长阶段。万寿菊现蕾后一直处于营养生长与生殖生长并进阶段，出现新分枝后，在新的分枝开花结实。

（四）开花期

当全田 50%以上植株基部果枝上第 1 朵花开放时为开花期。万寿菊整个花期可持续 60～90 d。当万寿菊花球全部展开时为商品花成熟期。可依此标准进行商品花适期采收。

（五）成熟期

当植株开始枯黄，花冠凋落，且种子达到品种固有颜色（一般为黑色或黑褐色）时，种子开始成熟，采收时从花苞 2.0～3.0 cm 处带苞采下晒干，进行加工，去除杂质。

二、生长发育对环境条件的要求

（一）温度

万寿菊生长发育适宜的温度为 15～25 ℃，冬季温度不能低于 5 ℃，夏季温度不能超过 30 ℃。温度低于 12 ℃时，万寿菊虽能生长，但生长速度减慢，生育期延长。若温度过高，植株表现徒长、茎叶松散、开花少。只要温度维持在 12～30 ℃，万寿菊即可正常生长发育，顺利开花。花期适宜温度为 18～20 ℃，要求空气相对湿度在 60%～70%。花期最低夜温为 17 ℃，开花中后期夜温可降至 13～15 ℃。地下根茎耐低温极限一般为－10 ℃。

（二）光照

万寿菊为喜光植物，稍耐阴。充足的光照条件对万寿菊生长十分有利，可使植株矮壮，花色艳丽，能明显提高花的品质，且天然色素含量丰富。若光照不足，茎叶柔软而细长，开花少而小。万寿菊对日照长短反应较敏感，可以通过短日照（9 h）促进提早开花。

（三）水分

万寿菊花期长，喜湿又耐旱，整个生长发育季节的肥水管理非常重要。在栽培过程中如夏季水分过多，会使茎叶生长旺盛，将影响株型和开花。因此夏季高温期栽培应严格控制水分，以稍干燥为好。

（四）矿质营养

万寿菊全生长发育期需养分较多，属于喜钾植物，其氮、磷、钾的施肥比例以 15：8：25 为好。整个生殖过程中，黄粉虫粪肥能显著提高万寿菊的花朵质量，延长花期，减少倒伏。在黄粉虫粪中增加氮、磷元素以改善肥效，可促进植株更好地生长，获得更好的花器官产品品质。

（五）土壤

万寿菊对土壤的要求不太严格，较耐干，最忌渍涝，以肥沃、深厚、富含有机质、排水良好的砂质壤土为好。土壤 pH 高时，容易引起缺铁黄化现象，影响花的品质。万寿菊可栽培在 pH 为 5.5～7.0 的土壤中，最适宜的 pH 为 6.2～6.7，过酸过碱都会影响其生长发育。

第四节　栽培管理技术

万寿菊的繁殖方式有营养繁殖与种子繁殖 2 种方法。

万寿菊的播种方式有春播和夏播。春播在 3 月下旬至 4 月上旬进行，在露地苗床播种。由于种子不喜光，播种后要覆土、灌溉。种子发芽适宜温度为 20～25 ℃，播种后 7 d 左右出苗。待苗长到 5 cm 高时，进行移栽，再待苗长出 7～8 片真叶时，进行定植。为了控制植株高度，还可以在夏季播种，夏播出苗后 60 d 可以开花。万寿菊在南方亦可秋播。

营养繁殖包括扦插、分株、嫁接、压条、组织培养等。通常以扦插繁殖为主，其中又分芽插、嫩枝插、叶芽插。在夏季进行万寿菊扦插时，容易发根，成苗快。从母株剪取 8～12 cm 嫩枝作插穗，去掉下部叶片，插入盆土中，每盆插 3 株，插后浇足水，略加遮阴，2 周后可生根。然后，逐渐移至有阳光处进行日常管理，约 1 个月后可开花。

经过几年试种后，各地已经总结出了万寿菊较完整的育苗移栽的高产高效栽培技术。北方以春播为主。

一、选地与轮作

（一）选地

万寿菊适于生长在地势平坦、排水良好、土质肥沃的平川地或平岗地。地下水位高的低洼地，渗水性差，排水不良，土壤通透性差，不利于根系发育，容易导致根腐病。应选择土壤肥力高、有机质含量丰富、排灌方便的平岗地，以旱地为好。万寿菊怕涝，切忌易内涝排水不良的低洼地块，更不能选择上年用过高残留除草剂的地块和砂土地，也不宜选用烟茬地，对向日葵、小麦、亚麻等茬口的地块也要尽量避开。

（二）轮作

万寿菊忌重茬和迎茬。连作病虫害严重，产量和品质低。生产上应依据作物生物学特性及生产情况来安排轮作。一般采用 4 年以上的轮作。

二、深翻整地

深厚疏松的土壤耕层，有利于万寿菊根系生长发育。万寿菊生长在深翻的土地上，增产显著。据黑龙江省的调查，当耕地深度由 15～18 cm 增加至 20～30 cm 时，万寿菊可增产 10%～20%。

深翻程度要依据当地的土壤、气候、地势、肥料、生产条件、经济效益等方面综合考虑。一般来说，在栽培技术水平和机械化作业程度高的地方，栽培万寿菊田块的适宜耕深为 22～25 cm，甚至更深。在耕层较薄的土壤上或使用畜力牵引犁时，耕深应为 18～20 cm。对耕层下有砂石层的土壤，耕深只限于耕层深度。生产实践证明，在浅翻 18～20 cm 的基础上深松 30 cm，打破犁底层并结合深施肥，可为万寿菊根系生长发育创造良好条件。

我国北方无灌溉条件的万寿菊产区，因春季风大，干旱严重，必须进行伏翻或秋翻。栽植万寿菊的地块最好是在上一年秋季，前茬作物收获后封冻前，及时整平耙细，进行秋整地秋起垄，以利于晒垄熟化土壤，恢复地力，同时还能储存大量的夏、秋雨水和冬雪，来年春季土壤墒情好，有利于提高万寿菊移栽成活率。耕翻作业总的原则是：伏、秋翻地宜早，翻后及时耙地、整地连续作业，在整平耙细的基础上及时起垄，才有利于保墒。

三、施　　肥

应根据万寿菊需肥特点，及时、适量地供给万寿菊各生育时期所需要的营养物质，可采用基肥、种肥、追肥相结合的施肥技术。

（一）基肥

一般每公顷施腐熟有机肥 30 t 以上作基肥，可全层撒施，结合翻地深施于土壤中；亦可集中施用，将肥料条施在原垄沟中，然后破茬起垄。

（二）送嫁肥

移栽时每公顷施磷酸二铵 225～300kg、硫酸钾 75～105 kg 或万寿菊专用肥 300 kg，一次性施足，且肥与苗分开，防止栽后烧苗。氮肥可用总量的 1/3～1/2 作送嫁肥。送嫁肥可采用穴施或条施的方式。为防止烧苗，一般应施肥于根侧 3～6 cm、深 4～6 cm 处。

（三）追肥

万寿菊进入生殖生长期时，结合铲耥作业进行追肥。氮肥可用总量的 1/2～2/3 作追肥。万寿菊的花期较长，需要追施肥料供给养分，但又不能多施，必须控施氮肥，否则枝叶会旺长不开花。一般每月施 1 次腐熟稀薄有机液肥或氮、磷、钾复合液肥。施肥时一定要先把肥料撒在土面上，然后再浇透水，让肥料可以随水充分地渗到菊花的根系里，有利于万寿菊吸收利用。

四、育　　苗

（一）育苗前的准备

1. 苗棚制作　实践证明，采用塑料大棚育苗，然后分小棚假植是目前成功的育苗模式。

塑料大棚一般在 3 月末，即在育苗前 10 d 左右完成扣棚，以便提升地温。大棚内设若干小棚，每小棚面积为 0.7～1.0 m²，拱高为 0.5 m，可满足 7～10 m² 假植苗床用苗需要。

假植棚的位置应选择在距离移栽大田较近，运苗和运水都较方便，且背风向阳、土质肥沃的地块，最好是采取南北走向。假植棚宽度为 1.5～2.0 m，长度根据需要确定，棚的最高处离地面 0.5～0.7 m。选择阳光充足，地势平坦的土地播种育苗。

首先将苗床地翻 1 遍，然后铺上 5 cm 厚的隔寒物（树叶、碎秸秆或腐熟的粪土），在假植前 7～10 d 做好假植苗床并扣膜封严，以利增温、保湿。在扣膜前应把装有营养土的营养钵（袋或纸筒）摆放在棚内，每个营养袋的营养土不宜装满，只装八成即可。一般 105～150 m² 的假植苗床的苗可移栽 1hm² 大田。其次是假植床要在摆袋前 2～3 d 进行床土消毒，即在假植床上喷 1 次稀释 1 000 倍的甲醛液，消毒灭菌。

2. 苗床营养土的配制　应在前一年秋季备足苗床土和粪肥。配制苗床营养土可采取以下几种方法。

①最好选择上一年玉米茬地块的表土和腐熟的农家肥。切忌选用上一年用过除草剂地块的表土，表土与腐熟的粪肥需过筛后按 1∶1 的比例混拌均匀备用。

②选择山坡或沟边的腐殖土和腐熟的粪肥，分别过筛后混拌均匀，其配制的比例为腐殖土∶腐熟的有机肥料∶河沙＝5∶3∶2。

③腐殖土、腐熟的有机肥料、河沙按 2∶1∶1 混拌均匀即可。

苗床营养土禁用化肥打底（特别是氮素肥料），避免幼苗徒长。

3. 母床制作及营养土消毒

（1）离地母床的制作　离地母床应设在 6～8 m 宽的大棚内，其内做 1.5～2.0 m 宽的小棚。具体做法是：首先在大棚内平地做好框架，框架用木板或秸秆围起来，高度为 20 cm 左右。每个母床中间留 30～40 cm 宽的过道。然后在床面上用土垫高 8 cm，再铺上 10 cm 厚的干草做隔离层，干草上再铺 2 cm 厚的粗沙。最后在粗沙上面再铺一层 10 cm 厚的配制好的营养土。每公顷花苗需播种母床 15 m²。

（2）营养土消毒　第 1 种方法是营养土在上床前，每 15～20 m² 营养土拌入 2.5 kg 壮秧剂 1 袋，进行营养土消毒和调酸。第 2 种方法是铺好营养土后，按每平方米苗床用 50％多菌灵 4 g 加水 400 mL，或用 70％的甲基托布津可湿性粉剂 6 g 加水 1 L 均匀喷洒在苗床营养土、过道、棚柱和棚膜上。第 3 种方法是用 40％五氯硝基苯可湿性粉剂与 65％代森锌可湿性粉剂等量混合均匀，每平方米用药量各为 4～5 g；或用 70％敌磺钠可湿性粉剂 3～4 g/m²，均匀地撒在苗床营养土上。第 4 种方法是每平方米用 20％噁霉·稻瘟灵（含噁霉 10％、稻瘟灵 10％）2 mL，兑水 2 L 均匀喷洒在苗床营养土上。

无论采用哪种苗床营养土消毒方法，消毒后都应立即扣棚，封门，密封 2～3 d 后即可播种。

（二）苗床播种

1. 品种选择　主要根据生态区和市场需求，选择适宜当地栽培的品种，例如"蒙菊 1 号""宏瑞 8 号""通菊 1 号""猩红 1 号""春禾 F₁"等广适性好的品种。

2. 用种量及种子处理　选取上季收获，颗粒饱满的种子。采用发芽率 95％、净度 98％以上的种子进行播种。

（1）用种量　每平方米苗床需种子约 2g，一般每公顷大田需要 150～180 m² 苗床。如果种子发芽率和净度较低，可适当增加播种量。

（2）种子消毒　把备好的种子用 50％多菌灵可湿性粉剂 250 倍液浸泡 10～15 min 进行种子消毒，浸泡时以没过种子为宜。将药剂消毒好的种子放入 25 ℃的温水中浸泡6～8 h，捞出沥干后拌细土或细沙，准备播种。

（3）药剂拌种　可用福美双等药剂闷种 24 h，稍风干，即可播种。

3. 播种时间及播种方法

（1）育苗时间　育苗一般在移栽前 40～50 d 进行，北方以 4 月 10 日左右为最佳播种期。播种前苗床要一次性浇透底水，以防止幼苗给水不及时造成危害。

（2）播种方法　将处理好的种子均匀撒在床面上，然后用细土覆盖，以盖严种子。盖土厚度以保持在 2～3 cm 为宜。然后将小棚用塑料薄膜扣好。

（三）苗床管理

1. 温度管理　播种后至出苗前不用通风，而且当夜晚外界气温降至 0 ℃左右时，要及时加盖防寒物保温，以防产生冷害或冻害。从播种到出苗，棚内温度应保持在 25～30 ℃，不可超过 30 ℃，以免造成烧苗或烂根。幼苗出齐后，要控制好棚内温度。当第 1 对真叶展开后，苗床内温度应保持在 25～27 ℃，当温度超过 28 ℃时要及时通风降温，防止徒长。通风应在 8：00—9：00 进行，不可在中午高温时进行，避免环境温度突变造成叶片凋萎干枯。如遇大风天应停止通风。夜间温度不应低于 12 ℃，低于 12 ℃时应注意防寒。当室外平均气温稳定在 12 ℃以上时，应选择晴朗天气，揭开薄膜，除掉苗床内杂草。

2. 水分管理　播种后至出苗前，如果没有缺水现象，可不必灌溉。苗出齐后，根据缺水程度控制给水，以利幼苗健壮生长。应严格控制苗床湿度，若幼苗不萎蔫就不用灌溉，以促进根系的生长发育。以保持床土间干间湿为宜，灌溉过多时，易造成徒长，有利于病害发生。

3. 合理补肥　在苗长出 3 片真叶时，可根据苗的强弱适当补肥，每 100 m² 用 0.1％磷酸二氢钾 0.3～0.5 L 水溶液进行叶面喷施，不可追施尿素等速效氮肥。

（四）假植

1. 假植时间　当幼苗在育苗棚内长到 4 叶 1 心时，大约在 4 月 15 日进行假植。幼苗在假植床内一直生长到移栽前，大约生长 30 d。假植床的营养土一定要满足养分的供应，营养土要保证有 50％的有机肥料，若有机肥料过少会严重影响幼苗生长。

2. 假植方法　假植苗床应在假植前浇透底水，才能把苗假植到假植苗床内，保证在缓苗前给水，避免由于过早给水造成的病害，有利于幼苗生长。假植时，用小竹片将小苗带土挖出并移入营养袋（杯）内，再用少量营养土填实根部，边移栽边浇定根水。

3. 假植期间的温度及水分控制　假植后至缓苗前，白天温度控制在 20～25 ℃，夜晚温度不能低于 12 ℃，以不灌溉为宜。缓苗后棚内温度应控制在 20 ℃左右，随着幼苗的生长、气温的上升，要逐渐加大通风量和通风时间，防止幼苗徒长和过度失水萎蔫甚至死亡。当棚外气温稳定通过 15 ℃时应揭膜炼苗。这时苗床内灌溉不宜太勤，以保持床土间干湿交替为宜，灌溉过多不但造成徒长，而且会增加病害发生率。移栽前 7 d 左右停止灌溉，进行栽前炼苗，提高大田移栽的成活率。

五、大田移栽

万寿菊的大田移栽是整个栽培中的重要环节之一。移栽一般应在霜冻期结束后及时进行，以充分利用大田。黑龙江移栽最佳时间为 5 月 15—25 日。

一般以在苗高 20～25 cm、茎粗约 0.6 cm、长出 3～4 对真叶时移栽为宜。

（一）移栽密度

为改善小垄栽培通风透光差、田间作业不便的缺点，基于各地栽培经验，可采用大垄双行覆膜（地膜覆盖可提高土壤温度，促使花朵提前成熟，延长采花期）或大垄双行栽培方式。

大垄宽为 90 cm，双行拐子苗栽植，株距为 35～40 cm，小行距为 35～40 cm，每公顷保苗 3.75×10⁴～4.50×10⁴ 株。如果采用地膜覆盖，可提前刮平或压平垄尖，使垄沟内有充足的余土，移栽时按株行距在膜上打孔栽植。

（二）移栽方法

移栽前 1 d 将假植苗床浇透水，以便起苗、分苗。一般在大田垄上挖穴坐水移栽，移栽时挖大穴，浇足水，扶正培好土。

为防止栽后地下害虫危害，可使秧苗带药下田，即于灌溉前用 50％代森锰锌可湿性粉剂 800 倍液喷洒苗床，喷洒后用清水洗苗。也可在移栽灌溉时，在水中加入适量的辛硫磷乳油，使药剂随水进入秧苗根部。防治蛴螬、金针虫、蝼蛄和地老虎可用 50％辛硫磷乳油 500 g 加水 250～400 kg 按每株 50 g 药液浇灌幼苗，或用 50％辛硫磷乳油 500 g 拌炒至半熟的麦麸子或玉米面 50 kg，傍晚时撒在每株幼苗周围，每株 5～10 g。红蜘蛛可用杀螨类药剂进行防治。

六、大田管理

（一）查田补苗

育苗时要留有一定数量的备用苗，移栽后及时查田补苗，确保全苗。如发现严重缺苗断垄地块（缺苗占 20％以上），及时选用早熟品种进行补种。

（二）中耕除草培土

移栽缓苗后，要及时进行除草松土，防止土壤板结。一般应进行 2 遍铲耥，第 1 遍铲耥应及早进行，切勿在铲耥时移动营养袋（钵）。当株高长到 20～25 cm 时，进行第 2 遍铲耥，结合进行高培土以利扎根，增强抗旱抗倒伏能力。培土高度，以不掩埋第 1 对分枝的顶心为宜。

（三）打顶摘心

当万寿菊株高约为 30 cm、具 5～6 对叶时打顶摘心，即在第 1 朵花现蕾时将其及时摘掉，以促使增加分枝，促使植株早生侧枝，降低分枝节位，从而增加花朵数，提高花的产量。

（四）叶面追肥

在植株现蕾初期，根据植株长势，如果基肥不足就应及时进行叶面追肥。随着采花次数的增多，植株可能出现脱肥返黄现象，也应及时追肥。一般在现蕾初期和每采摘 1～2 次花后，可叶面喷施 2％磷酸二氢钾。采花后追肥可延长植株的生长周期，延缓衰老，增加花蕾数量和采收次数，促进花朵增大，提高产量和效益。

（五）灌溉

万寿菊喜温润的土壤环境，耐干旱，忌过湿和积水，土壤过湿时易烂根，灌溉应掌握"干湿相间"的原则。在营养生长期间，生长速度快，需水量大，很容易缺水，要注意勤灌溉，但不能有积水。

（六）修剪

万寿菊在养护管理过程中，当定植或上盆幼苗成活后，要及时摘心促发分枝，可确保多开花。为使花朵大，应对徒长枝、枯枝、弱枝及花后枝及时疏剪或强摘心。通过密枝疏剪，可改善光照条件；保留壮枝，以保证顶部的花蕾发育充实。在多风季节，还应通过修剪、摘心控制植株高度，以免倒伏；否则要立支柱，以防风吹倒伏。

七、成熟与采收

北方栽培的万寿菊，一般采花期从 7 月 10 日开始，至霜冻前结束，采收期为 2 个月左右。

(一) 成熟标准

花瓣自花蕾中由外向内依次伸出，花瓣全部展开形成一个花球时，即为万寿菊花成熟。

(二) 采收标准

花瓣由外向内全部展开，雄花蕊部分开放或不开放，达到八九分成熟时综合产量最高，可立即进行采收。采收时要做到"三不采"：阴雨天带雨水不采，带露水不采，不成熟的花不采。采后立即交售，不宜在农户手中过夜，以免腐烂。

(三) 收购标准

收购标准为：花朵无杂质，无腐烂，花柄长度不超过 1 cm，花朵水分含量不高于80％。未成熟的花朵按杂质处理。

第五节　病虫害及其防治

一、主要病害及其防治

(一) 万寿菊黑斑病

万寿菊黑斑病主要侵害叶片、叶柄和嫩梢。叶片初发病时，正面出现紫褐色至褐色小点，扩大后多为圆形或不规则形状的黑褐色病斑。

万寿菊黑斑病的防治方法：选择多菌灵、甲基托布津、达可宁等任一种药物喷施即可。

(二) 万寿菊白粉病

万寿菊白粉病主要侵害嫩叶，病叶两面出现白色粉状物。早期症状不明显，白粉层出现 3～5 d 后，叶片呈水渍状，渐失绿变黄，严重时会导致叶片脱落。

万寿菊白粉病的防治方法：发病期可选择喷施多菌灵或三唑酮防治。

(三) 万寿菊叶枯病

万寿菊叶枯病侵染多数叶尖或叶缘，病斑初为黄色小点，以后迅速向内扩展为不规则形大斑，严重受害的全叶枯达 2/3，病部褪绿黄化，直至褐色干枯脱落。

万寿菊叶枯病的防治方法：除加强肥水管理外，应剪掉病枝病叶，清除地下落叶，减少初侵染源（万寿菊黑斑病和万寿菊白粉病也应采取这些农业防治方法）。发病时应采取综合防治方法，并喷洒多菌灵或甲基托布津等杀菌药剂。

二、主要虫害及其防治

(一) 刺蛾

危害万寿菊的刺蛾主要为黄刺蛾、褐边绿刺蛾、丽褐刺蛾、桑褐刺蛾、扁刺蛾的幼虫，于高温季节大量啃食叶片。

刺蛾的防治方法：用 90％敌百虫晶体 800 倍液喷杀，或用 2.5％杀灭菊酯乳油 1 500 倍液喷杀，以叶面喷湿为宜。

(二) 介壳虫

危害万寿菊的介壳虫主要有白轮蚧、日本龟蜡蚧、红蜡蚧、褐软蜡蚧、吹绵蚧、糠片盾蚧、蛇眼蚧等，其危害特点是刺吸万寿菊嫩茎、幼叶的汁液，导致植株生长不良，主要是高温高湿、通风不良、光线欠佳环境易诱发。

介壳虫的防治方法：可于其若虫孵化盛期，用25％噁嗪酮可湿性粉剂375 g/hm² 配成2 000 倍液喷杀。

（三）蚜虫

危害万寿菊的蚜虫主要为万寿菊管蚜、桃蚜等，它们刺吸植株幼嫩器官的汁液，危害嫩茎、幼叶、花蕾等，严重影响植株的生长和开花。

蚜虫的防治方法：用10％吡虫啉可湿性粉剂375 g/hm² 配成2 000 倍液喷杀。

（四）蔷薇三节叶蜂

蔷薇三节叶蜂对万寿菊的危害多在幼虫期，常数十条甚至百余条群集危害，短时间内可将植株的嫩叶吃光，叶片仅剩下几条主叶脉，严重危害植株的正常生长。

蔷薇三节叶蜂的防治方法：刚出现时，采摘聚集有大量幼虫的叶片，移出田外集中灭杀。大量出现，可用75％辛硫磷乳油200 mL/hm² 配成4 000 倍液喷杀。

（五）朱砂叶螨

朱砂叶螨1年可发生10～15代，以成螨、幼螨、若螨群集于叶背刺吸危害；卵多产于叶背叶脉的两侧或聚集的细丝网下。每个雌螨可产卵50～150粒，最多可达500粒。完成1个世代的时间，在23～25 ℃的气温条件下只需10～13 d，在28 ℃时需7～8 d。朱砂叶螨在高温干旱季节高发，常导致叶片正面出现大量密集的小白点，叶背泛黄偶带枯斑。

朱砂叶螨的防治方法：用25％三唑锡可湿性粉剂375 g/hm² 配成2 000 倍液喷杀。

（六）金龟子

危害万寿菊的金龟子主要为铜绿金龟子、黑绒金龟子、白星花金龟子、小青花金龟子等，常以成虫啃食新叶、嫩梢和花苞，严重影响植株的生长和开花。

金龟子的防治方法：利用成虫的假死性，于傍晚人工抖落捕杀；利用成虫的趋光性，用黑光灯诱杀；也可用50％马拉硫磷乳油750 g/hm² 配成1 000 倍液喷杀。

此外，还有灯蛾、夜蛾、造桥虫、袋蛾、叶蝉、椿象等危害，可根据不同害虫种类的危害特点，采取相应的防治对策。

第六节　万寿菊专项栽培技术

一、无土栽培技术

（一）无土栽培的优点

无土栽培就是不用土壤，完全用营养液栽培植物的技术，是人类栽培方式上的一项重大革新。它可以完全代替天然土壤的所有功能，可以为万寿菊提供更好的水、肥、气、热等根际环境条件，并且可以减少农药等化学物质对土壤的危害。

（二）无土栽培注意事项

1. 注意营养液的酸碱性　营养液的酸碱性决定了万寿菊的生长，一般弱酸性是万寿菊适宜的生长条件，pH 以6.2～6.7 为宜。在管理中，可用pH 试纸测得营养液的pH。在pH 偏低时可用氢氧化钠溶液调节，pH 偏高时可用硫酸溶液调节。总之，万寿菊的生长以及养分的吸收，在很大程度上会被营养液酸碱性影响。

2. 注意温度　万寿菊的生长发育很大程度上受根系温度的影响，所以应当根据万寿菊的不同要求来控制营养液的温度。

（三）无土栽培技术的研究

1. 万寿菊无土栽培基质的筛选　基质筛选是无土栽培的基础。通过生长过程中定期测定万寿菊的株高、茎粗、成花数、花径大小、植株干物质量和鲜物质量等指标并加以分析，可看出：万寿菊比较理想的无土栽培基质是蛭石、珍珠岩和草炭土按 1：1：1 的比例组成的基质和珍珠岩、草炭土按 1：1 的比例混合成的基质。

2. 万寿菊无土栽培营养液的配制　万寿菊无土栽培成功的关键是栽培中的营养液适合其生长。万寿菊通过根系吸收水分和养分，同时也与营养液进行物质交换，引起营养液酸碱度变化。因此在万寿菊的生长过程中维持一个相对稳定的酸碱环境，对其有着重要作用。

①准备原料，称取大量元素，分别为硝酸钾 3 g、硝酸钙 5 g、硫酸镁 3 g、磷酸铵 2 g、硫酸钾 1 g 和磷酸二氢钾 1 g。称取微量元素，分别为乙二胺四乙酸二钠 100 mg、硫酸亚铁 75 mg、硼酸 30 mg、硫酸锰 20 mg、硫酸锌 5 mg、硫酸铜 1 mg 和铝酸铵 2 mg。

②先用适量的水分别将大量元素和微量元素溶解成溶液，然后倒入配液瓶混合起来，匀速搅拌液体。

③加入自来水，使总体积为 5 000 mL。搅拌使液体充分混合，待其颜色淡化后停止搅拌。

④将配好后的营养液倒入需要使用的无土栽培容器中。建议现配现用。

二、春直播栽培技术

当土壤温度稳定通过 10 ℃时，在我国北方可进行大田春直播栽培。与上面育苗移栽技术相比，直播栽培不需育苗和移栽，直接将种子播于大田，省时省工。这里对万寿菊春直播栽培的播种和田间管理不同于育苗移栽之处加以介绍。

（一）栽培方式

万寿菊直播栽培采用垄作，垄距为 65～70 cm，也可采用当地生产上的常用方式。

（二）播种

万寿菊直播栽培播种量为每公顷用种 300～450 g，垄上开沟条播，覆土深度为 2～3 cm。播种后及时镇压保墒。

（三）种肥

种肥采用万寿菊专用肥，每公顷施肥量为 300 kg，做到一次性施足，并做到肥与种苗分开，防止播种后或栽后烧苗。

另一种更为简化的施肥方式是将 10% 的氮和 30% 的磷作为种肥，其余的氮、磷和全部的钾肥作为基肥，结合秋季起垄一次性深施于垄下 12～15 cm 处。

（四）追肥

可随中耕追施氮肥，将氮肥施于垄沟，中耕培土将肥埋于垄侧。在有滴灌条件的地块，可以分多次肥随水施入。

复习思考题

1. 简述万寿菊采用塑料大棚育苗，然后分小棚假植的基本育苗技术。
2. 试述万寿菊苗床管理技术要点。
3. 说明万寿菊大田移栽的时间、方法及怎样进行田间管理。
4. 简述万寿菊主要虫害的防治方法。
5. 简述万寿菊成熟标准、采收标准和收购标准。
6. 如何提高万寿菊种子的发芽率？
7. 试述万寿菊春直播栽培技术要点。

主要参考文献

陈红霞，钱辰，欧阳瑞光，等，2013. 浅谈万寿菊的种植管理和应用[J].上海农业科技（1）：96.

牟伦培，罗耀美，龙入海，等，2018. 万寿菊栽培技术：以湖北利川为例[J].中国园艺文摘（8）：117-118.

汪殿蓓，陈芬芬，2007. 万寿菊叶黄素开发利用研究进展[J].北方园艺（1）：44-46.

武帅，苏亚辉，马雅丽，等，2017. 黄粉虫粪肥对盆栽万寿菊的肥效研究[J].山西农业科学，45（12）：1985-1988.

于贵荣，姜玉芬，佟国繁，2002. 天然色素植物万寿菊高产优质栽培技术[J].北方园艺（1）：17-18.

翟建英，陈会丛，张广平，等，2014. 万寿菊叶黄素一般药理学研究[J].中国中医药信息杂志，21（2）：59-62.

张继冲，续九如，李福荣，等，2005. 万寿菊的研究进展[J].西南园艺（5）：17-20.

赵永平，杨萍，朱亚，等，2018. 丛枝菌根真菌对不同品种万寿菊幼苗生理特性的影响[J].江西农业大学学报，30（3）：102-105.

周曦，付娟娟，殷建忠，2011. 万寿菊化学成分及其应用的研究进展[J].国外医学：医学地理分册，2（1）：51-52.

第十八章

北 沙 参

第一节 概　　述

北沙参是伞形科芹亚科珊瑚菜属多年生草本植物珊瑚菜（*Glehnia littoralis* Fr. Schmidt ex Miq.）的干燥根，别名莱阳参、海沙参、银沙参、辽沙参、北条参等。

一、药用价值

研究结果表明，北沙参植株的根内含多种生物碱和丰富的淀粉，果实含珊瑚菜素。根、茎内含多种香豆精类化合物，包括补骨脂素、香柑内酯、花椒毒素、异欧前胡内酯、欧前胡内酯、香柑素等。北沙参具有抗肿瘤、抗氧化、镇痛、抗菌、免疫抑制等功效。北沙参能提高 T 细胞比值，提高淋巴细胞转化率，升高白细胞数量，增强巨噬细胞功能，延长抗体存在时间，提高 B 细胞含量，促进免疫功能。

根据《本草求真》记载，北沙参有清养肺胃之功。北沙参口味甘甜，质坚性寒；富有脂液，肺无余热而发生之咳嗽，宜用北沙参。在中医临床上，北沙参多用于治疗慢性胃炎、慢性萎缩性胃炎、糖尿病、脾胃气阴两虚、肺胃阴虚、阴虚咳血、慢性迁延性肝炎、阴虚火炎等疾病。同时，北沙参也具有滋阴清肺、益胃生津、祛痰止咳等功效。在临床上，北沙参也被广泛地应用于治疗肺燥干咳、劳咳痰血、胃阴不足、热病伤津、咽干口渴等疾病。

二、分布与生产

北沙参主要在我国进行栽培，世界上其他地区栽培较少。野生北沙参分布于我国沿海地区的海滨沙滩上。北沙参耐旱、耐寒、耐盐碱，喜温暖湿润气候，在我国的可栽培区域范围较广。目前，北沙参栽培区域多集中于山东烟台和威海及日照、河北安国、内蒙古赤峰等地，在辽宁、江苏、浙江、广东、福建、台湾等地区也有分布。我国已形成规模化、现代化和产业化的北沙参栽培和生产格局，加工产品畅销全国，并远销东南亚、日本、韩国、美国、澳大利亚等地，是我国重要的出口农产品之一。内蒙古喀喇沁旗牛家营子镇被称为"北沙参之乡"，其北沙参年产量为 3 500～5 500t，所产北沙参色泽纯正，形态笔直、无分支、有效成分含量高，是中国地理标志产品，产量占全国总产量的 80%，行销我国香港以及东南亚各地；河北省生产的北沙参呈浅黄色，形状多粗短，主要供应国内的药用市场。

第二节　植物学特征

一、根

北沙参根系为直根系，有主根和侧根。主根细长，呈圆柱形或纺锤形，偶有分支，长度为 20~70 cm，直径为 0.5~1.5 cm，表面呈黄白色。侧根呈须状，细且短小。根体有细纵皱纹及纵沟，并有棕黄色点状细根痕。顶端常留有黄棕色根茎残基，上端稍细，中部略粗，下部渐细。北沙参的根质脆，易折断，断面皮部呈浅黄白色，木质部呈黄色。

二、茎

北沙参全株被白色柔毛，茎为草质茎，茎部木质化细胞数量较少，支持力弱，茎部少见分枝，株高为 10~20 cm。

三、叶

北沙参叶片质地较厚，多数互生或对生，着生于茎的基部或近地表的短茎上，具有较长的叶柄，叶柄长为 5~15 cm。基生叶具多种形状，常见的为圆卵形至长圆卵形；叶片长为 1~6 cm、宽为 0.8~3.5 cm，叶片顶端呈圆形至尖锐，基部呈楔形至截形，边缘有缺刻状锯齿，齿边缘为白色软骨质。茎生叶与基生叶形状相似，叶柄基部会逐渐膨大成鞘状，有时茎生叶会退化成鞘状；叶柄和叶脉上有细硬毛。

四、花

北沙参植株的花序呈伞形，顶生；花序梗有分枝，分枝长为 2~6 cm；花伞幅长为 8~16 cm；每个伞状花序上有 15~20 朵花。花朵上密生浓密的白色长茸毛，花朵直径为 3~6 cm；花瓣颜色为白色；萼具 5 齿，呈卵状披针形，长度为 0.5~1.0 mm，上有柔软的短毛；花朵基部呈短圆锥形；花期长达 5~7 个月。

五、果实与种子

北沙参的果实呈圆球形或倒广卵形，长为 1.2~1.9 cm，宽为 0.6~1.2 cm，厚为 0.4~0.8 cm，上覆有长茸毛和短茸毛；果具 5 棱，棱木栓化，呈翅状，具棕色刺状的软毛。果实具有数量较多的油管，紧贴于种子的周围。北沙参种子细小，呈扁圆状，千粒重约为 24.5 g；种皮呈黄褐色，覆毛，种脐呈黄绿色；果期长为 6~8 个月。

第三节　生物学特性

一、生育时期

北沙参植株的生长周期一般为 2 年，栽培的第 1 年为营养生殖阶段，此阶段根、茎快速生长；栽培的第 2 年为生殖生长阶段，此阶段北沙参植株开花并形成成熟的种子。营养生长阶段以生产北沙参产品为目标，生殖生长阶段以完成后代繁育为主要目标。

根据北沙参植株的生长阶段，将其生长周期划分为 6 个生育时期：幼苗期、根茎生长期、越冬休眠期、返青期、开花期和种子成熟期。

(一) 幼苗期

在北方，北沙参一般于春季的 4 月中上旬播种。北沙参种子从萌发到 5 片真叶完全展开时称为幼苗期，此期大约维持 30 d。由于北沙参的种子较为细小，其内储存的养分较少，导致种子发芽和拱土的能力较弱。为了保证北沙参种子的正常萌发，需要具有适宜的温度、水分、氧气和良好的土壤环境。北沙参种子的最适萌发温度为 18～22 ℃，当环境的温度高于 30 ℃ 或低于 10 ℃ 时，种子的萌发率急剧下降。春季播种的种子需经沙藏处理，适宜播种于深厚疏松的砂质壤土或砂土上，土壤含水量以田间持水量的 60％ 为宜。

(二) 根茎生长期

北沙参植株在 5 月中下旬进入根茎生长期，持续时间为 90～100 d。这个时期，北沙参植株的地下部迅速生长，主根迅速伸长，生成侧根，此时根系具有良好的吸收水分和营养物质的能力。同时叶片具有良好的光合能力，充足的营养供给保证了地上部和地下部的快速成长。这个营养生长时期内，实施良好的田间管理，建立适宜的生长环境，提供充足的养分和水分，有利于根系的生长，提高北沙参的产量和品质。若土壤耕作层板结，易导致畸形根或根系分支较多；盐、碱、旱、涝、根腐病、锈病等易导致根系细弱，颜色浅黄，产量和品质下降。

(三) 越冬休眠期

在完成根茎生长期之后，北沙参的根系内储存了大量的营养物质。此时，地上部的茎叶全部枯黄脱落，植株进入越冬休眠期，这个时期持续 180～210 d（9 月初至第 2 年 3 月）。越冬休眠期之前的营养物质积累决定了植株第 2 年春季返青时的恢复能力和生长潜力。

(四) 返青期

在翌年的 4 月，北沙参植株的嫩芽开始萌动，嫩芽从枯黄的茎叶中开始露青，此时植株进入返青，这个时期持续 20～30 d。植株返青期的生长状态将直接影响种子的产量和品质，此时需要保证充足的土壤水肥条件和适宜的温度。

(五) 开花期

在翌年的 5 月底至 7 月初，植株进入生殖生长阶段，相继完成开花、授粉、种子形成等过程，该阶段持续 40～60 d。在这个阶段，适宜的温度、充足的水分和营养有利于花朵形成和种子成熟。此时应注意高温和连阴雨天气引起的病虫害。

(六) 种子成熟期

翌年 7—8 月，种子进入成熟期，此时为灌浆的关键时期，大约持续 30 d。在这个阶段，充足的光照和营养条件有利于种子产量的形成。干旱条件容易导致灌浆提前结束，种子多瘪粒；而过多的水分会导致果实发生霉变。

二、生长发育对环境条件的要求

(一) 温度

北沙参的各个生长发育阶段对温度的要求不一致。北沙参在休眠期要求低温，生长期需要高温；越冬期耐寒能力很强，可在 −38 ℃ 低温条件下安全越冬。在北方寒冷地区，北沙参春播适宜在 4 月中上旬平均气温达 8 ℃ 时进行，播种后 15～20 d 可出苗。苗期的适宜生长温度为 18～22 ℃，最高气温为 28～30 ℃，最低温度为 10～12 ℃。持续的高温或低温均会影响北沙参生长发育。

（二）光照

北沙参是喜光植物，光照强弱和日照长短将直接影响其光合作用和生长发育。若光照度足够大，植株的叶片会较为光滑，色泽浓绿而厚，利于北沙参产量和品质提高。

（三）水分

水分是植物组织的重要组成部分，北沙参植株鲜根中含有 60％的水分。北沙参从种子萌发、生长发育到枯萎的整个生长发育周期都离不开水分。栽培北沙参必须有充足的水源条件保障。遇干旱、缺水年份和季节要及时补充水分。在干旱缺水地块栽培北沙参，植株生长发育不良、矮小，根皮厚、褶皱多，产量低，品质差。若在盐碱地或易涝、低洼地栽培北沙参，出苗质量不好，根腐病等多种病害均增加，甚至造成植株成片死亡，此时要及时排出北沙参栽培田中的积水。

第四节　栽培管理技术

一、选地与整地

北沙参适宜栽培于疏松肥沃的砂质土壤中，土地地势应较高，排水良好，且具有适宜的灌溉系统。北沙参不适宜连作，前茬作物可以是马铃薯、甘薯、小麦、玉米、大豆等。整地可在秋季进行，深耕细耙。深耕有利于消灭越冬虫卵和病原菌，改良土壤理化性状。细耙后应平整土地做畦，一般畦宽为 80 cm、高为 20 cm。畦间开深沟，沟宽为 20 cm，沟深为 20 cm。畦间沟应与地块的排水沟相连，以便排出地块的积水。深耕时可将农家肥或生物肥翻入土壤，以保证基肥充足。每公顷可施用农家肥 30～45 t，或生物肥 100 kg。春天，待土壤解冻后，可对板结的土壤进行松土，以保墒。

二、播　　种

（一）种子选用

北沙参的种子生命周期很短，应使用上一年收取的种子。常温储存超过 1 年的种子发芽率会显著下降，影响出苗率。若必须使用陈年旧种，需经过发芽试验测定发芽率，并在播种时适当增加播种量。播种时应选取成熟度好、籽粒饱满、无病斑和虫斑的种子，即选择形状椭圆形或圆形、长约为 10 mm、宽约为 8 mm、表面光滑、呈黄褐色或黄棕色的种子。饱满成熟种子的千粒重为 24.5 g 左右。

（二）种子播种前处理

北沙参的种子具有种胚后熟的特性，不经过低温处理的种子当年不能萌发，可在播种后第 2 年出苗，但是出苗率低，出苗参差不齐。

进行春播前，可采用埋沙法对北沙参种子进行低温处理，以完成种子的胚后熟，打破种子的休眠。将上一年度收获的种子与沙子以 1∶3 的体积比混合，埋入 40 cm 深的室外地下坑中，种子层厚度约为 30 cm，覆土厚度为 10 cm 左右，保持 10 ℃以下低温约 3 个月。在埋沙处理期间，适当加水，保持沙子湿润，并经常搅拌，防止种子霉变。待春耕前，土壤解冻后，将种子取出进行春播。

若进行秋播，可将种子置于 40 ℃的温水中浸泡 12 h，待种子吸胀后，将种子取出，直接播于土壤中。也可以将干种子浸泡在常温水中 20 d 左右，泡至种仁软化。在浸种过程中，要经常翻动搅拌，防止霉变。

（三）播种方式

春播一般在 3 月中上旬，于清明前进行。秋播一般在 11 月上旬，于霜降前后完成。

播种一般采取宽幅条播和窄幅条播 2 种方式。

1. 宽幅条播　耕地开沟，沟深为 4 cm 左右，沟底要平整，播幅宽为 15 cm 左右，行距为 25 cm 左右，直线撒播种子，种子之间的距离约为 5 cm，覆土深度约为 3 cm。砂质土壤的播种量约为 75 kg/hm²，纯砂地的播种量为 75～105 kg/hm²，灌溉条件良好及土壤肥力优越的土地播种量约为 60 kg/hm²。

2. 窄幅条播　开沟，沟深为 4 cm 左右，播幅宽度为 6 cm 左右，行距为 15 cm 左右，播种和覆土方法、播种量等条件与宽幅条播一致。

播种后的畦地需要耙平，春播后一般需要覆盖麦秸、稻草或茅草等，以不露土为准，旨在保温和保湿。秋播后可用地膜覆盖，以保温、保湿，保证出苗率，也有利于出苗整齐。

三、营养与施肥

对于春播的北沙参，应进行 3 次追肥。第 1 次追肥应在出苗后进行，每公顷施腐熟的农家肥 30～37 t。第 2 次追肥应在定苗后进行，每公顷施腐熟的农家肥 42 t。第 3 次追肥应在 8 月上旬进行，此时植株的枝条膨大，每公顷可施腐熟的农家肥 33 t（或硫酸铵 150～300 kg 和过磷酸钙 225～375 kg）。

四、田间管理

（一）幼苗的田间管理

春播后注意观察土壤墒情。若遇干旱，可适当地在覆盖物上喷洒清水。仔细观察出苗情况，待幼苗长出 2 片叶后，可在傍晚或阳光不强烈的情况下，逐次、少量地去除覆盖物。不可将覆盖物一次性去除，否则强光和湿度的变化会影响幼苗的生活状态或存活率。

待幼苗的第 2～3 片真叶完全展开后，即可进行田间定苗。株距以 4～5 cm 为宜。对于缺苗的区域可使用间出的苗进行补栽，补栽应在傍晚或阴天进行，补栽后应及时补充水分。

在进行间苗、定苗和补栽的同时除去田间杂草。待幼苗长至 10 cm 高时，应进行中耕松土和除草作业。

（二）水分管理

苗期轻度的干旱有利于北沙参根系向下生长，而过多的水分容易导致根系生长速度减缓，根短而粗。苗期应视具体情况及时进行水分管理。若遇伏旱，可在早晚温度较低的时候进行灌水，切忌在中午阳光强烈、温度较高时进行灌水，以免剧烈的温度变化导致植株的死亡。在多雨的夏季，应注意及时清理排水口，加深畦间的排水沟，及时将田间的多余水分排出，避免积水造成烂根。

(三) 越冬管理

9月初至翌年3月，北沙参地上部的茎叶全部枯黄脱落，植株进入越冬休眠期。北方春季气候干旱，冬季和春季风大，为了防止墒情下降，保证第2年植株返青的顺利进行，可在土壤封冻前灌1次水。可使用草帘、秸秆等对耕地进行覆盖，以保墒、保温。此时要注意耕地管理，不可碾压，禁止火烧。

(四) 摘心除蕾

北沙参在春播的当年为营养生殖阶段，不进入生殖生长阶段。在第2年春季返青后，4月下旬至5月中旬，植株开始抽薹、开花。此时开花会导致植株的养分大量向生殖器官分配，减少对根系生长的供给量，导致产量下降。因此在此时应使用剪刀及时去除开放的花朵。

(五) 留种

北沙参植株生长1~2年后即可进行产品的采收，生长4年以上的根易出现空洞、品质差。在收取一年生北沙参时，可选取长势健壮一致，根系产量高品质好、形态良好的栽培品种进行种子培育，以留良种。在9月，将选取的优良根系移栽到留种地中，行距为25~30 cm，栽植沟深为18~20 cm，株距为18 cm，覆土3~5 cm后压实，适当浇水。移栽后的植株进入越冬休眠期，注意冬季管理。

留种移栽后的第2年，植株返青后经过一段时间的营养生长后进入生殖生长时期。植株抽薹，进入花期。当植株进入花期后，应追施375~450 kg/hm² 的氮肥和450~600 kg/hm² 的磷肥。为了保证种子生长的营养供给，应摘除侧枝上的小果盘，只保留主茎上的花朵和果盘，促进种子成熟和饱满。

当果皮变成黄褐色时，即可采集种子。由于种子成熟期不一致，种子采收应分批、多次进行。采收时应使用剪刀将果实的伞柄剪下，置于阴凉、通风干燥处。待果伞干燥后，清除枝梗，剔除瘪粒和发霉种子。将色泽光亮、无病斑且饱满的种子选出，储存于5 ℃以下环境中，储存时间应超过3个月但短于1年。种子储存过程中，切忌翻动、踩踏、烟熏等。

五、收获与加工

(一) 采收

北沙参的采收时期对于保证药材的产量和品质至关重要，过早采收时产量低，过迟采收时易产生空根、品质下降。以生长1~2年的北沙参植株的根系品质最好。生长1年的北沙参的最佳收获时间是白露至秋分；生长2~3年的北沙参的最佳收获时间在夏至前后5 d，此时间段内收获的北沙参品质好、产量高。

北沙参的收获应选择良好的晴天进行。在采挖之前，应先用镰刀将地上的茎叶割除，并移出耕地。在北沙参栽培地的一侧挖深沟，使根系露出，顺着垄沟小心采挖，勿损伤折断根系。将挖出的根系抖除泥土，并及时运输到加工场地。当天采挖的北沙参根系应当天进行加工处理，防止霉变。若不能及时加工，则可将根系置于干沙土中保存2~3 d。

(二) 加工

用清水洗净北沙参的根系，按照根系的长短、粗细和性状进行初步分类。将分好类的根系捆成直径15~20 cm的小捆。将成捆根系的根尖部位放入沸水中8~10 s，随后将整捆根系放入沸水中，不断搅拌，至根系表皮可用手剥落为止。将烫过的根系捞出，晾干，剥去其表皮。将去皮的根系置于阴凉通风处晾晒，晾晒期间每日翻动1～2次，防止霉变。若有霉变，应及时剔除。晾晒至根系完全干燥。

晾晒好的北沙参应储存于清洁、阴凉、干燥、无虫、无鼠、无异味的库房中，在储存过程中应定期进行检查，防止受潮或虫蛀。若受潮，应摊开晾干。

第五节　病虫害及其防治

一、主要病害及其防治

（一）北沙参根腐病

北沙参根腐病是一种由腐霉、镰刀菌、疫霉等多种病原侵染引起的病害。病菌在土壤中或病残体上越冬，从根茎部或根部伤口侵入，通过雨水或灌溉水进行传播和蔓延。发病时间一般多在3月下旬至4月上旬，5月进入发病盛期。地势低洼、排水不良、田间积水、连作、植株根部受伤的田块发病严重，年度间春季多雨、梅雨期间多雨的年份发病严重。发病初期，支根和须根感病，并逐渐向主根扩展。主根感病后，早期植株不表现症状，后随着根部腐烂程度的加剧，吸收水分和养分的功能逐渐减弱，地上部因养分供应不足，导致整株叶片发黄、枯萎，最后全株死亡。主要防治方法如下。

1. 轮作　在重病地块上可与十字花科蔬菜、葱蒜类蔬菜进行3年以上的轮作，最好与玉米、小麦等不易感病的粮食作物轮作，减少土壤中病菌的数量。

2. 药剂拌种　选择优质、抗病品种，播种前，可用种子质量0.3%的50%胂·锌·福美双（含福美双25%、福美锌12.5%、福美甲胂12.5%）可湿性粉剂拌种，或用种子质量0.1%的三唑酮可湿性粉剂拌种，并选择在合适的时期播种。

3. 田间管理　①秋耕地时深耕、细耙，可以使用多菌灵等对苗床的土壤进行消毒，并注意防治地下害虫。②施用充分腐熟的农家肥，提高植株的抗病能力。③雨季及时对田块进行排水防涝。④秋季收获后，及时清洁田园，将残枝败叶收集到田园外，挖坑深埋或集中烧毁。

4. 药剂防治　发病初期，用50%甲基硫菌灵或50%多菌灵可湿性粉剂800～1 000倍液，进行喷雾或浇灌，7～10 d防治1次，连续防治2～3次。在发病中后期，效果较好的药剂有50%异菌脲悬浮剂、50%菌核净可湿性粉剂、15%三唑酮可湿性粉剂、25%丙环唑乳油、50%福美双可湿性粉剂和75%代森锰锌可湿性粉剂。可利用以上药剂对植株进行灌根处理，收获安全期为7 d。

（二）北沙参锈病

北沙参锈病多于5月中旬发病，至立秋前后危害严重，病斑多见于叶片、叶柄、果柄等。感病植株早期表现为老叶和叶柄出现大小不一、形状不规则的红褐色病斑，叶片颜色变为黄绿色。随着感染程度加重，病斑颜色转为黑褐色，并蔓延至整株，病斑表皮破裂后会散发出黑褐色粉状物。感染严重时，叶片和全株会枯死。主要防治方法如下。

1. 农业防治　①发生锈病的耕地要及时清理感病的植株，集中烧毁或带出田外深埋，减少病原菌孢子数量。②合理密植，保证通风。③加强田间管理，雨季及时排水，降低田间湿度。④增施磷钾肥、优质有机肥料等，增强植株抗病能力。⑤与禾本科作物实行3年以上轮作。

2. 药剂防治　在发病早期，可使用50％多菌灵可湿性粉剂600倍液，或75％代森锰锌可湿性粉剂800倍液进行喷雾。当田间植株发病率达5％时，可选用25％戊唑醇乳油1 000倍液、25％三唑酮可湿性粉剂1 000倍液、25％丙环唑乳油200倍液、40％氟硅唑乳油5 000倍液、25％腈菌唑乳油3 000倍液、75％百菌清可湿性粉剂500倍液，进行喷雾防治，每隔7～10 d喷雾1次，连续喷雾3次，收获安全期为7 d。

（三）北沙参花叶病

北沙参花叶病由珊瑚菜花叶病毒引起。该病毒可在病株残体及带病的根上越冬，也可寄生于蚜虫体内，可随着蚜虫对植株的取食而传播。此病一般在4月中下旬开始发生，5—6月发病严重，干旱、植株营养不良、光照度大、气温高等有利于病毒的侵染和蔓延。北沙参花叶病表现为全株可感染，上部叶片最早表现出感染的症状，叶片上出现浓绿、淡绿相间的花叶或斑驳症状，扩大后呈不规则多边形，严重时导致叶片皱缩畸形。发病后期，植株矮小，花、叶畸形，花稀少，结果少，种子不充实，有时可见褐色坏死斑纹。防治方法如下。

1. 农业防治　①可与禾本科作物实行3年以上轮作。②加强田间管理，干旱时及时灌溉，在雨季应及时排水。③增施磷钾肥、优质有机肥料等，增强植株的抗病能力。④清除鸭跖草、反枝苋、刺儿菜等蚜虫的越冬寄主。

2. 药剂防治　①发病前期，可以使用吡虫啉、啶虫脒、噻虫嗪、烯啶虫胺、苦参碱、除虫菊素等药剂喷洒植株表面，防治蚜虫，减少花叶病毒传播介体。②发病中期，可喷洒1.5％植病灵乳油900～1 000倍液，间隔7～10 d喷1次，连喷2～3次，收获安全期为7 d。③发病中后期，可选用20％吗胍·乙酸铜（含盐酸吗啉胍10％、乙酸铜10％）可湿性粉剂400倍液、6％烷醇·硫酸铜（含三十烷醇0.1％、硫酸铜5.9％）可湿性粉剂400倍液、5％氨基寡糖素水剂1 000倍液进行喷雾，间隔7～10 d喷1次，连续施用2～3次，收获安全期为7 d。

二、主要虫害及其防治

（一）蚜虫

蚜虫的成虫和若虫吸食北沙参植株的茎、叶和花朵的汁液，并传播病毒，导致植株皱缩和畸形，生长迟缓，甚至导致植株死亡。受害严重的植株不能开花或者花朵败育，降低北沙参种子的产量。蚜虫灾害一般发生于5—6月份，当气温为22～26 ℃时、湿度为60％～80％时，蚜虫灾害最为猖獗。防治方法如下。

1. 生物防治　蚜虫的天敌有瓢虫、食蚜蝇、寄生蜂、食蚜瘿蚊、蟹蛛、草蛉、昆虫病原真菌等。应加强对蚜虫天敌的保护，利用天敌对蚜虫进行自然控制。

2. 物理防治　通过在田间悬挂黄色粘虫板对蚜虫进行诱杀。也可在木板或纸板上涂抹黄色油漆，干后再涂上一层机油，置于田间，对蚜虫进行诱杀。

3. 化学防治　在蚜虫发生初期，可使用0.3％苦参碱植物杀虫剂水剂1 000倍液，或拟除虫菊酯水乳剂2 000倍液对植株叶片进行喷施，间隔5～7 d后，再次喷施1次。若蚜虫发生严重，可喷施5％杀螟松乳油1 000～2 000倍液，或30％吡虫啉可湿性粉剂2 000～3 000倍液，或20％杀虫脒粉剂2 000～3 000倍液，隔7 d喷1次，连续用药2～3

次即可。

4. 农业防治　严格控制北沙参栽培区域内的杂草生长；在北沙参收获后，及时处理残枝和落叶等，必要时可将这些残枝集中烧毁。北沙参收获后，要及时秋季深耕，以杀死虫卵；对于越冬植株的枯枝落叶也应及时收集，集中处理。

（二）北沙参钻心虫

北沙参钻心虫又名川芎茎节蛾，俗名臭鼓虫、绵虫，其幼虫可钻入植株的各个器官，啃食内部，导致组织结构中空，造成叶片枯萎，产量下降，甚至导致植株枯萎、死亡。被钻心虫啃食过的北沙参加工后颜色发红，品质下降。钻心虫每年可发生5代，第1代发生在5月份，对2年生以上植株的危害严重。防治方法如下。

1. 农业防治　①在钻心虫的成虫期使用灯光诱杀成虫。②在收获期，将收获后的北沙参的植株的残枝落叶集中烧毁或深埋。对土壤进行深耕，可将钻心虫的蛹和幼虫翻入深土，第2年成虫就不能出土羽化，减少害虫的越冬数量。③在北沙参开花期，人工摘除蕾和花并带出田外深埋，能够消灭其中的钻心虫幼虫。

2. 药剂防治　在幼虫的孵化期，可使用0.3％苦参碱乳液800～1 000倍液，或拟除虫菊酯水乳剂2 000倍液，或0.3％印楝素乳油500倍液，或2.5％多杀霉素悬浮液1 000～1 500倍液进行喷雾防治，间隔7～10 d喷1次，连续喷3次。

在钻心虫发生期，可使用4.5％氯氰菊酯悬浮液1 000倍液，或5％氯虫苯甲酰胺悬浮液1 000倍液，或90％晶体敌百虫800倍液，或5％甲氨基阿维菌素苯甲酸盐乳油4 000倍液喷洒于北沙参心叶处，间隔7 d喷1次，连续喷2～3次，收获安全期为7 d。

（三）大灰象甲

大灰象甲成虫咬食植株的嫩尖和叶片，造成叶片缺刻，严重时可吃光叶片，造成田间缺苗断垄。

大灰象甲的防治方法：①早春在北沙参栽培区域的周围播种白芥子，以引诱成虫，减少成虫对北沙参的危害，并且可对引诱的大灰象甲成虫进行集中杀灭。②北沙参收获后，及时进行土地的深耕。由于大灰象甲的幼虫和蛹一般分布于地表及浅土层，深耕能够使其不能正常发育。

（四）蛴螬和地老虎

蛴螬和地老虎的低龄幼虫以植物的地上部为食物来源，取食子叶、嫩叶，造成孔洞或缺刻；中老龄幼虫白天躲在浅土穴中，晚上取食植物近土面的嫩茎，造成缺苗断垄。

蛴螬的防治请参考第一章花生的主要虫害及其防治。地老虎防治方法请参考第四章芝麻的主要虫害及其防治。

（五）根结线虫

根结线虫分布于植株附近3～9 cm深的土层中，通过带虫土的苗及灌溉水传播。线虫主要危害北沙参的根部，吸食根系的养分，使根部肿大畸形，呈鸡爪状，也能使根部分叉，并密生隆起的病瘿，切开的病瘿内有很小的乳白色的雌、雄线虫。根结线虫能够导致植物枯黄和死亡，影响北沙参的产量和品质。防治方法如下。

1. 农业防治　①选择土壤较深的砂质土壤进行北沙参的栽培。②加强耕作区域的水分管理，及时排除多余的水分。③与禾本科作物进行2年以上的合理轮作。

2. 药剂防治　在进行土地的深耕和细耙的过程中，将5％克线磷颗粒剂150 kg/hm² 翻入土中；也可以在北沙参植株的生长季节内进行灌根，每公顷用药量为 30 kg，间隔 20～30 d 再灌根 1 次，连续使用 2 次。

复习思考题

1. 简述北沙参根系的形态特征。
2. 简述适宜栽培北沙参的土壤类型。
3. 简述北沙参播种前种子的处理方式。
4. 简述北沙参的收获和加工过程。
5. 北沙参植株的主要病害有哪些？各如何防治？

主要参考文献

毕建水，柳玉龙，王克凯，2006. 珊瑚菜无公害高产高效栽培技术[J].中国农技推广（1）：40-41.

高芳，2012. 北沙参药材质量评价方法的研究[D].沈阳：沈阳药科大学.

靳光乾，郭庆梅，陈沪宁，等，2002. 金银花、栝楼、北沙参栽培与加工利用[M].北京：中国农业出版社.

刘伟，李中燕，田艳，等，2013. 北沙参的化学成分及药理作用研究进展[J].国际药学研究杂志，40（3）：291-294.

王晓琴，李旻辉，于娟，等，2017. 北沙参生产加工适宜技术[M].北京：中国医药科技出版社.

袁书钦，工康才，2004. 党参、玄参、北沙参、太子参高效栽培技术[M].郑州：河南科学技术出版社.

原忠，周碧野，张志诚，等，2002. 北沙参的苷类成分[J].沈阳药科大学学报，19（3）：183-185.

第十九章

黄　芩

第一节　概　述

药用正品黄芩（*Scutellaria baicalensis* Georgi）又称山茶根、黄芩茶、大黄芩等，是唇形科黄芩属多年生草本植物，药用其干燥根。

一、药用价值

黄芩的根中含多种黄酮类衍生物，例如黄芩苷、千层纸素 A、葡萄糖醛酸苷、β-谷甾醇、油菜甾醇、豆甾醇、黄芩素、汉黄芩素、黄芩黄酮等，此外，还含 7-甲氧基黄芩素、7-甲氧基去甲基汉黄芩素和苯甲酸。黄芩的地上部含红花素和异红花素两种黄酮，茎叶中含高山黄芩苷、鞣质和树脂。黄芩的主要药用成分是黄芩苷，属葡萄糖醛酸苷类，水解后可产生黄芩素和葡萄糖醛酸，具有清热解毒、抗炎、利胆、降血压、利尿、抗变态反应等多方面的作用。黄芩的药用制品有黄芩、黄芩片、酒黄芩、炒黄芩、黄芩炭等，有清热燥湿、凉血安胎、解毒的功效，在临床上主要被用来治疗温热病、上呼吸道感染、肺热咳嗽、湿热黄疸、肺炎、痢疾、咳血、目赤、胎动不安、高血压、痈肿疮疖等症。黄芩苦寒伤胃，脾胃虚寒者不宜使用。黄芩苷的临床抗菌性比黄连好，而且不产生抗药性。黄芩苷在清除超氧自由基、减轻组织的缺血再灌注损伤、调节免疫、促进细胞凋亡以及抗肿瘤和抗人类免疫缺损病毒（HIV）等多方面均有作用。随着生物技术的发展以及中药化学成分分离水平的进步，黄芩苷在抗氧化、抗肿瘤、抗人类免疫缺损病毒以及治疗心血管疾病等方面均具有潜在的开发应用价值。

二、分布与生产

黄芩属植物有 300 余种，我国有 101 种及 29 个变种。黄芩皆以干燥根入药。我国可供入药的除上述正品黄芩外仍有 6 种：大黄芩、连翘叶黄芩、甘肃黄芩、黏毛黄芩、丽江黄芩和滇黄芩。

我国黄芩的商品主要来源于野生资源，栽培黄芩虽然成功，但因种子采收量小、栽培技术要求高，黄芩栽培面积一直不大。野生黄芩在过去一段时间内被长期掠夺性采挖，使山区和草原的黄芩在绝大部分地区濒临灭绝。所剩野生资源多生长在边远地区，交通不便、条件恶劣、人烟稀少，采挖困难，野生资源的恢复也十分缓慢和困难。近些年来，通过认真贯彻采、护、育并举的方针，在产区建立黄芩野生资源保护区，采取人工栽培、野生生长等措施，恢复野生黄芩群落，使黄芩资源形成动态平衡状态，进入了良性循环和可持续发展的轨道。

我国常见的黄芩种类多分布于黑龙江、辽宁、内蒙古、河北、河南、甘肃、陕西、山西、山东、四川等地。黄芩在我国北方多数地区都可进行人工栽培。河北北部生产的黄芩被称为热河黄芩，其颜色愈黄，品质愈佳；与其他黄芩同属的植株不同，该品种的黄芩是目前人工栽培的正品黄芩。滇黄芩主要分布于云南西北部和中部、四川西部、贵州等地。黏毛黄芩分布于河北、内蒙古及山东烟台地区。甘肃黄芩分布于山西、甘肃、陕西等地。丽江黄芩别名小黄芩，分布于云南西北部地区。川黄芩又称为地黄芩，主要分布于四川西部地区。

第二节　植物学特征

一、根

黄芩的根系为肉质直根系，根略呈圆锥形，外皮为褐色，断面呈鲜黄色。种子萌发后，下胚轴伸长而形成 1 条主根，主根在前 3 年生长正常，其长度、粗度、鲜物质量和干物质量均逐年增加，其黄芩苷含量较高。第 4 年以后，生长速度开始变慢，部分主根开始出现枯心，以后逐年加重，8 年生的黄芩几乎所有主根和较粗的侧根都全部枯心，而且黄芩苷的含量也大幅度降低。

二、茎

黄芩植株高为 30～80 cm。茎呈钝状四棱形，具有细条纹，肉质多汁，直径可达 2 cm；无毛或被曲至开展的微柔毛；呈绿色或常带紫色；自基部分枝，分枝多而细。

三、叶

黄芩叶为坚纸质，呈披针形至线状披针形，长为 1.5～4.5 cm，宽为 0.5～1.2 cm，顶端钝，基部圆形，全缘；正面呈暗绿色，无毛或疏被贴生至开展的微柔毛；背面色较淡，无毛或沿中脉疏被微柔毛，密被下陷的腺点；侧脉 4 对，侧脉与中脉的正面下陷、背面凸出；叶柄短，长为 2 mm，腹凹背凸，被微柔毛。

四、花

黄芩的花序为总状花序。花序顶生或腋生，呈圆锥形，偏向一侧，长为 7～15 cm；花梗长为 3 mm，花梗与花序轴均被微柔毛。下部的苞片似叶，上部的苞片较小，呈卵圆状披针形至披针形，长为 4～11 mm，近于无毛。花萼在开花时长为 4 mm，有高为 1.5 mm 的盾片，外面密被微柔毛，萼缘被疏柔毛，内面无毛；果时花萼长为 5 mm，有 4 mm 高的盾片。花冠颜色为紫色、紫红色至蓝色，长为 2.3～3.0 cm，外面密被具腺短柔毛，内面在囊状膨大处被短柔毛；冠筒近基部明显膝曲，中部径为 1.5 mm，至喉部宽达 6 mm；冠檐为 2 唇形，上唇盔状、先端微缺，下唇中裂片呈三角状卵圆形，宽为 7.5 cm，两侧裂片向上唇靠合。雄蕊 4 个，稍露出，前对较长，具半药，退化半药不明显；后对较短，具全药，药室裂口具白色髯毛，背部具泡状毛；花丝扁平，中部以下前对在内侧、后对在两侧被小疏柔毛。花柱细长，先端锐尖，微裂。花盘呈环状，高为 0.75 mm，前方稍增大，后方延伸成极短子房柄。子房呈褐色，无毛。花期为 6—9 月。

五、果实与种子

黄芩的果实为小坚果，呈卵球形，高为 1.8～2.4 mm，直径为 1.1～1.6 mm，呈黑褐色，粗糙。果实表面密被瘤状小坚突，背面隆起；两侧面各具 1 斜沟，相交于腹棱果脐处；果脐位于腹棱中上部，呈浅白色圆点状。果皮与种皮较难分离，其内含种子 1 枚。种子呈椭圆形，表面为淡棕色，腹面卧生 1 个锥形隆起，其上端具 1 个棕色点状种脐；种脊为短线形，棕色；胚弯曲，呈白色，含脂肪，胚根略呈圆锥状；子叶 2 枚，肥厚，呈椭圆形，背倚胚根。种子千粒重为 1.5 g 左右。

第三节 生物学特性

一、生育时期

以种子栽培的黄芩植株在播种后 1 年内即可开花、结果，一般生长到 2～3 年便可采挖根部。3 年生植株的鲜根和干根产量均比 2 年生植株增加 1 倍左右，商品根产量高出 2～3 倍，而且主要有效成分黄芩苷的含量也较高，故以黄芩植株生长 3 年为最佳收获期。

（一）营养生长时期

黄芩播种一般有春播（3—4 月）、夏播（7—8 月）和冬播（11 月）等方式，春播产量最高。春播和夏播的黄芩种子若土壤湿度适中，播种后 15 d 左右即可萌发、出土。冬播的种子当年不发芽，第 2 年春季（3—4 月）萌发出苗。黄芩植株主根的根头也可作为繁殖材料，在春季（3—4 月）栽种入土，当土壤温度达到 15 ℃以上后时，约 20 d 幼苗可发芽出土。

出苗后，主茎逐渐长高，叶数逐渐增加。5—6 月为茎叶生长期，1 年生植株的主茎约可长出 30 对叶，其中前 5 对叶每 4～6 d 可长出 1 对新叶，其后的叶片每 2～3 d 可长出 1 对新叶。

（二）生殖生长时期

1 年生黄芩植株一般在出苗后 2 个月（6—7 月）开始现蕾，2 年生及以后的黄芩多于返青出苗后 70～80 d 开始现蕾，现蕾后 10 d 左右开始开花，40 d 左右果实开始成熟。若环境条件适宜，黄芩开花结实过程可持续到霜枯期。

11 月初至翌年 3 月，黄芩植株的地上部全部枯黄，根内储存大量的营养物质，植株进入越冬休眠期，这个时期持续 4～5 个月。越冬休眠期之前的营养物质的积累程度决定了植株第 2 年春季返青时的恢复能力和生长潜力。

二、生长发育对环境条件的要求

黄芩喜温暖凉爽的气候，耐寒、耐旱、耐贫瘠，适宜生长在阳光充足、土层深厚、肥沃的中性至微碱性壤土或砂质壤土环境。野生黄芩常与一些禾草、蒿类、杂类草共生。

（一）温度

黄芩生长适宜的生态环境的年平均气温一般为 −4～8 ℃，最适年平均气温为 2～4 ℃。成年植株的地下部在 −35 ℃下仍能安全越冬，35 ℃高温不致枯死，但不能经受

40 ℃以上的持续高温。

（二）光照

黄芩植株适宜生长在年太阳总辐射量在 $459.8\sim564.3$ kJ/cm^2（$110\sim135$ kcal/cm^2）的生态环境中，以 501.6 kJ/cm^2（120 kcal/cm^2）最为适宜，故植株多分布于中温带海拔 $600\sim1\ 500$ m 高的向阳山坡或草原等处，林下阴湿地少见。

（三）水分

黄芩幼苗不耐水渍，但苗期又喜水肥，早春怕干旱。生长后期耐旱，在低洼积水或雨水过多的地方生长不良，易造成烂根死亡，排水不畅的地块也不宜栽培。黄芩植株适宜栽培区的最适年降水量为 $400\sim600$ mm。

第四节 栽培管理技术

一、选地与整地

黄芩栽培忌连作，凡栽培过黄芩的地块一般应间隔 $3\sim4$ 年后方可再栽培黄芩。黄芩对前茬作物的要求不严，但以禾本科作物和豆科作物为好。由于黄芩一般适合在气候温暖而略为寒冷的地带生长，多野生于荒山的向阳坡地、林边、草地、路旁等处；喜欢气候温和、阳光充足的环境，具有耐旱、怕涝、耐严寒、耐高温的特点，所以人工栽培黄芩应选择地势高、排水良好、地下水位低、背风向阳、光照充足、无树木遮光、土层深厚、土质疏松、富含腐殖质、土壤酸碱度为中性至微酸性的淡栗钙土和砂质土壤。避免选用质地黏重、排水不良、地势低洼易积水的地块。

当地块确定后，在前茬作物收获后即可进行整地。一般以秋翻为好，春翻的整地效果不如秋翻。在进行耕翻之前要施足基肥，一般每公顷施优质腐熟的农家肥 75 t，另加过磷酸钙 450 kg、硫酸钾肥 300 kg。土地耕深为 $25\sim30$ cm，随后耙细耙平，最后进行垄作或畦作。在北方，垄作栽培黄芩时，垄宽约为 60 cm；畦作时，一般做成宽为 120 cm、高为 $15\sim20$ cm 的高畦，作业道宽为 30 cm，长度视地块而定，畦面要平整，畦面土要细碎。

二、种子选择

黄芩一般以种子繁殖、扦插繁殖和分根繁殖等几种方法进行人工栽培。

（一）种子的选择

由于黄芩植株的花期和果期比较长，有时长达 $2\sim3$ 个月，种子的成熟期很不一致，而且极易脱落，给采收造成一定困难。一般在 8—10 月，当大部分果实由绿色变为淡棕色时进行采收，随熟随收，最后可连果枝剪下。将收获的种子晒干，去净杂质后装入布袋中，置阴凉干燥处储藏备用。对种子的质量要求是籽粒饱满，大小均匀，色泽鲜明，无病虫害，发芽率高，发芽势强。这样的种子在播种后生长整齐，便于管理，并可减少田间杂草和病虫危害。黄芩的种子寿命较长，一般当年采收的种子发芽率可达 80% 以上，室温储藏 3 年的种子，发芽率仍可达 70% 左右。

（二）扦插枝条的选择

扦插繁殖是从优良高产型黄芩母株（已经栽培了 $1\sim2$ 年的植株）上剪取生长旺盛的枝条作插条，繁殖成败的关键在于繁殖季节和取条部位。插条应选茎尖半木质化的幼嫩部位，不用任何处理，扦插成活率可达 90％以上。不能用茎的中部或下部作插条。扦插时剪取茎端 6～10 cm 长的嫩茎作插条，把下面 2 节的叶去掉，保留 3～4 片叶片。

（三）分根的选择

在春季 3 月或 4 月上旬收获时，在黄芩的根茎未萌芽之前，挖出生长 3 年的高产优质根系，切取主根留作药用，选择无病虫害及比较完整的根头部分供繁殖用。若在冬季采收，可将根头埋在窖内，第 2 年春天再分根栽种。

三、播　　种

（一）种子繁殖法

使用黄芩种子繁殖时，一般要对种子进行催芽处理。催芽时一般用 40～45 ℃的温水将种子浸泡 5～6 h，捞出放在 20～25 ℃的条件下保湿，每天用清水淋 2 次，待大部分种子胚芽萌动后即可播种。干旱地区，春季播种后可用塑料薄膜覆盖地表，起到保墒的作用。

1. 种子直播　采用种子直播方式栽培时，播种期根据当地条件适当掌握，以能达到苗全、苗壮为目的。春播在 3—4 月，夏播一般在雨季（北方为 7—8 月），也可以冬播（11 月）。无灌溉条件的地方，应在雨季播种。播种时，一般采用条播，按行距 25～30 cm 开 2～3 cm 深的浅沟，将种子均匀播入沟内，覆土 1 cm 左右，播种后轻轻镇压，每公顷播种量为 7.50～11.25 kg。因种子细小，为避免播种不匀，播种时可与 5～10 倍细沙混匀后播种。在土壤湿度适中时，播种后大约 15 d 即可出苗；干旱地区雨季播种后 5～7 d 出苗。播种时，若覆土太厚、土壤干旱或表土不平，易导致出苗不全，造成连片的缺苗断垄。因此黄芩栽培的关键环节是保全苗、保壮苗。各地的种植户创造了许多行之有效的方法，总结为：整地要深耕细耙，地平土细；播种时如过于干旱，播种后要及时灌溉；苗出全前和出苗后一段时间内都要经常保持土壤湿润，在没有灌溉条件的地方应选雨季播种；播种时最好进行催芽处理，以缩短出苗时间，但催芽的种子应播在墒情好的土壤，如遇卡脖子旱情，出苗后植株也会枯死。

2. 育苗移栽　在一些山坡旱地，直播难以保苗的情况下可采用育苗移栽方式。一般于 3 月下旬至 4 月上中旬育苗，多采用畦作。选背风向阳温暖的地块作苗床，播种时先留出 10～15 cm 的畦头，按行距 10～15 cm 横畦开沟条播，沟深为 2～8 cm，沟底用脚踩平，将已催芽的种子均匀地撒于沟内，覆土 0.5～1.0 cm，播种后稍加镇压，刮平畦面，贴好畦帮，包好畦头，每公顷用种量为 22.5 kg。应注意保温、保湿，可用草帘或地膜覆盖，覆盖物不宜太厚。当土壤温度达到 15 ℃以上时，8～10 d 即可出苗，出苗后将覆盖物揭去，及时间苗和除草。间苗时，株距应保持在 5 cm 左右，且加强肥水管理；当苗高达 5 cm 以上时，按 5～7 cm 的株距定苗；当苗高达 10 cm 以上时即可移栽。移栽时可在畦上按行距 25 cm、株距 15 cm 挖穴栽植，穴深为 10～15 cm，每穴栽 1 株。栽植后要将田间整理干净，一般育苗面积和大田移栽面积之比为 1：5～8。移栽后要注意田间墒情，移栽完后灌透水 1 次，确保根系与土壤紧密接触，缩短缓苗时间。

（二）扦插繁殖法

黄芩春季 5—6 月扦插成活率高，成活后雨季移栽，到冬前可形成大苗，安全越冬。选茎尖半木质化的幼嫩部位，剪取茎端 6～10 cm 长嫩茎，去掉下面 2 节的叶，保留 3～4

片叶片。扦插基质可用沙、沙掺蛭石或砂质壤土。扦插时按株距为 10 cm、垄宽为 5 cm 插于准备好的苗床，最好在阴天进行，晴天宜在 10:00 以前或 16:00 以后扦插，要随剪随插，保持插条新鲜。扦插后需浇水，并搭荫棚（荫蔽度为 50%～80%）遮阴。每天早晚浇水，但浇水量不宜过大，否则易引起插条腐烂，影响成活。插后 40～50 d，插条生根后，即可移栽大田。移栽时以株距为 15 cm、垄宽为 30 cm 为宜。试验表明，用扦插育苗法栽植的黄芩，不但产量高，而且品质也好，平均每公顷产量达 5.77 t，最高者可达 10.68 t，有效成分黄芩苷的含量高达 13.4%，远高于种子繁殖的 12.9% 和野生种的 9.4%。

（三）分根繁殖法

取保存的黄芩根头，根据根头的自然形状，用刀纵向劈成若干个单株，每个单株留 4～5 个芽眼，将其用 100 mg/L 赤霉素溶液浸泡 24 h，捞出后稍晾，即可用于栽种。按照株距为 20 cm、垄宽为 30 cm 栽种黄芩根头，每穴 1 块，栽后埋土 3 cm，稍镇压，灌溉，保持土表湿润。土壤温度正常的情况下 20 d 左右即能发芽、出苗。用分根繁殖法可以省略播种育苗阶段，成活率高，生长快，可以缩短生产周期。

四、营养与施肥

黄芩生长期间每年要追肥 1～2 次。试验证明，黄芩追肥以氮、磷、钾三种肥料配合施用增产效果最好，两种肥料配合施用的次之，单独施用一种肥料的效果较差。施肥对增加黄芩主根长度有一定作用，对根的粗度无明显影响。在北方中下等地力条件下，黄芩 3 年总追肥量以每公顷追施纯氮 198～232 kg、有效磷 94～110 kg、硫酸钾 150 kg 为宜。一般在定苗后，进行第 1 次追肥，每公顷施农家肥 8 t，磷、钾肥占施入总量的 50%，氮肥占施入总量的 30%。第 2 年返青后每公顷施农家肥 8～15 t，磷、钾肥占施入总量的 50%，氮肥占施入总量的 30%。第 3 年返青后每公顷施农家肥 8～15 t，氮肥占施入总量的 40%。另外，每年 6 月下旬封垄前各追 1 次农家肥，用量为 8～15 t。开花期可叶面喷施磷酸二氢钾肥（9 kg/hm²），可分 3 次于晴天喷雾。

五、田间管理

（一）间苗补苗

当幼苗出土后，去掉覆盖的杂草，并轻轻地松动表土，保持地面疏松、下层湿润，以利于根向下伸长。当幼苗长到 4 cm 高时，浅锄 1 次，并间去过密的弱苗。当苗高达 6～7 cm 时，按株距 12～15 cm 定苗，并对缺苗的地方进行补苗。补苗时一定要带土移栽，可把过密的苗移来补苗，补栽后浇水。补栽时间要避开中午，宜在 15:00 后进行。栽后及时浇水，以利成活。

（二）中耕除草

黄芩幼苗生长比较缓慢，生长前期出苗后至田间封垄期间，要中耕除草 3～4 次。第 1 次中耕除草在齐苗后进行，松土宜浅，避免埋住幼苗。第 2 次中耕除草在定苗后进行，仍不宜深松土，以后视杂草生长等情况再中耕除草 1～2 次。当移栽后的黄芩植株成活后，注意锄地松土，保持地内清洁；一般需中耕 2～3 次，中耕宜浅，不能伤根。

（三）排灌与追肥

黄芩在播种至出苗期间应保持土壤湿润，以利于出苗，可以加盖覆盖物以利于保墒保温。出苗后若土壤水分不足，应在定苗前后灌 1 次水，之后一般不需灌溉，以利于蹲苗，促进根营养体的形成。但在遇持续干旱时要适当灌溉。追肥时土壤水分不足也应适当灌溉。黄芩最怕水涝，雨季要及时排除田间积水，以免烂根死苗。

定苗后，进行第 1 次追肥，每公顷施腐熟的农家肥 112.5 t/hm²；6—7 月追施磷酸二铵 450 kg/hm²。立夏以后，施土杂肥 15 t/hm²、草木灰 2.2 t/hm²，混匀，在行间开浅沟施入，施肥后覆土盖平。

（四）摘除花蕾

黄芩生产目标是获得根部，在不准备收种子的田间，在植株现蕾时应将花蕾摘掉，使养分集中供应根部，促进根部生长发育，有利于提高产量。

六、收获与加工

优质的黄芩药材以条粗长、质坚实而脆、色黄、除净外皮、无霉斑、无虫斑为佳，产品呈倒圆锥形；条短、质松、色深黄、呈瓣状者质次。

（一）采收时期

黄芩栽培 1 年后即可收获，但产品品质差，不符合药用标准，一般不予采收。前文已述，3 年生的黄芩鲜根和干根产量均比 2 年生增加 1 倍左右，商品根产量高出 2～3 倍，而且主要有效成分黄芩苷等的含量也较高。生长超过 3 年的黄芩根系出现枯心。随着生长年限的延长，枯心越来越严重。也有测定结果表明，2 年生黄芩在结果期的后半期，其根部的黄芩根苷含量与 3 年生黄芩基本相同。

传统的栽培方法认为黄芩宜春秋采收。9—10 月黄芩植株的茎叶已进入黄枯阶段，是采收的适宜时间。早于 9 月收获的黄芩药材品质差。测定结果表明，黄芩根中黄芩苷含量最高时期为秋季植株枯萎后。因此可以认为，黄芩最佳采收期应是 3 年生植株，秋季（9—10 月）地上部枯萎之后。

目前黄芩的主要繁殖方式是种子繁殖。为保证种子的质量和发芽率，最好建立种子田。黄芩开花期较长，果实成熟期不一致，果实成熟后又极易自然脱落，因此应注意适时采收。可在 7—9 月大部分果穗由绿色变黄色时，连果穗剪下，装入袋内，然后集中在一起，晒干，用木棒拍打出小坚果，经过筛簸，去除花蕾等，把纯净的小坚果放入布袋内置阴凉干燥处保存，待第 2 年或当年秋季播种用。每公顷可收获种子 75～150 kg，销售种子也可取得一定的经济效益。

（二）采收方法

黄芩的收获主要靠手工操作。采收时可先在畦的一端挖深沟，再顺畦将黄芩的根挖出。因黄芩根系深长，且易断，采收时需要深挖，不能刨断根，可用特制的长 30～40 cm 的四股钢叉，效果较为理想。将黄芩的根挖取出后，去除地上部及泥土，堆在晾晒场上，闷 1～2 d 使其返潮，发散水分。

（三）采收后加工

待外皮稍干后进行撞皮，以去除根外部的栓皮。撞皮需在晴天进行，要随撞随晒。切忌撞至中途便堆放起来，以免变质。

撞皮的方法是先将黄芩装入荆条筐内，每次 10～30 kg，筐中混以碎瓷片，用绳将筐吊起，通过不断摇晃使黄芩与瓷片互相摩擦，其粗皮则相继脱落，撞皮后再晒至全干即可。撞皮后的黄芩根体外形光滑，呈黄白色，晾晒好后颜色较深。在晾晒过程中，避免暴晒。同时防止水湿、雨淋。晒干后的黄芩遇水会变绿，最后发黑，影响品质。黄芩鲜货折干率为 $25\%\sim33\%$，以 3 年生的黄芩折干率较高，一般每公顷可收干品 $2.3\sim3.0$ t。

晒干后的黄芩切片前，应先蒸 1 h 或水煮 10 min，将根内的酶破坏，能够使黄芩药材保持黄色。品质良好的黄芩的干燥根应呈倒圆锥形，扭曲不直，长为 $7\sim27$ cm，直径为 $1\sim2$ cm，表面呈深黄色或黄棕色；上部皮较粗糙、有扭曲的纵皱纹或不规则的网纹，下部皮细、有顺纹或细皱纹，上下均有稀疏的疣状支根痕；质坚而脆，易折断，断面呈深黄色，中间有棕黄色圆心。质地较差的黄芩根断面中央呈暗棕色或棕黑色朽片状，习称"枯黄芩"或"枯芩"；或因中空而不坚硬，呈劈破状者习称"黄芩瓣"，气微，味苦。

（四）包装和储藏

黄芩作为药材使用的是切片后的干燥根，比较松散，经过合理包装之后，可节省空间，提高运输、装卸、储存和管理效率。药材的运输，一般靠人力装卸，故包装件不宜太重，一般以每件不超过 25 kg 为宜。

黄芩的常用包装一般有以下几种。

1. 麻袋、塑料编织袋 该材料具有质轻、弹性强、不易破损、便于装卸、价格适中、能够重复使用等特点，但是抗压性较差。

2. 瓦楞纸箱 该材料具有良好的缓冲抗震性能、密封性能好、保洁、便于堆垛、表面光滑、标志明显、利于回收等优点，但抗戳穿性、防潮性能不足。

3. 木制品 该材料具有优良的硬度，抗压性、抗戳穿性能强，具有一定的缓冲能力，加工方便。但受潮后不易干燥，易受害虫侵袭，体积大，较笨重。

黄芩包装后，应储于干燥通风的地方，温度应在 30 ℃ 以下，相对湿度为 $70\%\sim75\%$，安全水分为 $11\%\sim13\%$。黄芩夏季高温季节易受潮变色和虫蛀。储藏期间保持环境整洁，高温高湿季节前，按垛或按件密封保藏，发现受潮或轻度霉变时，及时翻垛、通风或晾晒。密闭仓库可通过充氮气（或二氧化碳）来养护药材。可利用有毒气体驱杀害虫，但所选用药剂必须挥发性强，能渗入包装内，可在短时间内杀灭害虫和虫卵，且能自动挥散而不黏附在药材上，对人的毒性小，不影响药材品质。可用 $1.0\times10^4:1$ 的荜澄茄挥发油密封熏蒸 6 d，具有经济、实用、无残毒等优点。

黄芩药材的运输工具或容器应具有较好的通气性和防潮措施，以保持干燥，并尽可能地缩短运输时间。同时不应与有毒、有害、易串味物品混装。

第五节　病虫害及其防治

一、主要病害及其防治

（一）黄芩叶枯病

黄芩叶枯病主要危害叶片，开始从叶尖或叶缘向内延伸，形成不规则的黑褐色病斑，最后叶片枯死。高温多雨季节容易发生此病，菌核和菌丝随雨水传播，地势低、易积水的地块危害程度重。7—8 月为发病盛期。

黄芩叶枯病的防治方法：①农业防治，冬季要彻底清理田间，将病残株和杂草清理出田外集中烧毁，减少越冬病原菌。②药剂防治，在发病初期可用 50% 多菌灵可湿性粉剂或 1∶1∶120 波尔多液喷雾，每 7～10 d 喷雾 1 次，连续喷 2～3 次。

（二）黄芩白粉病

黄芩白粉病主要危害叶片和果实，产生近圆形或不规则形粉斑，病斑可相互愈合，其上布满白色粉状物。发病后期，叶片枯黄、皱缩，幼叶常扭曲、干枯，其上可形成黑褐色小颗粒，导致黄芩植株提早干枯或结实不良，甚至不结实。

黄芩白粉病的防治方法：①农业防治，应加强田间管理，秋冬季及时清除病残体，可减少越冬菌原。在黄芩植株的生长周期内，施用经过充分腐熟的有机肥料，增施磷、钾肥，可提高植株抗病能力。注意黄芩的栽培密度，并及时打掉底部老叶，加强田间通风透光。田间管理中，应加强放风，降低湿度，科学灌溉，创造一个不利于白粉病发生发展的环境。②药剂防治，于白粉病发病初期，喷施 40％氟硅唑悬浮剂、12.5％志信星可湿性粉剂，每隔 7～10 d 喷雾治理 1 次，连续治理 2～3 次。发病重时，可选用 10％氟吡菌酰胺可湿性粉剂、20％嘧菌酯可湿性粉剂、50％吡唑醚菌酯可湿性粉剂进行喷雾处理，每隔 7～10 d 喷 1 次，连续喷 2～3 次。

（三）黄芩根腐病

种植 2 年以上的黄芩易发生根腐病，多发生于 8—9 月。发病时土壤中的病菌侵染幼苗根部和茎基部，造成根部腐烂。严重时引起茎基部腐烂，形成水渍状或环绕茎基部的病斑，茎、叶因无法得到充足水分而下垂枯死，染病幼苗常自土面倒伏造成猝倒现象；如果幼苗组织已木质化则地上部表现为失绿、矮化和顶部枯萎，严重时导致全株枯死。

黄芩根腐病的防治方法：①农业防治，实行轮作可以有效地预防黄芩的重茬根腐，一般与禾本科作物实行 3 年以上轮作。栽种时尽量选择地势较高地块，适当加大株行距，增加田间通风透光的能力。在雨季还要加强排水措施，以免土壤积水，加强通风透光性。播种前对土壤进行消毒处理。②药剂防治，于发病前，可选 50％咪鲜胺锰盐可湿性粉剂 1 000～2 000 倍液、40％噻菌灵可温性粉剂 1 000 倍液、50％多菌灵可湿性粉剂 500 倍液进行喷淋或灌根，隔 7～10 d 喷淋或灌根 1 次，连续进行 2～3 次。发病时，可选用 10％甲基托布津 1 000～1 500 倍液、50％甲基硫菌灵可混性粉剂 1 000～1 500 倍液、1％硫酸亚铁液、50％苯菌灵可混性粉剂 1 000 倍液浇灌病根和病穴。

（四）菟丝子

菟丝子是一种寄生植物，靠吸收寄主体内的营养生存，并使寄主枯萎甚至死亡。6—10 月菟丝子缠绕在黄芩茎秆上，不断发生分枝，扩大危害面积。菟丝子以吸盘吸取黄芩植株汁液，致使黄芩早期枯萎死亡。

菟丝子的防治方法：栽植前精选种子，尽可能挑出菟丝子种子；选择地块时避开发生过菟丝子危害的地块。菟丝子发生初期，可以人工摘除；发生量大时，可用鲁保 1 号除草剂防治，每公顷用药量为 30～40 kg。

二、主要虫害及其防治

（一）黄芩舞蛾

黄芩舞蛾是黄芩的重要虫害。成虫白天在植株的荫蔽处静伏，翅翻展似舞蹈姿势，傍晚活动取食黄芩及其他植物的花蜜，并在植物上方婚飞交尾，成虫高峰期百网成虫可达 464 头。成虫产卵于宿主植物的嫩叶尖部背面的主脉和侧脉旁，单粒散产，经 5～7 d 孵化后幼虫在叶背做薄丝巢，虫体在丝巢内取食叶肉，仅留下表皮，以蛹在残叶上越冬。

黄芩舞毒蛾的防治方法：①农业防治，冬季要彻底清理田间，将枯枝、落叶等残体和杂草清理出田外集中烧毁，消灭越冬虫卵。②药剂防治，虫害发生期用 90％晶体敌百虫800 倍液喷雾，每 7～10 d 喷雾 1 次，连续喷 2～3 次，以控制住虫情危害为度。

（二）主要地下害虫

危害黄芩的地下害虫主要包括地老虎、蝼蛄、蛴螬等，对黄芩的根部危害较大，尤其是苗期危害更为严重，咬断根部，使植株死亡。地下害虫还是其他病害的传播者，由于地下害虫将黄芩的根部咬伤，其他病原物可从伤口侵入而引起发病，所以防治地下害虫不可轻视。

对于黄芩地下害虫的防治方法应以农业防治、人工诱杀、生物防治为主，化学药剂防治为辅。蛴螬防治参考第一章，地老虎防治参考第四章。

 **复习思考题**

    1. 简述我国常见的黄芩品种。

    2. 简述黄芩的药用价值。

    3. 黄芩的繁育方法包括哪几种？

    4. 简述适宜黄芩植株栽培的土壤环境。

    5. 简述影响黄芩制品产量和品质的因素。

    6. 黄芩的主要病害有哪些？各如何防治？

主要参考文献

宫喜臣，2004. 药用植物病虫害防治［M］. 北京：金盾出版社.

郭巧生，2004. 药用植物栽培学［M］. 北京：高等教育出版社.

及华，张海新，李运朝，等. 黄芩优质高产栽培技术［J］. 现代农村科技（7）：106-106.

孙礼文，2005. 黄芩栽培与储藏加工新技术［M］. 北京：中国农业出版社.

王玉莲，2017. 黄芩种植新技术［J］. 农民致富之友，24：114-114.

杨娟，傅军鹏，2004. 黄芩活性成分及药效研究近况［J］. 实用医药杂志，21（3）：271-273.

杨胜亚，余春霞，2004. 黄芩、柴胡、桔梗高效栽培技术［M］. 郑州：河南科学技术出版社.

赵岩，孟瑶，李琳，2013. 药粮间作［M］. 北京：中国农业科学技术出版社.

第二十章

平 贝 母

第一节 概 述

平贝母（*Fritillaria ussuriensis* Maxim）又名平贝、北贝、贝母，是百合科贝母属多年生草本植物的干燥鳞茎。

一、药用价值

自然界存在多种类型的贝母，但仅有少数类型的贝母被纳入《中华人民共和国药典》。无论何种贝母均以干燥的鳞茎供药用，其有效成分主要包括生物碱、皂苷、蔗糖、单糖、淀粉、挥发油和多种微量元素。贝母中总生物碱含量为 $0.28\% \sim 0.35\%$，总皂苷含量为 $1.02\% \sim 1.61\%$。贝母中生物碱的种类包括：平贝碱甲、平贝碱苷、西贝素、西贝素苷、贝母辛。不同种类药用贝母的有效成分种类相似，但是含量有所差异，这就导致了不同类型贝母的品质差异和疗效差异。

根据《中华人民共和国药典》和传统医书的记载，平贝母、伊贝母与川贝母的功效相似，而与浙贝母的功效有所区别。平贝母在临床上具有清热润肺、化痰止咳的功效，常用来治疗肺热燥咳、干咳少痰、阴虚劳嗽、咳痰带血等症。伊贝母在临床上具有清肺、化痰、散结的作用，常用来治疗肺热咳嗽、痰黏胸闷、劳嗽咯血、瘰疬、痈肿等症。川贝母在临床上常用来治疗虚劳咳嗽、燥热咳嗽、肺痈、瘰疬、痈肿、乳痈等症。浙贝母在临床上常用于治疗风热咳嗽、肺痈、喉痹、肺萎、咳喘、吐血、瘰疬、疮疡肿毒、肝火旺、黄疸淋闭、乳痈发背、湿热恶疮、痔漏、金疮出血、火疮疼痛等症。

二、分布与生产

自然界百合科贝母属是个大家族，世界范围内有 130 多种贝母。本属植物分布极为广泛，遍布于欧洲、亚洲和北美洲温带地区、非洲西北部以及地中海沿岸。我国具有 100 多种贝母种类，其中包括 50 多个本属种、50 多种变种或变型。临床上常用贝母种类及分布：平贝母主要产于东北长白山延脉，分布于北纬 $40° \sim 48°$、东经 $120° \sim 130°$ 范围内，多见于吉林、辽宁、黑龙江等地的山区、半山区，代表的类型有 30 种左右，喜凉和湿润，耐低温，多分布于低海拔地区腐殖土较厚的林下、山地灌丛间、草原及河岸旁；伊贝母产区主要在新疆，并具有较长的栽培历史，后被引种到其他贝母产区，例如陕西太白、湖北五峰等地；川贝母主要分布在海拔 $2\,800 \sim 4\,700$ m 的高山灌丛或草地中，鳞茎较大；浙贝母主要生于海拔 600 m 以下的竹林或稍荫蔽的地方，浙江及其邻近省份栽培也较多，日本也有栽培，有时逸出成为野生状态。

第二节 植物学特征

一、根

平贝母根系为须根系，种子萌发后，下胚轴伸长，胚根入土形成1条主根，是幼苗吸收水分和养分的主要器官。一年生平贝母幼苗的根长超过3 cm，直径约为0.5 mm，色泽白，质地较脆。当幼苗的主根形态建成后，会在根端长出3～5条类似侧根的根毛。当植株的地上部枯萎时，地下的根系也随之脱落。在第2年地下鳞茎分化时会长出新根。第2年的幼苗小鳞茎侧面凹窝处（种子发芽时的胚轴处）会生出1条次生根，长度超过10 cm，直径为0.5～1.0 mm，次生根上具8～10条根毛。3年生植株的小鳞茎可在其侧面凹窝处生出1～3条次生根。4年生的植株开始生长地上茎，并且鳞瓣增多，鳞茎由2个鳞瓣合抱而成，并在鳞茎下面形成根盘，根盘处可生出10条以上的次生根，长为8～10 cm，并且形成较多的根毛。5～6年生的植株，随着鳞茎的逐渐增大，根盘处生长的次生根数也增多。

平贝母的次生根系为植株的生长供应水分和养分，而且次生根的发育往往在土壤结冻前已完全形成，为平贝母下一年早期出苗、生长、吸收和输送养分做好了准备。

二、茎

平贝母植株的茎分为地下鳞茎和地上茎2部分，其中地下鳞茎为药材贝母。

1. 鳞茎 平贝母鳞茎呈扁圆盘状，由2片肉质、白色、肥厚、半月状扁圆形鳞瓣抱合而成，形状扁平，故名平贝母。一般成龄期（5年以上）鳞茎的横径为1.5～3.0 cm，最大者可达3.5 cm，立径为1.0～1.5 cm，鳞茎鲜物质量为3～6 g，干物质量为1～2 g。1～7年生平贝母植株的鳞茎产量随生长时间的增加而增加，7年生以上的平贝母植株的鳞茎开始分化成2～3个小鳞茎，并退化。9年生植株的大鳞茎几乎不存在，完全被子鳞茎所取代。

2. 地上茎 平贝母植株的地上茎直立、细弱，成龄植株的上部稍弯曲。1～3年生平贝母没有真正的茎，只是1枚长叶鞘。4年生以上的贝母有明显的地上茎，茎粗、茎高随植株生长年限的增长而逐年增加；6年生以上的平贝母植株的茎不再增加。成年平贝母植株高为30～60 cm，茎的直径为0.6～0.8 cm，生长期间的平贝母茎呈圆柱形，光滑无毛；夏季枯萎后其茎抽沟、中空、易倒伏，颜色分紫色、绿色和青紫色3种，表面有蜡被。

三、叶

平贝母植株具单叶，由叶片和叶鞘组成。1年生平贝母只生1片线形叶，叶鞘较长。2～3年生平贝母植株只生1片披针形单叶，叶鞘明显。4生植株叶片多集中生于茎顶，成龄植株下部叶常轮生，上部叶常对生或全为互生，具短鞘或近无鞘，下部叶呈披针形，上部叶为狭披针形至线形，顶叶小而呈卷须状。叶脉为弧形或近平行，叶长为5～10 cm，最长可达15 cm。叶片先端渐尖，基部为楔形，边缘无锯齿，叶片平整，无皱褶，有光泽，叶片绿色，正面色深，背面色浅淡、灰绿色。由于营养条件的差异，3年生的植株有的可长出 2～3 片单叶。

四、花

平贝母的花序为总状花序，单花着生在叶腋处，一般每株具有 1～3 朵花，多者具有 5～6 朵花。平贝母的花是不完全花，由花冠、雄蕊和雌蕊组成。花冠呈钟状、下垂；被片 6 枚，为黄绿色带紫色网状斑纹，呈长椭圆形，分 2 轮，外轮被片呈长圆状倒卵形，长约为 3.5 cm，宽约为 1.5 cm；内轮被片稍短而狭，呈长圆状椭圆形，长约为 5 cm，宽为 1～3 cm，先端钝尖，基部成钝角折曲；具圆形蜜腺窝，蜜腺窝位于花被下方，在花被背面明显凸出。雄蕊 6 枚，较花被片短；花药为黄色，长约为 2.0 cm，宽为 1.0～1.3 cm；花丝为白绿色，有小乳突，长约为 1.2 cm，基部离生。雌蕊 1 枚，由柱头、花柱和子房组成；柱头呈白绿色，长约为 2 cm，直径约为 0.1 cm；柱头具 3 裂，裂片长约为 0.5 cm；子房 3 室，6 心皮，中轴胎座，子房上位，每个子房室中有多枚胚珠。平贝母花期在 4—5 月。花药在柱头周围呈环状排列，并贴向花被片一面，当花被片完全开放后，花药开裂，花粉散落在柱头及花内部各器官上，自花授粉或由虫媒授粉。

五、果　　实

平贝母的果期在 5 月中旬至 6 月上旬。平贝母的果实为蒴果，呈柱形，顶裂，有 3 室，具 6 纵翼。果实长为 2～3 cm，直径约为 1.5 cm。果实由外果皮、中果皮、内果皮和种子组成。外果皮为革质，初期呈绿色，随着生长发育，逐渐由绿色变黄色，表面具有蜡被；中果皮和内果皮浅黄色。当果实成熟后，中果皮和内果皮木质化，顶端裂开，果皮沿缝线开裂，散出种子。种子多数，每个果实能够产生 100～150 粒种子。

六、种　　子

平贝母的种子着生于蒴果的中轴上，整齐排列。种子略呈三角形或扇形、扁平，尖端有种孔，初为白色，成熟后为深棕色。种子长为 0.6～0.7 cm，宽为 0.5 cm 左右，厚度不足 0.1 cm，千粒重为 3.0～3.5 g。种子表面光滑，边缘具种翼；种皮很薄，贴生于胚乳上。

第三节　生物学特性

一、生育时期

平贝母从种子萌发到开花结果一般需要 6 年时间，经过 5 个生长发育阶段：子苗期、短苗期、长营养苗期、花苗期和成熟植株期。一般的药材平贝母在成熟植株期进行收获。

（一）子苗期

子苗期又称为线形叶阶段。在 7 月上旬播下的种子，9 月长出初生根，幼苗当年不露土。幼苗越冬后于第 2 年的 4 月上旬发芽出土，生长至 6 月上旬幼苗枯萎，只生长 1 片线形子叶。叶片先端常弯曲成半环状，长约为 5 cm，宽为 0.05～0.10 cm，基部有明显叶鞘，深入土中与圆球形小鳞茎相接。鳞茎很小，横径约 0.2 cm，鲜物质量为 0.025 g 左右。

（二）短苗期

短苗期又称为鸡舌头叶阶段。出苗后的第 2 年，从小鳞茎的凹沟一侧的初生根盘上发出 1 片有长鞘的披针形或椭圆形叶，比第 1 年的线形叶宽。2 年生的植株的叶片长可达 5～10 cm，宽约为 0.3 cm。从这个时期开始，地下鳞茎开始膨大，横径可达 0.4～0.6 cm。经过越冬后，出苗后的第 3 年，幼苗发出 1 片较大的披针形叶，长为 10～15 cm，宽为 0.4～1.0 cm。此时，地下鳞茎大小如玉米粒，呈椭圆形，横径为 0.6～1.0 cm，立径为 1.0～1.3 cm，鲜物质量为 0.9 g 左右。

(三) 长营养苗期

长营养期又称为四平头阶段。在这个时期，4 年生的植株开始形成明显的地上茎，高度达 8～20 cm；叶呈披针形，长为 8～10 cm，宽为 0.6～0.8 cm，无柄，3～9 片叶互生，上部叶较密、较平。此期鳞茎迅速膨大，呈扁球形，大小如榛粒，横径为 1.0～1.2 cm，鲜物质量为 0.8～1.2 g。

(四) 花苗期

花苗期又称为灯笼竿阶段。在这个阶段内，5 年生平贝母植株开花而不结实，株高可达 30～45 cm，中下部叶轮生，上部叶互生或对生，先端叶呈卷须状。在 4 月下旬至 5 月上旬，叶腋处生出 1 朵钟形花，后期败育不结果；花朵颇似灯笼竿而得名灯笼竿阶段。此时地下鳞茎呈扁圆盘状，横径可达 1.2～1.5 cm，鲜物质量为 1.3～1.5 g。

(五) 成熟植株期

出苗后第 6 年的植株为成熟植株，也称为成龄植株。此时株高可达 45～60 cm，中下部叶片轮生，上部叶互生或对生，先端叶呈卷须状。在 4 月下旬至 5 月，叶腋处生出 1～3 朵钟形花，经过授粉后，花朵可结果。地下鳞茎扁呈圆盘状，由 2～3 片鳞瓣合抱而成，横径为 0.5～2.0 cm，鲜物质量为 3～6 g，鳞茎即为平贝母药材。此阶段的平贝母植株成熟，既可采收种子用于播种，又可收获鳞茎加工成药材。

二、生长发育对环境条件的要求

平贝母为多年生喜肥植物，在栽培时应选择腐殖质较厚的肥沃土壤。

(一) 温度

平贝母喜冷凉、湿润的条件。其越冬芽每年从 4 月初土壤温度达 2～4 ℃时萌发，至 6 月上旬地上部枯萎为止，历经 60～70 d。平贝母主要分布在长白山延脉，本区属于典型的温带大陆性季风气候，年平均气温为 2.1～6.5 ℃，最高气温为 35～37 ℃，最低气温为 −37～−40 ℃。

(二) 光照

平贝母为日中性植物，对于光照度具有广泛的生态适应性。其生活环境既包括旷野、石滩、草原的强光生境，也包括林下、石缝等阴生环境。研究表明，虽然光照度和光照长短不直接影响鳞茎的形成和开花，但能影响鳞茎中有机物质的积累。光照不足时，地下鳞茎的质地松软、产量低、品质差。

(三) 水分

平贝母为浅根型须根系植物，最适生长的土壤为排水良好、质地疏松湿润的壤土和砂壤土，易干旱的砂土或过湿的黏土则易导致生长不良。一般平贝母生长期内土壤水分保持在 25%～30% 即可。

第四节　栽培管理技术

一、选地与整地

平贝母为多年生草本植物，不宜连茬栽培，可与其他作物进行合理轮作。前茬作物以豆科作物和禾本科作物为好。在农业生产中，可根据地方区域土地资源及其特点合理选择平贝母的栽植地。

（一）农田地

目前，平贝母农田地栽培面积占总栽培面积的 65%～70%。选择农田进行平贝母栽培时，应选择地势较平坦、靠近水源、排灌方便、疏松肥沃的壤土或砂壤土的地块。

选用农田地栽培平贝母，需要在春秋两季进行整地，有条件的最好进行秋季耕翻，有利于减少虫害的发生。春季整地应在 4 月土壤解冻层达 30 cm 深时进行。耕翻前将地中较大的作物秸秆清理出去，用灭茬机进行灭茬，再进行机械耕翻，耕深为 20～30 cm。对于秋播或春播催芽的种子，必须进行秋整地、秋做畦。若 7 月播种或移植贝母鳞茎，则春季和秋季整地均可。秋翻或春翻后，需将耕地整平做畦，畦宽为 1.2～1.5 m，作业道宽度为 40～50 cm，长度视地势而定，以便于排水和田间作业为原则。

（二）山坡地

利用山坡地栽培平贝母时，应选择坡度小于 10°的朝阳坡，以熟耕地和荒坡地为主，亦可利用稀疏林下或林缘仿生栽培。坡度大于 10°的坡地不宜栽培平贝母，因为坡陡受雨水冲刷易造成水土流失。山坡地的土质应以暗棕壤和山地黑钙土为宜。可根据地势，采取机翻或人工耕翻。适合机翻地块，先进行灭茬，再进行耕翻，耕翻后碎土整平，做畦。

（三）参后地

在山区栽培人参、西洋参的田块，往往会在畦旁栽种树苗，当人参采收后，小树尚未长高。为了充分利用土地，农民往往会在参收获后利用参床栽培一茬平贝母、细辛等药用植物或经济作物。但是人参、西洋参或细辛需在荫棚下生长。棚下土壤受雨水冲刷较轻。而平贝母在露天下生长，所以在选择参后地栽培平贝母时，要注意防止水土流失。应选择缓坡和高山中的平坦的参后地栽培平贝母。另外，在栽培人参、西洋参过程中，若使用过五氯硝基苯农药，这种土地一般不能用来栽培平贝母或其他中药材，以防止药物的残留。

利用栽培过人参、西洋参的田地进行平贝母栽培时，可按照原来参地的原畦整地栽植，以保护参地旁的小树苗。可先把种参用的棚架清理干净，用锹耕翻原畦内土壤，随耕翻随整平备用，或重新做畦。

（四）果园地

果园地内果药兼作，立体开发，是农村发展多种经营的新途径。利用果树行间栽培平贝母，更是良好的组合。平贝母是早春短生植物，其地上部生长期正好与果树生长有一个时间差。在 4 月上旬，果树叶芽和花芽尚未萌动，平贝母已开始大量出苗；在 5 月上旬，当平贝母开花结果时，果树才开始长叶；当果树开花结果时，平贝母已近枯萎。平贝母生长期间光照没有受到多大影响，而且果树能为平贝母的休眠遮阴提供条件。栽培平贝母应选择地势较平坦的果园，果园土质以山地暗棕壤、山地黑钙土或砂壤土为宜。坡度较陡的山地果园、利用砂土或黏土对树坑改良的果园不能种植平贝母。

利用果园行间栽培平贝母时，为便于果树施药等田间作业，应采取窄畦栽植。耕翻深度依果树品种、树龄确定。树龄小、浅根系的果树行间可耕翻浅些，以 20 cm 左右深为宜；对于树龄大、深根系的果树，行间耕翻可深些，以 0.5～1.0 m 深为宜。耕翻后细整平做畦。

（五）庭院地

在平贝母产区，有很多农民利用房前屋后菜园栽培平贝母。由于庭院菜园地经常施有机肥料，一般都较疏松肥沃，适宜栽培平贝母，但选地时应避开垃圾堆、厕所、禽畜圈舍和沤粪池等污染环境，以免影响平贝母的品质和产量。

在房前屋后的庭院进行小面积栽培平贝母时，应以人工耕翻为主。可在 5 月中旬庭院蔬菜收获后，人工耕翻土地，整地做畦。

二、种子选择

人工栽培平贝母已有 100 余年历史，以前一直采用鳞茎繁殖的传统栽培方式，而近 20 年开始逐步探索种子繁殖和鳞茎繁殖相结合的繁殖方法。但由于种子繁殖生长周期长，收效较慢，一般需要 6 年方能见到效益，而用鳞茎繁殖，则 1～2 年便可收益，故现在农业生产上仍以鳞茎繁殖为主。

（一）鳞茎繁殖（子贝繁殖）的选种

平贝母鳞茎具有生成子贝的特点，当鳞茎生长到一定年限，每年都能生成一定数量的子贝，由于子贝形成和生长的年限不同，个体间生长发育程度差异很大。大小、年限不同的鳞茎，出苗后植株高低不齐，生长不一致。为便于田间管理，使植株生长一致，就必须对起收的鳞茎进行分级，并按不同等级分别播种，做到每个等级一次播种，同期采收。

平贝母收获后，将鲜鳞茎按其大小不同分成以下 4 级。

1. 1 级鲜鳞茎 鲜鳞茎直径大于 1.5 cm 的为 1 级鲜鳞茎，可直接加工成药材。

2. 2 级鲜鳞茎 鲜鳞茎直径为 1.1～1.4 cm 的为 2 级鲜鳞茎，可作为 1 级种茎，也被称为商品种，可在移栽后 1～2 年采收。

3. 3 级鲜鳞茎 鲜鳞茎直径为 0.6～1.0 cm 的为 3 级鲜鳞茎，可作为 2 级种茎，可在移栽 2～3 年后收获。

4. 4 级鲜鳞茎 鲜鳞茎直径小于 0.5 cm 为 4 级鲜鳞茎，可作为 3 级种茎，可在移栽 3～4 年后收获。

在农业生长中，应选择形态健壮、无病虫害的 2 级种茎进行鳞茎繁殖。种用的平贝母鳞茎起收后要适时进行储藏。储藏地点最好是无人居住的仓房，要阴凉通风。储藏时要用 2～3 份湿土与 1 份贝母鳞茎混拌均匀，堆放体积不要过大、过厚。堆上面盖约 7 cm 厚的湿沙。不能堆放时间过长，最迟在 8 月上中旬以前栽完，否则平贝母鳞茎会生出新根和更新芽，容易折断，并且由于堆放时间过长，呼吸作用增强，容易引起养分消耗过多或伤热发霉变质，降低种栽质量，影响第 2 年生长发育。

（二）种子繁殖的选种

平贝母果实成熟后采收下来的种子，胚尚未分化完备，需经较长时间的缓慢后熟，才能完成胚的分化，形成具有胚根、胚轴、胚芽和子叶等完整的胚，其过程称为胚的形态后熟。在农业生产中，通常采种后将种子随即播种，或进行沙藏处理，保持土壤湿度为 30%～40%，当温度降到 20 ℃以下时，胚原细胞方开始分化，进行种胚后熟。

平贝母种子若储藏时间长，保管方法不当，会导致种子活力的降低甚至丧失。干燥种子在室温下储藏 1 年以上，约 50% 的种子会丧失生活力；若储存 2 年以上，几乎全部丧失生活力。低温条件下储存可延长种子的储存年限。

三、播 种

（一）鳞茎繁殖的播种

通常在 6 月的中下旬进行鳞茎的移栽。移栽时，需按照平贝母鳞茎的等级确定播种量。

1. 2 级鲜鳞茎 栽培 2 级鲜鳞茎时，行距为 6～8 cm，株距为 5～6 cm，每公顷播种量为 8.4 t，覆土厚度约为 4 cm。

2. 3 级鲜鳞茎 栽培 3 级鲜鳞茎时，行距为 5 cm，株距为 5 cm，每公顷播种量为 5.6 t，覆土厚度约为 3 cm。

3. 4 级鲜鳞茎 栽培 4 级鲜鳞茎时，一般采取条播或漫撒播，每公顷播种量为 188 kg，覆土厚度约为 2 cm。

利用鳞茎进行栽培时，覆土后畦面上盖头粪或覆盖稻草。栽植平贝母的工作程序是：做畦→施肥→覆土→栽鳞茎→覆土→上盖头粪。栽植时这 6 道工序要连续进行，以免土壤干旱，影响出苗。

（二）种子繁殖的播种

平贝母种子的成熟度不好，种子发芽率较低。在实际生产中，一般采取留种田：育苗田：商品田的比例为 1：1：10，即 1 hm² 的留种田中收获的种子可以播种 1 hm² 的育苗田，1 hm² 育苗田的幼苗可以移栽 10 hm² 的商品田。

平贝母种子表面常常有各种病原菌，在种子催芽时能够引起烂种或导致幼苗病害。因此有必要对平贝母种子进行消毒处理。一般用 50% 多菌灵可湿性粉剂 500 倍液浸种 5～10 min，捞出后晾至种子表面无水时，即可进行催芽处理或播种。

平贝母的种子采用伏播（即随采随播）的办法。在 5 月下旬至 6 月上旬，将平贝母种子收获后阴干 7 d，即可进行播种，一般在 7 月末之前完成播种。7 月之前播种的平贝母种子可在当年的秋季长出初生根，翌年春季即可出苗。9 月上旬左右播种的平贝母种子的翌年出芽率仅为 20%；10 月上旬播种的平贝母种子由于低温，胚的后熟作用不能顺利完成，第 2 年不出苗，到第 3 年才能出苗。

平贝母的种子应播种在背风、向阳、地势平坦之处。土壤以富含腐殖质、疏松肥沃的砂质壤土最好。播种地（即育苗田）应尽量靠近水源，土壤酸碱性为微酸性至中性。整地要求越细越好。播种方式可采取点播、条播、撒播的方式。

1. 点播 点播主要用于果播，既可整果播种，也可按子房室分瓣播种。在做好的畦面上，先取下覆土，再整平畦面，从畦的一端开始摆放单果或果实分瓣。株行距为 5 cm×5 cm。摆果时要将果按到土内，然后轻轻地覆土，以免将果打跑。覆土 2 cm 厚，用木板轻轻镇压一下，再覆盖茅草，以利保持畦面湿润。平贝母种子千粒重为 3.1 g 左右，一般点播的播种量为 113～129 kg/hm²。

2. 条播 在播种前将沙藏处理的种子中的沙子筛掉 2/3，剩下的 1/3 和种子混匀后条播于畦上，这样既可使得种子播得均匀，也避免了种子被风吹走。一般条播的播种量为

$60 \sim 75 \mathrm{~kg/hm^2}$。

3. 撒播　撒播即将种子均匀地撒在做好的畦面上，然后覆土，覆土厚度为 2 cm 左右。一般撒播的播种量为 $90 \sim 113 \mathrm{~kg/hm^2}$。撒播的好处是可节省土地，但不便于田间管理，一般不采用此法。

无论是条播还是撒播，均需先按小区面积计算出播种量，称量后将种子均匀地播种到指定的小区内。这样，既能保证播种量又能播种均匀，避免播种过密或剩余种子。

无论采用何种播种方式进行平贝母的生产，在播种后均需要进行覆土，覆土层厚约为 2 cm，并保持覆土层的湿润。可用茅草、稻草等对畦面进行覆盖，覆盖的厚度为 3～5 cm，并适量灌溉。在播种后到翌年 4 月，要经常观察平贝母的出苗状况，发现出苗后，立即移去覆盖物，以免出现黄化苗。

四、营养与施肥

平贝母是浅根系须根植物，地上部生长的时间非常短，约为 60 d。为了促进鳞茎的丰产，栽培上必须注意两个环节：①新鳞茎的形成期，即从出苗到母鳞茎的消失期间，需要充足的肥料，为新鳞茎根系的发育创造良好的条件，特别是栽种前一定要施足底肥；②新鳞茎的生长后期，主要依赖植株叶片光合作用制造的同化产物，因此自 5 月起要加强田间管理，及时追肥，以增加叶面积和延长叶片功能期，增加同化产物的合成量，以达到鳞茎的丰产。尤其是在栽种小鳞茎时，需在地里生长 2～3 年才收获，基肥远远满足不了贝母生长所需的养分，必须通过追肥来满足平贝母的生长需要。追肥一般使用腐熟程度高、肥效快的有机肥料（例如畜禽粪尿、饼肥等）。追施化学性肥料主要以尿素、硫酸铵、腐殖酸铵、过磷酸钙、磷酸二铵、磷酸二氢钾以及各种叶面肥为主。贝母田不能使用硝态氮肥（硝酸铵、硝酸钠、硝酸钙）进行追肥。

五、田间管理

平贝母栽培除选用好地、好种外，田间管理工作也很重要，直接影响平贝母的产量和品质。要结合平贝母在相应环境条件下的栽培特点，做好田间管理工作。

（一）幼苗的田间管理

1. 灌溉　平贝母出苗前后要经常检查土壤水分情况，发现干旱时要及时浇水（灌水），以利于种子后熟和发育。

2. 除草　育苗地要及时除草，特别是在 1～2 年生的小苗阶段，畦面要见草即除，以免草大欺苗、拔草时带出平贝母小苗。

3. 追肥　在每年地上部枯萎后或出苗前在畦面覆盖 2 cm 厚的盖头粪，生长期间喷施 2～3 次叶面肥料。

4. 补栽　平贝母春季出苗后发现缺苗较多的地方做好标记，待 6 月上旬进行补栽。除此之外，还要做好病虫害防治、防旱排涝、种植遮阴作物、清理田园等管理。

5. 移栽　采用种子繁殖的平贝母，其整个生长周期为 5～6 年，一般采用育苗 2 年、移栽再种植 3 年的"二三"制，或育苗 3 年、移栽 2 年的"三二"制，或育苗 2 年、移栽 2 年、再移栽生长 2 年的"二二二"制的生产方式。

当幼苗长到 2～3 年时，育苗田中平贝母的地上植株和地下鳞茎均呈高度密集状态，尤其是整果播种的育苗田中，植株呈现丛生状态，每丛有近百株苗，不仅严重影响生长，而且由于通风不良易染锈病。为此，播种 2 年或 3 年后必须进行移栽。

平贝母最适宜的移栽时期是 6 月中下旬，最晚不得晚于 7 月下旬，否则移栽的幼苗不能形成新根，越冬芽亦瘦小，翌年不能正常出土和生长，影响产量。移栽方法与管理方法与利用鳞茎进行平贝母繁殖的方法一致。

（二）农田地的田间管理

1. 防风　在平原地区栽培平贝母，春季风沙较大，平贝母出苗后容易受风沙危害。特别是 5～6 年生植株和留种植株的地上部容易被风折断或吹倒伏，严重影响产量。因此可在迎风的一面，于上年秋季结冻前或第 2 年春季解冻后，用高粱秆、玉米秆、苇帘等做成风障，高为 1.5～2.0 m，这样不仅保护植株不受风沙危害，又可提高土壤温度，促进早出苗。

2. 除草松土　贝母田土壤肥沃疏松，地势平坦湿润，最适宜杂草生长，因此在田间管理中，对杂草进行及时防除有利于作物的生长。早春，平贝母未出苗前（约 3 月中下旬），将畦面浅锄 1 次，消灭多年生杂草的幼苗。平贝母出苗后结合除草要进行浅松土，以防土壤板结。平贝母的生长期长达 5～6 年，在生长期间见草就拔；植株枯萎以后有草就铲，但要浅锄，以防伤害地下鳞茎。近年来，化学除草剂的品种不断增多，应用范围也不断扩大。平贝母生产田常用的化学除草剂包括 50％西马津、50％阿特拉津、50％扑草净等。除草剂可在平贝母生长期和枯萎期进行喷施。

3. 摘除花蕾　平贝母生产目标是获得大量的鳞茎，及时摘除花蕾能够减少营养物质向生殖器官的分配，提高鳞茎的产量。宜在花蕾刚刚出现的时候进行疏蕾操作。对于采收种子的田块，每棵植株保留 2 朵花。

4. 地面遮阴　平贝母属早春植物，耐寒，喜凉爽湿润的气候。6 月上旬当土壤温度达 16～18 ℃时，地上部即已枯萎，继而转入地下鳞茎生活期。在此期间，鳞茎要完成新芽的形成、花芽的分化、腋芽原基的分化、子贝的进一步分化生长等。若地面裸露，易造成土壤干燥，土壤温度过高，会阻碍更新芽正常分化，以至影响下一年的生长发育。同时地面裸露，容易造成杂草丛生，出现草荒，也会影响平贝母的生长发育。因此在平贝母栽培地旁栽培一些根系小、易腐烂的作物，不仅能够提高土地经济效益，也能够为平贝母鳞茎一系列分化提供所需要的适宜生态条件。常种植的遮阴作物包括大豆、玉米、西瓜、香瓜等。

5. 水分管理　东北地区十春九旱，平贝母生长期短，生长迅速，而且正逢春旱。为保证平贝母正常生长发育，获得稳产高产，可在春旱时（5 月上中旬）浇 1 次透水，有条件的地方可进行灌水。同时要加强田间管理，适当松土，防止地面板结和龟裂。在雨季到来之前要挖通排水沟。进入雨季后，要经常检查贝母生产田，如有积水，要及时排除，以免土壤湿度过大引起地下鳞茎腐烂和发生菌核病。

（三）山坡地的田间管理

山坡地栽培平贝母一般不用架设防风障。除草、松土和摘除花蕾等田间管理工作与农田地平贝母园基本相同。其他管理项目应根据山坡地平贝母园情况，采取相应的管理措施。

1. 预防干旱　山坡地地势较高，容易出现春旱现象。山坡地一般离水源地较远，且具有一定坡度，给灌溉带来困难。对于山坡地，采取做低畦等方式，减少水分从畦两侧蒸发；也可以采取适当增加鳞茎覆土厚度和畦面盖头粪厚度，或采取平贝母田覆盖一层落叶松树叶或稻草等方式减少水分的流失。

2. 种植遮阴作物 山坡地平贝母生产田栽培最佳遮阴作物为大豆，其次是玉米。栽植时期与农田地平贝母地相同。最好种植方法为畦旁栽培玉米，或畦面单独栽培大豆。还可以在平贝母畦旁栽植一年生羊乳（轮叶党参）种苗，也可以搭架爬蔓为平贝母遮阴，春栽秋收，实行药药间作，经济效益比间作玉米、大豆高，栽植株距为 15～20 cm，采收羊乳时注意不要践踏平贝母畦面和挖伤平贝母，收获羊乳后，将挖出的土复回原处。

3. 排水 在雨季，应在平贝母田上侧的山坡横向或斜向挖一条排水沟，将山上的水从排水沟向两边分流，避免田地上坡的水急流直下冲毁平贝母畦面，冲走鳞茎。

4. 追肥 山坡地平贝母田追肥主要以化学肥料为主，采取开沟深施覆土的方法。施肥的时间、数量、方法同农田地平贝母园。还可以喷施叶面肥。不宜采用畦面喷施、喷灌的追施方法。

（四）参后地的田间管理

参后地分山坡地和农田 2 类，其中以山坡地为多。利用山坡地参后地栽培平贝母，田间管理工作与山坡地平贝母园的田间管理内容及方法相类同，农田参后地平贝母园的田间管理与农田地平贝母园管理方法相同。

（五）果园地的田间管理

利用果树行间空地栽培平贝母，可不架设防风障。摘除花蕾按照农田地平贝母地的时间和方法进行。山坡地果园间种平贝母追肥按山坡地平贝母地的追肥方法进行，农田地果园间种平贝母按农田地平贝母园的追肥时间和方法进行。

（六）庭院地的田间管理

1. 架设风障 利用房前屋后庭院栽培平贝母，一定要架设风障，并要牢固，不仅起防风作用，还能防止人、畜进入践踏。

2. 除草、松土 庭院地栽培平贝母，遮阴作物多为蔬菜类，因此不能使用化学除草剂除草，只能以人工除草为主。松土次数与方法按农田地平贝母园进行。

3. 田间管理 防旱排涝、追肥、摘除花蕾等田间管理工作参照农田地平贝母园管理方法进行。

4. 栽培遮阴作物 庭院平贝母地栽培遮阴作物以蔬菜为主，一般多栽培黄瓜、豇豆等普通蔓生蔬菜。也可栽培一些经济价值较高的蔓生蔬菜，例如蛇瓜、苦瓜、丝瓜等。但不能在平贝母畦面栽种大蒜、甘蓝、番茄、青椒、茄子等蔬菜。

5. 清理田园 平贝母地上部枯萎后应及时清理地上枯枝叶，不仅能够减少病害的发生与传播，还有利于遮阴作物的生长。待秋季气温降低后再将架材和残株清理干净。

六、收获与加工

优质的平贝母外形呈扁球形，高为 0.5～1.0 cm，直径为 0.6～2.0 cm，表面为乳白色或淡黄白色；外层鳞叶 2 瓣，肥厚，大小相近或一片稍大抱合；顶端略平或微凹入，常稍开裂；中央鳞片小。质实而脆；断面粉性；气微，味苦；焦粒较少，无杂质、无虫蛀、无霉变。要获得优质的平贝母产品，应注意以下几点对平贝母产量和品质的影响。

（一）采收时期

平贝母的采收年限和时期与平贝母的产量和品质有直接关系。平贝母从播种到采收商品贝母，其生活周期为 6 年。在 6 年周期内，鳞茎的增长率随年龄的增加而增长。但是这种逐年提高的增长率不是靠鳞茎中的干物质逐年积累而形成的，因为平贝母所有的功能器官每年全部更新，鳞茎亦每年全部更新，因此鳞茎的大小都是在 1 年之内形成而生长的。当平贝母完成 1 个生活周期后，地下鳞茎不再无限地增长，而是随年龄的增加鳞茎逐年变小，最后可能不形成新鳞茎而形成一些小子贝。从平贝母产量和总生物碱含量等综合指标来看，栽培平贝母最适宜采收年限为 5～6 年。

辽宁、吉林、黑龙江等地平贝母的最佳采收时期为 5 月下旬到 6 月中旬，此时茎叶刚刚枯黄。如果过早采收，虽生物碱含量较高，但鳞茎产量及加工成品折干率均低。如果 5 月下旬到 6 月上旬采收不完，最晚也不宜晚于 6 月下旬，否则雨季到来不便收获，同时，由于新根、新芽开始活动分化，鳞茎质地开始松软，加工成品出现褶皱，影响产量和品质。

（二）采收方法

平贝母的收获主要靠手工操作，生产中常用"收大留小"和"一次收净"两种采收方法。

1. 收大留小 首先将畦床一头扒开一部分，露出平贝母鳞茎层，然后用平板锹或瓦工工具大铲沿平贝母鳞茎层上部 0.5～1.0 cm 处将覆土翻到作业道上，使整个畦内平贝母鳞茎暴露或其上有很少覆土，然后将平贝母沿覆土层轻轻有序地翻倒，拣出较大的平贝母鳞茎。将未收取的子平贝母摊匀、覆土、盖头粪，使其继续生长，待第 2 年收取。一般两人同起一畦作业较为方便。一般利用该方法收取 5 年以上的平贝母。收获 3～4 年生的平贝母不适宜采用这种方法。

2. 一次收净 用板锹或大铲将平贝母鳞茎和土一同撮起，装入分级筛中轻筛分级，一般按大小将平贝母鳞茎分成大、中、小和特小 4 级。1 级鳞茎（直径在 1.5 cm 以上）加工制成商品；2 级鳞茎（直径为 1.1～1.4 cm）为 1 级种茎；3 级鳞茎（直径为 0.6～1.0 cm）为 2 级种茎；4 级鳞茎（直径 0.5 cm 以下）为 3 级种茎。

在疏松肥沃的土地上合理密植、适当采收的情况下，平均每公顷地可收获鲜平贝母 22.5 t，最高产量可达 30 t 以上。间作大豆、玉米时，还可获得大豆 1.5～2.3 t，玉米 6.0～7.5 t。平贝母折干率随每年降水情况有所变化，一般情况下 3 kg 的鲜平贝母鳞茎可加工出 1 kg 的干平贝母药材。

（三）加工方法

鲜平贝母鳞茎的含水量高，各种酶的活性强。在适宜的水分和温度条件下可将生物碱水解而失去药效。当温度在 50～60 ℃时，平贝母鳞茎迅速干燥，不仅可使酶失去活性，而且可起到灭菌、杀虫的作用。但加工过程中如果温度过高，会使淀粉转化成糊精，产生焦粒。因此加工的开始温度应控制在 46～50 ℃，2 h 后再使温度升至 54～56 ℃，待鳞茎七八成干时，逐渐降低温度，这样加工出来的成品才能达到色白、具粉质的要求。对平贝母进行加工干燥有利于防止霉烂变质，保持药效，便于储藏和运输。

常用的平贝母加工方法包括火炕加工法、日晒加工法和烘干室法。

1. 火炕加工法 该法适合药农一家一户小面积栽培平贝母时使用。临近平贝母采收季节，要做好加工房间和火炕的准备工作。最好选择无人居住的空房，将门窗透风处用塑料薄膜或其他物品封闭好。进行火炕试烧，检查炕面温度是否均匀一致，对不热处要进行检修，力求温度均匀。在密闭的室内火炕上，将准备好的草木灰或熟石灰过筛后均匀地铺洒于火炕上，然后将平贝母的鲜鳞茎均匀地铺在草木灰或熟石灰上，厚度为 5～10 cm，再铺洒一层草木灰或熟石灰。开始加火升温，先急火后慢火，使炕温达到 45 ℃左右，当温度逐渐升高到 50 ℃后，待平贝母七八成干时，将温度逐渐降低，经过 24～48 h 即可全部干透。将干燥鳞茎下炕，用筛子筛去草木灰或石灰，再把平贝母鳞茎用炕烘干或日晒一下，以驱除灰尘和遗留下的潮气，然后进行去杂，即得干货。

在火炕法加工时，火炕的温度不可过高，否则易炕熟、炕焦或成油粒，平贝母色泽变黄色或褐色。温度过低、时间过长或忽凉忽热，也容易出现油粒。在干燥过程中不宜过多翻动。未加工的平贝母鳞茎也不可过多翻动，以防产生油粒，降低品质。

2. 日晒加工法 采用室外日光曝晒方法加工平贝母，更容易受外界不良环境的污染。晒场最好选建在地势高、干净卫生、采光充足、通风良好、周围无污染源的地方，有条件的要设置栅栏，以免家禽家畜进入践踏。晒场要远离畜禽圈舍，远离厕所及堆、沤粪场所。严禁铺放在柏油路面和公路边缘晾晒，避免在曝晒过程中受铅等重金属污染。

选择晴天，将鳞茎摊放在苇席或席帘上，铺一薄层。量小时可就近放置在院内阳光下晒，量大时可在晾晒场晒。量小时晚间搬入室内，量大时晚间用塑料布遮盖，防止夜间空气湿度大回潮而延长干燥时间。一般 5～6 d 即可晒干。晒干后装入麻袋中冲撞去杂，即为成品。

3. 烘干室法 此法能够保证加工质量，适合于农户联合体、公司及加工专业户大量加工。一般烘干室的使用面积以 50 m² 左右为宜。有条件的可以在室外安装小型锅炉，室内安装排热管，用热气增温，或在室外设炉灶，室内安装火墙、铁管、烟道等，通过火墙、铁管、烟道增温。也可用远红外、微波等现代加热设备，并装配自动调湿排潮设备，建立自动控温、控湿的现代化加工体系。

将平贝母鳞茎按大小分别均匀地摆于烘干盘上，直径较大的平贝母鳞茎靠近热源，采用热气或红外电热风为热源的，大鳞茎摆放在干燥架上部，小鳞茎摆放在干燥架下部。自平贝母进烘干室起火加温开始，第 1 个昼夜室内温度保持在 45 ℃，第 2 个昼夜室内温度保持在 50 ℃，第 3 个昼夜室内温度保持在 55 ℃，最高不能超过 60 ℃。在加工过程中，每隔 4 h 左右用手轻轻将平贝母鳞茎翻动 1 次，根据鳞茎干燥程度，每隔一段时间适当调换烘干盘的位置，使其受热均匀。在干燥过程中，烘干室空气湿度不断加大，若不排出，将不利于平贝母的干燥，因此第 1 个昼夜每隔 1 h 排放潮气 1 次，第 2 个昼夜每隔 2 h 排放潮气 1 次，第 3 个昼夜每隔 3 h 排放潮气 1 次。有条件的可安装引风机或自动调湿装置。一般经 3～4 d 即可全部烘干。平贝母干燥后，可利用麻袋进行冲撞去杂，去掉须根、鳞茎皱皮和附在鳞茎上的泥土，即为成品。

第五节　病虫害及其防治

一、主要病害及其防治

(一) 平贝母菌核病

平贝母菌核病又称为黑腐病，病原菌可通过风力、雨水、昆虫、人等途径传播，是在土壤中发生的病害，也是危害平贝母鳞茎最严重的病害，在平贝母产区多有发生。发病初期田间呈零星无苗块区，病区几乎无苗，甚至杂草也很稀少。感染本病的地下鳞茎最后全部变黑腐烂。病情可随水流方向迅速蔓延扩大，零星病区汇合成片，造成大面积缺苗，甚至全田毁灭。

平贝母菌核病的防治方法：平贝母菌核病的发生通常与栽培环境、密植程度、排水等因素相关，可采取以下方式进行病害的防治。①农业防治，例如建立无病种子田、实行种子种苗严格检疫、合理轮作、合理选地、合理密植等。②药剂防治，鳞茎在移植前或移植后覆土前用50％多菌灵可湿性粉剂，或50％速克灵可湿性粉剂，进行喷雾消毒处理。在农田中一旦发病，可使用50％速克灵可湿性粉剂或50％多菌灵可湿性粉剂浇灌病区。病害严重者，可加大用药浓度。

（二）平贝母锈病

平贝母锈病也是危害平贝母植株较重的病害之一，发病率可达40％～70％，主要侵染茎叶，造成茎叶的早期枯萎，影响产量的形成。该病在管理粗放、植株生长过密及阴湿地块容易发生。

平贝母锈病的防治方法：①农业防治，例如清理田园、合理轮作、合理施肥、合理密植等。②药剂防治，发病初期及时用药，可选用15％或25％粉锈宁可湿性粉剂、70％甲基托布津可湿性粉剂、20％敌锈钠、20％萎锈灵喷洒，每隔7～10 d喷1次，共喷3次。其中以粉锈宁可湿性粉剂于展叶期喷施对平贝母锈病的预防效果最好，预防效果可达90％以上。

（三）平贝母灰霉病

平贝母灰霉病危害地上茎、叶、果实及种子。此病害不常发生，一旦发生，病菌传播浸染迅速，3～5 d即可浸染全田，造成地上植株早期枯萎，严重影响产量。

平贝母灰霉病的防治方法：清除病株残体、合理密植和药剂防治。此病以早预防为主，若出现多雨天气或发病，再用药防治为时已晚，达不到理想的效果。5月中旬开始喷药预防，可选喷50％速克灵可湿性粉剂、70％甲基托布津可湿性粉剂、50％多菌灵可湿性粉剂、1∶1∶120波尔多液，每隔7 d喷药1次，连喷2～3次。上述药剂以速克灵、甲基托布津防治效果显著，其次是多菌灵和波尔多液。

二、主要虫害及其防治

（一）金针虫

金针虫又名姜虫、铁丝虫等，是鞘翅目叩头甲科叩头甲的幼虫。危害平贝母的金针虫主要是沟金针虫。沟金针虫适应于旱地生存，有机质缺乏而疏松的壤土、湿地虽有发生，但密度较小，东北辽宁、吉林均有发生。金针虫于春季土壤解冻后便开始活动，平贝母展叶至开花期，是金针虫危害最严重的时期。金针虫将平贝母鳞茎咬出缺口，钻入鳞茎或地上茎内，使受害植株输导组织被切断，呈现萎蔫状态，最后枯死。鳞茎被咬伤处可被病原菌浸染而腐烂。

1. 毒饵诱杀用 可用80％敌百虫可湿性粉剂1 kg、麦麸或其他饵料50 kg，加入适量水充分搅拌，黄昏时撒于被害田间（特别是在雨后），对金针虫进行诱杀。

2. 毒土闷杀 在做畦时，将敌百虫粉均匀拌入土内或粪内，每公顷使用80％敌百虫可湿性粉剂22.5～30.0 kg拌入细土或粪肥300～450 kg，拌匀后均匀地撒入基肥层或基肥上面的覆土层。

3. 耕翻土壤 对金针虫多的田块栽植前深耕多耙，以利于天敌取食及机械杀死幼虫和蛹；夏季耕翻暴晒，秋耕冬冻，可消灭部分虫蛹。

（二）蛴螬

蛴螬是鞘翅目金龟甲科的幼虫，对药用植物危害最重的有东北大黑鳃金龟、华北大黑鳃金龟、铜绿丽金龟等，一般水浇地、旱地均有发生，尤以洼地或较湿润的旱地发生严重。蛴螬对平贝母的危害主要是咬食鳞茎、根和茎基，使鳞茎变成空洞。平贝母的鳞茎往往因咬食伤口感染病原微生物而引起腐烂，造成缺苗断垄，严重减产和降低产品品质。

蛴螬的防治方法请参考第一章的"主要虫害及其防治"。

（三）蝼蛄

蝼蛄是直翅目蝼蛄科成虫，俗称拉拉蛄、土狗、水狗、拉蛄。在我国危害最严重的有华北蝼蛄和非洲蝼蛄两种。在平贝母产区以非洲蝼蛄危害严重。蝼蛄属杂食性昆虫，成虫和若虫均能危害平贝母。特别在育苗期畦面覆盖阶段，蝼蛄在土壤表层钻成很多隧道，将平贝母根、幼苗扒断，或咬食，造成平贝母死亡或使土壤过于疏松和透风使幼苗干枯而死，造成严重缺苗断垄。蝼蛄也可将平贝母鳞茎和根咬出伤疤或吃掉。由于蝼蛄有趋湿趋粪性，因此在土壤湿润、腐殖质含量高的低洼地发生较重，特别是施用生粪的地块危害严重。

蝼蛄的防治方法请参考第十一章的"主要虫害及其防治"。

（四）地老虎

地老虎又称为截虫、地根虫、土蚕，属鳞翅目夜蛾科的幼虫。地老虎为杂食性害虫，以幼虫危害平贝母地上茎，常从地表处将植株的茎咬断使植株死亡，造成缺苗断垄。防除地老虎的关键，是把地老虎消灭在 3 龄幼虫以前，把它当作地上害虫来防治，收效快、保苗率高。

防治方法请参考第四章的"主要虫害及其防治"。

复习思考题

1. 简述常见的贝母种类。
2. 简述平贝母的繁殖方式。
3. 简述平贝母的主要栽培环境。
4. 简述平贝母的合适播种期。
5. 影响平贝母品质的因素有哪些？
6. 平贝母常见的病害有哪些？各如何防治？

主要参考文献

郭靖，王英平，2015. 北方主要中药材栽培技术[M].北京：金盾出版社.

黄淑敏，黄瑞贤，高景恩，等，2006. 平贝母病虫草鼠害综合防治技术[J].人参研究，18（3）：38-39.

刘兴权，2003. 平贝母细辛无公害高效栽培与加工[M].北京：金盾出版社.

刘艳，2012. 无公害平贝母生产技术[J].农村实用科技信息（2）：26.

田义新，2010. 平贝母栽培技术[M].2 版.长春：吉林出版集团有限责任公司.

王英平，2009. 名贵药用植物规范化高效栽培技术[M].北京：化学工业出版社.

余世春，肖培根，1991. 中国贝母属植物种质资源及其应用[J].中药材，14（1）：18-23.